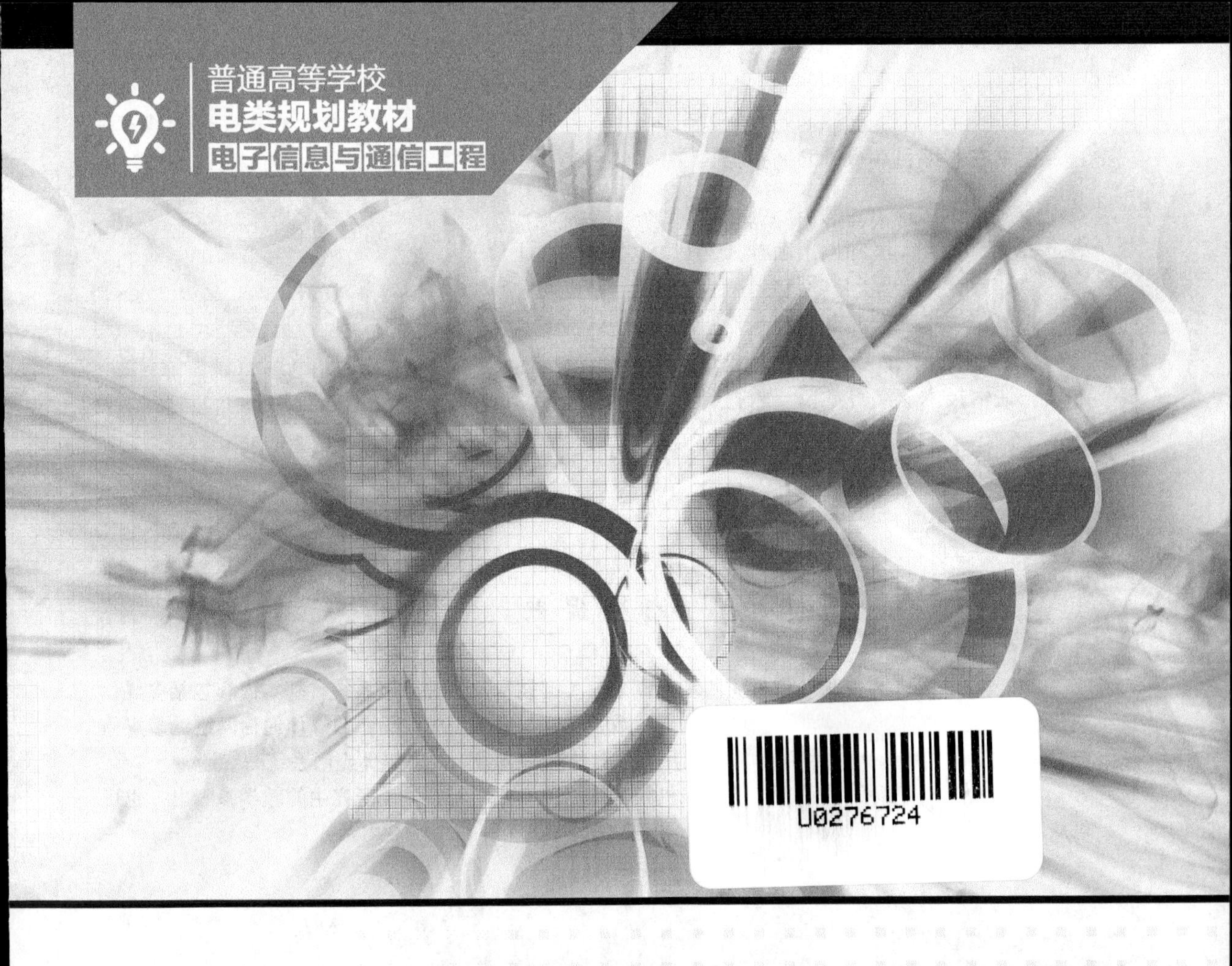

多媒体通信技术与应用

◎刘勇 石方文 孙学康 编著

人民邮电出版社
北京

图书在版编目（CIP）数据

多媒体通信技术与应用 / 刘勇，石方文，孙学康编著. -- 北京 : 人民邮电出版社，2017.8（2023.1重印）
普通高等学校电类规划教材. 电子信息与通信工程
ISBN 978-7-115-45611-3

Ⅰ. ①多… Ⅱ. ①刘… ②石… ③孙… Ⅲ. ①多媒体通信－通信技术－高等学校－教材 Ⅳ. ①TN919.85

中国版本图书馆CIP数据核字(2017)第190565号

内 容 提 要

本书全面介绍了多媒体通信方面的基本概念、关键技术及多种应用系统。基本内容包括多媒体通信的基本概念及体系结构、数字音频编码、数字图像与视频压缩编码、多媒体通信网络、多媒体流式应用系统与终端、多媒体视频会议应用系统与终端、宽带无线多媒体应用系统与终端。

本书可作为高等院校通信工程、计算机技术等相关专业本科教材或研究生的教学参考书，也可供从事通信、计算机方面的工程技术人员阅读参考。

◆ 编　　著　刘　勇　石方文　孙学康
　责任编辑　李　召
　责任印制　陈　犇

◆ 人民邮电出版社出版发行　　北京市丰台区成寿寺路 11 号
　邮编　100164　　电子邮件　315@ptpress.com.cn
　网址　http://www.ptpress.com.cn
　北京九州迅驰传媒文化有限公司印刷

◆ 开本：787×1092　1/16
　印张：17.25　　2017 年 8 月第 1 版
　字数：418 千字　　2023 年 1 月北京第 7 次印刷

定价：49.80 元

读者服务热线：(010)81055256　印装质量热线：(010)81055316
反盗版热线：(010)81055315
广告经营许可证：京东市监广登字 20170147 号

前言

多媒体通信技术是一门综合的、跨学科的交叉技术，它综合了计算机技术、通信技术以及多种信息科学领域的技术成果。伴随着这些技术领域的发展，多媒体通信技术取得明显进步，展现出广阔的应用前景。本书在介绍音频、视频编解码技术基础上，结合多媒体通信网络，重点介绍了各种多媒体通信应用系统与终端。

本书在内容取材和编写上具有如下特点。

（1）强化应用内容。本书用 3 章内容详细阐述了多媒体通信应用系统，包括系统框架结构、关键技术、应用终端及相关实现，具体应用内容如下。

① 多媒体流式应用系统与终端。

② 多媒体视频会议应用系统与终端。

③ 宽带无线多媒体应用系统与终端。

（2）突出先进技术。本书包括富媒体分发技术、移动网络视频监控等多项多媒体新技术及实用的先进技术。

（3）循序渐进。多媒体部分内容理论性较强，如音频压缩编码方法、视频压缩编码方法等，因此本书加入了音频技术基础、图像技术基础等内容，由浅入深，便于学生理解、掌握，同时适合自学。

为了便于学习，每一章还提供了内容摘要、小结和习题。

本书第 1、4、7 章由刘勇编写，第 2、6 章由石方文编写，第 3、5 章由孙学康编写。在本书的编写过程中，编者得到北京邮电大学张勖、张碧玲、于翠波、兰丽娜和范春梅老师的热心指导，在此表示衷心的感谢，同时还要感谢周日康、王思远、郝馨、生晓婷、辛雨菡、王晓勤等对本书编写所提供的帮助。

由于时间紧迫，编者学识有限，书中难免存在不足之处，请读者不吝指正。

编　者

2017 年 8 月

目 录

第 1 章 概述

在以信息技术为主要标志的高新技术产业中，多媒体技术开辟了当今世界计算机和通信产业的新领域。多媒体通信技术将原来彼此独立的三大技术领域——计算机、广播电视和通信领域融合起来，进而衍生出多种多媒体通信应用系统，影响着人们生活的方方面面。

本章首先介绍了多媒体技术的概念，并对多媒体通信系统的概念及主要特征、多媒体通信中所涉及到的关键技术、多媒体通信的应用做了详细描述，最后就多媒体通信技术的发展趋势进行了分析。

1.1 多媒体通信的基本概念

在了解什么是多媒体通信之前，应首先了解什么是多媒体，什么是媒体。下面首先介绍媒体的概念。

1. 媒体

“媒体”是信息表示、传输和存储的形式载体。“媒体”的英文是 Medium，复数是 Media。在通信和计算机领域，媒体有两种含义：一是指传递信息的载体，中文常译为媒介，这一类媒体包括文本、音频、图形、图像和视频等；二是指存储信息的实体，中文常译为媒质，这一类媒体包括磁盘、光盘和半导体存储器等。

根据国际电信联盟电信标准局 ITU-T 建议，媒体可划分为 5 大类。

（1）感觉媒体（Perception Medium）

感觉媒体是指人类通过其感觉器官，如听觉、视觉、嗅觉、味觉和触觉器官等直接产生感觉（感知信息内容）的一类媒体，这类媒体包括：声音、文字、图像和视频等。

（2）表示媒体（Representation Medium）

表示媒体是指一类用于数据交换的编码类媒体，这类媒体包括：图像编码、文本编码和声音编码等。其目的是为了能有效地加工、处理、存储和传输感觉媒体。

（3）显示媒体（Presentation Medium）

显示媒体是指进行信息输入和输出的媒体。输入媒体包括：键盘、鼠标、摄像头、话筒、扫描仪和触摸屏等，输出媒体包括：显示屏、打印机和扬声器等。

（4）存储媒体（Storage Medium）

存储媒体是指进行信息存储的媒体。这类媒体包括：硬盘、光盘、软盘、磁带、ROM 和 RAM 等。

（5）传输媒体（Transmission Medium）

传输媒体是指承载信息，将信息进行传输的媒体。这类媒体包括：双绞线、同轴电缆、光缆和无线电链路等。

根据 ITU-T 定义，多媒体通信中的“媒体”特指表示媒体，即多媒体通信系统应具有处理、显示、存储和传输多种表示媒体（编码信息）的功能。

2．多媒体

1987 年，第二届国际 CD-ROM 年会上展出了世界上第一台多媒体计算机，首次将彩色电视技术和计算机技术融合在一起，该技术后定名为数字视频交互（Digital Video Interactive，DVI），这便是多媒体（Multimedia）技术的雏形。多媒体技术一经出现即在世界范围内引起巨大反响，成为人们关注的热点之一。同年，国际上成立了交互声像工业协会，后于 1991 年更名为交互多媒体协会（Interactive Multimedia Association，IMA），其时已有 15 个国家的 200 多个公司加入其中。

多媒体计算机区别于普通计算机的一个主要技术特征是在多媒体计算机中增加了对包括伴音在内的活动图像（即动作连续的电视图像）的处理、存储和显示的能力，能在实时的条件下存储、传送活动图像，并显示活动图像，即实现了对视频信号的实时压缩和实时解压缩。多媒体计算机的第二个技术特征是能够使在时间上有相关性的多种媒体保持同步。在电视系统中，伴音信号与图像信号组合成一个信号进行传送，因此它们始终保持着同步关系，但在多媒体计算机中，伴音信号与视频图像信号可以作为两个信号分别存储，因此只有保证它们在读取、处理和显示过程中的正确时间关系才能使它们保持同步。

在多媒体技术发展的过程中，人们一直试图通过一个准确的定义来描述多媒体技术，但是由于多媒体技术是一种融合技术，其中计算机、彩色电视和通信技术具有复杂性和多样性的特点，由此融合起来而产生的多媒体技术，覆盖面更宽，技术更复杂，很难一言以蔽之，结果是人们从各自的角度出发，根据各自的研究方向给出了不同的多媒体技术的定义。

“多媒体数据是由内容上相互关联的文本、图像、声音、动画和活动图像等媒体的数据所形成的复合数据。”

“所谓多媒体是相对单媒体而形成的概念，是指把多种不同的媒体，如文字、声音、图形、图像和视频等综合集成在一起而产生的一种存储、传播和表现信息的全新载体。”

“所谓多媒体技术就是计算机交互式综合处理多媒体信息——文本、图形、图像和声音，使多种信息建立逻辑连接，集成为一个系统并具有交互性。”

简而言之，多媒体技术就是计算机综合处理声、文、图信息的技术，具有集成性、实时性和交互性的特点。

通常将数字化的活动图像信息存储在数据库中，但当数据库与用户多媒体计算机分开时，用户就需要通过通信网络调用远处数据库中的图像信号和伴音信号，这样多媒体技术便延伸至通信领域，多媒体通信技术应运而生。

3. 多媒体通信

多媒体通信技术是多媒体技术、计算机技术、通信技术和网络技术等相互结合和发展的产物。从本质上讲，多媒体通信就是把多媒体信息数字化以后，在通信网络上通过数据传输技术进行传输，然后再实现多媒体信息远程应用的过程。在这个过程中，需要维持多媒体信息的多样性和数据的海量性、信息的同步性等特点。

在物理结构上，由若干个多媒体通信终端、多媒体服务器，经过通信网络连接在一起构成的系统就是多媒体通信系统。一般来说，一个多媒体通信系统应该具备以下三个特征。

（1）集成性

集成性包括多种媒体的集成和多种业务的集成。

多媒体通信系统能够处理、存储和传输多种表示媒体，并能捕获并显示多种感觉媒体，因此多媒体通信系统集成了多种编译码器，多种感觉媒体的显示方式，能与多种传输媒体接口，并且能与多种存储媒体进行通信。

此外，在一台多媒体终端上既可以处理各种媒体中数据量最大的电视信号，也可以处理其他数据量较小的多项业务，如电子邮件、信息查询等，从而实现多项业务的融合。

（2）交互性

交互性包括人—机交互和人与人的交互。

在人—机交互中，系统向用户提供操作界面，用户通过一系列指令使系统实现相应功能，这种人与系统之间“对话”式的操作就是交互操作。在多媒体通信系统中，是对多媒体信息以交互的方式进行操作，例如，对活动图像进行“暂停”“回放”等录像机式的操作。

此外，一些多媒体系统，例如视频会议、可视电话、协同工作等，还支持人与人之间的交互。与传统的支持人与人交互的电话通信系统相比，这些系统使用了多种媒体，不仅包括语音，还包括图像、视频等，并且融合了除通话外的多项业务，如修改文件、共同观看等。

多媒体通信终端的用户在与系统通信的全过程中具有完备的交互控制能力，这是多媒体通信系统的一个重要特征，也是区别多媒体通信系统与非多媒体通信系统的一个主要准则。例如，在传统的模拟电视系统中，电视机能够处理与传输多种表示媒体，也能够显示多种感觉媒体，但用户只能通过切换频道来选择节目，不能对播放的全过程进行有效的选择控制，不能做到想看就看、想暂停就暂停，因此普通电视系统不是多媒体通信系统。而在视频点播（VOD）中用户可以根据需要收看节目，对播放的全过程可以控制，所以视频点播属于多媒体通信系统。

（3）同步性

同步性是指在多媒体通信终端上所显示的文字、声音和图像是以在时空上的同步方式工作的。同步性决定了一个系统是多媒体系统还是多种媒体系统，二者的含义完全不同，多种媒体是各种媒体的总称，如图像、文本和声音等，它们中的任何一种都不是多媒体，只有将它们融合为一体，使它们具有时空上的同步关系，这才是多媒体。同步性是多媒体通信系统中最主要的特征之一。

1.2 多媒体通信中的关键技术

多媒体通信技术是一门跨学科的交叉技术，它涉及到的关键技术有多种，本节我们分别对这些技术做简单介绍，其详细内容我们将在后续章节中阐述。

1. 多媒体数据压缩技术

多媒体信息数字化后的数据量非常巨大，尤其是视频信号的数据量更大，例如一路以分量编码的数字电视信号，数据率可达216Mbit/s，那么存储1小时这样的电视节目需要近80GB的存储空间，而欲实现远距离传送的话，则需要占用108～216MHz的信道带宽。显然对于现有的传输信道和存储媒体来说，其成本十分昂贵。因此，为节省存储空间，充分利用有限的信道容量传输更多的多媒体信息，需对多媒体数据进行压缩。多媒体数据的压缩包括对视频数据和音频数据的压缩，二者采用的基本压缩技术相同，只是视频信号的数据量比音频数据量大得多，压缩难度更大，所以通常以视频信号为例来讨论多媒体数据的压缩技术。

从图像压缩编码的发展过程看，可以分为两个阶段，即第一代、第二代图像压缩编码方法。第一代图像压缩编码方法以仙农信息论为理论基础，不关心图像的具体内容，主要考虑图像信源的统计特性。这一方法是通过在空间和时间上对图像取样得到的一组像素值来表示图像视频序列（声音则是通过在时间上对波形进行取样得到的一系列样值进行表示），进行压缩时采用一般信号分析的方法消除其中的冗余数据。这种基于像素（或基于波形）的压缩方法即为第一代图像压缩编码方法。第一代图像压缩编码方法于20世纪80年代初已趋于成熟。“第二代图像压缩编码方法”这一术语出现于20世纪80年代中期，其编码方法主要用于获得极低码率的压缩图像数据，为此第二代压缩编码方法从研究人类视觉特性出发，通过人眼识别图像所依据的关键特征来构造图像模型。目前第二代技术尚未发展到成熟阶段。

有关图像压缩编码的国际标准主要有：JPEG/ JPEG2000、H.261、H.263、H.264/AVC、H.265/HEVC、MPEG-1、MPEG-2/H.262、MPEG-4、AVS和HEVC等。JPEG标准是由ISO和ITU-T组织的联合摄影专家组（Joint Picture Expert Group）于1991年提出的用于压缩单帧彩色图像的静止图像压缩编码标准，其后在2000年年底，联合摄影专家组又制定了具有更高编码效率的静止图像压缩标准JPEG2000；H.261是由ITU-T为在窄带综合业务数字网（N-ISDN）上开展速率为p*64kbit/s的双向声像业务（例如可视电话、视频会议）而制定的全彩色实时视频图像压缩标准，其中$p = 1～30$，因此H.261也称为p*64标准；H.263是由ITU-T制定的低比特率的视频图像编码标准，主要用于64kbit/s及以下速率的应用，如可视电话和视频会议；H.264/AVC是ISO活动图像专家组（MPEG）和ITU-T的视频编码专家组VCEG组成的联合视频组JVT（Joint Video Team）于2003年制定的一个视频压缩编码标准，该标准不仅压缩比高，还具有良好的网络适应能力，能够在恶劣的网络传输条件下提供较高的抗误码性能；MPEG标准是由ISO活动图像专家组（MPEG）制定的一系列运动图像压缩标准，MPEG-1是为速率为1～1.5Mbit/s的数字声像信息的存储而制定的，该标准通常用于提供录像质量（VHS）视频节目的光盘存储系统；MPEG-2/H.262是由ISO MPEG和ITU-T于1994年共同制定发布的运动图像压缩标准，初衷是提供一个广播电视质量（CCIR 601格式）的视频信号，后来该标准的适用范围不断扩大，成为能够对图像信号进行不同分辨率和不同输出比特率的编码的通用标准；事实上ISO活动图像专家组最初制定的一系列标准中有MPEG-3，主要用于提供HDTV质量的视频信号，但由于后来MPEG-2的适用范围逐渐扩大以致能够支持MPEG-3的所有功能，于是MPEG-3被取消；MPEG-4是由ISO MPEG制定的、初衷是用于甚低码率（低于64Kbit/s）应用的一个通用标准，计划采用第二代压缩编码方法，但由于第二代算法还不够成熟，MPEG-4就转而支持那些已有标准不能覆盖的那些应用，如交互式多媒体服务等；AVS（Audio Video Standard）是由我国制定的一个视频编码国家标准，具有自主知识产权，该标准提出了一系列优化技术，能够以较低的编码复杂度实现与国际标准相当的技术性能；HEVC又被称为H.265，是由ISO MPEG和ITU-T VCEG组成的联合视频编码组JCT-VC（Joint Collaborative Team on Video Coding）制定的新的视频压缩国际标准，该标准旨在处理更高分辨率和更大尺寸的图像。

音频信号的压缩与图像压缩相比，其不同之处在于图像信号是二维信号，而音频信号是一维信号，数据压缩难度相对较低。在多媒体技术中涉及的声音压缩编码的国际标准主要有ITU-T制定的G系列标准，如G.711和G.721、G.729等；MPEG组织制定的MPEG-1和MPEG-2音频标准；用于数字电视广播和HDTV系统的AC-3标准；基于特定应用的地区性编码标准，如移动蜂窝网络中的AMR语音编码等。

2．多媒体数据库及检索技术

多媒体数据库用于存储多媒体数据。传统的关系数据库仅适合存储结构化的数字、文字和数值信息等，但不适合存储非结构化的多媒体数据，其局限性主要体现在：多媒体数据内部有各种复杂的时域、空域以及基于内容的约束关系；需要实时提取音视频数据流，这些数据流通常在时间上有严格要求且数据量很大；若多媒体数据采用分布式存储，则数据库还需将不同数据源的信息进行同步后，再提供给用户。因此多媒体数据需要采用适当的数据结构进行存储，如将关系数据库进行扩充或采用面向对象的数据库来实现。目前多媒体数据库技术仍不成熟，需进一步发展。

此外，对多媒体数据进行检索与查询的相关技术也得到发展，如基于内容的检索和基于语义的检索。其中基于内容的检索是通过多媒体数据中的某些特征检索出具有同样或类似特征内容的多媒体数据。如给出图像中物体的颜色、形状特征，可以检索出具有相同或类似颜色、形状特征的物体的图像来。基于语义的检索则是更高级的检索方式，通过给出“概念”或“事件”等语义，找出具有相同“概念”或“事件”的多媒体数据。例如，给出“拿手机的人”“河流”等概念或事件，可以检索出具有相同或相似语义的图像或视频。基于内容的检索和基于语义的检索代表当前多媒体领域的重点研究方向。

3．多媒体通信网络技术

网络应用的需求是推动网络技术发展的主要动力。随着视频会议、视频点播、多媒体即时通信、多媒体信息检索与查询等多媒体网络应用的开展，能够满足多媒体应用需要的通信网络必须具有高带宽、可提供服务质量的保证和实现媒体同步等特点。

首先，网络必须有足够高的带宽以满足多媒体通信中的海量数据，并确保用户与网络之间交互的实时性。就单个媒体而言，对网络带宽要求最高的媒体是实时传输的活动图像。其次，网络应提供服务质量的保证，目的是满足多媒体通信的实时性和可靠性的要求。为了使用户拥有实时的感觉，网络对语音和图像的单程传输延时应在 100～500ms 之间，一般应小于 250ms。而在交互式多媒体应用中，系统对用户指令的响应一般应小于 1～2s。最后，网络必须满足媒体同步的要求，包括媒体间同步和媒体内同步。由于多媒体信息具有时空上的约束关系，例如图像及其伴音的同步，因此要求多媒体通信网络应能正确地反映媒体之间的这种约束关系。

传统网络，无论是通信网、计算机网还是电视广播网，虽然都可以传递多媒体信息，但都不是理想的解决方案。有线电视网络是单向的，不支持多媒体的交互；计算机通信网不提供可靠的服务质量保证；通信网络的技术复杂性高，开销巨大。为了适应多媒体业务的发展需要，有必要进行网络“融合”以提供理想的多媒体业务。

以软交换为核心的 NGN 网络为多媒体通信开辟了更广阔的天地。NGN 网络采用开放的分层体系架构来实现语音、数据和多媒体业务。在这种分层体系架构下，与业务有关的功能独立于与传输有关的技术，各功能部件之间采用标准的协议进行互通，能够兼容 PSTN 网、IP 网、移动通信网等多种网络技术，提供丰富的用户接入手段，支持标准的业务开发接口，并采用统一的分组网络进行传送。虽然 NGN 网络目前仍面临很多问题，但网络融合将成为必然趋势。

4. 多媒体信息存储技术

由于多媒体信息的信息量巨大，因而在多媒体信息传输时，为保证其传输质量必须对其实时性提出较高的要求，同时还需保持媒体间的同步关系。这些特点对多媒体系统的存储设备提出了很高的要求。既要保证存储设备的存储容量足够大，还要保证存储设备的速度要足够快，带宽要足够宽。满足上述要求的存储设备有多种，包括硬盘、光盘和磁带等等。

磁带是以磁记录方式来存储数据的，它适用于需要大容量的数据存储，但对数据读取速度要求不是很高的某些应用，主要用于对重要数据的备份。光盘则是以光学介质来存储信息，光盘的种类有很多，例如，CD-ROM、CD-R、CD-WR、DVD 和 DVD-RAM 等。而以光盘为主存储介质的光盘库存储系统不仅具有巨量的存储特性，还能够实现数据的网络共享。光盘和光盘库的存储容量大，成本低，尤其是光盘更换方便，可以被看作是一种无限容量的存储设备，但是对这种设备中的数据读取有时不能立即得到响应，有时还需人工干预。硬盘及磁盘阵列则具有更快速的数据读取速度。硬盘是电脑中最重要的一种数据存储设备和数据交换媒介，按照接口类型不同，可以分为电子集成驱动器（Integrated Drive Electronics，IDE）和小型计算机系统接口（Small Computer System Interface，SCSI）两种。其传输速率的快慢直接影响计算机系统的运行速度。目前新型增强 IDE 接口的硬盘具有 9～66Mbit/s 的传输速率，SCSI 接口的硬盘传输速率已达 160Mbit/s。虽然硬盘的存取速度已经得到了很大提高，但仍然满足不了处理器的要求。为了解决这个问题，人们采取了多种措施，其中一种就是由美国加州大学伯克利分校的 D.A.Patterson 教授于 1988 年提出的廉价冗余磁盘阵列（Redundant Array of Inexpensive Disks，RAID）。RAID 将普通 SCSI 硬盘组成一个磁盘阵列，采用并行读写操作来提高存储系统的存取速度，并且通过镜像、奇偶校验等措施提高系统的可靠性。由于硬盘及磁盘阵列的读取速度快，因此能够为实时媒体流提供即时读写能力，并支持大量用户同时访问，但是一般价格较高，容量不太大，适用于存储经常被访问的内容。为了进一步提高数据的读取速度，同时获得大容量的存储，存储区域网络（Storage Area Network，SAN）

技术应运而生。SAN是一种新型网络，由磁盘阵列连接光纤通道组成，以数据存储为中心，采用可伸缩的网络拓扑结构，利用光纤通道有效地传送数据，将数据存储管理集中在相对独立的存储区域网内。SAN极大扩展了服务器和存储设备之间的距离，拥有几乎无限的存储容量以及高速的存储能力，真正实现了高速共享存储的目标，满足了多媒体应用的需求。

5．多媒体终端技术

多媒体通信终端是多媒体通信系统的重要组成部分，它面向用户，为用户提供与系统的交互功能，并将多种媒体数据进行集成，通过同步机制将多媒体数据提供给用户。多媒体通信终端应实现信息采集、处理、显示和数据同步等基本功能，其中涉及到的关键技术包括信源编码技术（如图像压缩编码技术）、信道编码技术（如频带传输技术、纠错技术）和信号处理与识别技术（如语音识别技术、人脸识别技术）等。

适用于多媒体通信系统的业务多种多样，不同业务所使用的多媒体终端也各不相同，如多媒体计算机终端、多媒体移动终端以及针对某种特定应用的专用设备，例如机顶盒、可视电话终端设备等。像机顶盒、可视电话终端这样的专用设备，其硬件平台多采用专用集成电路来完成对信息的高速处理，而对于多媒体计算机终端，其硬件系统则是较高配置的计算机主机硬件，输入设备采用鼠标、跟踪球、电子笔、触摸屏、摄像头和视音频采集卡等，呈现给用户图形化的界面，输出手段也非常丰富，可采用声音、图形图像以及活动视频作为信息的显示形式。随着移动通信系统的发展，利用移动终端设备开展多媒体业务势在必行。移动通信终端为用户提供极大的灵活性，使用户能够在任何时间、任何地点进行通信。移动终端在为用户提供通话的同时，还可以看成是一台小型计算机，对多种多媒体应用进行处理，这就要求移动终端具有极大的智能性。移动终端的缺点是利用电池作为电源，其功率和寿命会受到限制，并且由于移动终端体型较小，限制了其存储容量以及数据的处理能力。尽管如此，随着市场需求的不断增加，必将推动多媒体移动终端技术的迅速发展。

1.3　多媒体通信系统与相关业务

1.3.1　多媒体通信的体系结构及业务类型

1．多媒体通信的体系结构模式

在多媒体通信中，国际电联ITU-T在其I.211建议中为B-ISDN提出了一种适用于多媒体通信的体系结构模式，如图1-1所示。

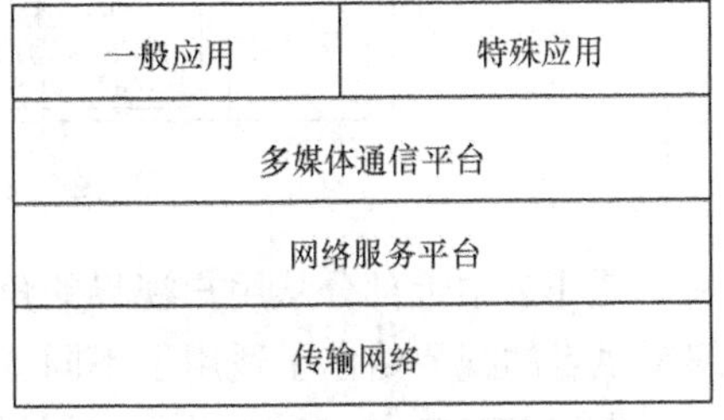

图1–1　多媒体通信的体系结构模式

由图1-1可知，该体系结构模式自上而下主要包括5个方面内容。

（1）传输网络

传输网络位于体系结构最底层，主要为实现多媒体通信提供最基本的物理环境。传输网络包括局域网（LAN）、城域网（MAN）、广域网（WAN）、ISDN、B-ISDN和FDDI等高速数据网络。在进行多媒体通信时，可选择其中的某一种网络，也可将不同网络组合起来使用，这取决于多媒体通信系统的具体应用环境或系统开发目标。

（2）网络服务平台

网络服务平台的作用是为用户提供各类网络服务，其目的是使传输网络对用户来说是透明的，即用户无需知道底层传输网络如何提供网络服务，只需直接使用这些网络服务内容即可。

（3）多媒体通信平台

多媒体通信平台向上支持各类多媒体应用，向下与网络服务平台相连。该层主要基于不同媒体的信息结构，为其提供通信支援，如进行多媒体文本信息处理等。

（4）一般应用

在多媒体通信中，一般应用是指人们常见的一些多媒体应用，如多媒体信息检索、远程协同工作等。

（5）特殊应用

在多媒体通信中，特殊应用是指如电子邮购、远程医疗等业务性较强的一些多媒体应用。

2．多媒体通信的业务类型

随着多媒体技术的发展和用户需求的提高，不论是多媒体通信的一般应用还是特殊应用，其业务种类还在不断增加。为此国际电联 ITU-T 在其制定的 F.700 系列标准中，对现有的或即将开展的音像和多媒体业务制定了一个标准架构，如图 1-2 所示。

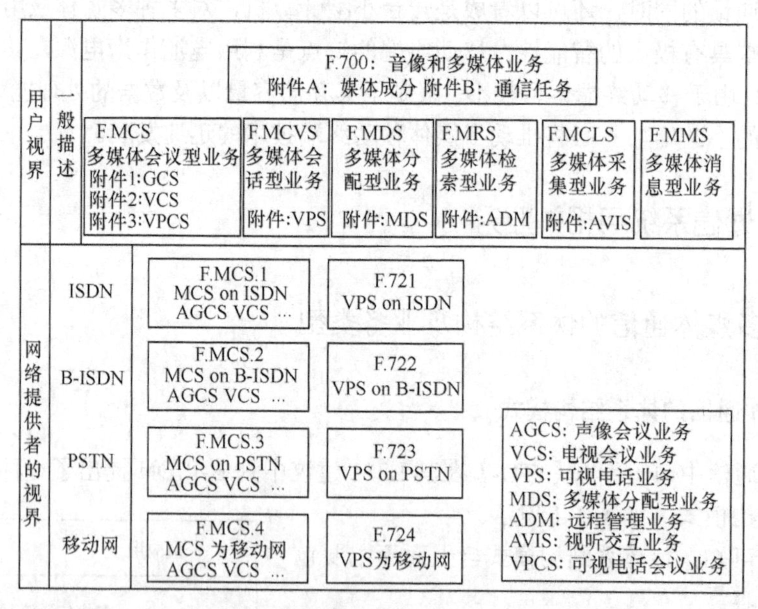

图 1-2 音像和多媒体业务的标准架构

图 1-2 中上部分从用户视界的角度给出了音像和多媒体业务的一般描述，下部分是从网络提供者的视界给出了适用于不同音像和多媒体业务的各种网络的一般描述。

根据 ITU-T 的定义，从用户视界的角度，多媒体通信业务可分为 6 种类型。

（1）多媒体会议型业务（Conference Services）

该类业务包括视听会议、声像会议等业务类型，能够进行多点通信，实现人与人之间的双向信息交换。

（2）多媒体会话型业务（Conversation Services）

该类业务包括多媒体可视电话、数据交换等业务类型，通过点到点通信，实现人与人之间的双向信息交换。

（3）多媒体分配型业务（Distribution Services）

该类业务包括广播式视听会议等业务类型，通过点对多点通信，实现机器与人之间的单向信息交换。

（4）多媒体检索型业务（Retrieval Services）

该类业务包括多媒体数据库、多媒体图书馆等业务类型，通过点对点通信，实现机器与人之间的单向信息交换。

（5）多媒体采集型业务（Collection Services）

该类业务包括远程监控、投票等业务类型，通过多点到一点通信，实现机器与机器或机器与人之间的单向信息交换。

（6）多媒体消息型业务（Message Services）

该类业务包括多媒体文件传送等业务类型，通过点到点通信，实现人-机器-人之间的单向信息交换（存储转发）。

以上多媒体业务，有些特点很相似，因此也可以做进一步的归类，划分为以下4种类型。

（1）人与人之间进行的多媒体通信业务：会议型业务和会话型业务都属于此类。会议型业务是指在多个地点的人与人之间的通信，而会话型业务则是在两个人之间的通信。另外从通信的质量来看，会议型业务的质量要高些。

（2）人机之间的多媒体通信业务：多媒体分配业务和多媒体检索业务都属于此类。多媒体检索业务是一个人对一台机器的点对点的交互式业务，而多媒体分配型业务是多人对一台机器的一点对多点的人机交互业务。

（3）多媒体采集业务：多媒体采集业务是一种多点对一点的信息汇集业务，一般是在机器和机器之间或人和机器之间进行。

（4）多媒体消息业务：此类业务属于存储转发型多媒体通信业务。此类多媒体信息的通信不是实时的，需要先将发送的消息进行存储，待接收端需要时再接收相关信息。

在实际应用中，上述业务不仅可以单独存在，也可以进行相关交织处理，在教育科研、军事、医学和娱乐等多个领域为用户提供服务。

1.3.2 多媒体通信系统及应用

一个多媒体通信系统，在其终端与终端之间、终端与多媒体服务器之间均有网络相连。通过网络提供业务的多媒体通信系统可以分为人机交互系统和人与人之间交互的系统，其中人机交互系统包括多媒体信息检索与查询系统、视频点播系统等，人与人之间交互的系统包括多媒体会议与协同工作系统、多媒体即时通信系统等，其中多媒体会议与协同工作系统又包括视频会议系统、多媒体远程教育系统等应用。下面简单介绍几种多媒体通信系统及应用。

1. 多媒体信息检索与查询系统

多媒体信息检索与查询 MIS（Multimedia Information Service）系统使用户通过输入关键字或者声音、视频能够对相关资料进行查询和浏览。为使用户能够快速检索到相关信息，MIS 系统采用超文本、超媒体技术对信息进行管理。

超文本（Hypertext）是一种信息的非线性的组织结构。它采用非顺序的网状结构，按照人们的“联想关系”组织各信息点。当各信息点不仅有文本信息，还包括音频、视频等其他媒体数据时，这种组织结构即为超媒体（Hypermedia）。超媒体为用户提供了一种在文件内部和文件之间快速有效地检索和查找多媒体信息的方法。

2. 视频点播系统

传统的有线电视系统，其模式为电视台单向播放节目，用户被动接收。视频点播（Video on Demand）系统则可以为用户提供不受时空限制的交互点播，使用户能够随时点播自己希望收看的节目。该系统将节目内容存储在视频服务器中，随时根据用户的点播要求取出相应的节目传送给用户。用户点播终端可以是多媒体计算机，也可以是电视机配机顶盒。

视频点播系统是一个开放式平台，可以集成多种多媒体应用，广泛应用于远程教育、数字图书馆、新闻点播和网上购物等。

3. 视频会议系统

视频会议（Video Conference）系统是一种实时的、点到多点的多媒体通信系统。能将音频、视频、图像、文本和数据等集成信息从一个地方通过网络传输到另一地方。

视频会议系统基于计算机网络，使处于异地的多个会场构成一个会议环境，从而可召开视频会议。这样不同会场的与会者既可以听到对方的声音，又能看到对方的形象以及对方展示的文件、实物等，同时还能看到对方所处的环境，使与会者具有身临其境的感觉。

4. 远程教育系统

远程教育系统是以现代传媒技术为基础的多媒体应用系统，学生通过通信网络实时或非实时地接收教师上课的内容，包括教师的声音、图像以及电子教案。如果是实时的远程教学，学生还可以随时向教师提出疑问，教师可以马上回答，并且根据需要，教师也可以看到学生的图像和声音，从而模拟学校的课堂授课方式。对于非实时的教学，教师可以将自己授课的内容做成课件放到网上，学生可以在自己希望的任何时间和地点按照自己的学习速度和方式来学习。

5. 多媒体即时通信系统

即时通信系统（Instant Messaging System，IMS）可以使用户通过网络传递即时的短消息，消息格式可以是文本、图片，甚至视频等。用户既可以采用文本短消息进行交流，还可以进行文件传输、音频或视频信息的即时沟通。

即时通信系统通常与呈现（Present）服务相结合。呈现服务是一种辅助通信手段，使通信双方能够了解对方的状态，如在线、隐身和离线等。通过呈现服务，一方面用户可以使自己的状态被好友知道，另一方面用户也可以知道好友的状态，从而选择合适的通信手段（语音或视频）或者时段与对方通信。

1.4 多媒体通信的发展趋势

多媒体应用的不断扩展对多媒体通信提出了更高的要求，其发展趋势主要体现在媒体多样化、信息传输统一化以及设备控制集中化三个方面，目的是使多媒体通信能够提供更大的传输带宽、更智能化的管理手段，以便适应高质量连续传输数字音频、视频等大数据量的应用，而网络融合正是实现这一目标的技术手段。

在当今通信领域，认为 IP 是未来通信的发展趋势已经得到了普遍共识，然而多年前，人们曾认为 ATM 才是通信发展的最好途径。

ATM 网是一种采用分组交换技术的数据传输网，基于统计复用、采用面向连接的方式。与传统分组网络最显著的区别是 ATM 网有定义明确的服务等级，能提供业务质量的保证，并实现多种业务的综合通信。然而由于 ATM 网技术非常复杂，与现有的通信系统区别较大，因此并未得到预期的发展。

IP 网也是一种采用分组交换技术，基于统计复用的网络，但采用的是非面向连接的方式，从而使网络协议和设备大为简化，为其广泛应用创造了条件。借助于 IP 技术，将世界范围内众多计算机网络连接汇合构成了一个全球统一、开放的网络——互联网。IP 网络的开放性，即允许物理层和数据链路层采用不同的传输协议，比较好地解决了不同网络之间的相互连接问题，为通信网和计算机网在网络层上的融合提供了基础。然而传统的 IP 网是一个“尽力而为”型的网络，不适合传送数据量大、实时性要求高的多媒体数据，为此提出了增加核心网和接入网带宽、设计有效的资源分配和管理机制的改进措施。IETF 提出了几种 IP 网服务模型，包括综合服务模型（IntServ）和区分服务模型（DiffServ），此外资源预留协议（RSVP）、多协议标签交换（MPLS）等都提供了服务质量（Quality of Service，QoS）的保障。总之，以 IP 为基础的网络和以此为支撑的多媒体通信将成为今后主要的发展趋势。

在传统的通信网中，电话业务、呼叫控制以及承载都集中在程控交换机中完成。而近年来出现的软交换、通用多协议标签交换（GMPLS）等技术，则实现了控制与承载的分离，从而使得这两个功能可以各自独立地演变和发展，为核心网络的融合提供了极大的灵活性。

在接入网方面，传统的电信网一直是以电话网为基础，采用铜线（缆）用户线向用户提供电话业务。随后在现有铜线基础上，采用 xDSL 数字化传输技术提高了铜线传输速率，满足了用户对高速数据日益增长的需求。然而利用铜线用户接入网，虽然可以充分发挥铜线容量的潜力，但从长远发展的趋势看，为进一步提高传输速率，支持各种多媒体业务，利用光纤传输的光纤接入网能够更好地满足这一需求。

此外，在无线接入网方面的发展更令人瞩目。在过去的十几年中，无线通信从蜂窝语音电话到无线接入 Internet，无线网络给人们的学习、工作和生活带来了深刻的影响。其中移动宽带无线接入网络已经从以电话为主要业务的第二代移动通信系统进入到第三代（3G），在支持终端移动性的同时，扩展到更大的带宽，实现了业务的高速无线接入。而对于固定宽带无线接入网络，由计算机网络发展而来的无线局域网（WLAN）和无线城域网（WiMax），在具有较大带宽的基础上，正在向支持更好的移动性的方向发展。

由 3GPP 组织提出的 IP 多媒体子系统（IMS）是网络融合过程中的重要成果。IMS 实现了业务、控制和承载的分离，使得不同类型的传输技术和接入技术统一在一个通信框架下；IMS 采用了开放式业务体系结构，支持第三方业务开发，且尽量采用互联网技术，这就构成了一个能够提供各种多媒体业务的统一的平台；IMS 提供了电信级的 QoS 保证，在会话建立的同时按需进行网络资源的分配，使用户能够享受到满意的实时多媒体通信服务。由此可以看出，通过 IMS 这个统一的平台，使得网络融合的实现成为可能。

小　结

1．“媒体”是信息表示、传输和存储的形式载体。

2．媒体可划分为 5 大类：感觉媒体、表示媒体、显示媒体、存储媒体和传输媒体。

3．简而言之，多媒体技术就是计算机综合处理声、文、图信息的技术，具有集成性、实时性和交互性的特点。

4．一般来说，一个多媒体通信系统应该具备集成性、交互性和同步性三个特征。

5．多媒体通信技术是一门跨学科的交叉技术，它涉及到的主要关键技术有：多媒体数据压缩技术、多媒体数据库及其检索技术、多媒体通信网络技术、多媒体信息存储技术和多媒体终端技术等。

6．多媒体通信的体系结构模式主要包括 5 个方面内容：传输网络、网络服务平台、多媒体通信平台、一般应用和特殊应用。

7．根据 ITU-T 的定义，从用户视界的角度，多媒体通信业务可分为 6 种类型：多媒体会议型业务、多媒体会话型业务、多媒体分配型业务、多媒体检索型业务、多媒体采集型业务和多媒体消息型业务。

8．多媒体通信系统的应用非常广泛，几种典型应用包括：多媒体信息检索与查询系统、视频点播系统、视频会议系统、远程教育系统和多媒体即时通信系统等。

习　题

1．什么是媒体？根据原 CCITT 的定义，媒体可划分为哪几大类，它们是如何描述的？

2．请论述你对多媒体技术的理解。

3．多媒体通信系统是如何构成的？简述其主要特征。

4．除本章介绍的多媒体通信中涉及到的关键技术之外，你认为还涉及到哪些技术？

5．试举出一两种多媒体通信系统的具体应用，并从中分析多媒体通信技术对人类社会的影响。

第2章 数字音频编码

音频信息涉及人耳所能听到的声音信息，包括语声和乐声。据统计，人类从外界获得的信息大约有16%是从耳朵得到的，由此可见音频信息在人类获得信息方面的重要性。在多媒体技术中，音频信息占有很重要的地位。比如在会议电视系统中，音频信息是优先级最高的信息通道。了解音频信息的相关知识对我们更进一步掌握多媒体技术是很重要的。本章主要介绍声学的基础知识、音频信息的数字化以及相关的音频信息编码标准。

2.1 音频技术基础

声音的产生和传播可以用很具体的物理量来进行说明，是客观的描述。但人的耳朵却彼此有很大的不同，大脑对经由耳朵传导来的声音信息的分析结果也会大不相同。也就是说，人耳和大脑对声音的处理过程是一个主观的过程，是和人的心理及生理特性有关的。所以，对声音的描述既可以用客观参数也可以用主观参数。

2.1.1 人耳听觉特性

从声音的产生到人耳接收声音的全过程来看，声音的产生及传播是物理现象，而人感受到声音的过程却是生理心理的活动。对物理现象可以用具体的客观度量方式来进行，比如用描述声波特性的幅度值、频率等物理量来进行度量。而人对声音的主观感觉的描述是用响度、音调及音色这三个参数来描述的。响度、音调和音色称为人耳听觉特性的三要素。一般来说，客观物理量的声压或声强、频率、波形（频谱结构）和主观感觉的三要素响度、音调、音色相对应。

音频压缩理论是建立在针对人耳的心理声学模型基础上的，是从研究一般人耳的听感系统开始的。可以将人耳实际上看成一个多频段的听感分析器，在接收端的最后，它对瞬间的频谱功率进行了重新分配，这就为音频的数据压缩提供了依据。

众所周知，声源振动的能量通过空气震动产生的声波传入人耳，使耳膜发生振动，相关信息传导到人脑进行分析后，人们就产生了声音的感觉。但是人耳能听到的振动频率约在20 Hz到20kHz之间，低于20 Hz或高于20k Hz的振动，不能引起人类听觉器官的感觉。心理声学模型中一个基本的概念就是听觉系统中存在一个听觉阈值电平，低于这个电平的声音信号人耳是听不到的，因此从数据压缩的角度来说就可以把这部分信号去掉。听觉阈值的大小随声音频率的不同而不同，不同的个人其听觉阈值也不同。大多数人的听觉系统对 2kHz～5kHz 之间的声音最敏感。一个人是否能听到外界的声音取决于声音的频率以及声音的幅度是否高于这一声音频率下的听觉阈值。这就是说在听觉阈值以外的电平是可以去掉的，这就相当于对数据进行了压缩。另外，听觉阈值电平是自适应的，即听觉阈值电平会随听到的不同频率的声音而发生变化。我们都有这样的体验，在一个非常安静房间里的轻声细语可以听得很清楚，但在声音很嘈杂的背景音乐环境下同样的普通谈话就听不清楚了。声音压缩算法可以利用这种特性确立模型来消除更多的声音冗余数据。

1．人耳对声音强弱的感觉特性

人耳对声音强弱的感觉不是与声压成正比，而是与声压级成正比关系。人耳的特殊构造决定了这一特性。比如说，声压增加为原来的 10 倍，我们感觉到声音的强弱程度只增加为原来的 2 倍。这样来说，10^{12} 数量级的客观声压差，在人耳的主观感觉来说只有 12 倍的强弱差别。当声压太小时，人耳是感觉不到的。我们把能引起人耳听到声音时的声压称为听阈，频率 1kHz 时的听阈为 2×10^{-5} Pa；将引起人耳疼痛的声压称为痛阈，约为 20Pa。人耳对声压强弱变化的感觉并不是呈线性的。大体上来说，人耳对声音强弱的感觉是与声压有效值的对数成比例的。为适应人耳的这一特性，就对声压有效值取对数，用此对数值来表示声音的强弱。这种表示声音强弱的对数值就叫做声压级。人耳的听阈和痛阈分别对应的声压级为 0dB 和 120dB。

声压及声压级（Sound Pressure Level，SPL）也是常用的声音描述参量。简单来说，声压就是声音的压力。声压级 SPL 是为了很好地描述人耳对声音的感觉所使用的物理量。研究人耳对声音强弱的感觉是用声压及声压级来说明的。它是用来说明当声音的强弱出现线性的变化时，人耳对这种声音强弱线性的变化感觉是否也是线性的。实际上，人耳对声音强弱的变化感觉并不是线性的。

2．响度、响度级

声波频率是常用的描述声音的参量。人耳对声波频率的感觉是有界限的。从人耳的听觉特性我们知道，人耳所能感受到的声音的频率范围在 20Hz～20kHz 范围内。低于 20Hz 和高于 20kHz 的声音，人耳是听不到的。

响度是听觉判断声音强弱的属性。响度主要与引起听觉的声压有关，也与声音的频率和声音的波形有关。

声压（级）是从客观的角度来描述声波的强弱的，而响度是从主观的角度来描述人耳对声音强弱的感觉。一般来说，声压（级）大的声音其响度也会较大，它们之间是有一定的关系，但并不完全一致。也就是说声压（级）大的声音人耳的感觉不一定响。

人耳能够听到的声音频率范围是 20Hz～20kHz，但人耳对整个音频段的声音反应并不都一样。由于人耳的特殊构造，人耳会对某个频率段的声音信号产生共鸣，使对这一频段的声音的灵敏度提高。因此人耳听到的声音响度与声音的频率有关。响度还与人耳听到的声音持续时间有关。当声音的持续时间缩短时，人耳感觉到声音的响度会有所下降。

描述响度、声压以及声音频率之间关系的曲线称为等响度曲线，也叫响度的灵敏度曲线。这条曲线是将听起来与 1kHz 纯音（基音）响度相同的各频率声音的声压级求得后，再用曲线连接的结果。

响度与声压级是有一定关系的。从大量的统计结果来看，一般人耳对声压级变化的感觉是：声压级每增加 10dB，响度增加 1 倍。

图 2-1 所画出的等响曲线是从对人耳实际的测量得出的，显然，它与人的年龄和耳朵的结构有关。声音响度级是声音强弱的主观量，也就是凭人的听觉主观感觉来判断声音强弱的量，是人耳判断各种频率纯音响度的指标之一。

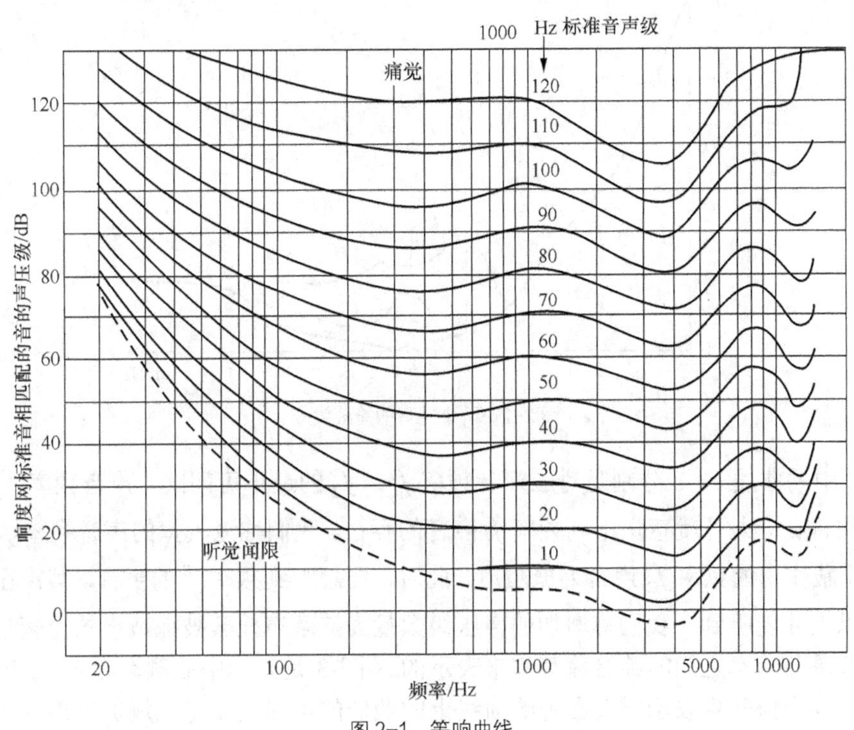

图 2-1　等响曲线

3．人耳听觉的掩蔽效应

在现实生活中，我们会发现，当人们处于安静的环境中时，人耳可以分辨出很弱的声音；但在嘈杂的环境背景中，即使是对人耳感觉很灵敏的声音也听不到。也就是说，声音被环境背景噪声掩蔽掉了。

大量统计数据研究表明，一个声音对另一个声音的掩蔽值不只与两个声音各自的声压级有关系，还与各自声音的频率、声音的相对方向和持续时间有关。

一个频率声音的听阈由于另一个声音的存在而上升的现象称为掩蔽。当我们听两个频率的声音的时候，其中一个频率的声音很响，而另一个频率的声音较弱，尽管从声强来说都超过了听阈，但此时，我们只能听到很响的那个频率的声音，不很响的频率的声音是听不到的，也就是说弱声被强声掩蔽掉了。

当人耳听到复和声音信号的时候，在复音中有响度较高的声音频率分量，那么人耳对那些响度低的频率分量是不易察觉到的，这种生理现象称为“掩蔽效应”。“掩蔽效应”的实质是掩蔽声的出现使人耳听觉的等响曲线的最小可闻阈得到提高。由于掩蔽声音的存在，要听到被掩蔽声音，被掩蔽声音的听阈必须提高一定的分贝数，这个提高的分贝数就称为一个声音对另一个声音的掩蔽值。提高后的听阈称为掩蔽阈。

不同声音之间的掩蔽以及有没有噪声时的掩蔽影响是不一样的。我们来看看纯音之间的掩蔽效应。我们可以用图 2-2 来说明纯音间的掩蔽效应。

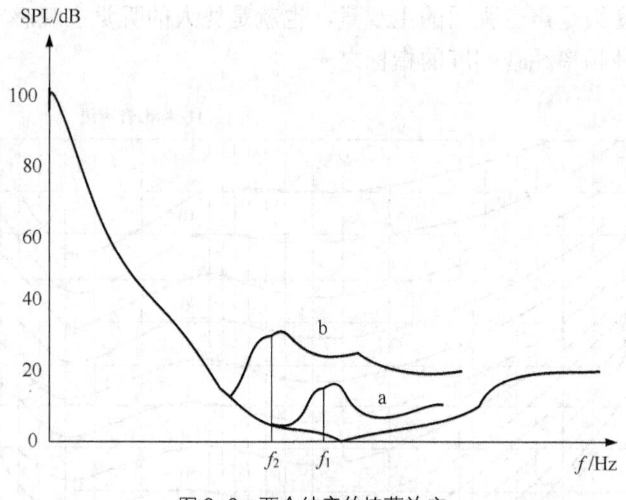

图 2-2　两个纯音的掩蔽效应

图 2-2 中的曲线 a、b 分别是对应声音频率 f_1、f_2 的最小可闻阈。声音频率 f_2 的可闻阈大于 f_1 的可闻阈，人耳就感觉不到频率 f_1 声音的存在。我们称淹没掉的声音频率 f_1 为被掩蔽声，而起掩蔽作用的频率 f_2 声音为掩蔽声。此时，要想听到频率 f_1 的声音，其声压级要增大约 20dB 以上才能听到。我们称增加的声压级数量为掩蔽声掩蔽被掩蔽声的掩蔽量。掩蔽效应是用掩蔽量与频率之间的纯音掩蔽谱来表示的。图 2-3 是表示中心频率为 1200Hz 窄带噪声的掩蔽谱。其中掩蔽量表示需要在等响曲线上的最低的可闻阈 0 方上增加的声压级，只有达到这个声压级时人耳才能够听到。

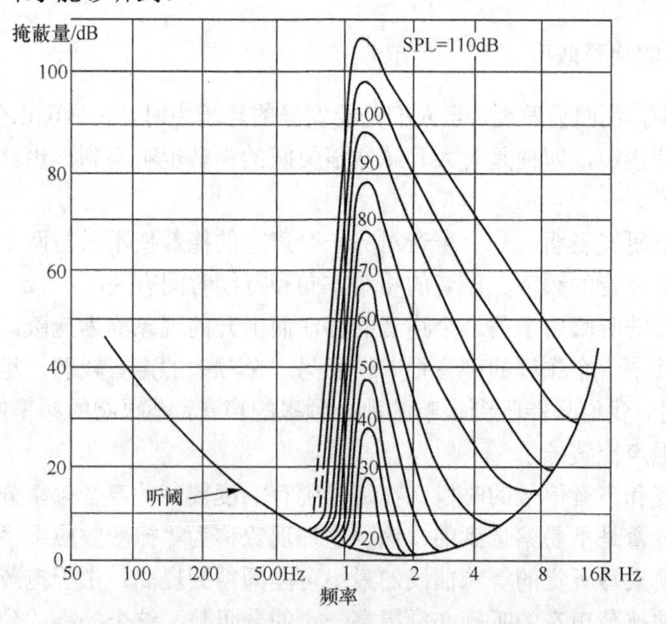

图 2-3　中心频率 1200Hz 带有噪声的掩蔽谱

大量的实验数据表明，对于纯音来说，一般会有这样的现象出现：频率低的纯音比较容易掩蔽频率高纯音，而频率高的纯音比较难掩蔽低频率的纯音。

从图 2-3 可以看出，一个单一频率的纯音，与一个以该纯音频率为中心的窄带噪声相比，即使它们有相同的声压级，窄带噪声的掩蔽效应也要比纯音明显。此外，在较低的声压级时，窄带噪声的掩蔽区域限于中心频率附近比较窄的范围内，随着声压级的升高，掩蔽区域的范围会变得比较宽。

掩蔽效应探讨的基础涉及到临界频带，临界频带是感知编码中的一个重要的概念，临界频带表明人耳对不同频率段声音信号的反应灵敏程度是不同的。由于声音频率与掩蔽曲线不是线性关系，为从感知上来统一度量声音频率，引入了“临界频带”的概念。通常认为，在 20Hz 到 16kHz 范围内有 24 个临界频带，其中 3/4 临界频带低于 5kHz，人耳可以接收到的低频信息高于高频信息。在我们人耳中包含了约 3 万个毛细胞，这些毛细胞能够检测到基膜的振动，通过生理脉冲将音频信息传到大脑。但这些毛细胞对不同频率的敏感程度是不同的，一般来说在低频区域对几赫兹的频率差异都能分辨出来，而在高频区域，必须要有几百赫兹的差别才能分辨出来。实验结果表明，在低频区域临界频带比在高频区域临界频带窄，在临界频带的低频段，频段宽度只有 100Hz 到 200Hz；在高于 5000Hz 以后的临界频带的频宽有 1000 Hz 至几万 Hz 的频段宽度。

掩蔽又可分成频域掩蔽和时域掩蔽。所谓频域掩蔽是指针对同一个临界频段掩蔽声与被掩蔽声同时作用时发生的掩蔽效应，此时较强的声音信号可以掩蔽掉临界频段中同时出现的较弱的信号。频域掩蔽也称同时掩蔽。如果在某一临界频段中出现了一个较强的声音信号，那么该临界频段中所有低于某一阈值的声音信号都将被强声音信号掩蔽掉，成为人耳不可闻的信号。掩蔽特性与掩蔽音的强弱，掩蔽音的中心频率，掩蔽音与被掩蔽音的频率相对位置等有关。通常，临界频域中的一个强音会掩蔽与之同时发声的附近的弱音。更进一步来看弱音离强音越近，一般越容易被掩蔽。去除这一弱音信号将不会对整个音质产生不良影响，而且从编码的角度来说能减少编码后的数据量，所以可以把它们作为噪声信号来对待。

除了同时发声的频域掩蔽之外，在时间上相邻的声音之间也有掩蔽现象，这种现象称为时域掩蔽。所谓时域掩蔽是指掩蔽效应发生在掩蔽声与被掩蔽声不同时出现时，又称异时掩蔽。时域掩蔽又分为超前掩蔽（Pre-Masking）和滞后掩蔽（Post-Masking），若掩蔽声音出现之前的一段时间内发生掩蔽效应，则称为超前掩蔽；否则称为滞后掩蔽。产生时域掩蔽的主要原因是人的大脑处理导入的信息需要花费一定的时间。一般来说，超前掩蔽很短，只有大约 5～20ms，而滞后掩蔽可以持续 50～200ms。异时掩蔽也随着时间的推移很快会衰减，是一种弱掩蔽效应。

利用人耳对声音的掩蔽效应，可以用有用的声音信号去掩蔽那些无用的声音信号。从上面所做的描述可以知道，只需要将那些对人没有用的声音的声压级降低到掩蔽域之下就可以了，完全没有必要花力气彻底消除对人无用的声音信号。这就是在音频设备中使用信噪比的原因。在音频信号数字编码技术里，如 MPEG 音频编码中，利用人耳听觉系统的掩蔽效应来实现高效率的数据压缩。

2.1.2　音频编码的分类

从第一个音频编码出现到现在，出现了很多压缩编码方法，可以将它们分为三类：波形编码、参数编码和混和编码。

1．波形编码

波形编码是基于对语音信号波形的数字化处理，试图使处理后重建的语音信号波形与原语音信号波形保持一致。1948 年，Oliver 提出了第一个编码理论——脉冲编码调制（Pulse Coding Modulation，PCM）。一路模拟话音信号在被转变为数字信号的过程中要经过抽样、量化和编码这样三个步骤。在通信系统中所采用的 PCM 编码，其采样频率为 8kHz，采用模拟压扩方法来实现量化和编码，每样值编 8 位码，一路模拟信号经数字化处理后的速率为 64kbit/s。对不同需求的音频信号采用不同的抽样速率、不同的量化和编码方法就可以形成多种形式的数字化音频信号。

波形编码的优点是实现简单、语音质量较好和适应性强等。缺点是话音信号的压缩程度不是很高，实现的编码速率比较高。常见的波形压缩编码方法有：脉冲编码调制 PCM、增量调制编码 DM、差值脉冲编码调制 DPCM、自适应差分脉冲编码调制（ADPCM）、子带编码（SBC）和矢量量化编码（VQ）等。波形编码的比特率一般在 16kbit/s 至 64kbit/s 之间，它有较好的话音质量与成熟的技术实现方法。当数码率低于 32kbit/s 的时候音质明显降低，16kbit/s 时音质就非常差了。

由于波形压缩编码的保真度高，目前 AV 系统中的音频压缩都采用这类方案。采用 PCM 编码，每个声道 1s 声音数据在 64kbit 以上，由于在多媒体应用中使用立体声甚至使用更多的声道数，这样所产生的数据量仍旧是很大的。若录制立体声音乐 74 分钟，载体存储空间要 56Mbit。所以对存储容量和信道要求严格的很多应用场合来说，就要采用比波形编码低得多的编码速率，如参量编码和混合编码方法。

采用波形编码时，编码信号的速率可以用下面的公式来计算。

$$编码速率 = 采样频率 \times 编码比特数$$

若要计算播放某个音频信号所需要的存储容量，可以用下面的公式。

$$存储容量 = 播放时间 \times 速率 \div 8（字节）$$

2．参数编码

参数编码又称声源编码，它是通过构造一个人发声的模型，以发音机制的模型作为基础，用一套模拟声带频谱特性的滤波器系数和若干声源参数来描述这个模型，在发送端从模拟语音信号中提取各个特征参量并对这些参量进行量化编码，以实现语音信息的数字化。实现这种编码的方式也称为声码器。这种编码的特点是语音编码速率较低，基本上在 2kbit/s～9.6kbit/s 之间。可见其压缩的比特率较低，但是也有其缺点。首先是合成语音质量较差，往往清晰度满足要求而自然度不好，难于辨认说话人是谁，其次是电路实现的复杂度比较高。目前，编码速率小于 16kbit/s 的低比特话音编码大都采用参数编码，参数编码在移动通信、多媒体通信和 IP 网络电话应用中都起到了重要的作用。

我们来看一下语声的形成机理。当我们要发声时，从肺部压出的空气由气管到达声门，形成的气流经声门时产生声音，然后再经咽腔由口腔和鼻腔送出。由咽腔、口腔和鼻腔构成声道。可以将气流、声门等效成一个激励源，声道可以等效成一个时变滤波器。当这些腔体呈现不同形状以及舌、齿和唇处于不同位置时，就相当于形成了一个具有不同零极点分布的滤波器，气流通过该滤波器就产生相应的输出响应，从而发出不同的音素，构成不同的声音。

音素可以分为两种：声带震动的音和声带不震动的音。声带震动的音称为浊音，声带不震动的音称为清音。由于声带震动有不同的频率，所以浊音就有不同的音调，也称为基音频率。男性的基音频率大约为 50～250Hz，女性的基音频率大约为 100～500Hz。气流冲出腔体压出的不同声音强度就对应为声音的音量大小。

人们发出的声音主要是由浊音和清音组成。浊音也叫有声音，在短时内其波形具有明显的准周期特性。这一准周期音称为基音，基音周期为 4～20ms，相当于基音频率为 50～250Hz。对语声信号的频谱分析可以知道，语声信号中除基音外还包含有基音的多次谐波分量，浊音信号的能量大都集中在各个基音谐波的频率附近，而且又主要集中在低于 3kHz 的频率范围内。在浊音频谱图中波峰所对应的频率就是口腔共振体的共振峰频率。清音又称无声音，其波形与噪声类似，且没有周期特性，没有基音及其谐波成分。从对清音的频谱分析知道，清音的能量大都集中在比浊音更高的频率范围内。

通过以上对人发声的机理和对语音的分析，可以把语声信号的发生过程抽象为图 2-4 所示的模型图。在模型图中，周期信号源表示浊音激励源，随机信号表示清音激励源；$u(n)$表示波形产生的激励参数，可以用清/浊音判决（u/v）来表示；G 是增益控制，代表语声信号的强度；线性时变滤波器可以看作是声道特性；a_i 是线性时变滤波器的系统参数；$C(n)$是合成的语声输出。

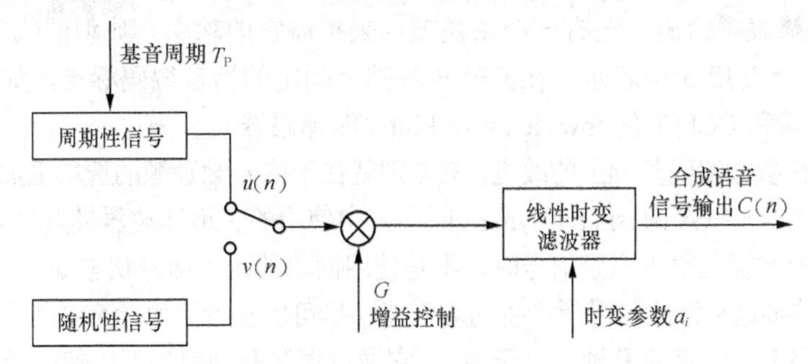

图 2-4　语声信号产生模型

语声信号的这种实现过程称为语声信号的分析合成，实现这一过程的系统称为声码器。

语音的发声过程是一个近似的短时（10～30ms）平稳随机过程，在短时内发声过程中的参数变化比较慢，因此，可以以 20ms（其中有 20 × 8 = 160 个样本）作为一帧，以帧作为处理的基本单位。每一帧内的所有信号近似地满足同一模型，因此每一帧语音可以用一组参数表示，比如：浊音或清音（1 位）；浊音的基频（即音调周期）（6 位）；音源的幅度（5 位）；线性滤波器的参数（10 个参数，每个参数 6 位，共 60 位）。可以计算出总码率为：

$$(1000/20) \times (60+6+5+1) = 3600\text{bit/s} = 3.6\text{kbit/s}$$

参数编码的典型代表是线性预测编码 LPC。

3．混和编码

波形编码和参数编码方法各有特点：波形编码保真度好，计算量不大，但编码后的速率很高；而参量编码速率较低，保真度欠佳，计算复杂。混和编码将波形编码和参量编码结合起来，力图保持波形编码话音的高质量与参量编码的低速率。混合编码信号中既包含若干语音特征参量又包含部分波形编码信息。混合编码方法就是克服了波形编码和参量编码各自的弱点，并且很好地结合了上述两种方法各自的优点。为获得比较好的处理结果，混合编码方法是同时采用上述两种方法甚至两种以上的编码方法来进行编码的。这样做可以优势互补，克服某些方法的不足，进而既可获得很好的语音信号质量，又可以达到很好的压缩语音信号的目的。压缩信号的质量和压缩率是语音信号压缩处理的两个方面，它们又是相互矛盾的，需要进行权衡。由于混合压缩编码自身的优点，使得这种编码方法在音频信号的压缩处理中得到了较为广泛的应用。其压缩比特率一般在 4kbit/s～16kbit/s。由于采用不同的激励方式，比较客观地模拟了激励源的特性，从而使重构语音的质量有了很大的提高。采用混合编码的编码器有：多脉冲激励线性预测编码器（MPE-LPC），规则脉冲激励线性预测编码器（RPE-LPC），码激励线性预测编码器（CELP），矢量和激励线性预测编码器（VSELP）和多带激励线性预测编码器。

规则脉冲激励 RPE 使用固定间隔的脉冲作为激励源，编码器只需要确定第一个激励脉冲的位置和所有其他脉冲的幅度。例如，每 5 ms 可使用 10 个脉冲，数据率在 10kbit/s 左右。

GSM（Global System for Mobile communications）移动电话使用的是一个带长期预测的简化的 RPE 编译码器，它把 20ms 一帧（160 × 16bit）的 PCM 波形数据压缩成 264bit 的 GSM 帧，压缩后的数据率为 13.2kbit/s.

码激励线性预测 CELP 编（译）码器算法是在 1985 年提出的。它使用的激励信号是由一个矢量量化的码簿表项给出，还有一个增益项用来扩展它的功率。典型的码簿索引有 10 位（1024 个表项），增益用 5 位表示。在 CELP 基础上制定的话音编码标准，如美国的 DoD 的 4.8 kbit/s 编译码器和 CCITT 的 low-delay 16 kbit/s 编译码器。

混合编码是在参数编码基础上的改进，其差别就在于信号激励源的选取更加精细。混合编码使用了合成分析法 AbS（Analysis-by-Synthesis），其中使用的声道滤波器模型与 LPC 编码器中的相同；但在寻找滤波器的输入激励信号时，不是使用简单的两种信号状态 u/v，而是希望寻找到一种激励信号，使得这种激励信号所产生的波形能够尽可能接近于原始声音信号的波形。这是因为简单地把语音信号分为清音和浊音过于简单。它通过调解激励信号可以使语音输入信号与重构的语音信号误差最小。也就是说，编码器通过“合成”许多不同的近似值来“分析”输入语音信号，这也就是这种编码器被叫做“合成—分析”编码器的由来。图 2-5 为其简化框图。

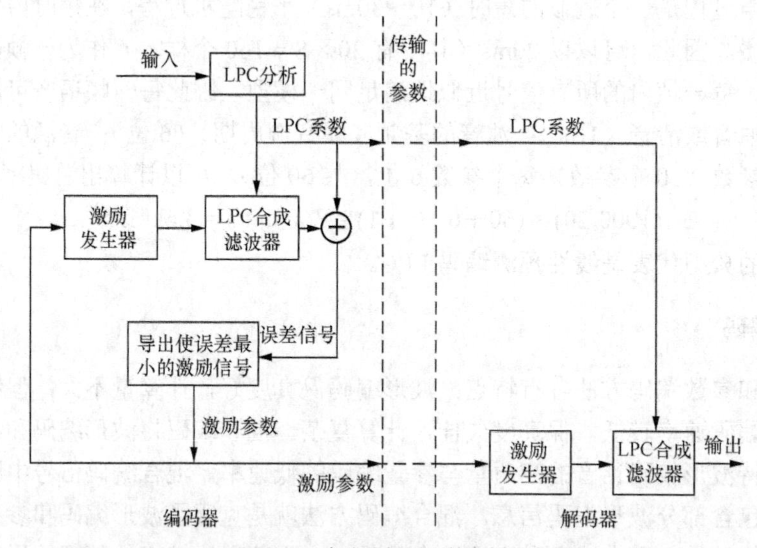

图 2-5 合成分析原理简化框图

以上三种压缩编码的性能比较可以用图 2-6 来表示。

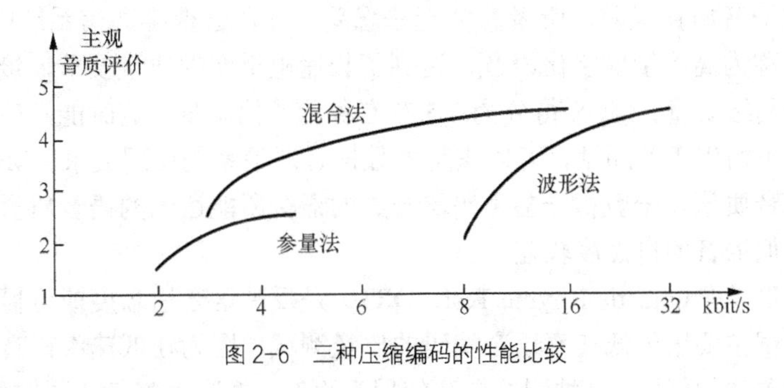

图 2-6 三种压缩编码的性能比较

经过几十年的研究，出现了很多的音频信息的编码算法，并且也形成了相应的标准。下面将对音频数字压缩编码的常用算法进行介绍。

2.1.3 语音质量评价

语音质量涉及可懂度和自然度两方面内容。可懂度对应语音内容的辨识水平，自然度是衡量语音中字、词和句子的流畅程度。

语音质量评价方法可分为主观评价和客观评价。目前以人作为评测主体的主观评价方法包括平均意见得分、音韵字可懂度测量和满意度测量等。客观评价方法杜绝了人为因素可能产生的影响，针对语音信号的特定特征，客观评价方法采用信号处理的方式实现语音质量的评价过程。

1. 语音质量主观评价

主观评价是以人为主体来评价语音的质量，其优点是符合人类听话时对语音质量的感觉，也是目前应用较为广泛的评价方法。常见的主观评价方法有：平均意见得分 MOS、诊断韵字测试 DRT 和诊断满意度测量 DMA 等。为了得到普遍接受的语音评价结果，语音质量评价对参与测评的人数、测量次数都有一定的要求。这种评价方法耗费较大，经历时间较长。

平均意见得分 MOS 评价方法是由 CCITT 推荐的语音质量主观评价方法，现已广泛作为在不同语音系统之间的比较标准。MOS 采用了五级评分制，见表 2-1。

表 2-1　　MOS 五级评分制

MOS 得分	质量级别	失真级别
5	优	无察觉
4	良	刚有察觉
3	一般	有察觉且稍觉可厌
2	差	明显察觉，可厌仍可忍受
1	极差	不可忍受

MOS 评分中优表示重建语音与原始语音只有很少的细节差别，若不进行对比来听是察觉不出这种差异的；质量良表示重建语音的畸变或失真不明显，不注意听是感觉不到的；质量一般表示重建语音有比较明显可感知的畸变或失真，但语音自然度和清晰度仍很好，且听起

来没有疲劳感；语音质量差表示重建语音有较强的畸变或失真，听起来已有疲劳感；语音质量极差表示重建语音质量极差，听者感觉无法忍受。在语音数字通信系统中，通常将 MOS 得分在 4.0～4.5 称为高质量数字化语音，达到了长途电话网的质量要求，接近于透明信道编码，也常称之为网络质量。MOS 得分为 3.5 左右称为通信质量，这时能够感受到重建语音质量有所下降，但不妨碍正常通话，可以满足多数语音通信系统使用要求。MOS 得分在 3.0 以下常称为合成语音质量，一般指一些声码器合成的语音所能达到的语音质量。声码器虽然有较高的可懂度，但语音的自然度较差。

诊断韵字测试（Diagnostic Rhyme Test，DRT）是反映语音清晰度或可懂度的一种测试方法。诊断韵字测试主要用于低速率语音编码的质量测试，因为在低速率语音编码中语音的可懂度已成为主要关注的问题。这种测试方法使用近百对（通常是 96 对）同韵母字词进行测试，中文或者英文均可，如中文的“为”和“费”一类词，英文的“fast”和“vast”等。让受试者每次听到一对韵字中的某个发音，然后让他判断所听到的音具体是哪一个字，全体参与实验者判断正确的百分比就是 DRT 得分。通常认为 DRT 测试分数为 95%以上时清晰度为优，85%～94%为良，75%～84%为中，65%～75%为差，而 65%以下为不可接受。在实际语音通话中，若语音清晰度为 50%时，整句的可懂度大约为 80%。这是因为整句中具有较高的冗余度，即使个别字听不清楚，人们也能理解整句话的意思。当清晰度为 90%时，整句话的可懂度已接近 100%，所以对于低速率语音编码，一般要求其清晰度能达到 90%或以上。

诊断满意度测量（Diagnostic Acceptability Measure，DAM）是对语音质量较为全面的综合评估，离散多载波（DMT）是在多种条件下对话音质量的接受程度的一种度量。这种评分体系相当全面，也相当复杂，这里就不再赘述。

主观评价方法一般耗费较大、经历时间较长，也不易实现。为了克服主观语音质量评价的不足，人们寻求一种能够方便快捷的实现语音质量评价的客观方法。研究客观语音质量评价的目的并不是要用客观评价法代替主观评价方法。

2．语音质量客观评价

语音质量客观评价具有省时省力等优点，但这些方法还不能很好地反映人们对语音质量的全部感觉，而且当前的大多数客观评价方法都是以语音信号的时域、频域及变换域等特征参量来作为语音质量评价的依据，没有涉及到语义、语法和语调等影响语音质量主观评价的重要因素。语音质量客观评价方法采用语音的某个特定参数来表征语音通过增强系统或编码系统后的语音失真程度，并以此来评估语音处理系统的性能优劣。从评价结构上客观评价方法可分为基于输入-输出方法和基于输出方法这两大类。从各自使用的主要技术（如谱分析、LPC 分析、听觉模型分析和判断模型分析等）和主要特征参数（时域参数、频域参数和变换域参数等）又可分为下面几类：基于信噪比 SNR 评价方法、基于 LPC 技术评价方法、基于听觉模型评价方法和基于判断模型评价方法等。

基于信噪比 SNR 的评价方法是一种应用简单的评价方法。高信噪比是高质量语音的必要条件，但不是高质量语音的充分条件。要计算信噪比一定要知道完全的语音信号，这一条在实际应用中是不可能的。因此 SNR 方法只能应用在纯净语音信号和噪声信号都是已知的情况下。经过改进的分段信噪比、变频分段信噪比等方法与主观评价的相关度有所提高，但也只是对高速率的语音波形编码应用。基于 LPC 技术评价方法是以 LPC 分析技术为基础，将 LPC

系数及其导出参数作为评价的依据参量。基于谱距离的评价方法是以语音信号平滑谱之间的比较为基础，谱距离评价有多种。基于听觉模型评价方法是以人感知语音信号的心理听觉特性为基础。基于判断模型评价方法是在选择表达语音质量的特征参量基础上，更主要地侧重于模拟人对语音质量的判断过程。

2.2 常用压缩编码方法

在多媒体应用中，为获得高质量的音频信号，常常对音频信号的取样频率和编码位数都取得较大，而且再考虑到多声道的应用，其数字化后的数据量是很大的。若不对音频信息进行压缩，是无法应用的。我们把速率低于 64kbit/s 的语声数字化处理方法称为音频信息压缩编码。下面我们对常用的数字音频压缩技术做进一步的说明。

2.2.1 差值脉冲编码调制 DPCM 和自适应差值脉冲编码调制 ADPCM

经过对语声信号采样得到的样值信号序列，其相邻样值间一般都比较接近，相关性较强。在脉冲编码调制 PCM 中是对整个样值进行量化编码。如果考虑到相邻样值的相关性，只对相邻样值间的差值进行量化编码，一般这个差值很小，对其进行编码的码位数较少，这样就可以实现压缩。

差值脉冲编码调制（DPCM）的基本出发点就是对相邻样值的差值进行量化编码。由于此差值比较小，可以为其分配较少的比特数，进而起到了压缩数码率的目的。在具体的实现过程中，是对样值与其对应的预测值的差值进行量化编码的。

对一个话音信号的样值序列，当前样值的预测值可以由其前面的若干个样值来进行预测，若样值序列表示为：$y_1, y_2, \cdots, y_{N-1}, y_N$

y_N 为当前值，则对当前样值完整的预测表达式由下式表示。

$$\hat{y}_N = a_1 y_1 + a_2 y_2 + \cdots + a_{N-1} y_{N-1} = \sum_{i=1}^{N} a_i y_i$$

式中 $\hat{y}_N$ 为当前值 y_N 的预测值，$y_{1,}, y_2, \cdots\cdots y_{N-1}$ 为当前值前面的 N-1 个样值。$a_1, a_2, \cdots\cdots a_{N-1}$ 为预测系数，若预测系数随输入信号而变化时就是自适应预测，则当前值 y_N 与预测值 $\hat{y}_N$ 的差值表示为：

$$e_0 = y_N - \hat{y}_N$$

可以由一系列预测值得到其对应的差值。差分脉冲编码调制就是对上面的一系列差值进行量化编码，再进行存储或传输。由于话音信号相邻样值之间有很强的相关性，所以预测值与实际值是很接近的，其差值也是很小的，也就可以用比较少的比特数来进行编码表示，这样就减少了编码的比特数。在接收端或在对数据进行回放时，可用类似的过程重建原始数据。

实现差分脉冲编码调制的系统方框图如图 2-7 所示。

为了求出预测值 $\hat{y}_N$，要先知道先前的样值 $y_{1,}, y_2, \cdots\cdots y_{N-1}$，所以预测器端要有存储器，以存储所需的系列样值。只要求出预测值，用这种方法来实现编码就不困难了。而要准确地得到 $\hat{y}_N$，问题的关键是确定预测系数 a_i。理论上来说，预测系数的求法是预测估值的均方差为最小的预测系数 a_i。

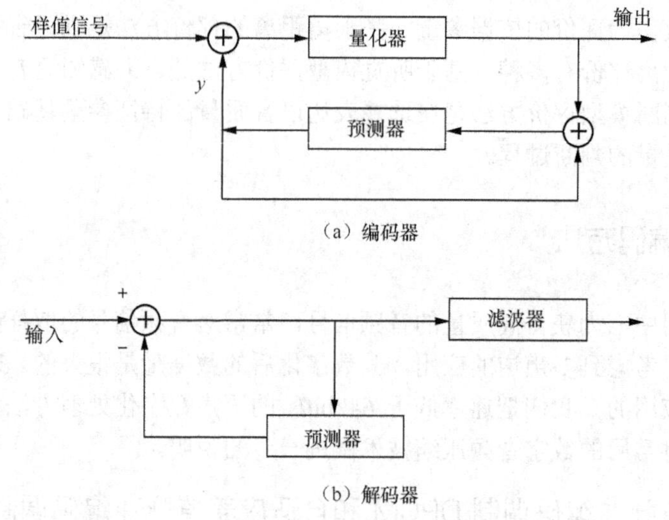

图 2-7　差分脉冲编码调制系统方框图

为了进一步提高编码的性能，人们将自适应量化技术和自适应预测技术结合在一起用于差分脉冲编码调制 DPCM 中，从而实现了自适应差分脉冲编码调制 ADPCM。ADPCM 的简化原理框图如图 2-8 所示。

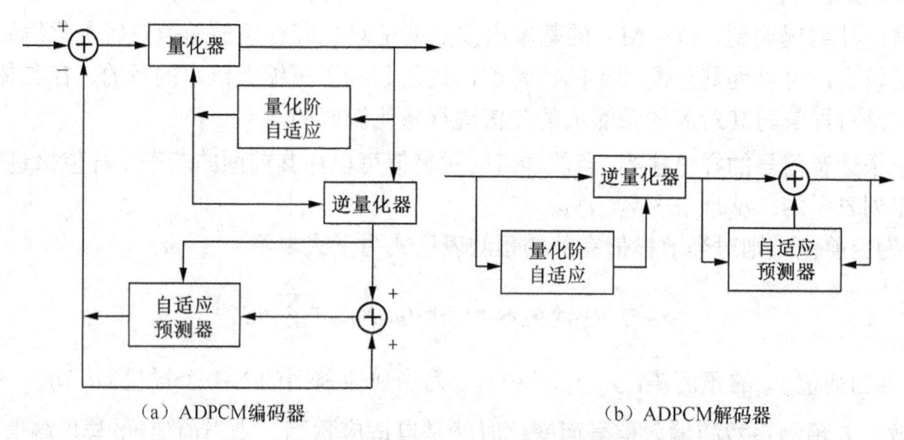

图 2-8　自适应差值脉冲编码调制原理框图

自适应量化的基本思路是：使量化间隔△的变化与输入语声信号的方差相匹配，也就是使量化器阶距随输入信号的方差而变化，且量化阶距正比于量化器输入信号的方差。自适应量化的方式可以采用所谓的前向自适应量化也可以采用采样后向自适应量化，无论使用哪种方式都可以改善语声信号的动态范围和信噪比。

2.2.2　线性预测编码 LPC

在实际应用中，根据对信号的分析方法不同可以有不同的声码器。声码器的速率可以压缩到小于 4.8kbit/s。下面我们来介绍一下声码器中较为简单的一种，即线性预测编码 LPC 声码器的基本概念。

线性预测编码 LPC 的原理框图如图 2-9 所示。在线性预测编码 LPC 中，将语声信号简单地划分为浊音信号和清音信号。清音信号可以用白色随机噪声激励信号来表示，浊音信号可以用准周期脉冲序列激励信号来表示。由于语声信号是短时平稳的，根据语声信号的短时分析和基音提取方法，可以用若干的样值对应的一帧来表示短时语声信号。这样，逐帧将语声信号用基音周期 T_p、清/浊音（u/v）判决、声道模型参数 a_i 和增益 G 来表示。对这些参进数行量化编码，在接收端再进行语声的合成。

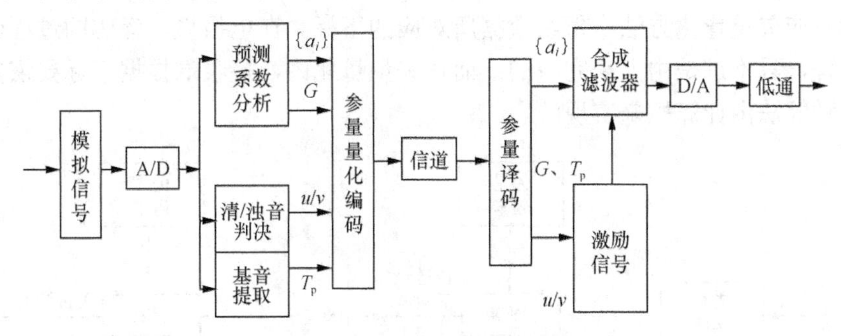

图 2-9　线性预测 LPC 编译码方框图

在 LPC 原理框图的发送端，原始话音信号送入 A/D 变换器，以 8kHz 速率抽样变成数字化语声信号。以 180 个抽样样值为一帧，对应帧周期为 22.5ms，以一帧为处理单元进行逐帧处理。完成每一帧的线性预测系数分析，并做相应的清/浊音（u/v）处理、基音（T_p）提取，再对这些参量进行量化、编码并送入信道传送。在接收端，经参量译码分出参量 a_i、G、T_p、u/v，以这些参数作为合成语声信号的参量，最后将合成产生的数字化语声信号经 D/A 变换还原为语声信号。按照线性预测编码 LPC 原理实现的 LPC-10 声码器已经用于美国第三代保密电话中，其编码速率只有 2.4kbit/s。虽然其编码速率很低，但由于其信号源只采用简单的二元激励，在噪声环境下其语音质量不好，所以目前已被新的编码器替代。

2.2.3　矢量量化 VQ 编码

80 年代初期，国际学术界开展了矢量量化技术的研究。矢量量化的理论基础是香农的速率失真理论，其基本原理是用码书中与输入矢量最匹配的码字的索引（下标）代替输入矢量进行传输和存储，而解码时只需简单的查表操作。矢量量化的三大关键技术，即码书设计、码字搜索和码字（下标）索引分配。

在我们前面对量化的描述中，都是对单个采样的样值进行量化的，这种量化被称为标量量化。所谓矢量量化（Vector Quantization，VQ），是将输入的信号样值按照某种方式进行分组，把每个分组看作是一个矢量，并对该矢量进行量化。很显然，这种量化方式是和标量量化有区别的。矢量量化虽然是一种量化方式，但因其具有压缩的功能，所以也是作为一种编码方法来讨论的。矢量量化实际上是一种限失真编码，对其原理的说明可以用香农信息论中的率失真函数理论来进行分析。率失真理论指出：即使是对于无记忆信源，矢量量化编码也总是优于标量量化。

矢量量化编码的原理框图如图 2-10 所示。在发送端，先将语音信号的样值数据序列按某种方式进行分组，每个组假定有 k 个数据。这样的一组数据就构成了一个 k 维矢量。每个矢量有对应的下标，下标是用二进制数来表示的。把每个数据组所形成的矢量看作是一个码字；这样，语音数据所分成的组就形成了各自对应的码字。把所有这些码字进行排列，可以形成一个表，这样的表就叫作码本或码书。在矢量量化编码方法中，所传输的不是对应的矢量，而是对应每个矢量的下标。由于下标的数据相比于矢量本身来说，要小得多，所以这种方式就实现了数据的压缩。我们可以把矢量量化编码方法和汉字的电报发送过程相对比。电报里要发送的汉字对应矢量量化中的原始语音数据；电报号码本对应矢量量化的码书。在用电码发送汉字信息时，发送的不是汉字本身，而是在电报号码本中与汉字对应的 4 位阿拉伯数字表示的号码；到接收端要根据收到的号码去查电报号码本，再译成汉字。电报中所发送的阿拉伯数字就对应矢量量化方法中每组数据所对应的下标。在电报里，译码的过程就是一个对比查找的过程，只不过是由人来完成的；而在矢量量化中，接收端根据下标要恢复对应的矢量是根据某种算法由计算机来实现的。

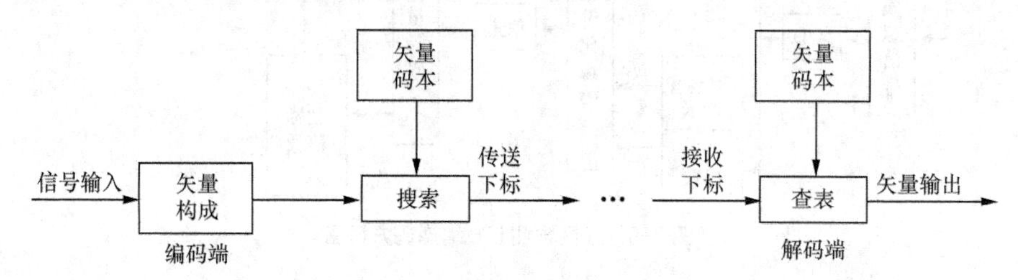

图 2-10　矢量量化编码及解码原理框图

在图 2-10 中，对应编码端的输入信号序列是待编码的样值序列。将这些样值序列按时间顺序分成相等长度的段，每一段含有若干个样值，每一段就构成了一组数据；这样，一组数据就形成了一个矢量，对应的很多组就会有很多的矢量。搜索的目的是要在事先计算（或叫训练）好的矢量码本中找到一个与输入矢量最接近的码字。搜索就是将输入矢量与矢量码本中的码字逐个进行比较，比较的结果用某种误差的方式来表示。将比较结果误差最小的码字来代替输入的矢量，就是输入的最佳量化值。每一个输入矢量都用搜索到的最佳量化值来表示。进行编码时，只需对码本中每一个码字（最佳量化值）的位置（用下标来表示）进行编码就可以了，也就是说在信道中传输的不是码本中对应的码字本身，而是对应码字的下标。显然，传送下标要比传送原始数据来说，数据量是小了很多，这样，就实现了数据压缩的目的。在解码端，有一个与编码端完全一样的矢量码本；当解码端收到发送端传来的矢量下标时，就可以根据下标的数值，在解码端的矢量码本中搜索到相应的码字，以此码字作为重建语音的数据。

在对码本的描述中，构成码本的码字的数量称为码本的长度，用 N 来表示这个长度，则每个码字的位置即其下标可以用 $\log N$ 的二进制位来表示，每个码字是由 k 个原始数据构成的。所以，矢量量化编码的编码速率可以低到 $\frac{1}{k}\log_2 N$。假设 $k=16$，表示由 16 个样值数据构成的一个矢量；$N=256$，表示码本的长度是 256，码本的下标用二进制来表示共有 $\log_2 N=\log_2 256=8\,\text{bit}$，由于对每组数据只需要传送下标，假定此时码本已经构造好，则比特率为：$R_\text{b}=\frac{1}{k}\log_2 N=\frac{1}{16}\log_2 256=0.5\text{bit/sample}$。

实现矢量量化的关键技术有两个：一个是如何设计一个优良的码本，另一个是量化编码准则。

采用矢量量化技术可以对编码的信号码速率进行大大的压缩，它在中速率和低速率语音编码中得到了广泛的应用。比如在语音编码标准 G.723.1、G.728 和 G.729 中都采用了矢量量化编码技术。矢量量化编码除了对语音信号的样值进行处理外，也可以对语音信号的其他特征进行编码。比如在语音标准 G.723.1 中，在合成滤波器的系数被转化为线性谱对（Linear Spectrum Pair，LSP）系数后就是采用的矢量量化编码方法。

2.2.4 子带编码

子带编码理论最早是由 Crochiere 等人于 1976 年提出的，首先是在语音编码中得到应用，由于其压缩编码的优越性，后来也在图像的压缩编码中得到了很好的应用。其基本思想是将信号分解为若干子频带，然后对各子带分量根据其不同的统计特性采取不同的压缩策略以降低码率。其原理框图如图 2-11 所示。

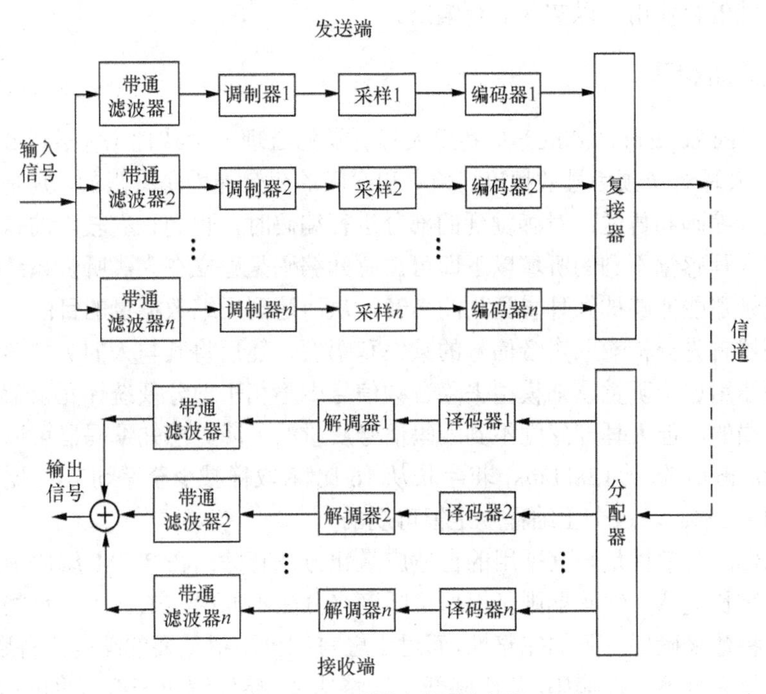

图 2-11 子带编码原理方框图

图 2-11 中发送端的 n 个带通滤波器将输入信号分为 n 个子频带，对各个对应的子带带通信号进行调制，将 n 个带通信号经过频谱搬移变为低通信号；对低通信号进行采样、量化和编码，得到对应各个子带的数字流；再经复接器合成为完整的数字流。经过信道传输到达接收端。在接收端，由分配器将各个子带的数字流分开，由译码器完成各个子带数字流的译码；由解调器完成信号的频移，将各个子带搬移到原始频率的位置上。各子带相加就可以恢复出原来的语声信号。

在音频子带编码中，子带划分的依据是与话音信号自身的特性分不开的。人所发出的语声信号的频谱不是平坦的，人的耳朵在听觉特性上来说，其频率分布也是不均匀的。语声信号的能量主要是集中在 500Hz～1000Hz 的范围内，并且随频率的升高衰减得很迅速。从人耳能够听懂说话人的话音内容来说，只保留频率范围是 400Hz～3kHz 的语音成分就可以了。根据语音的这些特点，可以对语音信号的频带采用某种方法进行划分，将其语音信号频带分成一些子频带，对各个频带根据其重要程度区别对待。

将语声信号分为若干个子带后再进行编码有几个突出的优点。

（1）对不同的子带分配不同的比特数可以很好地控制各个子带的量化电平数，很好地控制在重建信号时的量化误差方差值，进而获得更好的主观听音质量。

（2）由于各个子带相互隔开，使各个子带的量化噪声也相互独立，互不影响，量化噪声被束缚在各自的子带内。这样，某些输入电平比较低的子带信号不会被其他子带的量化噪声所淹没。

（3）子带划分的结果，使各个子带的采样频率大大地降低。

使用子带编码技术的编译码器已开始用于话音存储转发和语音邮件，采用 2 个子带和 ADPCM 的编码系统也已由 CCITT 作为 G.722 标准向全世界推荐使用。子带编码方法常与其他一些编码方法混合使用，以实现混合编码。

2.2.5 感知编码

感知编码（Perceptual Coding）是利用人耳听觉的心理声学特性（包括频域掩蔽特性和时域掩蔽特性），人耳对音频信号的幅度、频率和时间的分辨能力是有限的，凡是人耳感觉不到的成分都不进行编码和传送；对感觉到的部分进行编码时，也允许有较大的量化失真，只要这个失真是在人耳感觉不到的听域以下即可。感知编码是建立在人类听觉系统的心理声学基础上的，只记录那些能够被人耳感觉到的声音，从而达到压缩数据量的目的。

感知编码器首先分析输入声音信号的频率和幅度，然后将其与人的听觉感知模型进行比较。感知编码器用这个听觉感知模型去除音频信号中不相干部分及统计冗余部分。尽管这种处理方法是有损的，但人耳却感觉不到编码信号质量的下降。感知编码器可以将一个声道的比特速率从 768kbit/s 降至 128kbit/s，将字长从 16 比特/取样减少至平均 2.67 比特/取样，减少的数据量大约是 83% 。这个压缩程度是很可观的。

感知编码器的有效性是与其采用的自适应量化方法有关。在 PCM 编码中，所有的信号都分为相同的字长，感知编码器则是根据可听度来分配不同的字长。对于那些重要的声音就分配多一些比特数来确保可听的完整性，而对于轻言细语不很重要的编码比特数就会少一些，不可听的声音就完全不进行编码，从而降低了比特速率。感知编码一般常见的压缩率是 4∶1，6∶1 或 12∶1。

感知编码器可以根据人耳的灵敏度来编码，它也可以输出放音系统所要求的响度。实况播送的音乐不通过放大器和扬声器而直接进入耳朵但是录制的音乐必须通过放音系统。由于感知编码器去除了不可听的信号成分，从逻辑上讲，加强了放音系统传送可听音乐的能力。简言之，感知编码器很适合对需要经过音频系统的音频信号编码。

感知编码的理论基础是基于人耳的闻域、临界频带和掩蔽效应。

人耳听觉范围是 20Hz～20kHz，大多数人对 2kHz～5kHz 范围内的声音最敏感。人能听到声音取决于声音的频率以及声音的幅度是否高于这一频率下的听觉阈值。听觉阈值也会随着声音频率变换有所不同。在编码时去掉阈值以外的电平就相当于对数据进行了压缩。

临界频带反映了人耳对不同频段声音的反应灵敏度是有差异的：在低频段对几赫兹的声音差异都能分辨，而在高频段的差异要达到几百赫兹才能分辨。试验表明，低频段的临界频段宽度由 100Hz 到 200Hz，在大于 5kHz 后的高频段的临界频段宽度由 1000Hz 到几万 Hz。近 3/4 的临界频段低于 5kHz。因此在编码时要对低频段进行精细的划分，而对高频段的划分不必精细。

掩蔽包括频域掩蔽和时域掩蔽。在频域，一个强音会掩蔽掉与之接近的弱音，掩蔽特性与掩蔽音的强弱、掩蔽音的中心频率以及掩蔽音与被掩蔽音的频率相对位置有关。时域掩蔽是指掩蔽效应发生在掩蔽音与被掩蔽音不同时出现时，也称为异时掩蔽。在编码时，对被掩蔽的弱音不必进行编码，从而达到数据压缩的目的。在感知编码中使用了心理模型。

图 2-12 是感知编码的 MPEG 通用音频编码系统的结构框架图。

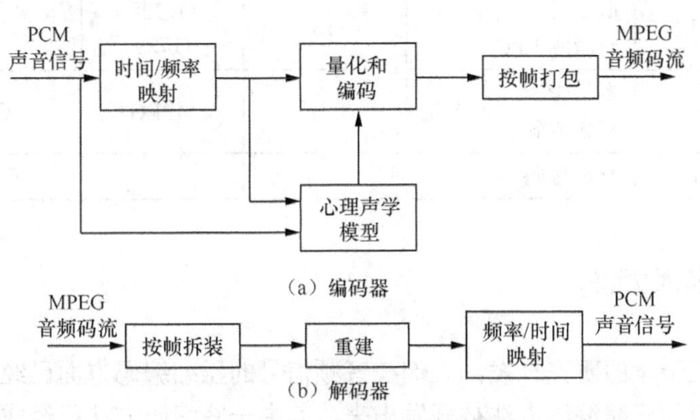

图 2-12　MPEG 音频编解码器基本框图

图 2-12 中的时间/频率映射完成将输入的时间域音频信号转变为亚取样的频率分量，这可以使用不同的滤波器组来，其输出的频率分量也叫做子带值或者频率线。心理声学模型利用滤波器组的输出和输入的数字声音信号计算出随输入信号而变化的掩蔽门限估值。量化和编码按照量化噪声不超过掩蔽门限的原则对滤波器组输出的子带值（或频率线）进行量化、编码，目的是使量化的噪声不会被人耳感觉到。可以采用不同算法来实现量化和编码，编码的复杂程度也会随分析/综合系统的变化有所不同。按帧打包来完成最后的编码码流。编码码流中除了要包括量化和编码映射后的样值外，还包括如比特分配等的边信息。

在音频压缩编码中，感知编码是比较成功的，像 MPEG-1、MPEG-2 和 AC-3 都是采用的感知编码。音频数字压缩编码算法及特性如表 2-2 所示。

表 2-2　音频数字压缩编码算法及其特性

<table>
<tr><th>分类</th><th>具体算法</th><th>中文名称</th><th>速率
kbit/s</th><th>对应标准</th><th>应用领域</th><th>质量
等级</th></tr>
<tr><td rowspan="4">波形
编码</td><td>PCM（A/μ）</td><td>脉冲编码调制</td><td>64</td><td>G .711</td><td rowspan="4">PSTN
ISDN
配音</td><td>4.3</td></tr>
<tr><td>ADPCM</td><td>自适应差值脉冲编码调制</td><td>32</td><td>G .721</td><td>4.1</td></tr>
<tr><td rowspan="2">SB-ADPCM</td><td rowspan="2">子带子自适应差值脉冲编码调制</td><td>64/56/48</td><td>G .722</td><td rowspan="2">4.5</td></tr>
<tr><td>5.3
6.3</td><td>G.723</td></tr>
<tr><td>参数
编码</td><td>LPC</td><td>线性预测编码</td><td>2.4</td><td></td><td>保密
话音</td><td>2.5</td></tr>
</table>

续表

分类	具体算法	中文名称	速率 kbit/s	对应标准	应用领域	质量等级
混合编码	CELPC	码激励 LPC	4.8		移动通信	3.2
	VSELPC	矢量和码激励 LPC	8	GIA	语音信箱	3.8
	RPE-LTP	长时预测规则码激励	13.2	GSM	ISDN	3.8
	LD-CELP	低延时码激励 LPC	16	G.728 G.729		4.1
	MPEG	多子带感知编码	128	MPEG	CD	5.0
	AC-3	感知编码			音响	5.0

2.3 音频压缩编码标准

经过将近二三十年的研究开发，人们在音频信号的压缩编码方面已经取得了令人瞩目的成果，有许多实用的压缩编码方法被开发出来。其中一些编码方法已经成为很有影响的国际或者地区的标准。这些标准从编码速率、编码的压缩算法、编码器结构和话音质量以及彼此的关系等方面进行了描述。

语音压缩编码的发展过程，一直以来的目标就是用尽可能低的数码率来获得尽可能好的合成语音质量。压缩编码的数码率在本质上所反映的是信号的频带宽度，降低数码率实际上就是压缩频带宽度。很显然，随着压缩信号数码率的降低，相应的压缩算法复杂度和算法的延迟时间也是要增加的。对语音信号的压缩方法有很多，如波形编码压缩、码激励线性预测CELP 方式的压缩和高保真音频信号即 MPEG 的压缩。对应不同的压缩方法有相应的编码标准。下面我们对这些压缩标准分别来进行介绍。

2.3.1 波形编码标准

采用波形编码的编码标准有 G.711 标准、G.721 标准和 G.722 标准。

1. G.711 标准

G.711 标准是在 1972 年提出的，它是为脉冲编码调制 PCM 制定的标准。从压缩编码的评价来看，这种编码方法的语音质量是最好的，算法延迟几乎可以忽略不计，但缺点是压缩率很有限。G.711 是针对电话质量的窄带话音信号，频率范围是 0.3～3.4kHz，采样频率采用 8kHz，每个采样样值用 8 位二进码编码，其速率为 64kbit/s。标准推荐采用非线性压缩扩张技术，压缩方式有 A 律和μ律两种。由于用了压缩扩张技术，其编码方式为非线性编码，而其编码质量却与 11 比特线性量化编码质量相当。在 5 级的 MOS 评价等级中，其评分等级达到 4.3（MOS），话音质量很好。编解码延时只有 0.125ms，可以忽略不计。算法的复杂度是最低的，定为 1，其他编码方法的复杂度都与此做对比。

2．G.721 标准

经过脉冲编码调制 PCM 后所得到的语音信号，其速率是比较高的，占用的频带宽度也较大，限制了它的应用，需要对其进行压缩处理。在语音的压缩编码过程中，出现了速率低而质量又很好的自适应脉冲编码调制 ADPCM，其编码速率为 32kbit/s。G.721 标准就是用于速率是 64kbit/s（A 或μ律压扩技术）的 PCM 语音信号与速率是 32kbit/s 的 ADPCM 语音信号之间的转换，由 ITU-T 在 1984 年制定。利用 G.721 可以实现对已有 PCM 的信道进行扩容，即把 2 个 2048kbit/s（30 路）PCM 基群信号转换成一个 2048kbit/s（60 路）ADPCM 信号。此标准采用自适应脉冲编码调制 ADPCM 技术，语音信号的采样频率为 8kHz，对样值与其预测值的差值进行 4 比特编码，其速率为 32kbit/s。其编码器结构如图 2-13 所示。语音评价等级达到 4.0（MOS），质量也很好。系统延时 0.125ms，可忽略不计，复杂度达到 10。

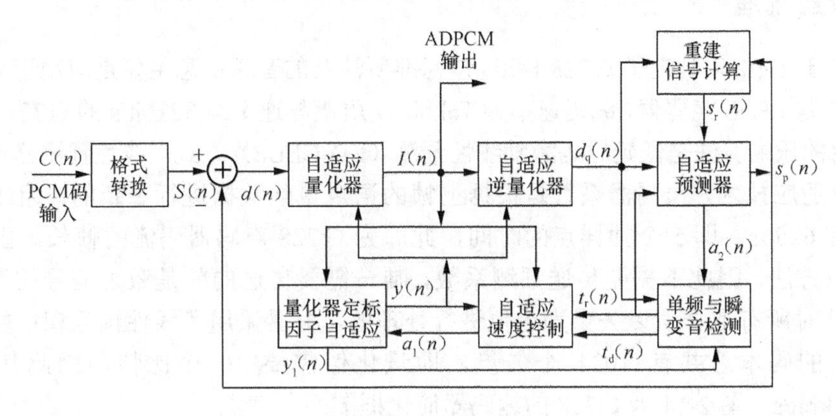

（a）编码器

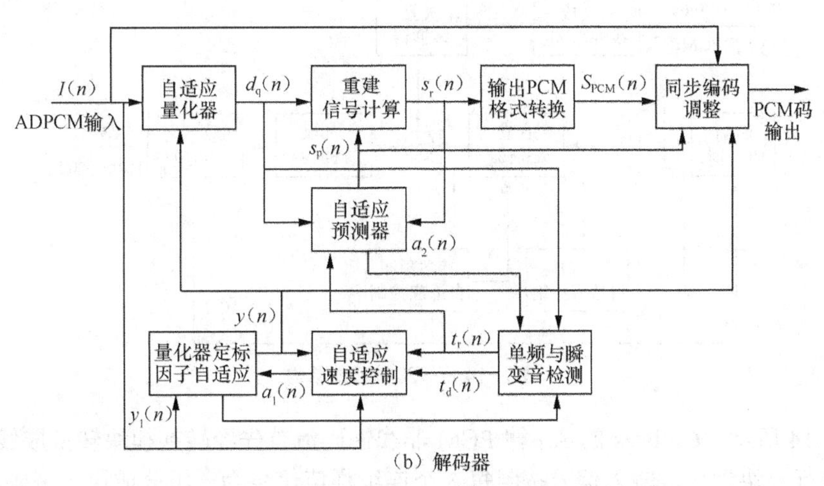

（b）解码器

图 2-13　G.721 32kbit/s ADPCM 原理框图

3．G.722 标准

G.722 标准是针对调幅广播质量的音频信号制定的压缩标准，音频信号质量高于 G.711 和 G.721 标准。调幅广播质量的音频信号其频率范围是 50Hz～7kHz。此标准是在 1988 年由

CCITT 制定的。此标准采用的编码方法是子带自适应差分脉冲编码调制 SB-ADPCM 编码方法，将话音频带划分为高和低两个子带，高、低子带间以 4kHz 频率为界限。在每个子带内采用自适应差值脉冲编码调制 ADPCM 方式。其采样频率为 16kHz，编码比特数为 14bit，编码后的信号速率为 224kbit/s。G.722 标准能将 224kbit/s 的调幅广播质量信号速率压缩为 64kbit/s，而质量又保持一致，可以在多媒体和会议电视方面得到应用。G.722 编码器所引入的延迟时间限制在 4ms 之内。上述这些标准还都是采用波形编码的方法，因而编码的速率不会太低。要获得更低的编码速率，波形编码就不适用了，需要采用参量编码和混合编码方法。

2.3.2 混和编码标准

采用混和编码方法的编码标准有 G.728 标准和 G.723.1 标准。

1. G.728 标准

CCITT 于 1992 年制定了 G.728 标准，该标准所涉及的音频信息主要是应用于公共电话网中的。G.728 是 LPAS 声码器，编码速率为 16kbit/s，质量与速率与 32kbit/s 的 G.721 标准相当。该标准采用的压缩算法是低延时码激励线性预测（LD-CELP）方式。线性预测器使用的是反馈型后向自适应技术，预测器系数是根据上帧的语声量化数据进行更新的，因此算法延时较短，只有 625μs，即 5 个抽样点的时间，此即为 G.728 声码器码流的帧长。由于使用反馈型自适应方法，因此不需要传送预测系数，唯一需要传送的就是激励信号的量化值。此编码方案是对所有取样值以矢量为单位进行处理的，并且采用了线性预测和增益自适应方法。G.728 的码本总共有 1024 个矢量，即量化值需要 10 个比特，因此其比特率为 10/625 = 16kbit/s。图 2-14 为 G.728 的编码器简化框图。

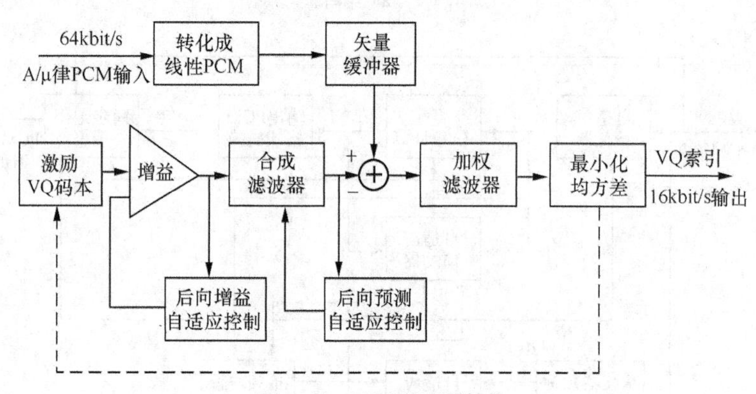

图 2-14 G.728 编码器结构

如图 2-14 所示，64kbit/s 的 A/μ律 PCM 非线性码流首先经转换模块转换成线性 PCM 码流，然后进行分块划分，输入信号按照每 5 个连续样值信号为一组分成块。编码器对分块的信息进行处理，编码器对每块的输入信号逐个搜索 1024 个激励码本矢量，每个矢量指示的激励信号通过增量控制和合成滤波器得到重构的信号，再求得对应的残差信号。按照加权的最小均方准则来选取最佳的激励信号，最后将其对应的码本矢量量化值发送到解码器。

G.728 也是低速率的 ISDN 可视电话的推荐语音编码器标准，速率是从 56～128kbit/s。由于这一标准具有反向自适应的特性，可以实现低的时延，但其复杂度较高。

G.729 就是 ITU-T 为低码率应用而制定的语音压缩标准。G.729 标准的码率只有 8kbit/s，其压缩算法相比其他算法来说比较复杂，采用的基本算法仍然是码激励线性预测（Code Excitation Linear Prediction，CELP）技术。为了使合成语音的质量有所提高，在此算法中也采取了一些新措施，所以其具体算法也比 CELP 方法复杂。G.729 标准采用的算法称作共轭结构代数码激励线性预测（Conjugate Structure Algebraic Code Excited Linear Prediction，CS-ACELP）。ITU-T 制定的 G.729 标准，其主要应用目标是第一代数字移动蜂窝移动电话，对不同的应用系统，其速率也有所不同，日本和美国的系统速率为 8kbit/s 左右，GSM 系统的速率为 13kbit/s。由于应用在移动系统，因此复杂程度要比 G.728 低，为中等复杂程度的算法。由于其帧长时间加大了，所需的 RAM 容量比 G.728 多一半。

G.729 是 8kbit/s 的 LPAS 声码器，线性预测技术采用的是前馈型前向自适应技术。预测器的系数根据前一帧和部分下一帧语声数据进行更新，因此算法的时延相比于 G.728 来说比较长。其帧长取的是 10ms，由 2 个子帧组成。由于采用的是前馈型自适应技术，因此除了传送激励信号外，还需要传送预测器的系数。为了降低编码的比特率，线性预测系数、激励信号波形和激励增益都采用了矢量量化，并利用了多级量化和分割量化技术。激励信号码本则采用高效的共轭结构代数码本。其编码器结构在此不再说明。

2．G.723.1 标准

G.723.1 音频压缩标准是已颁布的音频编码标准中码率较低的。G.723.1 语音压缩编码是一种用于各种网络环境下的多媒体通信标准，编码速率根据实际的需要有两种，分别为 5.3kbit/s 和 6.3kbit/s。G.723.1 标准是国际电信联盟（ITU-T）于 1996 年制定的多媒体通信标准中的一个组成部分，可以应用于 IP 电话、H.263 会议电视系统等通信系统中。其中，5.3kbit/s 码率编码器采用多脉冲最大似然量化技术（MP-MLQ），6.3kbit/s 码率编码器采用代数码激励线性预测技术 ACELP。G.723.1 标准的编码流程比较的复杂，但其基本概念仍然是基于 CELP 编码器，并结合了分析/合成 AbS 的编码原理使其在高压缩率情况下仍保持良好的音质。

G.723.1 音频压缩标准的分析帧长是 30ms，而且进一步地分成 4 个子帧。4 个子帧分别进行线性预测编码 LPC 分析，但只对最后一个子帧的 LPC 系数进行量化编码；语音信号的基音估计每 2 个子帧要进行一次。相比于 G.729 标准的 10ms 帧长要长。根据需要采用不同的码书，量化的方式也不同；分别进行自适应码书和固定码书的增益量化，自适应码书采用矢量量化，固定码书采用标量量化。这使得 G.723.1 编码有多速率的选择，能够适应网络环境的变化。输出 6.3kbit/s 速率时，码激励采用多脉冲激励，输出 5.3kbit/s 速率时的码激励采用代数码激励。原理框图如图 2-15 所示。

输入信号为 16bit 线性 PCM 数字语音信号。编码器按帧进行处理，由分帧部分来完成。每帧由 240 个语音样值组成，相当于抽样频率 8kHz 时的 30ms 帧长。由高通滤波器进行去直流处理并将每一帧分为等长的 4 个子帧，每子帧由 60 个样值组成。对每个子帧按照 Levinson-Durbin 求出其 10 阶的滤波器系数。4 个子帧中的最后一个子帧的 LPC 系数被转换成线谱对 LSP 系数，并对此系数进行矢量量化编码并送往解码器。4 个子帧的前三个子帧也要取得 LSP 系数，此系数的获得是通过对前一帧的解码 LSP 系数与第四子帧解码的 LSP 系数的线性内插获得的。各个子帧得到解码 LPC 系数后就可以构成合成滤波器。利用每个子帧未进行量化的 LPC 系数组成感觉加权滤波器。由基音估计对感觉加权的输出，按每 2 个子帧做一次开环基音估计，这样在一帧（240 个样值）中可以产生两个基音估计值，开环基音值是为了后面进行精确的闭环基音分析。由谐波噪声完成对加权语音的音质改进。脉冲响应计算完成组合滤波器的脉冲响应计算。零输入响应求解是为了去除组合滤波器的零输入响应，这是考虑到前后两帧间滤波器的影响。由基音预测器完成 CELP 系统中自适应码书的量化，它是一个 5 阶的 FIR 系统；由前面计算的开环基音值进行精确的闭环基音分析，对结果进行矢量量化（VQ）。最后进行固定码书的量化编码：对 6.3kbit/s 速率信号采用多脉冲/最大似然量化。不同于普通多脉冲编码方案，在此方案中，各脉冲幅度是一样的，符号可以有所不同，并且各个脉冲的位置要么都在偶数号序列位置要么都在奇数号序列位置。对 5.3kbit/s 速率信号采用 ACELP 方式编码。相比 6.3kbit/s 来说，脉冲的个数减少了，且位置限制更严。以上所有编码工作完成后，对固定码书的编码状态进行更新，为下一次编码做好准备。

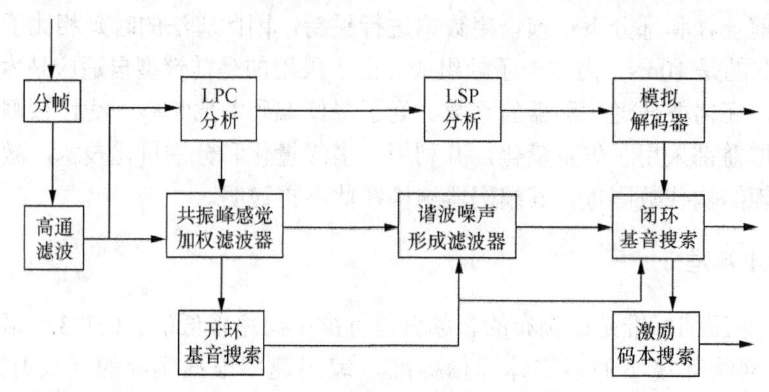

图 2-15　G.723.1 标准语音编码器原理框图

G.723.1 解码器也是以帧为单位进行处理的。在接收到 1 帧码流后，分别进行线谱对 LSP 系数解码、基音周期解码和激励信号脉冲解码。将现谱对参数转换为线性预测系数以构成 LPC 综合滤波器，利用基音周期和激励脉冲得到对应每个子帧的差值信号，经过基音滤波后输入到 LPC 综合滤波器，产生合成语音。经过共振峰滤波和增益控制后就可以产生高质量的重建语音信号。解码器的复杂度仅为编码器复杂度的 20%。图 2-16 为 G.723.1 解码器原理框图。

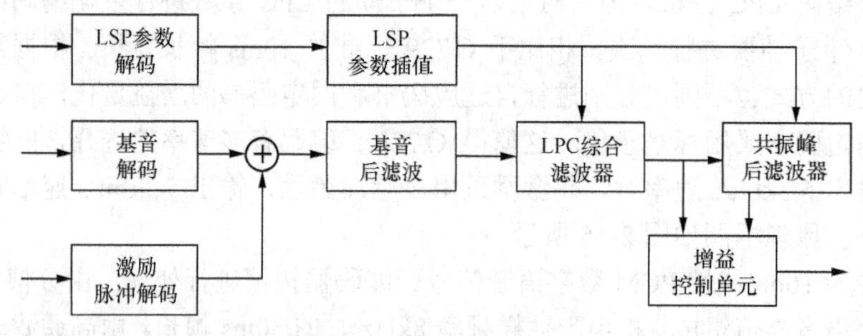

图 2-16　G.723.1 解码器框图

G.723.1 编码算法的计算量相当大，但可以在很低的码率上达到 MOS 分 3.5 以上的质量。

2.3.3　MPEG 音频编码标准

本章所描述的 MPEG 音频是 MPEG-1 音频、MPEG-2 音频和 MPEG-2AAC 音频。MPEG 音频编码是国际上公认的高保真立体声音频压缩标准。为了实现高保真，它的音频信号的采样频率有了很大的提高，音频信号的频率范围也大大地增加。MPEG-1 声音标准规定其音频信号采样频率可以有 32kHz、44.1kHz 或 48kHz 三种，音频信号的带宽可以选择 15kHz 和 20kHz。其音频编码分为 3 层：Layer-1、Layer-2 和 Layer-3。Layer-1 的压缩比为 1∶4，编码速率为 384kbit/s；Layer 2 的压缩比为 1∶6～1∶8 之间，编码速率为 192～256kbit/s；Layer 3 的压缩比为 1∶10～1∶12，压缩码率可以达到 64kbit/s。MPEG-1 标准 1992 年完成。MPEG-2 标准针对 MPEG-1 有所改进，兼容 MPEG-1 标准，并且考虑到了多通道特性。

1．MPEG-1 声音标准

MPEG-1 音频编码的信号频带是 20～20kHz，取样频率使用的是 32kHz、44.1kHz 和 48kHz，采用的编码算法是感知子带编码。Layer-1 的编码器最为简单，主要用于小型数字盒式磁带；Layer-2 编码器的复杂程度是中等，主要用于数字广播音频、数字音乐、只读光盘交互系统和视盘；Layer-3 的编码器最为复杂，主要用于 ISDN 上的声音传输。

MPEG 音频编码采用了子带编码，共分为 32 个子带。MPEG 编码的音频数据是按帧安排的。Layer-1 的每帧包含 32 × 12 = 384 个样本数据，Layer-1 和 Layer-3 每帧包含有 32 × 3×12 = 1152 个样本数据，是 Layer-1 的 3 倍。

（1）Layer-1 的编码

Layer-1 的子带划分采用等带宽划分，分为 32 个子带，每个子带有 12 个样本，心理声学模型只使用频域掩蔽特性。

Layer-1 和 Layer-2 编码器的结构基本类似，其差别在于滤波器子带的划分不同和 FFT 的运算点数不同。图 2-17 是 Layer-1 和 Layer-2 的编码器的方框图。

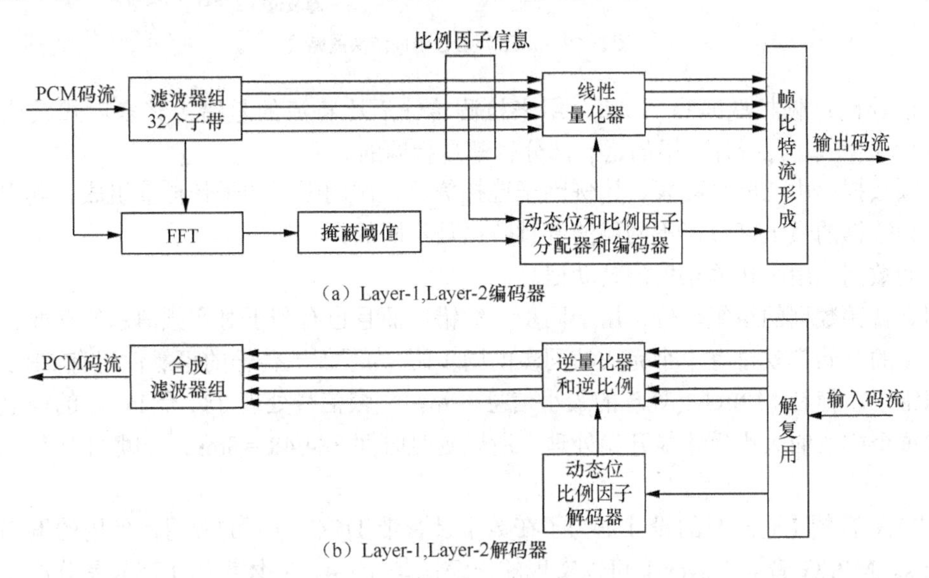

图 2-17　Layer-1，Layer-2 编码器方框图

Layer-1 子带分割的实现是通过时频映射来完成的，采用多相正交分解滤波器组将数字化的宽带音频信号分成 32 个子带，每个子带频带宽度为 625Hz；同时，信号通过 512 点 FFT 运算，对信号进行频谱分析；子带信号与频谱同步计算，得出对各子带的掩蔽阈值。由各个子带的掩蔽阈值合成为全局的掩蔽阈值。由此掩蔽阈值与子带中最大信号比较，产生信掩比

SMR。线性量化器找出子带样本中的最大绝对值，将此值量化为6位的比例因子。动态比特和比例因子分配器和编码器按照信掩比 SMR 确定每个子带的分配比特数，子带样本按照位分配进行编码，对高度掩蔽的子带就不需要编码。帧比特流形成按照标准的帧格式将声音样本的编码和位分配及比例因子等编码信息封装成帧。Layer-1 的帧结构如图 2-18 所示。

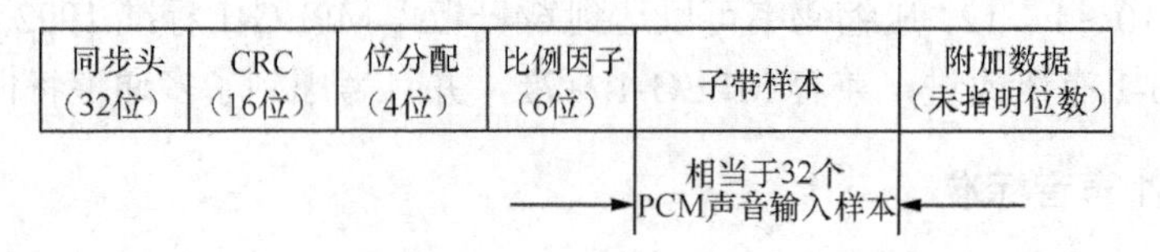

图 2-18 MPEG 层 1 帧结构

在图 2-18 的帧结构中，各个部分的内容如下。

帧头：由每帧开始的前 32bit 组成，这 32bit 包含同步信息和状态信息，同步码由 12 个全 1 码组成。所有的三层音频信息编码在这部分都是一样的。32 位帧头的详细内容如图 2-19 所示。

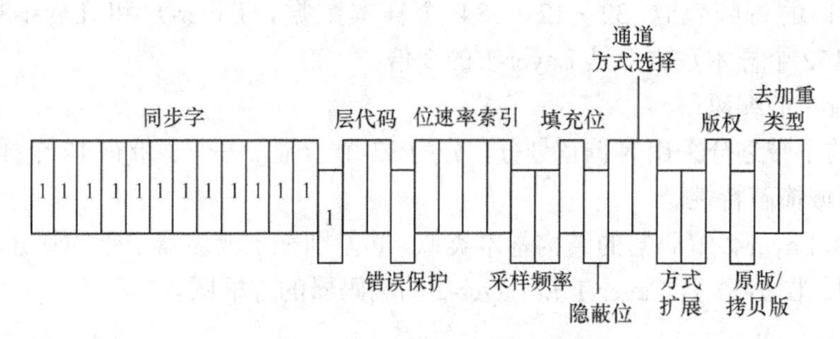

图 2-19 MPEG 声音位流同步头的格式

帧校验码：帧校验码占 16bit，用来检测传输后比特流的差错，其多项式表达式为：$X^{16}+X^{15}+X^{2}+1$。所有三层的这一部分也都是相同的。

音频数据：由比特分配表、比例因子选择信息、比例因子和子带样值组成。其中子带样值是音频数据的最大部分，不同层的音频数据是不同的。

辅助数据：用来传输相关的辅助信息。

帧是音频数据的组织单位，用于同步、纠错，而且也有利于对音频信息的存取、编辑。在每一帧的开始都安排有一个完成帧同步的同步码，为了保证传输的可靠性还有 CRC 的循环冗余纠错码。帧是 MPEG-1 处理的最小信息单元，一帧信号处理 384 个 PCM 的样值，因为要检测每个样值的大小后才能开始处理，所以延时时间 384/48 = 8ms。一帧相当于 8ms 的声音样本。

MPEG 音频 Layer-1 的设计是为了在数字录音带 DCC 方面的应用，使用的编码速率是 384kbit/s。MPEG 音频 Layer-1 可以实现的压缩比是 1∶4，立体声的实现只是分成了左 L、右 R 两个声道。

（2）Layer-2 编码

Layer-2 编码在 Layer-1 的基础上做了改进。32 个子带的划分是不等划分，其划分依据是临界频段。每个子带分为 3 个 12 样本组，这样每帧共有 1152 个样本。在掩蔽特性方面除保留原有的频域掩蔽外还增加了时域掩蔽。另外在低频、中频和高频段对位分配做了重新安排，低频段使用4位，中频段使用3位，高频段使用2位。其帧格式如图2-20所示。

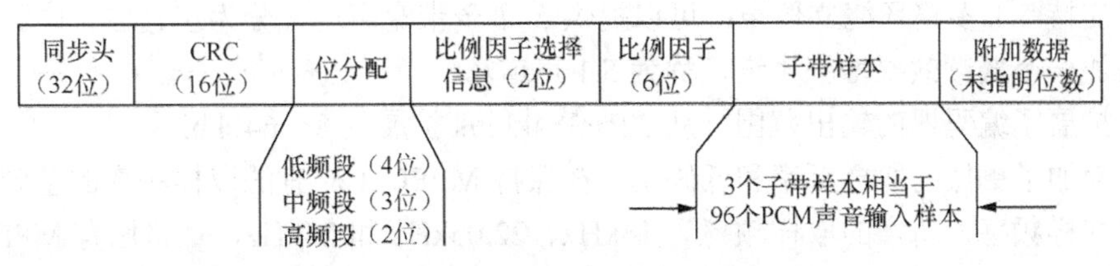

图2-20　MPEG层2位流格式

考虑到人耳对声音的低频段最为敏感，所以对低频段划分得更细，分配更多的比特数，高频段分配较少的比特数。为此就需要较复杂的滤波器组。心理声学模型使用1024点的FFT，提高了频率分辨率，可以得到原信号更加准确的瞬时频谱特性。

（3）Layer-3编码（MP3）

Layer-3仍然使用不等长子带划分。心理声学模型在使用频域掩蔽和时域掩蔽特性之外又考虑到了立体声信息数据的冗余，还增加了霍夫曼编码器。滤波器组在原有的基础上增加了改进离散余弦MDCT特性，可以部分消除由多相滤波器组引入的混叠效应。其编解码结构图如图2-21所示。

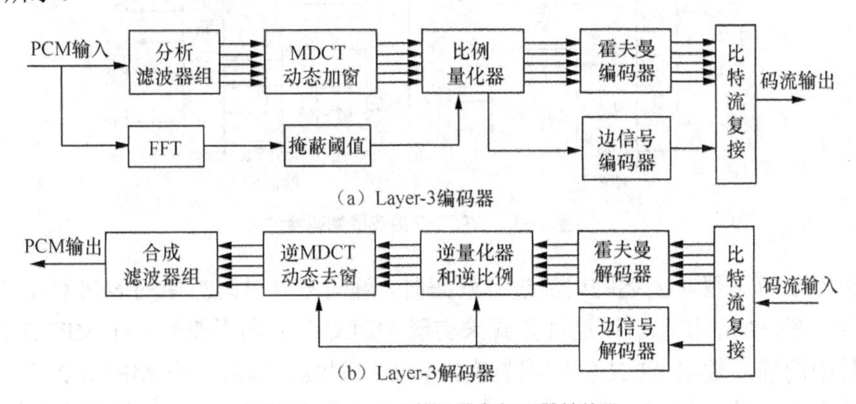

图2-21　Layer-3编码器和解码器结构图

MDCT采用了两种块长：18个样本组成的长块长和6个样本组成的短块长。3个短块长正好等于1个长块长。对一帧样本信号可以全部使用长块、全部使用短块或长短块混和使用。对于平稳信号使用长块可以获得更好的频域分辨率，对于跳变信号使用短块可以获得更好的时域分辨率。

MPEG音频Layer-3就是现在广为流传的MP3，是MPEG音频系列中性能最好的一个。实际上，MP3是MUSICAM方案和ASPEC方案的结合。MP3最大的好处在于它可以大幅度地降低数字声音文件的体积容量，而从人耳的感觉来讲，不会感觉到有什么失真，音质的主观感觉很令人满意。经过MP3的压缩编码处理后，音频文件可以被压缩到原来的1/10到1/12。1分钟CD音质的音乐，未经压缩需要10MB的存储空间，而经过MP3压缩编码后只有1MB左右。

2．MPEG-2 BC声音压缩标准

MPEG-2 BC声音标准是在MPEG-1的基础上发展来的，是MPEG为多声道声音开发的低码率编码方案，并与MPEG-1的声音标准保持后向兼容。与MPEG-1相比主要增加了下面

几个方面的内容。

（1）支持 5.1 多路环绕立体声：可以提供 5 个全带宽声道，分为左、右、中和两个环绕声道，另加一个低频效果增强声道，称为 5.1 声道。

（2）扩展了编码器的输出范围，从 32～384kbit/s 扩展到 8～640kbit/s。

（3）增加了更低的取样频率和低码率：在保持 MPEG-1 原有的取样频率的基础上，又增加了三种取样频率，新增的取样频率为 16kHz、22.05kHz 和 24kHz，是将原有 MPEG-1 的取样频率降低了一半，以便提高码率低于 64kbit/s 时的每个声道的声音质量。

MPEG-2 对多声道的扩展方式是通过可分级的方式来实现的。在编码器端，5 个输入的声道信号分别向下混合为一路兼容立体声信号，再按照 MPEG-1 的编码标准进行编码；用于在解码端恢复原来 5 个声道的相关信息都被安置在 MPEG-1 的附加数据区里，MPEG-1 在进行解码的时候可忽略此区的数据。这些附加信息在在声道 T2、T3 和 T4 以及在低音效果增强 LFE 声道中传输。MPEG-2 多声道解码器除了对 MPEG-1 的部分进行解码外，还对附加的信道 T2、T3 和 T4 以及 LFE 声道进行解码，根据这些信息来恢复原来的 5.1 声道，编码解码框图如图 2-22 所示。

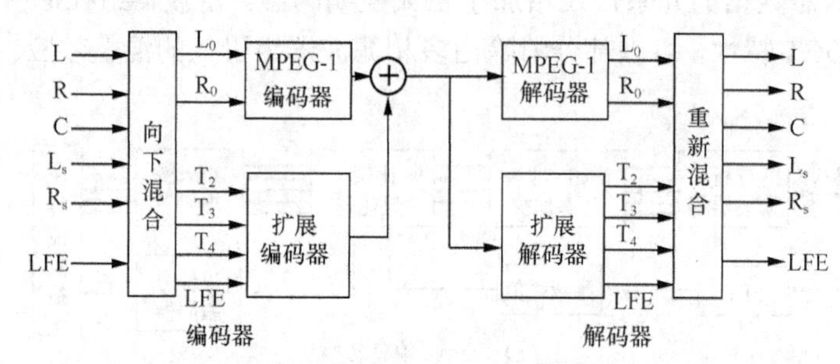

图 2-22　MPEG-2 编码器解码器

当 MPEG-1 解码器对上述的码流进行解码时，解码器只对码流中的 MPEG-1 部分进行解码，忽略掉所有附加的信息。以这种方式来实现 MPEG-2 的向下兼容。在 MPEG-1 声音数据格式中对其中的辅助数据 AUX 的数据长度没有做出限制，因此，在 MPEG-2 声音标准中将多声道中的中心声道、左右环绕声道 L_s、R_s 及低音效果增强声道 LFE 等多声道扩展 MC 信息看作是 MPEG-1 左右声道的辅助数据进行传送。MPEG-2 的数据帧结构如图 2-23 所示。

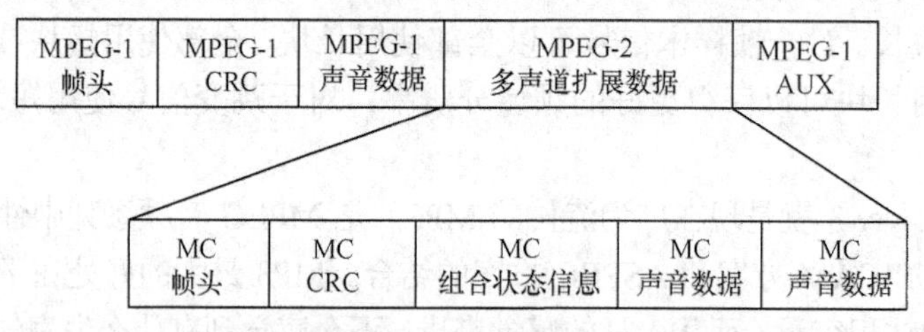

图 2-23　MPEG-2 声音码流的帧结构

2.3.4　MPEG-2 AAC 编码标准

MPEG-2 AAC（Advanced Audio Coding）是 MPEG-2 标准中一种非常灵活的编码标准，采用感知编码方法，主要是利用听觉系统的掩蔽特性来减少声音编码的数据量；并且通过子带编码将量化噪声分散到各个子带中，用全局的声音信号将噪声掩蔽掉。

AAC是由Fraunhofer IIS-A、杜比和AT&T共同开发的一种音频格式，它是MPEG-2规范的一部分。实质上，在MPEG-2的标准中，其音频编码技术包括BC（Backward Compatible）和AAC两种。BC音频编码技术和前面介绍的MPEG音频方式相同，是所谓的向下兼容格式。但是由于兼容性的限制，当编码速率较低时得不到较高的音质。也就是声音重建的音质不能达到ITU-R和EBU（欧广联）对无线广播的标准要求，即声音重建音质要与CD音质相当。为了达到ITU-R和EBU的要求，在1994年MPEG-2标准通过的同时，MPEG标准化组织决定研究和制定新的音频编码标准，这就是AAC。AAC的目标是追求低比特率下的高音质，因此丢弃了向下兼容的能力，并且采用了更高压缩率的先进编码技术。此标准于1997年制定并完善，同年公布。AAC支持的采样频率从8kHz到96kHz。AAC可以把取样频率48kHz、编码位数16bit的数据压缩到64kbit/s，而且音质与原始声音相同。MPEG-2 AAC对语音数据的压缩比达到11∶1，即每声道的数据率为44.1 × 16/11 = 64kbit/s，在5声道的总数据率为320kbit/s的情况下，很难区分还原后的声音与原始声音间的差别。AAC所采用的运算法则与MP3的运算法则有所不同，AAC通过结合其他的功能来提高编码效率。AAC的音频算法在压缩能力上远远超过了以前的一些压缩算法（比如MP3等）。它还同时支持多达48个音轨（主声道）、16个低频音效加强通道LFE、16个配音声道、更多种采样率和比特率、多种语言的兼容能力、更高的解码效率。总之，与MPEG的音频编码Layer-2相比，MPEG-2 AAC的压缩率可以提高1倍，且质量更高；与MPEG的Layer-3相比，可以在比MP3文件缩小30%的前提下提供更好的音质。

MPEG-2 AAC采用模块化的编码方法，把整个ACC系统分成一系列模块，用标准化的ACC工具对模块进行定义。在文献资料中是通常将模块和工具同等对待。AAC定义的编码和解码的基本结构图如图2-24所示。

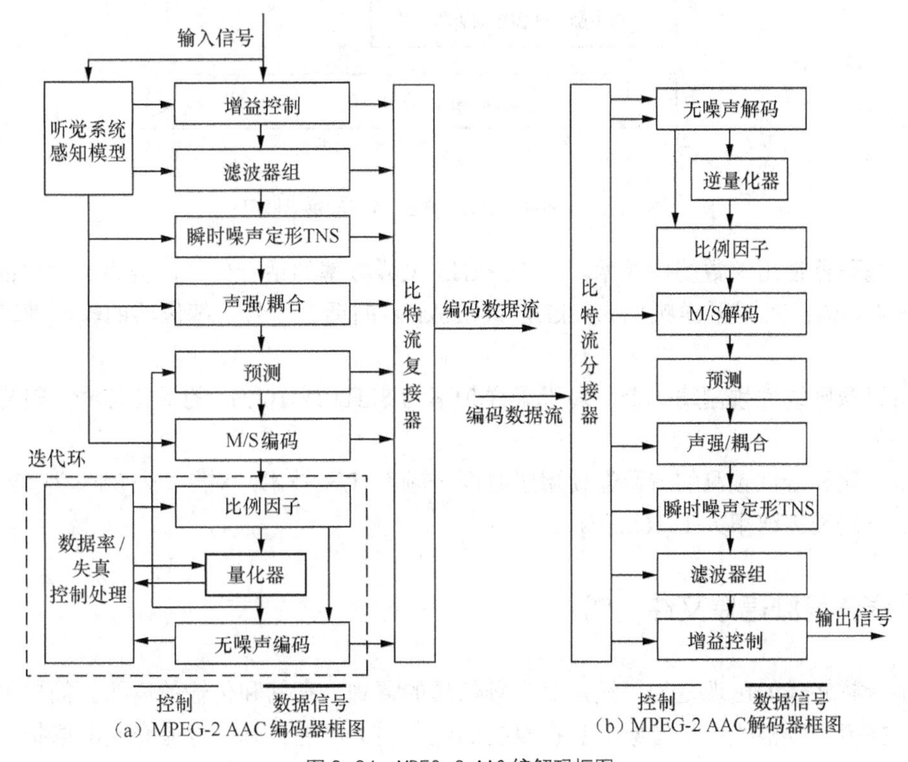

(a) MPEG-2 AAC编码器框图　(b) MPEG-2 AAC解码器框图

图2-24 MPEG-2 AAC编解码框图

AAC 的编码方法与前面介绍的编码方法不同，AAC 采用了模块化的方法，将整个 AAC 系统分解成一系列模块，用标准化的 AAC 编码工具对模块进行定义。AAC 定义了 3 种配置：基本配置、低复杂性配置和可变采样率配置。

基本配置在三种配置中提供最好的声音质量，除没有使用增益控制模块外，其余模块都使用。低复杂性配置没有使用预测模块和预处理模块，使用的瞬时噪声定形滤波器模块的级数也有限，声音质量低于基本配置。可变采用率配置使用增益控制做预处理，没有使用预测模块，对 TNS 滤波器的级数和带宽也有限制，是最简单的一种配置。

2.3.5 MPEG-4 音频标准

作为一种新的音频标准，MPEG-4 音频编码综合了多种类型的音频编码。MPEG-4 音频编码标准集成了从话音到高质量的多声道声音，从自然声音到合成声音。采用的编码方法有多种，包括参数编码、码激励线性预测编码 CELP、时间/频率编码、结构化声音 SA 编码和文-语系统 TTS 的合成声音。其编码方框图如图 2-25 所示。

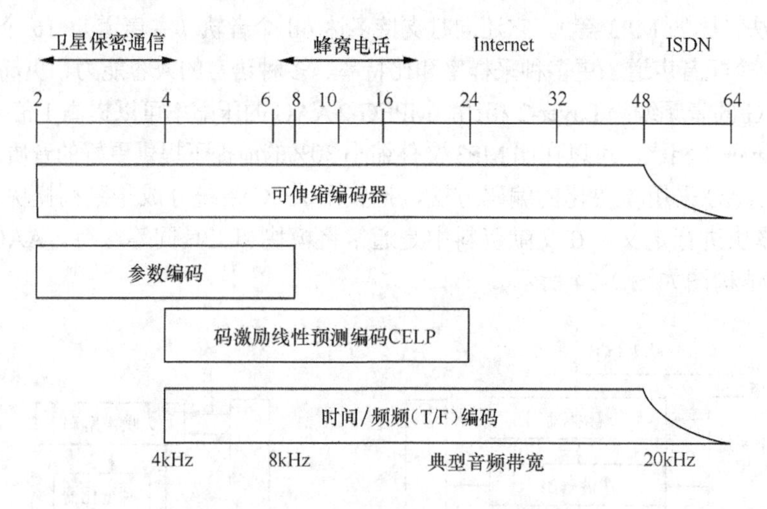

图 2-25　2～64kbit/s 的 MPEG-4 音频编码框图

参数编码器使用参数编码技术。对于 8kHz 采样频率的话音信号，编码器输出的码流速率是 2～4kbit/s；对于采样频率为 8kHz 或 16kHz 的话音信号，编码器的输出速率为 4～16kbit/s。

使用码激励线性预测编码器，对于采样频率为 8kHz 或 16kHz 的话音信号，输出速率为 6～24kbit/s。

矢量量化和线性预测的编码器使用了时间—频率 T/S 技术，对于采样频率为 8kHz 的话音信号，编码输出速率大于 16kbit/s。

2.4 多媒体音频信息文件格式

数字音频格式的出现是为了满足对音频信息的复制、存储和传输的需要。简单地来说，在早期的模拟音频格式中，音频信息在复制的过程中会产生失真，存储介质的磨损也会造成音频信息的失效。从 CD 盘的使用开始，数字音频文件开始普及，随之带来的问题是存储容量的限制，另外，CD 盘也会由于磨损而造成信息的丢失。若要将音频信息保存到硬盘上，也不都是很好的办法，虽然这是当时主要的存储介质，但还是很昂贵。随着互联网的出现，人们开始需要文件的远距离传输，而带宽对体积很大的音频文件的传输是有很大的限制，人们迫切地需要压缩传输文件的体积，这就从外部因素上导致有损压缩数字音频格式的产生。而从内部来说，随着电脑运算能力的提高，各种压缩编码的应用，促进了各种有损压缩数字音频格式的大量产生。

自从 PC 机可以支持多媒体应用以来，很多公司在利用计算机处理音频信息方面下了很大的气力，从而先后出现了许多的音频文件格式。这些音频文件格式有些仍在流行，而另一些已不很流行了。由此我们知道，某个音频文件格式实际上是与研制它的机构有关联的。下面我们就常见的一些音频文件格式的情况做一个介绍。

音频文件通常分为两类：声音文件和 MIDI 文件。声音文件指的是通过声音录入设备录制的原始声音，直接记录了真实声音的二进制采样数据，通常文件较大；而 MIDI 文件则是一种音乐演奏指令序列，相当于乐谱，可以利用声音输出设备或与计算机相连的电子乐器进行演奏，由于不包含声音数据，其文件尺寸较小。下面介绍常见的音频文件格式。

（1）Wave（Wave Audio Files）文件，其扩展名为 WAV。Wave 格式是 Microsoft 公司开发的一种声音文件格式，它来源于对声音模拟信号波形的采样。用不同的采样频率对声音的模拟波形进行采样可以得到一系列离散的采样点，以不同的量化位数（8 位或 16 位）把这些采样点的值转换成二进制数，然后存入磁盘，这就产生了声音的 WAV 文件，即波形文件。它符合 RIFF（Resource Interchange File Format）文件规范，利用 Wave 文件可以很好地保存 Windows 平台的音频信息资源，由此得到 Windows 平台及其应用程序的广泛支持。Wave 格式所支持的算法很多，如：MSADPCM、CCITT A Law、CCITTμ Law 和其他压缩算法，并且支持多种音频编码位数（8 位或 16 位）、采样频率和声道数，是 PC 机上最为流行的声音文件格式。该格式记录声音的波形，故只要采样频率高、采样字节长、机器速度快，利用该格式记录的声音文件就能够和原声基本一致，质量非常高；但这样做的代价就是文件太大，多用于存储简短的声音片断。

（2）AIFF 文件，其扩展名为 AIF 或 AIFF。AIFF 是音频交换文件格式（Audio Interchange File Format）的缩写，这种声音文件格式是由苹果计算机公司开发的，被 Macintosh 平台及其应用程序所支持，Netscape Navigator 浏览器中的 LiveAudio 也支持 AIFF 格式，SGI 及其他专业音频软件包也同样支持这种格式。AIFF 支持 ACE2、ACE8、MAC3 和 MAC6 压缩，支持码位数 16 位采样频率为 44.1kHz 的立体声。

（3）Audio 文件，其扩展名为 AU。Audio 文件是 Sun Microsystems 公司推出的一种经过压缩的数字声音格式，是 Internet 中常用的声音文件格式，Netscape Navigator 浏览器中的 LiveAudio 也支持 Audio 格式的声音文件。

（4）Sound 文件，其扩展名为 SND。Sound 文件是 NeXT Computer 公司推出的数字声音文件格式，支持压缩。

（5）VQF，就是 TwinVQ Files，是由 Nippon Telegraph and Telephone（NTT）开发的一种音频压缩技术。无论在音频压缩率还是在音质上，VQF 比 MP3 都有较大的优势。当然技术上的优势并不代表市场上的优势。

（6）Voice 文件，其扩展名为 VOC。Voice 文件是 Creative Labs（创新公司）开发的声音文件格式，多用于保存 Creative Sound Blaster（创新声霸）系列声卡所采集的声音数据，被 Windows 平台和 DOS 平台所支持，支持 CCITT A Law 和 CCITTμ Law 等压缩算法。每个 VOC 文件由文件头块（header block）和音频数据块（data block）组成。文件头包含一个标识版本号和一个指向数据块起始的指针。数据块分成各种类型的子块。如声音数据静音标识、ASCII 码文件重复的结果重复以及终止标志、扩展块等。

（7）MPEG 音频文件，扩展名为 MP1/MP2/MP3。MPEG 是运动图像专家组（Moving Picture Experts Group）的缩写，代表 MPEG 运动图像压缩标准，这里的音频文件格式指的是 MPEG 标准中的音频部分，即 MPEG 音频层（MPEG Audio Layer）。MPEG 音频文件的压缩是一种有损压缩，根据压缩质量和编码复杂程度的不同可分为三层（MPEG Audio Layer 1/2/3），分别对应 MP1、MP2 和 MP3 这三种声音文件。MPEG 音频编码具有很高的压缩率，MP1 和 MP2 的压缩率分别为 4∶1 和 6∶1～8∶1，而 MP3 的压缩率则高达 10∶1～12∶1，也就是说一分钟 CD 音质的音乐，未经压缩需要 10MB 存储空间，而经过 MP3 压缩编码后只有 1MB 左右，同时其音质基本保持不失真，因此，目前使用最多的是 MP3 文件格式。

（8）RealAudio 文件，其扩展名为 RA/RM/RAM。RealAudio 文件是 RealNetworks 公司开发的一种新型流式音频（Streaming Audio）文件格式，它包含在 RealNetworks 公司所制定的音频、视频压缩规范 RealMedia 中。这种格式真可谓是网络的灵魂，强大的压缩量和极小的失真使其在众多格式中脱颖而出。和 MP3 相同，它也是为了解决网络传输带宽资源而设计的，因此主要目标是压缩比和容错性，其次才是音质。它主要用于在低速率的广域网上实时传输音频信息。网络连接速率不同，客户端所获得的声音质量也不尽相同：对于 14.4kbit/s 的网络连接，可获得调幅（AM）质量的音质；对于 28.8kbit/s 的连接，可以达到广播级的声音质量；如果拥有 ISDN 或更快的线路连接，则可获得 CD 音质的声音。

（9）Creative Musical Format 文件，其扩展名为 CMF。Creative 公司的专用音乐格式，和 MIDI 差不多，只是音色、效果上有些特色，专用于 FM 声卡，但其兼容性也很差。

（10）CD Audio 音乐 CD，扩展名 CDA。唱片采用的格式，又叫“红皮书”格式，记录的是波形流。但缺点是无法编辑，文件长度太大。

（11）MOD 文件，其扩展名为 MOD、ST3、XT、S3M、FAR 和 669 等，也称为模块化文件。该格式的文件里存放乐谱和乐曲使用的各种音色样本，具有回放效果明确，音色种类无限等优点。但它也有一些致命弱点，以至于现在已经逐渐淘汰，目前只有 MOD 迷及一些游戏程序中尚在使用。

以上的音频文件格式中，最为常见的是 WAV、APE、MPEG、WMA/ASF、RA/RM 和 MIDI/MID。其他的文件格式就见得比较少了。总之，如果有专业的音源设备，那么要听同一首曲子的高保真 HIFI 程度依次是：原声乐器演奏 > MIDI > CD> MOD > MIDI > CMF，而 MP3 及 RA 要看它的节目源是采用 MIDI、CD 还是 MOD 了。

另外，在多媒体材料中，存储声音信息的文件格式也是需要认识的，共有 WAV 文件、VOC 文件、MIDI 文件、RMI 文件、PCM 文件以及 AIF 文件等若干种。

RMI 文件：Microsoft 公司的 MIDI 文件格式，它可以包括图片标记和文本。

PCM 文件：模拟音频信号经模数转换（A/D 变换）直接形成的二进制序列，该文件没有附加的文件头和文件结束标志。在声霸卡提供的软件中，可以利用 VOC-HDR 程序，为 PCM

格式的音频文件加上文件头，而形成 VOC 格式。Windows 的 Convert 工具可以把 PCM 音频格式的文件转换成 Microsoft 的 WAV 格式的文件。

MIDI 文件：MID.RMI。MIDI 是乐器数字接口（Musical Instrument Digital Interface）的缩写，是数字音乐/电子合成乐器的统一国际标准，它定义了计算机音乐程序、合成器及其他电子设备交换音乐信号的方式，还规定了不同厂家的电子乐器与计算机连接的电缆和硬件及设备间数据传输的协议，可用于为不同乐器创建数字声音，可以模拟大提琴、小提琴和钢琴等常见乐器。在 MIDI 文件中，只包含产生某种声音的指令，这些指令包括使用什么 MIDI 设备的音色、声音的强弱、声音持续多长时间等，计算机将这些指令发送给声卡，声卡按照指令将声音合成出来，MIDI 声音在重放时可以有不同的效果，这取决于音乐合成器的质量。相对于保存真实采样数据的声音文件，MIDI 文件显得更加紧凑，其文件尺寸通常比声音文件小得多。

由于这些文件格式都是开放的标准，因此可以很容易实现不同文件格式间的转换。

小　　结

1．人耳对声音强弱的感觉是与声压级成正比关系。人对声音主观的感觉是用响度、音调和音色来描述的。描述响度、声压级和声音频率之间的关系的曲线称为响度曲线。

2．一个频率声音的听阈由于另一个声音的存在而上升的现象称为掩蔽。采用等级法 MOS 对声音的评价分为 5 级。

3．波形编码的优点是实现简单、语音质量好和适应性强。参数编码通过构造人的发声模型，对模型参数进行量化编码，来实现语声的数字化压缩。参数编码的激励信号只是分为清音和浊音。线性预测编码是典型的参数编码。

4．混和编码结合了波形编码和参数编码的各自优点，既有较好的语音质量，码速率也不高。混和编码对激励信号做了更为详细的划分。混和编码常采用合成分析的方法来实现。

5．常用的压缩编码方法有：差值脉冲编码、子适应差值脉冲编码、线性预测编码、矢量量化编码子带编码和感知编码。感知编码的基础是利用基于人耳的闻阈、临界频段和掩蔽效应。

6．波形编码标准有 G.711、G.721 和 G.722。混和编码标准有 G.728、G.729 和 G.723.1。感知编码标准有 MPEG 标准。

7．Layer-1 采用等带宽子带划分，分为 32 个子带，每个子带有 12 个样本，利用了频域掩蔽效应。Layer-2 依据临界频段将频带分为不等宽的 32 个子带，每个子带有 3 个 12 样本组，增加了时域掩蔽。Layer-3 在 Layer-2 的基础上考虑了立体声数据的冗余，还增加了霍夫曼编码。

8．MPEG-2 与 MPEG-1 相比增加了 5.1 路环绕立体声、扩展了编码器的输出范围和增加了更低的取样频率和低码率。其多声道扩展是通过可分级的方式来实现的。MPEG AAC 所采用的算法优于已有的算法，支持 48 个主音轨、16 个低频音效加强通道，16 个配音声道、更多种采样率和比特率、多种语言的兼容能力和更高的解码效率。

9．MPEG-4 的音频编码集成了从话音到高质量的多声道声音，从自然声音到合成声音。采用的编码方法包括参数编码、码激励线性预测编码、时间/频率编码、结构化声音编码和文语转换系统的合成声音。

习　题

1. 简要说明参数编码和合成编码的基本原理，并进行比较。
2. 说明语声信号的数字还原过程，多媒体中的语音数字化的采样频率是多少？
3. 常用的音频压缩编码有哪几种？简要说明各自的特点。
4. 说明感知编码的基本原理。
5. 比较 MPEG-2 BC 和 MPEG-2 AAC 的编码方法和特点。
6. 简述 MPEG-4 的编码方法。

第3章 数字图像与视频压缩编码

无论是电视系统，还是电影，其最终的目的都是为接收者提供视觉图像，因此图像质量与人眼的视觉特性有关。本章在对人眼的视觉特性、图像的数字化过程以及图像质量的评估等进行论述的基础上，着重针对图像存储和传输过程中数据量大的问题，介绍所采用的图像与视频压缩编码方法，最后就目前国际上通用的图像压缩标准进行了详细的介绍。

3.1 图像技术基础

3.1.1 视觉特性

1. 人眼的对比度灵敏度特性

（1）图像的对比度与灰度

对比度是指景物或重现图像的最大亮度 L_{max} 与最小亮度 L_{min} 之比，用符号 C 表示，即

$$C=\frac{L_{max}}{L_{min}} \tag{3-1}$$

而画面的最大亮度与最小亮度之间所能分辨的亮度感觉级数称为亮度层次，也称为灰度。

由于人眼的亮度感觉是相对的，即同一亮度在不同的环境亮度下给人的亮度感觉是不同的，因此当人们看电视时，在考虑到环境亮度后，电视图像的对比度为

$$C=\frac{L_{max}+L_{\varphi}}{L_{min}+L_{\varphi}} \tag{3-2}$$

其中 L_{φ} 为环境亮度。

实验表明人眼察觉亮度变化的能力是非常有限的。例如在某一亮度下，亮度发生变化，并且人眼刚刚能够察觉出此变化，这个变化值就是最小亮度变化量 ΔL_{min}，如果我们称此变化量为一级亮度级差，那么每增加一个 ΔL_{min} 就增加一级亮度级。

人眼的主观亮度感觉就是以上述级数形式来衡量的。人眼能够感觉到的亮度范围非常大，明视觉可以从 1nit 到几百 nit，可见人眼的视觉感觉可以随外界光的强弱，而自动调节。另外在不同的环境亮度下，对同一亮度的主观感觉也不相同。例如有一发光物体，其亮度为 100nit，

当环境很亮情况下，即使可分辨的亮度范围是 200～2000nit，仍感到黑，而当可分辨范围是 1～200nit 时，却感到相当亮。可见人眼的亮度是相对的。

（2）人眼视觉的对比度灵敏度

人眼区分某一给定空间频率的正弦光栅（如图 3-1 所示）明暗差别所需的最低对比度，称为分辨这一空间频率的临界对比度，用 *Cr* 表示。临界对比度的倒数 1/*Cr* 被称为人眼对于这一空间频率对比度灵敏度。

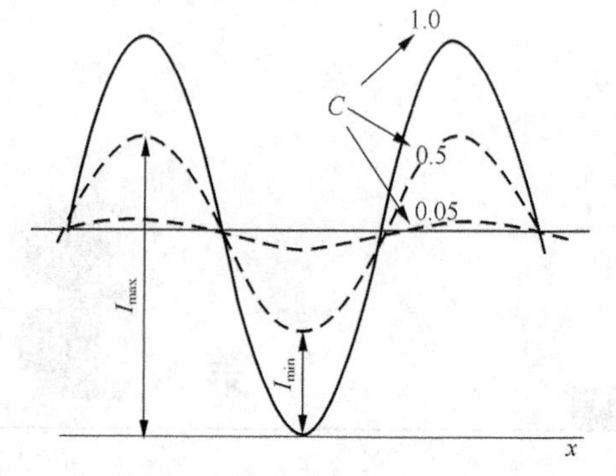

图 3-1　定义临界对比度的正弦光栅

由以上定义可知，临界对比度表示人眼在给定的亮度环境下所能区分景物的最小亮度差别，通常称这一最小亮度差别为一个亮度级（或灰度级）。

2．视觉的时域特性

（1）视觉惰性

当一个景物突然出现在眼前时，需经过一定的时间才能形成一个稳定的主观亮度感觉；同样当一个实际景物从眼前消失后，所看到的印象都不会立即消失，还会暂留一段时间，由此可见人眼亮度感觉的建立与消失都滞后于实际的光刺激，而且此过程是逐步的，这样一种现象就是视觉惰性。

在电影和电视中，正是利用了人眼的这种特性，当连续播放原来时间上和空间上不连续的一幅幅静止的图像时，只要保证前一幅图像的印象还未消失，而后一幅图像的印象已经建立，便能够在大脑中形成图像内容连续运动的感觉。因此在电影中通过每秒变换 24 次静止画面以给人一个较好的连续运动的感觉。而在电视技术中则是利用电子扫描的方法，每秒更换 25～30 幅图像来获得图像连续感。

（2）闪烁

如果观察者观察到一个具有周期性的光脉冲，当其重复频率不够高时，便会产生一明一暗的感觉，这种感觉就是闪烁，但当重复频率足够高时，闪烁感觉将消失，随之看到的是一个恒定的亮点。临界闪烁频率就是指闪烁感觉刚刚消失时的频率。它与脉冲亮度有关，脉冲的亮度越高，临界闪烁频率也相应地增高。

众所周知，电视技术是在电影技术的基础上发展起来的。实验证明在电影银幕的亮度照明下，人眼的临界闪烁频率约为 46Hz，因此在电影中以每秒钟 24 幅图像的速度将其投向银幕，并且在每幅图像停留的过程中，用一个机械光阀将投射光遮挡一次，这样重复频率达到每秒 48 次，因此可使观众产生连续的、不闪烁的感觉。

（3）运动的连续性

通常为了保持画面中运动物体的连贯运动过程，要求每秒钟摄取的画面数约为 25 帧左右，即帧率为 25Hz，可见临界闪烁频率要远高于这个频率。因此目前市面上的 100Hz 电视机，就是通过采用适当的方法，将场频由 50Hz 提高到 100Hz，以满足无闪烁感的要求。

3. 彩色视觉特性

（1）彩色的度量方法

彩色电视系统是按照三基色的原理而设计的，三基色原理告诉我们任何一种彩色都可以由另外的三种彩色按不同的比例混合而成。通常选择红、绿、蓝为标准的三基色，用这三个摄像管分别提取景物光学图像中的这三种彩色分量，以此来模仿人眼中的三种锥形细胞的视觉效果。这样便形成了彩色电视系统中的红、绿、蓝三个基色分量。

（2）颜色模型

由于彩色电视系统是在黑白电视系统的基础上发展起来的，当时已有数以千计的黑白电视机和黑白电视台，需要考虑广大消费者和各电视台的利益，所以彩色电视系统的设计应考虑到与已有的黑白电视系统的兼容问题，因此在彩色电视系统中所传输的不是红、绿、蓝三个基色分量，而是传输 1 个亮度分量和 2 个色差分量。它们与红、绿、蓝三个基色分量（R，G，B）呈矩阵变换关系，因而在系统的发射端要利用变换矩阵将红、绿、蓝三个基色分量变换为 1 个亮度分量和 2 个色差分量，然后进行信息的传送。

在彩色电视系统中由 3 种基色分量 R、G、B 构成的亮度信号的比例关系为：

$$Y = 0.299R + 0.587G + 0.114B$$

上式就是电视系统的亮度方程。另外还有 2 个色差信号 U 和 V，U 表示所传输的蓝基色分量与亮度分量的差值信号，而 V 表示所传送的红基色分量与亮度分量的差值信号，它们存在下述关系。

$$U = k_1(B - Y)$$
$$V = k_2(R - Y)$$

其中 k_1，k_2 为加权系数，系统中所选择的加权系数不同，那么在相同亮度信号下，所得到的色差信号也不同。

如果系统是黑白电视系统，$R = G=B = 0$，可以得出这样的结论，即 $U= V=0$。

如果系统是彩色电视系统，除了亮度之外，图像的色调和饱和度都是表示图像质量的重要参数，它们与 U、V 的关系如下。

图像的色调=$\dfrac{U}{V}$

图像的饱和度=$\sqrt{U^2 + V^2}$

从数据压缩的角度来看，通过 R、G、B 变换到 Y、U、V 的变换过程可以消除一定的相关性（在后面介绍），这就是我们希望传送 Y、U、V，而不是 R、G、B 的原因。另外还要考虑到黑白电视的兼容问题，即利用原有的黑白电视信道带宽，同时传送 1 个亮度信号和 2 个色差信号 U、V。由前面的分析可知，人眼的视觉对亮度的敏感程度远高于对色差信号的敏感程度，因而在彩色电视系统中，可以用比亮度信号带宽窄的频带传送色差信号 U、V。需要说明的是 Y、U、V 这三个信号的不同合成方式构成了不同的彩色制式。目前国际上流行的彩色制式有 PAL、NTSC 和 SECAM。它们之间的区别在于各自对所传送的色差信号采取了不同的处理方式。我国采用 PAL/D 制彩色标准。

（3）彩色视觉的空间频率响应

为了便于理解空间频率的概念，首先让我们复习一下时间频率的概念。时间频率是用单位时间内的某物理量（如电压、电流）周期性变化的次数来定义的，单位为周/秒，其自变量为时间。而空间频率则是某物理量（如亮度、发光强度）在单位空间距离内周期性变化的次数，单位为周/米。

实验研究发现，人眼对不同空间细节的分辨力是变化的，可用视觉空间频率响应曲线表示，如图 3-2 所示。图中横坐标为空间频率，而纵坐标则表示空间频率的传输特性（MTF）。

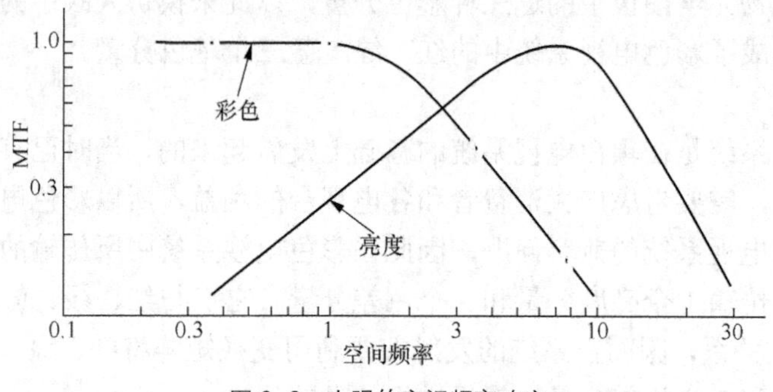

图 3-2 人眼的空间频率响应

从图 3-2 中可以看出，人眼对彩色细节的分辨能力远比对亮度细节的分辨能力低。例如原有黑白相同的条纹，当它们距人眼一定距离时，仍能分辨出其黑白间的差别，但如果仍保持其条纹间的距离，只是将黑白条纹换成彩色条纹，此时便无法做出分辨。如果此时条纹是红、绿相间，则观察到的只是一片黄色。另外当在白色的背景上刚刚能够分辨出黑色细节的直径为 1mm，而在相同条件下，在红色背景上能分辨出绿色细节的直径却为 2.5mm，可见，人眼对不同色调细节的分辨力也不同。

据资料显示，人眼分辨景物彩色细节的能力很差。因此彩色电视系统在传输彩色图像时，细节部分可以不传送彩色信息，而只传送黑白信息，以此来节约传输频带资源。

人眼对不同波长的光有不同的色调感觉。通常人们将人眼分辨出色调差别的最小波长变化值称为色调分辨阈，其值是随波长而变化的，如图 3-3 所示。

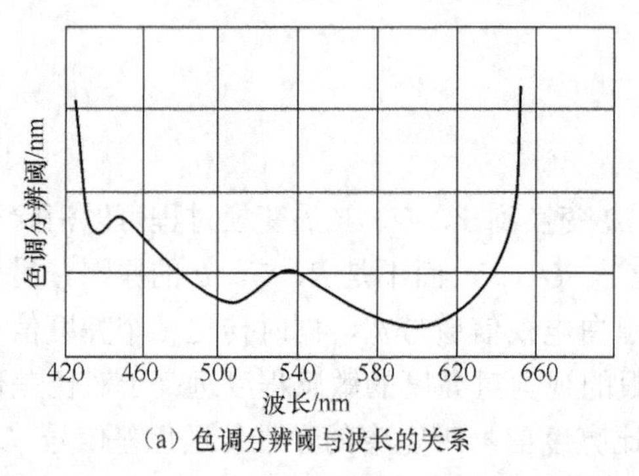

（a）色调分辨阈与波长的关系

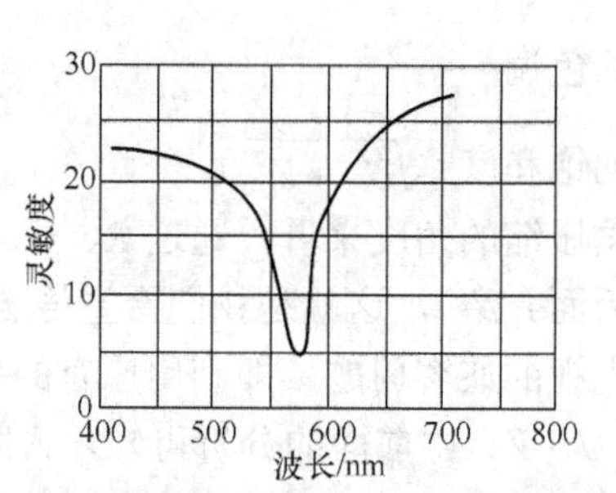

（b）彩色饱和度的视觉灵敏度与波长的关系

图 3-3 色调和饱和度分辨阈与波长的关系

从图 3-3 中可知，人眼对 480～640nm 区间的色调分辨力较高。而对于某些波长区间，例如 655nm 到可见光谱的长波长末端和从 430nm 到可见光谱短波长末端，人眼对此区间色调的变化不敏感。而且当饱和度减小时，人眼的色调分辨力也将随之下降；当亮度太大或太小时，色调分辨力也会下降。

3.1.2　彩色电视信号的形成

1．扫描——空间频率到时间频率的转换

在摄像管和显像管中，电子束都是以某种周期规律在光电导层和荧光屏上做来回的运动。这一过程就是电子扫描。具体地说，摄像管利用电子束的扫描，按从上到下、从左到右的规律，逐一地扫描光电导层上每一个像素点，从而完成由空间分布的像素变为随时间而变化的电信号，同时显示器也利用电子扫描把所接收的随时间变化的电信号变换成空间分布的像素（与发送时的空间排列规律相同），从而复合成一幅完整的光图像，可见电子束的扫描是完成图像分解与复合的关键技术。

根据扫描的路径来区分，电子束的扫描可分为逐行扫描和隔行扫描两种方式，如图 3-4 所示。

（1）逐行扫描

逐行扫描是指电子束按一行接一行的规律，从上到下地对整个一幅（帧）画面进行扫描的方式。在这种扫描中，扫描是分两个方向进行的，一方面自上而下的扫描，我们称其为垂直扫描或场扫描，而由左到右扫描称为水平扫描，也称为行扫描。在逐行扫描中，当扫完一幅图像时，扫完一场也就是完成一帧图像的扫描，因此帧与场的概念是没有区别的。

行扫描又分为正程和逆程。所谓正程是指电子束均匀地从屏幕的最左边扫描到最右边的过程，而逆程是指电子束均匀地从最右边扫到最左边的过程。人们将一个正程和逆程所用的时间称为扫描周期，用 T_{H} 表示，由此可以得出行扫描频率为 $f_{\mathrm{H}}=\frac{1}{T_{\mathrm{H}}}$ 。通常一幅图像的扫描行数越多，图像清晰度也越高。

（2）隔行扫描

隔行扫描是指将一幅（帧）图像分成两场进行扫描，第一场扫描 1、3、5、7…等奇数行，通常称为奇数场，然后再扫描 2、4、6、8…等偶数行，故而称为偶数场。可见两场叠加起来就是一幅完整的图像。

值得说明的是在隔行扫描中帧频和场频是不同的，帧频是指每秒钟传送图像的帧数。由于一帧被分为奇、偶两场，因此帧频是场频的一半，或者说用完成一帧扫描所用的时间来表示，即帧周期。帧周期是场周期的二倍。例如我国采用 PAL 制彩色电视标准，其场频为 50Hz，则其帧频为 25Hz。

2．RGB 到 YUV 的空间转换

由于三种基色光的强度之和代表它们合成彩色的亮度，而它们之间的比值则代表合成彩色的色调和饱和度，因此亮度、色调和饱和度相互关联，并由彩色中所包含的三基色决定。因此通过 R、G、B 到 Y、U、V 的变换过程可以消除一定的相关性，而且经变换后，可将表示亮度和表示彩色的量彼此分开，这样可以利用视觉对彩色的分辨能力低于对亮度细节的分辨能力的特点，采用比亮度信号更窄的频带来传送色差信号。例如，在我国所使用的 PAL 制电视信号中，Y 的带宽为 6MHz，U 和 V 的带宽为 1.3MHz。

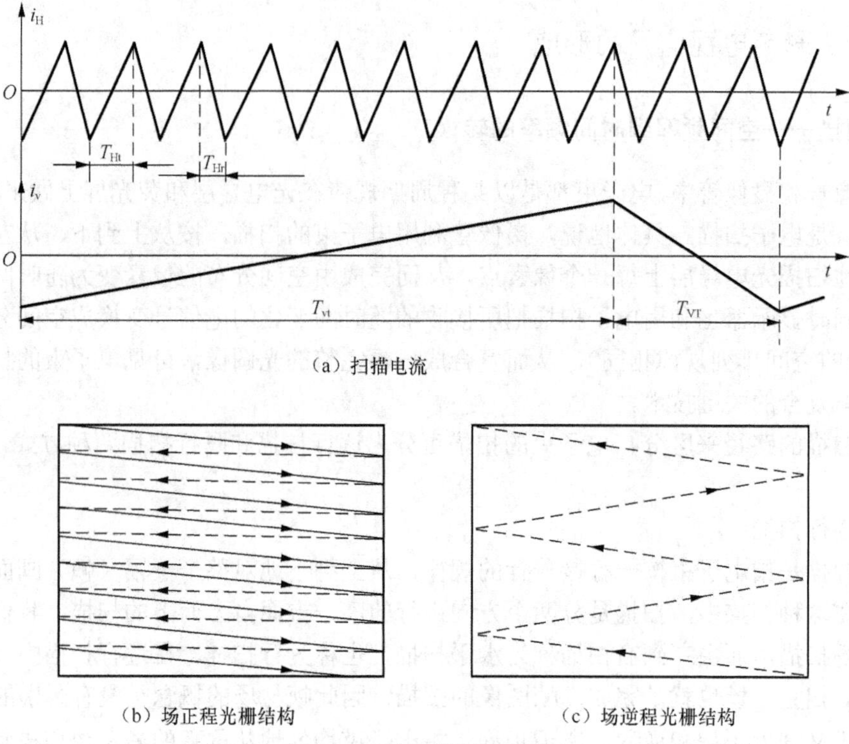

（a）扫描电流

（b）场正程光栅结构

（c）场逆程光栅结构

图 3-4　隔行扫描和逐行扫描

（3-3）给出了线性变换的一种具体表现形式。

$$\begin{bmatrix} \boldsymbol{Y} \\ \boldsymbol{U} \\ \boldsymbol{V} \end{bmatrix} = \begin{bmatrix} 0.299 & 0.587 & 0.114 \\ -0.169 & -0.331 & 0.5 \\ 0.5 & -0.419 & -0.081 \end{bmatrix} \begin{bmatrix} \boldsymbol{R} \\ \boldsymbol{G} \\ \boldsymbol{B} \end{bmatrix} \tag{3-3}$$

其中 $\boldsymbol{R}$、$\boldsymbol{G}$、$\boldsymbol{B}$ 的取值范围为 0～1，$\boldsymbol{Y}$ 的取值范围为 0～1，$\boldsymbol{U}$ 和 $\boldsymbol{V}$ 的取值范围为-0.5～0.5。

3．频谱交错原理

由于经过扫描，电视信号以行和场表现出周期性的特点，因此静止图像信号的频谱分布主要体现在行扫描频率 f_H 及其各次谐波上，如图 3-5 所示。而对于活动图像，由于行与行、场与场之间存在一定的相关性（相邻行、相邻场的内容变化不大），所以活动图像具有准周期性，其频谱结构基本不变，只是行频及其两侧的谱线更密，而且谱线间存在很大的空间。另外 U、V 色差信号是由 R、G、B 的线性组合，因而其频谱分布具有相同的规律，因此在彩色电视中，正是利用电视信号的这一特性，可将色差信号插入到这些空隙之中，具体方法是：选择副载波 f_{SC}，它是半行频的奇数倍，即 $f_{SC}=(2n+1)f_H/2$（它正好出现在电视信号频谱的空隙中间），然后用 f_{SC} 对两个色差信号进行调制，从而将它们搬移到空隙处，这就是亮度信号与色差信号按频谱交错间置的共频传送原理。由此看来现在问题的关键是在于对 f_{SC} 的选取。

由于视频传输信道的带宽规定为 6MHz，为了减少 f_{SC} 与 f_H 之间的干扰，因而 f_{SC} 的数值应尽量高，但其上限不得超过 6MHz，如图 3-6 所示。另外还要考虑接收机中可能出现的副载波与伴音载频 f_S 之间的差拍干扰，因此要求（$f_{SC}-f_S$）也等于半行频的奇数倍以减少干扰。

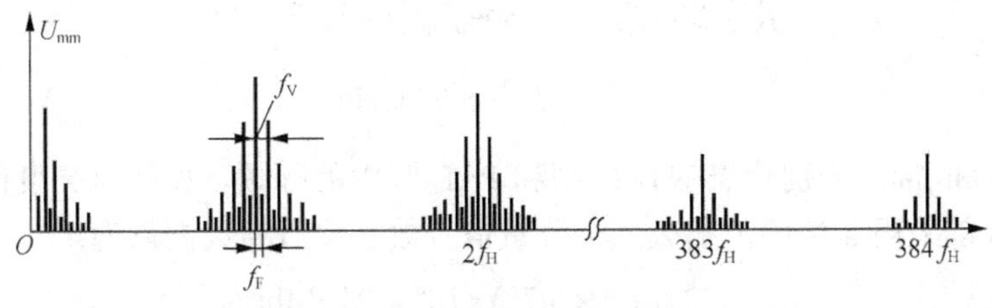

图 3-5 隔行扫描静止图像频谱

4. 平衡正交调制

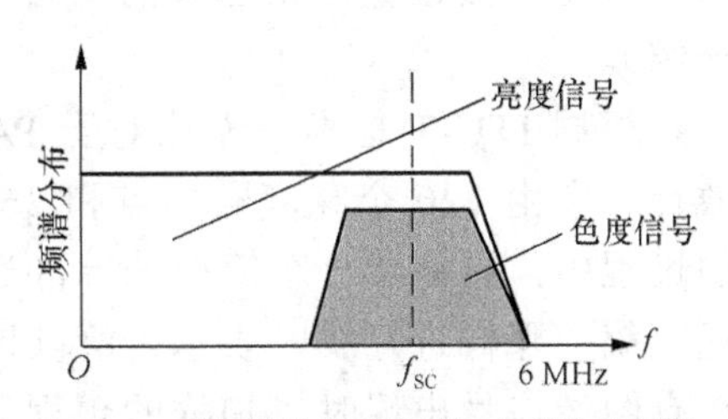

图 3-6 共频带的亮度信号与色差信号频谱

由于两个色差信号分别是以 f_{SC} 调制到电视信号频谱的空隙处，它们共同占有相同的带宽，在NTSC和PAL制中是将两个色差信号 U 和 V 分别调制在载频 f_{SC} 的两个正交相位上，因此这种调制就是正交调制。

在实际的通信系统中，由于某种原因，如果破坏了它们之间的正交性，都会给系统引入干扰，因此在彩色电视系统中是采用平衡调制的方法来抑制已调波中的载波分量，此时色差信号的平衡调幅波可表示为

$$u = k_1(B-Y)\sin 2\pi f_{SC}t = U\sin 2\pi f_{SC}t$$

$$v = k_2(R-Y)\cos 2\pi f_{SC}t = V\cos 2\pi f_{SC}t$$

由此可见，两个色差信号之间的极化方向不同，彼此相差 90°。这样在频率域内 Y、U、V 三个信号实现了彼此交错间置的状况，而从时域来分析，它们彼此重叠在一起。如果再加上各种还原图像所需的同步信号，则最终构成的信号就是全彩色电视信号，它们共同占用原黑白电视所占的带宽。

3.1.3 彩色电视信号的数字化

与传统的信号数字化过程一样，彩色电视信号的数字化，也包括空间位置的离散化（取样）、样值的离散化（量化）以及PCM编码这三个过程。

目前实用的彩色电视系统所采用的制式有PAL、NTSC和SECAM。但它们所规定的视频信号都是模拟信号。如果欲利用数字信道进行信息的传送，就必须进行数字化处理，即A/D模拟/数字转换。

1. 分量电视信号的数字化

取样频率和量化级数是描述视频信号数字化的两个重要的参数。由取样定理可知，取样频率应不小于信号最高频率的2倍。另外由于PAL、NTSC和SECAM三种模拟彩色电视制式互不兼容，因此为了能够实现国际间的数字视频信号的互通，在1982年10月国际无线电咨询委员会（CCIR）（后来更名为ITU-R国际电联无线电通信部门）制定了第一个关于演播

室彩色电视信号数字编码的建议，即现在的 ITU-R BT 601 建议，建议采用分量编码，亮度和色差信号的取样频率 f_Y 和 f_C 分别为：

$$f_Y = 858 f_{HNTSC} = 864 f_{HPAL} \approx 13.5\text{MHz}$$

$$f_C = \frac{1}{2} f_Y \approx 6.75\text{MHz}$$

其中 f_{HNTSC} 和 f_{HPAL} 分别代表 NTSC 制和 PAL 制中的行频。如果对亮度信号和色差信号进行量化，而且都采用 8 位码，那么三个分量信号数字化后的数据量为：

$$8 \times (13.5 + 2 \times 6.75) \times 10^6 = 216\text{Mbit/s}$$

可见其数据量是相当大的，因此需要进行数据的压缩以提高信道的利用率（在后面介绍）。

根据 ITU-T 标准，无论对于 PAL 制，还是对于 NTSC 制，每幅图像的每个数字有效行分别由 720 个亮度取样点和 360 × 2 个色差信号取样点构成。由于视频信号数字化的过程中，只需要一个简单的脉冲表示行、场（或帧）的起始位置，而不需要像模拟电视系统中那样进行实时表示，所以这里所说的有效取样点是指在模拟视频数字化时，只在有图像信号出现时（扫描的正程）的样点才有效，其余时刻的样点则不在 PCM 编码的范围。

在表 3-1 种列出了 ITU-R BT 601 建议的主要参数。

表 3-1　　ITU-R BT 601 建议的主要参数（亮度、色度取样频率为 4∶2∶2）

参量		NTSC 制（525 行、60 场）	PAL 制（625、50 场）
编码信号		*Y*/*R-Y*/*B-Y*	
全行取样点数	*Y*	858	864
	R-Y/*B-Y*	429	432
取样结构		正交、按行/场/帧重复，每行中的 *R-Y*/*B-Y* 取样与奇数（1，3，5，…）点 *Y* 取样同位	
取样频率（MHz）	*Y*	13.5	
	R-Y/*B-Y*	6.75	
编码方式		亮度信号和色差信号均采用 PCM 8bit	
每行有效取样点数	*Y*	720	
	R-Y/*B-Y*	360	

从表中可以看出，亮度信号的取样频率要比色差信号的取样频率高一倍，这主要是由人眼的视觉特性决定，即人眼对亮度信号的感觉敏感度要高于对色差信号的感觉敏感度。按照表 3-1 所示的取样比例，所构成的视频信号格式为 4∶2∶2，如图 3-7 所示。

在 ITU-R BT 601 中规定了 PAL 制每帧正程有 576 行，而 NTSC 制的每帧有 486 行，但无论哪种制式，它们的行正程都取 720 个样点。在图 3-7（a）中给出了 4∶2∶2 标准取样结构，其中⊗和○分别代表色差信号和亮度信号的取样点。图 3-7（b）则给出了 *Y*、*U*、*V* 信号样点所构成的矩阵大小。

根据不同应用，还可以采用 4∶4∶4 和 4∶1∶1 标准，当对图像质量要求不是很高时，也可以采用 2∶1∶1 标准，如图 3-8 所示。

4∶2∶2 标准：它是对 Y、U、V 进行取样，但亮度和色差信号的取样频率之间的关系为 13.5MHz∶6.75MHz：6.75MHz。

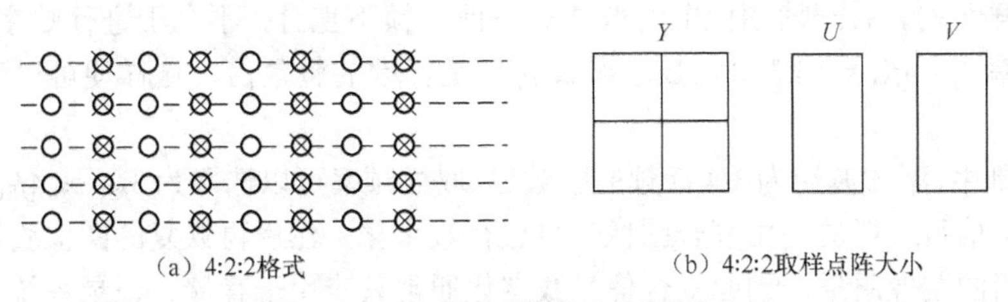

（a）4:2:2格式　　（b）4:2:2取样点阵大小

图 3-7　4∶2∶2 取样结构及点阵的大小

4∶4∶4 标准：它是直接对 R、G、B 进行分量编码的标准，而且各分量的取样频率都相同，即 13.5MHz。

4∶1∶1 标准：它是对 Y、U、V 进行取样，亮度与色差信号的取样频率之间的关系为 13.5MHz∶3.375MHz∶3.375MHz。

2∶1∶1 标准：它同样也是一种对 Y、U、V 进行取样的标准，其亮度和色度信号的取样频率之间的关系为 6.75MHz∶3.375MHz∶3.375MHz。

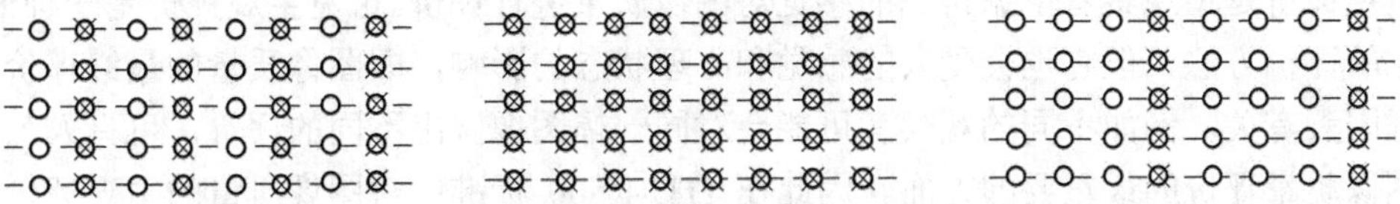

（a）4:2:2格式　　（b）4:4:4格式　　（c）4:1:1格式

○ 表示Y样点位置　　⊗ 表示U/V样点位置

图 3-8　不同标准的取样点位置示意图

以上分析的取样结构都是方格结构，在实际的应用中还采用其他结构，如菱形结构。标准的菱形结构如图 3-9 所示。

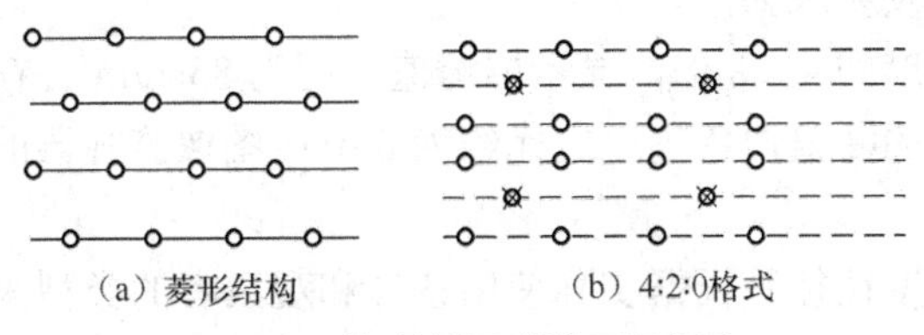

（a）菱形结构　　（b）4:2:0格式

图 3-9　菱形结构取样位置示意图

需要说明的是 ITU-R BT 601 建议不包括菱形结构的取样格式。

2．复合电视信号的数字化

如果对亮度和色度信号的共频带所形成的复合电视信号直接进行数字化，那么只需要一个取样频率即可。但若所选择取样频率略高于信号最高的 2 倍时，对系统中所使用的滤波器和量化的要求过于严格，否则由副载波所引起的混叠失真将造成图像质量的下降。

为了克服上述影响，因此对于 $f_{SC}\approx3.58$MHz 的 NTSC 系统，取样频率采用 $3f_{SC}\approx10.7$MHz。

由于取样频率 f_S 等于 f_{SC} 的整数倍，这样取样产生的差拍分量正好处于行频及其谐波之间的空隙处，从视觉上看，对图像的干扰不明显。但 $3f_{SC}$ 不是行频的整数倍，因此无法获得稳定的方格取样结构。后一帧图像上的取样点与前一帧不重合，不利于进行数字信号的处理。如果取样频率 $f_S=4f_{SC}=14.318$MHz，那么 f_S 也是行频的整数倍，这样便可以获得稳定的取样结构。

在 PAL 制中，副载波约为 3/4 行频的整数倍，取样频率可以选取为 $3f_{SC}$ 或 $4f_{SC}$，即 13.3MHz 或 17.7MHz。值得说明的是由复合图像信号进行数字化，然后再恢复的图像质量要低于分量信号数字化后的图像质量，因此复合信号数字化通常只应用于存储、记录系统之中。

3.1.4 图像质量的评价

影响图像质量的基本因素有很多，主要表现在发送环境、接收环境、图像传输与处理系统、图像编码过程中的变换和反变换等诸多方面。因此图像质量的评价方法主要有两种，即主观评价和客观评价。

1. 主观评价

主观评价是指观察者依据自己的感觉对图像质量进行评价。可见主观评价是一种最直观、最可靠的评价方法，但它也会受人的感觉和心理状态的影响，即图像质量的最终评价与观察者心理因素有关。例如不同的观察者可能会对同一幅图像做出不同的评价，可见人为因素是影响图像质量评价的最重要的方面。因此在 ITU-R500 标准中对图像质量的主观评价做出了具体的规定。

在进行主观评价时，所挑选的观察者既要包含未受过专业训练的“外行”，也要包含训练有素的“内行”。“外行”观察者代表平均观察者的一般感觉，而“内行”观察者，由于受到专业的培训，因此他们能够发现那些被“外行”观察者忽略的图像质量上的细节问题。另外为保证主观评价的合理性，因此主观评价的观察者不宜少于 20 人。由于主观评价与许多因素有关，因此其测试条件及要求如下。

观察距离为图像高度的 4～8 倍，显示屏峰值亮度为 85cd/m^2，在暗室内只显示黑色电平时荧光屏的亮度与相应的峰值白色亮度之比约为 0.01；图像监视器的背景亮度与图像峰值亮度之比约为 0.1.

图像主观评价的尺度往往是根据实际使用条件和观察者的类型来选择。表 3-2 给出了绝对评价的评分质量尺度和妨碍尺度。

表 3-2　　绝对评价尺度评分法项目

质量尺度	妨碍尺度
5 分：非常好	丝毫看不出图像质量变化
4 分：好	能看出图像质量的变化，但并不妨碍观看
3 分：一般	清楚地看出图像质量变坏，对观看稍有妨碍
2 分：差	对观看有妨碍
1 分：非常差	非常严重地妨碍观看

相对评价常用七级“群优化尺度”来表示，具体如下表 3-3 所示。

表 3-3 相对评价尺度评分法项目

等级	质量尺度	评分
一级	一批中最好的图像	7 分
二级	比该批的平均水平好的图像	6 分
三级	稍好于该批平均水平的图像	5 分
四级	该批平均水平的图像	4 分
五级	稍次于该批平均水平的图像	3 分
六级	比该批平均水平差的图像	2 分
七级	一批中最差的图像	1 分

值得说明的是无论是绝对评价，还是相对评价，其评价结果都可用一定数量的观察者所做出的平均评分来表示。

2. 图像的客观评价

图像的客观评价又称为图像逼真度计量法。在此方法中，首先定义了一个数学公式，然后利用该公式对图像信号进行运算，这时所得到的计算结果，便是测量结果。这种方法常用于图像的相似性评价之中。通常是采用均方差或均方误差的各种变形来表示。

值得说明的是客观评价质量好的图像，其主观评价质量并不一定好。

3.2 图像的统计特性

由前面的分析可知，一幅图像是由几十万以上的像素构成的。例如一幅二维图像取 256×256 个像素，若每像素用 8bit 表示，则可以构成（2^8）$^{256 \times 256}$ 种不同的画面，可见其数量是非常庞大的，但实际中由于一幅图像的相邻像素之间、相邻行之间以及相邻帧之间都存在着较强的相关性，这样实际有分析价值的图像只占其中的一小部分。尽管如此，其数据量也相当大，因此对图像的统计特性的研究是一项非常重要的工作。所谓图像统计特性是指其亮度、色度（或色差）值或亮度、色度（或色差）抽样值的随机统计特性。通常用“熵值”来表示。

3.2.1 离散信源的信息熵

每当我们看书、听电话、看电视时，都可以获得一系列丰富、有意义的消息，因此我们称一个有次序的符号（如状态、字母、数字或电平等）序列就是消息。例如某一个图像信息源所发出的符号集合为 $X=\{S_1,S_2,\cdots S_n\}$ 中的某一个符号，可见它能够发出 n 种符号。根据信息论的基本知识，从图像信息源 X 发出符号 S_i 的概率为 $p(S_i)$，这样符号 S_i 所携带的信息量 $I(S_i)$ 可以用下式表示。

$$I(S_i)=\log_2(1/p(S_i))=-\log_2 p(S_i)\ ,\quad \sum_{i=1}^{M}p(S_i)=1 \tag{3-4}$$

上式所定义的信息量也称为自信息量，单位为“bit”，表示在接收者未收到符号 S_i 之前，并不清楚究竟会收到符号集 $X=\{S_1,S_2,\cdots S_n\}$ 中的哪一个符号，即存在不确定性。只有当接收者收到S_i符号之后，才可能消除这种不确定性，这就是通过接收所获得的信息量。可见如果从图像信息源X中发送S_i的概率越大，则这种不确定性越小，也就是说接收者所获得的信息量也越小，反之如果从图像信息源X中发送S_i的概率越小，则表示接收者所获得的信息量越大，若$p(S_i)=1$，则表明接收者收到S_i的事件是一种必然事件，其不确定性为0，因而该事件没有任何有价值的信息。

如果信息源所发出的符号均取自某一个离散集合，这样的信息源称为离散信源。由信息论的基本理论可知，离散信源X可以用下式描述。

$$X=\begin{Bmatrix} S_1 & S_2 & \cdots\cdots & S_n \\ p(S_1) & p(S_2) & \cdots\cdots & p(S_n) \end{Bmatrix}, \quad \sum_{i=1}^{n} p(S_i)=1 \tag{3-5}$$

如果从上述信息源X中所发出的各种符号彼此独立无关，即任意两个相继发出的符号S_i和S_j，S_i符号不会对S_j符号构成影响，或者说S_j符号与其前面出现的S_i符号无关，我们称这样的图像信息源为“无记忆”的离散信息源。但实际中图像信息源所发出的各符号并不是相互独立的，而是具有一定的相关性，这样的信源就是“有记忆”信息源。

对于无记忆的图像信息源而言，我们无法确切地知道信息源在下一时刻发出的符号是符号集$X=\{S_1,S_2,\cdots S_n\}$中的哪一个符号，因此信息源所发出的符号S_i本身就是一个随机变量，而其信息量I又是S_i的函数。由此可知，I也是一个随机变量，这样我们就可以求出图像信息源X发出符号集S_n中各符号的信息量的统计平均（即求其数学期望），从而得到符号集S_n中每个符号的平均信息量。

$$H(X)=\sum_{i=1}^{n} p(S_i)I(S_i)=-\sum_{i=1}^{n} p(S_i)\log_2 p(S_i) \tag{3-6}$$

在信息论中称$H(X)$为图像信息源X的“熵”，其单位为比特符号。在符号出现之前，它表示符号集中的符号出现的平均不确定性，而在符号出现之后，则表示所接收到的一个符号的平均信息量。

3.2.2 无记忆信源的概率分布与熵的关系

计算图像的熵的方法有两种：其一是对图像信息源的概率分布提出数学模型，然后根据该模型进行熵的计算，其二是将图像分割成统计上相互独立的“子像块”，当一幅图像所包含子像块数足够多时，便能具体地测量出每个子像块出现的概率，最后按式（3-6）计算出信息熵。下面观察几种常见的图像信息源。

如果图像信息源的概率分布呈现均匀分布，即各符号出现的概率相等，那么其数学模型可写为。

$$p(S_i)=\frac{1}{n}=\text{常数} \tag{3-7}$$

则由式（3-6）可求出该图像信息源的熵$H(x)$为

$$H(X)=\log_2 n \tag{3-8}$$

可以证明，当图像信息源中各符号出现的概率相等时，信源的信息熵最大。我们现以$n=2$的情况为例来进行说明。该信源所发出的符号集$X=\{S_1, S_2\}$。如果S_1出现的概率为p，那么S_2出现的概率为$1-p$，在图3-10中给出了熵与S_1出现概率p的关系曲线。从中可以看出，

$p=0$ 或 1 时，$H(X)=0$，而当 $p=1/2$ 时，$H(X)$最大，并且等于 1 比特/符号，其余情况下，所含的信息量总低于 1 比特/符号。由此可见，数据压缩的方法之一，就是使每个符号所代表的信息量最大。通常通过压缩各信源符号间的冗余度使各信源符号呈现等概率分布来达到各符号所携带的信息量最大。

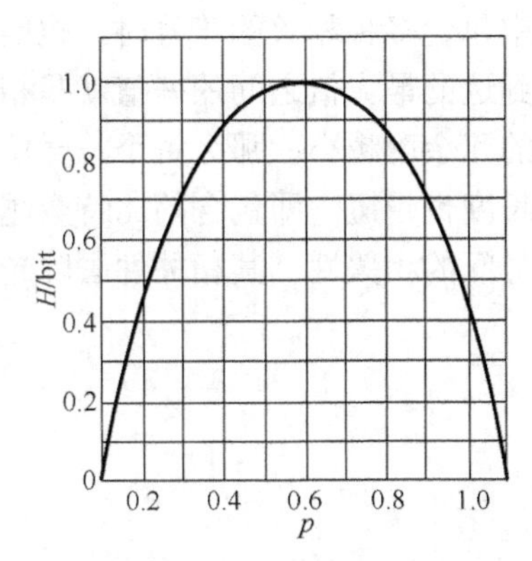

图 3-10　二进制信源的熵与概率之间的关系

3.2.3　信源的相关性与序列熵的关系

对于一个无记忆的离散信源，如果已知输出序列中的相邻两个符号 X 和 Y，其中 X 取自式（3-5）所示的集合，而 Y 取自于

$$Y=\begin{Bmatrix} t_1, & t_2,\cdot & \cdots\cdots t_m \\ q(t_1), & q(t_2), & \cdots\cdots q(t_m) \end{Bmatrix}, \quad \sum_{j=1}^{m} q(t_j)=1 \tag{3-9}$$

因此我们用联合熵，即接收到该序列后所获得的平均信息量来表示，具体如下：

$$H(X,Y)=-\sum_i \sum_j r_{ij}\log_2 r_{ij} \tag{3-10}$$

式中 r_{ij} 为符号 S_i 和 t_j 同时发生时的联合概率，因为 X 和 Y 彼此独立，故 $r_{ij}=p(S_i)q(t_j)$，这样式（3-10）可以改写成。

$$H(X,Y)=H(X)+H(Y) \tag{3-11}$$

可见，离散无记忆信源所产生的符号序列的熵等于各符号熵之和。但是许多离散信源都是有记忆的，其前一个符号直接对后面所出现的符号构成影响，或者说后面出现的符号由前面几个出现的符号决定。为了分析方便起见，我们仅考虑相邻两个符号（X 和 Y）相关的情况，此时联合概率 $r_{ij}=p(S_i)p_{ji}=q(t_j)p_{ij}$，其中 $p_{ji}=p(t_j/S_i)$ 和 $p_{ij}=p(S_i/t_j)$ 为条件概率，由此可以导出，在给定 X 的条件下 Y 所具有的熵，通常称其为条件熵 $H(Y/X)$。

$$H(Y/X)=-\sum_{i=1}^{n}\sum_{j=1}^{m} r_{ij}\log_2[r_{ij}/p(S_i)] \tag{3-12}$$

同理可得

$$H(X/Y)=-\sum_{i=1}^{n}\sum_{j=1}^{m} r_{ij}\log_2[r_{ij}/q(t_j)] \tag{3-13}$$

由式（3-10）、式（3-12）、式（3-13）可知，

$$H(X,Y)=H(X)+H(Y/X)=H(Y)+H(X/Y) \tag{3-14}$$

对比式（3-11）和式（3-14）可知，当两个符号之间彼此独立时，联合熵就等于 2 个独立熵之和，其值最大，而当 X 和 Y 两个符号相关时，两个符号的联合熵满足式（3-14）的关系。

当图像信息源的输出序列中包含多种相关的符号时，也能得到相同的结果。由上面的分析可以看出，序列熵与其可能到达的最大值之间的差值就是指该信息源中所含有的冗余度。如果使信源输出的各符号之间的冗余度越小，那么每个符号所携带的信息量也越大，这样传送相同的信息量所需要的序列长度也越短，即包含的比特数越少。由此得出另一种数据压缩的方法——去除信源输出各符号间的相关性，其相关性去除越多，则信源特性越趋于无记忆信源的特性。

3.3 视频压缩编码

3.3.1 数据压缩的性能指标

衡量数据压缩技术的性能往往可以从以下几个方面进行考虑。

1. 压缩比

压缩性能通常用压缩比来定义，它是指压缩过程中输入数据量与输出数据量之比。设原图像的平均码长为 L，压缩后图像的平均码长为 L_{C}，则压缩比为

$$C=\frac{L}{L_{\mathrm{C}}}$$

其中 L——某种编码的平均码长单位数据量，其计算式如下。

$$L=\sum_{i=0}^{k-1}p(S_i)l(S_i) \tag{3-15}$$

可见压缩比越大，说明数据压缩的程度越高。除此之外，冗余度和编码效率也是衡量信源特性以及编解码设备性能的重要指标，定义如下。

冗余度 $$R=\frac{L}{H(X)}-1=1-\frac{1}{C}$$

编码效率 $$\eta=\frac{H(X)}{L}=\frac{1}{1+R}$$

其中 $H(X)$为信源熵。

由信源编码理论可知，当 $L \geqslant H$ 条件下，可以设计出某种无失真编码方法。如果所设计出编码的 L 远大于 H，则表示这种编码方法所占用的比特数太多，编码效率很低。例如在图像信号数字化过程中，采用 PCM 对每个样本进行的编码，其平均码长 L 就远大于图像的熵 H。

可见当编码后的平均码长 L 等于或很接近 H 时的编码方法就是最佳编码方案。此时并未造成信息的丢失，而且所占的比特数最少，如熵编码。

如果 $L<H$ 时，必然会造成一定信息的丢失，从而引起图像失真，这就是限失真条件下的

编码方案。

2. 重现质量

重现质量是指将解码恢复后的图像、声音信号与原图像、声音进行对比，从而得出其中有多少失真。这与压缩类型有关，有些压缩未引起原图像、声音的失真，如无损压缩，而有些压缩方法可以获得较高的压缩比，但会引入失真，使还原后的图像、声音质量有所降低。

3. 压缩和解压缩速度

多媒体信息的形式多种多样，而且它们之间存在某种内部的约束关系，因此在信息的传输、处理过程中，对同步和实时的要求很高，特别是对于活动视频信号的压缩与解压缩速度是一个非常重要的问题。就目前使用的数据压缩技术来说，一般压缩的计算量要比解压缩的计算量大。

3.3.2 无失真图像压缩编码方法——熵编码

无失真图像压缩编码就是指图像经过压缩、编码后恢复出的图像与原图像完全一样，没有任何失真。由于图像无失真编码的理论极限是图像信源的平均信息量（熵），因而总能找到某种适宜的编码方法，使每像素的平均编码码长不低于此极限，并且任意地接近信源熵，因此我们也称无失真压缩编码为熵编码。

我们知道一幅图像是由几十万以上的像素构成，它们不仅在空间上存在相关性，而且还存在着灰度或色度概率分布上的不均匀性。另外在运动图像中还存在时间上的相关性，因而无失真图像编码可以通过减少图像数据的冗余度来达到数据压缩的目的。由于其中并没有考虑人眼的视觉特性，因此其所能达到的压缩比非常有限。

常用的无失真图像压缩编码有许多种，如哈夫曼编码（Huffman）、游程编码和算术编码。在实际应用中，常将游程编码与哈夫曼编码结合起来使用，例如在 H.261、JPEG 和 MPEG 等国际标准中正是采用此种编码技术，而在 JPEG、H.263 等国际标准中则采用算术编码技术，下面分别进行介绍。

1. 哈夫曼编码

哈夫曼编码的主要编码思路是对出现概率较大的符号用较短的码来表示，而对于出现概率较小的符号则用较长的码来表示。可见这是一种变长编码，而且哈夫曼编码又称为最优码，或者说对于给定的符号集合概率模型没有任何其他整数码（每个符号所对应的码字的位数均为整数）比哈夫曼编码有更短的码长。下面介绍具体编码过程。

（1）排序：按符号出现的概率从大到小进行排列。

（2）赋值：对最后的两个符号进行赋值，概率大的赋“1”，概率小的赋“0”（反之也成立）。

（3）合并：将上述最后的两个符号出现概率相加合成一个概率。

（4）重新排序：将合成后的概率与其他符号概率一起进行重新排序（从大到小）。然后重复步骤 2 的内容，直至最后只剩下两个概率为止。

（5）码字分配：从最后一步开始反向进行码字分配，对最后两个概率中较大的赋“1”。

对较小的赋“0”（与第二过程中的规定相同）。从而形成一个码字，如图 3-11 中虚线所示的方向。

例 3-1 假设某符号集 X 中包含 6 个符号：S_1，S_2，…，S_6，各自出现的概率为

$$X=\begin{Bmatrix} S_1 & S_2 & S_3 & S_4 & S_5 & S_6 \\ 0.2 & 0.19 & 0.18 & 0.17 & 0.15 & 0.11 \end{Bmatrix}$$

试求其哈夫曼编码及其编码效率。

解：（1）哈夫曼编码

在图 3-11 中给出了哈夫曼编码过程，其中设两个符号中较大的为“1”，较小的为“0”。编码结果如表 3-4 所示。

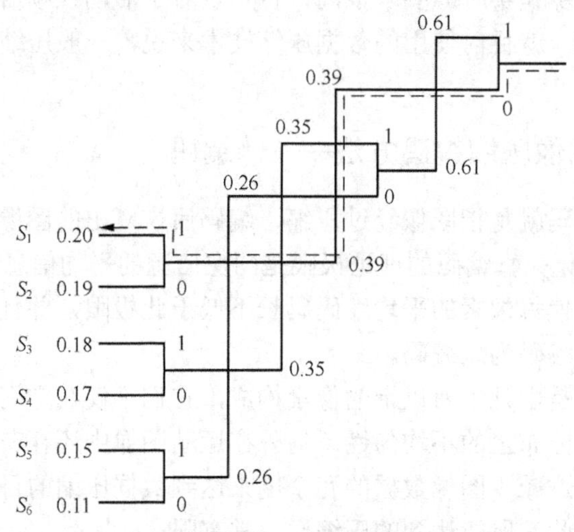

图 3-11 例题 3-1 哈夫曼编码过程

表 3-4 **例题 3-1 的哈夫曼编码**

原始符号	各符号出现概率 p_i	组成的二进制码	码长 l
S1	0.2	01	2
S2	0.19	00	2
S3	0.18	111	3
S4	0.17	110	3
S5	0.15	101	3
S6	0.11	100	3

（2）编码效率

根据式（3-6）可求出信源熵。

$$H(x) = -\sum_{i=1}^{6} p(S_i)\log_2(S_i)$$

$$= -(0.2\log_2 0.2 + 0.19\log_2 0.19 + 0.18\log_2 0.18 + 0.17\log_2 0.17 + 0.15\log_2 0.15 + 0.11\log_2 0.11) = 2.56$$

利用式（3-15）可求出平均码长。

$$L=\sum_{i=1}^{6}(CS_i)\cdot p(S_i)=0.2\times 2+0.19\times 2+0.18\times 3+0.17\times 3+0.15\times 3+0.11\times 3=2.61$$

哈夫曼编码的编码效率$\eta=\dfrac{H(x)}{L}=\dfrac{2.56}{2.61}$=98.08%

由上面的分析可以得出以下结论。

① 哈夫曼编码所构造的码并不是唯一的，但其编码效率是唯一的。在对最小的两个概率符号赋值时，既可以规定较大的为“1”，较小的为“0”；也可以规定较大的为“0”，较小的为“1”，因而所构成的编码不是唯一的。另外当两个符号出现概率相同时，在排序时哪一个符号放在前面均可，由此所获得的编码也不是唯一的，但对于同一个信源而言，其平均码长不会因上述原因而发生变化，即其编码效率是唯一的。

② 对不同信源其编码效率是不同的。当信源各符号出现的概率为2^{-n}（n为正整数）时，哈夫曼编码效率最高，可达 100%，但当信源各符号出现的概率相等时，即$p(S_i)=\dfrac{1}{n}$，可以证明此时信源具有最大熵$H_{\max}(X)=\log_2 n$，但其编码效率最低（产生定长码）。由此可知，只有当信源各符号出现的概率很不均匀时，哈夫曼编码的编码效果才显著。

③ 实现电路复杂，而且存在误码传播问题。哈夫曼编码是一种变长编码。当用硬件实现编/解码功能时，电路复杂，导致编/解码所需时间（一般编码所需时间大于解码所需时间）较长，因此在实际应用中，常使用缺省的哈夫曼编码表。该表是通过大量的统计而获得的，分别存储在发送端和接收端，这样可以降低编码时间，从而改进编码和解码的时间不对称性。同时也能够使编/解码电路得以简化，从而适应实时性的要求。

在哈夫曼编码的存储和传输过程中，一旦出现误码，易引起误码的连续传播，因而人们提出了双字长编码方法，即对于出现概率高的符号信息用短码字表示，而对于出现概率小的符号则使用长码字。尽管其编码效率不如哈夫曼编码，但硬件实现起来相对简单，而且抗干扰的能力要强于哈夫曼编码。

2．游程编码

当图像不太复杂时，往往存在着灰度或颜色相同的图像子块。由于图像编码是按顺序对每个像素进行编码的，因而会存在多行的数据具有相同数值的情况，这样可只保留连续相同像素值和像素点数目。这种方法就是游程编码。这里所说的“游程”是指连续串的延续长度。下面以二值图像为例进行说明。

二值图像是指图像中的像素值只有两种取值，即“0”和“1”，因而在图像中这些符号会连续地出现，我们通常将连“0”这一段称为“0”游程，而连“1”的一段则称为“1”游程，它们的长度分别为$L(0)$和$L(1)$，往往“0”游程与“1”游程会交替出现，即第一游程为“0”游程，第二游程为“1”游程，第三游程又为“0”游程。下面我们以一个具体的二值序列为例进行说明。

已知一个二值序列 00101110001001……，根据游程编码规则，可知其游程序列为21133121……。

如果已知二值序列的起始比特为“0”，而且占 2 个比特，因而游程序列的首位为 2，又因为 2 个“0”游程之后必定为“1”游程，根据上述给出的二值序列，可见只有一个 1，因此第二位为 1，后面紧跟的应该是“0”游程，0 的个数为一个，故第三位也为 1，接下去是“1”游程，1 的个数为 3，所以第四位为 3……，以此下去，最终获得游程编码序列。可见图像中具有相同灰度（或颜色）的图像块越大、越多时，压缩的效果就越好，反之当图像越复杂，即其中的颜色层次越多时，则其压缩效果越不好，因此对于复杂的图像，通常采用游程编码与哈夫曼编码的混合编码方式，即首先进行二值序列的游程编码，然后根据“0”游程与“1”游程长度的分布概率，再进行哈夫曼编码。

以上是一个二值序列的游程编码的例子。对于多元序列也同样存在游程编码，但与二值序列游程序列不同，在某个游程的前后所出现的符号是不确定的，除非增加一个标志以说明后一游程的符号，可见所增加的附加标志抵消了压缩编码的好处。

3. 算术编码

在信源概率分布比较均匀情况下，哈夫曼编码的效率较低，而此时算术编码的编码效率要高于哈夫曼编码，同时又无需向变换编码那样，要求对数据进行分块，因此在 JPEG 扩展系统中以算术编码代替哈夫曼编码。

算术编码也是一种熵编码。当信源为二元平稳马尔可夫源时，我们可以将被编码的信息表示成实数轴 0～1 之间的一个间隔，这样如果一个信息的符号越长，编码表示它的间隔就越小，同时表示这一间隔所需的二进制位数也就越多。下面具体进行分析。

（1）码区间的分割

设在传输任何信息之前信息的完整范围是[0，1]，算术编码在初始化阶段预置一个大概率 p 和一个小概率 q。如果信源所发出的连续符号组成序列为 S_n，那么其中每个 S_n 对应一个信源状态，对于二进制数据序列 S_n，我们可以用 $C(S)$来表示其算术编码，可以认为它是一个二进制小数。随着符号串中“0”“1”的出现，所对应的码区间也发生相应的变化。

如果信源发出的符号序列的概率模型为 m 阶马尔可夫链，那么表明某个符号的出现只与前 m 个符号有关，因此其所对应的区间为$[C(S), C(S)+L(S)]$，其中 $L(S)$代表子区间的宽度，$C(S)$是该半开子区间中的最小数，而算术编码的过程实际上就是根据符号出现的概率进行区间分割的过程，如图 3-12 所示。

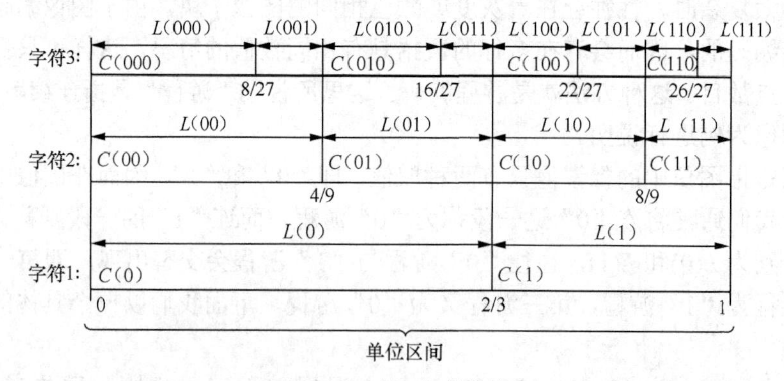

图 3-12 码区间的分割

图中假设“0”出现概率为$\frac{2}{3}$，“1”码出现的概率为$\frac{1}{3}$，因而 $L(0)=\frac{2}{3}$，$L(1)=\frac{1}{3}$。如果

在“0”码后面出现的仍然是“0”码，这样“00”出现的概率=$\frac{2}{3}\times\frac{2}{3}=\frac{4}{9}$，即 $L(00)=\frac{4}{9}$，并位于图 3-12 中所示的区域。同理如果第三位码仍然为“0”码，“000”出现的概率=$\frac{2}{3}\times\frac{2}{3}\times\frac{2}{3}=\frac{8}{27}$，该区间的范围$[0,\frac{8}{27})$。

（2）算术编码规则

在进行编码过程中，随着信息的不断出现，子区间按下列规律减小。

- 新子区间左端 = 前子区间左端 + 当前子区间左端 × 前子区间长度。
- 新子区间长度 = 前子区间长度 × 当前子区间长度。

下面以一个具体例子来说明算术编码的编码过程。

例 3-2　已知二进制信源分布$\begin{Bmatrix}0 & 1\\ \frac{1}{4} & \frac{3}{4}\end{Bmatrix}$，如果要传输的数据序列为 1011，试写出算术编码过程。

解：（1）已知小概率事件 $q=\frac{1}{4}$，大概率事件 $p=1-q=\frac{3}{4}$

（2）设 C 为子区间左端起点，L 为子区间的长度。

根据题意，符号“0”的子区间为$[0,\frac{1}{4}]$，可见 $C=0$，$L=\frac{1}{4}$；

符号“1”的子区间为$[\frac{1}{4},1]$，$C=\frac{1}{4}$，$L=\frac{3}{4}$。

（3）编码计算过程

步骤	符号	C	L
①	1	$\frac{1}{4}$	$\frac{3}{4}$
②	0	$\frac{1}{4}+0\times\frac{3}{4}=\frac{1}{4}$	$\frac{3}{4}\times\frac{1}{4}=\frac{3}{16}$
③	1	$\frac{1}{4}+\frac{1}{4}\times\frac{3}{16}=\frac{19}{64}$	$\frac{3}{16}\times\frac{3}{4}=\frac{9}{64}$
④	1	$\frac{19}{64}+\frac{1}{4}\times\frac{9}{64}=\frac{85}{256}$	$\frac{9}{64}\times\frac{3}{4}=\frac{27}{256}$

子区间左端起点 $C=(\frac{85}{256})_d=(0.01010101)_b$

子区间长度 $L=(\frac{27}{256})_d=(0.00011011)_b$

子区间右端 $M=(\frac{85}{256}+\frac{27}{256})_d=(\frac{7}{16})_d=(0.0111)_b$

子区间：[0.01010101，0.0111)

编码的结果应位于区间的头尾之间的取值 0.011。

算术编码　011　　占三位

原码　1011　　占四位

（4）算术编码效率

① 算术编码的模式选择直接影响编码效率。算术编码的模式有固定模式和自适应模式两种模式。固定模式是基于概率分布模型的，而在自适应模式中，其各符号的初始概率都相同，但随着符号顺序的出现而改变，因此在无法进行信源概率模型统计的条件下，非常适于使用自适应模式的算术编码。

② 在信道符号概率分布比较均匀情况下，算术编码的编码效率要高于哈夫曼编码。从前面关于积累概率 $p(S)$的计算中可以看出，随着信息码长度的增加，表示间隔越小，而且每个小区间的长度等于序列中各符号概率 $p(S)$，算术编码是用小区间内的任意点来代表这些序列，设可取位数为 $L=\left[\log_2 \dfrac{1}{p(S)}\right]$。可见，对于长序列，$p(S)$必然很小，因此概率倒数的对数与 L 值几乎相等，即取整数后所造成的差别很小，平均码长接近序列的熵值，因此可以认为概率达到匹配，其编码效率很高。

③ 硬件实现时的复杂程度高。算术编码的实际编码过程也与上述计算过程有关。需设置两个存储器，起始时一个为“0”，另一个为“1”，分别代表空集和整个样本空间的积累概率。随后每输入一个信源符号，更新一次，同时获得相应的码区间，按前述的方法求出最后的码区间，并在此码区间上选一点的前 L 值。解码过程也是逐位进行的，可见计算过程要比哈夫曼编码的计算过程复杂，因而硬件实现电路也要复杂。

3.3.3 限失真图像压缩编码方法

从前面的分析可知，无失真图像压缩编码的平均码长存在一个下限，这就是信源熵。换句话说就是，如果无失真图像编码的压缩效率越高，那么编码的平均码长越接近于信源的熵，因此无失真编码的压缩比不可能很高，而在限失真图像编码方法中，则允许有一定的失真存在，因而可以大大地提高压缩比，压缩比越大，引入的失真也就越大，但同样提出了一个新的问题，这就是在失真不超过某限值的情况下，所允许的编码比特率的下限是多少？率失真函数回答了这一问题。

1. 率失真函数

率失真函数是指在信源一定的情况下使信号的失真小于或等于某一值 D 所必须的最小的信道容量，常用 $R(D)$表示，其中的 D 代表所允许的失真。对于离散信源，率失真函数 $R(D)$ 与失真 D 的关系如图 3-13 所示。可见，当 $D = 0$（即无失真情况下）时，所需的比特数为所收到信号的熵值 $H(Y)$；当 D 逐渐增大时，所需的率失真函数则随之下降，因此我们可以总结出率失真函数 $R(D)$的性质。

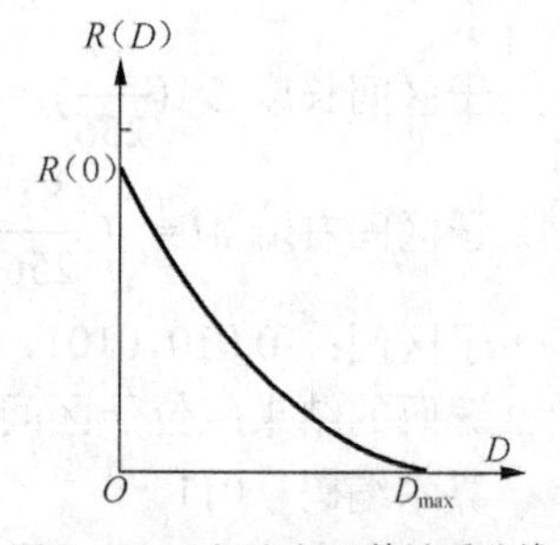

图 3-13 $R(D)$ 与 D 的关系曲线

（1）由于信道总存在一定的噪声，因此 $R(D)$为有限值。

当 $D<0$ 时，不存在 $R(D)$。

当 $D \geqslant D_{max}$（D_{max} 为正值，其数值上等于信号方差（σ^2）时，$R(D) = 0$，表示此时所传输的数据信息毫无意义。

（2）当 $0<D<D_{max}$ 时，$R(D)$是一个下凸型连续函数。并且 $R(0)$等于接收信号的熵值 $H(Y)$。

2．限失真压缩编码方法

限失真压缩编码又称为有损压缩编码，属于不可逆编码，是指对图像进行有损压缩，致使解码重新构造的图像与原始图像存在一定的失真，即丢失了部分信息。由于允许一定的失真，这类方法能够达到较高的压缩比。有损压缩方法有预测编码、变换编码、模型编码、分形编码、子带编码和小波变换编码等。常用于数字电视、静止图像通信等领域。

3.3.4　预测编码

预测编码是通过减小图像信息在时间上和空间上的相关性来达到数据压缩的目的，具体如下。

对于一个图像信源，首先根据某一模型，并利用以往的样本值对新样本值进行预测，得出预测值，然后将预测值与实际样本值相减，从而得出误差值，最后对误差值进行量化、编码和传输。如果模型设计合理，而且样本序列在时间上的相关性较强，那么所获得的误差信号的幅度将远远小于原始信号，这样便可以用较小的电平来对误差信号进行量化，从而大大压缩数据量。接收端同样有一个与发送端相同的预测器，也是根据恢复的样本信号来进行预测，从而获得预测值，然后与所接收的误差信号相加，最后恢复出原样本值。预测编码又可细分为帧间预测和帧内预测。下面首先介绍帧内预测。

1．帧内预测

帧内预测编码是针对一幅图像以减少其空间上的相关性来实现数据压缩的。通常多采用线性预测法，也称为差分脉冲编码调制（DPCM）来实现，这种方法简单，易于硬件实现，因此得到了广泛的应用。DPCM 系统的原理框图如图 3-14 所示。

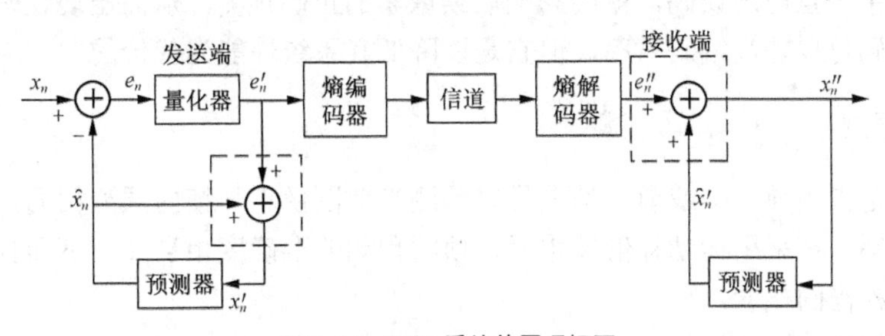

图 3-14　DPCM 系统的原理框图

图中输入信号为 x_n（t_N 时刻的抽样值）；$\hat{x}_n$ 是根据 t_N 时刻以前所获得的 m 个抽样值 x_{n-m}，……，x_{n-1}，对 x_n 所做出的预测值，它们之间的关系如下

$$\hat{x}_n = \sum_{i=1}^{m} a_i x_{n-i} = a_1 x_{n-1} + \cdots\cdots + a_m x_{n-m} \tag{3-16}$$

式中 a_i（$i = 1, \cdots\cdots m$）为预测系数，它们是与各个 x_n 无关的常数，m 为预测阶数。设 e_n 为差值信号（也称为误差信号），可用下式表示

$$e_n = x_n - \hat{x}_n \tag{3-17}$$

量化器是对差值信号进行量化，由于存在量化误差，因此量化器的输出信号 e'_n 与 e_n 不同，

然后信号经过熵编码器、信道和熵解码器到达接收端。如果在此过程中不存在误码，那么所接收的信号 $e''_n = e'_n$，$x''_n = x'_n$，$\hat{x}_n = \hat{x}'_n$。

由上面的分析可以看出，当不存在传输误码时，发送端的输入信息 x_n 与接收端的输出信息 x''_n 之间的误差为

$$x_n - x''_n = x_n - x'_n = x_n - (\hat{x}_n + e'_n) = (x_n - \hat{x}_n) - e'_n = e_n - e'_n = q_n \quad (3\text{-}18)$$

可见 q_n 为量化误差，这是由发送端的量化器引入的，而与编解码无关。

综上所述，可以得出以下结论。

（1）发送端必须使用本地解码器（图 3-14 发送端虚框中所示的部分）以此保证预测器对当前输入值的预测。

（2）接收端解码器（图 3-14 接收端虚框部分）必须与发送端的本地解码器完全一致，换句话说就是要保持收发两端具有相同的预测条件。

（3）由式（3-16）可知，预测值是以 x_n 前面的 m 个样值（即 x'_{n-m}，……，x'_{n-1}）为依据做出的，因此要求接收端的预测器也必须使用同样的 m 个样本，这样才能保证收、发之间的同步关系。

（4）最佳线性预测编码

如果式（3-16）中的各预测系数 a_i 是固定不变的，这种预测被称为“线性预测”，而根据均匀误差最小准则来获得的线性预测则被称为“最佳线性预测”，即确定 a_i（$i = 1$，……，m）使 e_n 的方差 $\sigma_{e_n}^2$ 最小，此时 x_n 相关性最大，所能达到的压缩比也最大。

（5）存在误码扩散现象

由于在预测编码中，接收端是以所接收的前 m 个样本为基准来预测当前样本，因而如果信号传输过程中一旦出现误码，就会影响后续像素的正确预测，从而出现误码扩散现象。可见采用预测编码可以提高编码效率，但它是以降低其系统性能为代价的。

2．帧间预测

帧间预测是指由前一帧或前 n 帧图像来预测当前图像。与帧内预测相同，只需对误差信号进行量化编码。在采用运动补偿技术后，帧间预测的准确度相当高。下面我们首先介绍运动估值与运动补偿的概念。

（1）运动估值与运动补偿

众所周知，为保持动作的连续感，活动图像是由以一定帧周期（1/25s 或 1/30s）为间隔的一帧帧图像构成的，可见每幅图像之间的间隔是很小的，因此在进行场景拍摄时，相邻两幅图像的内容相差不大，或者说其中存在很多重复的部分，这就是时间上的相关性。消除这种时间上的相关性是实现视频信号压缩的一种重要方法。活动图像序列中所存在的相关性大致分为以下几种。

- 如果场景为静止画面，当前帧和前一帧的图像内容是完全相同的。
- 对于运动物体而言，如果已知其运动规律，就可以根据其前一帧中的位置来推算出该运动物体它在新一帧中的位置。
- 摄像时镜头做平移、放大和缩小等操作时，图像随时间的变化规律也是可以推算的。

由于上述原因，因而发送端不需要发送每幅图像中的全部像素，而只要将物体的运动信息告知接收端，接收端则按所接收到的运动信息和前一帧图像信息来恢复当前帧图像。可见要获得高质量的图像，则要求系统能准确地从图像序列中提取相关运动物体的信息。这一过程就称为运动估值。具体地说就是 t 时刻运动物体的像素值 b_t 可以用在此之前 τ 时间的像素值 $b_{t-\tau}$ 来表示。这两个像素点之差被称为位移矢量 $\overrightarrow{D}$。

实际中是通过比较相距时间为 τ 的两帧图像估计出这段时间间隔内物体的位移 $\overrightarrow{D}$。通常采用的运动估值方法主要分为两大类，分别称为块匹配法和像素递归法。

（2）像素递归法

采用像素递归法进行位置矢量 $\overrightarrow{D}$ 估值的具体作法是：首先将图像分割成运动区和静止区。由于在相邻两帧中静止区的像素相同，即其位移为 0，因此无需进行递归运算。对运动区内的像素，则要利用该像素左边或正上方像素的位移矢量 $\overrightarrow{D}$ 作为本像素的位移矢量，然后用前一帧对应位置上像素经位移 $\overrightarrow{D}$ 后的像素值作为当前帧中该像素的预测值，然后求出与当前帧中该像素值之间的预测误差。如果预测误差小于某一阈值，则认为该像素是可预测的，因此无需进行信息传送。如果预测误差大于该阈值，则需对该预测误差进行量化、编码、传输，同时传输的还有该像素的地址信息。接收端则根据所接收的误差信息和地址信息进行图像恢复。值得说明的是当预测误差大于某阈值时，收发双方都将进行位移矢量更新。

从上面的分析可以看出，像素递归法是针对每个像素逐一地根据预测误差来进行位移矢量估算，可见在系统中无需单独传送位置信息。

（3）块匹配法

块匹配法的思路与像素递归法的分析思路不同。它是首先将图像划分成若干彼此互不重叠的子块（如 16×16），并认为子块内所有像素的位移量相同，或者说它是把整个子块视为一个“运动物体”，但在实际图像序列中，一个运动物体的大小不可能恰好完全等于一个子块的大小，因此当一个真实物体运动时，如果仍以子块作为计量单位，那么严格意义上讲，在第 k 帧和第 $k+1$ 帧图像中，不可能存在完全相同的子块，因此提出了相似性问题——匹配准则。

① 匹配准则

目前有三种常用的匹配准则，它们是最小绝对差、最小均方误差和归一化互相关函数。由于最小绝对差无需进行乘法运算，因此计算量小，硬件实现起来简单、方便，所以得到了广泛的应用。

最小绝对差的定义如下：设将当前帧（第 k 帧）划分为 $M \times N$ 的图像子块，其中各像素用 $f_k(m,n)$（$m=1$，…，M；$n=1$，…N）表示，因此当第 k 帧中的 $M \times N$ 图像子块与第 k-1 帧中的 $M \times N$ 图像子块进行比较时，其最小绝对差为：

$$MAD(i,j) = \frac{1}{MN}\sum_{m=1}^{M}\sum_{n=1}^{N}\left|f_k(m,n) - f_{k-1}(m+i,n+j)\right| \qquad (3\text{-}19)$$

$$-h \leqslant i \leqslant h; -v \leqslant j \leqslant v$$

式中（i,j）——代表位移矢量，

h, v——分别代表单方向的水平和垂直位移像素个数，如图 3-15 所示。

经过分析可知，$MAD(i,j)$是一个凸函数。当$MAD(i,j)$减小时，它们的相似性越高，这样当MAD最小时，则认为两个子块达到匹配，同时计算出位移矢量$\overrightarrow{D}$（i,j），表示在k-1帧中的该子块移动i行、j列后与k帧中的子块相似。

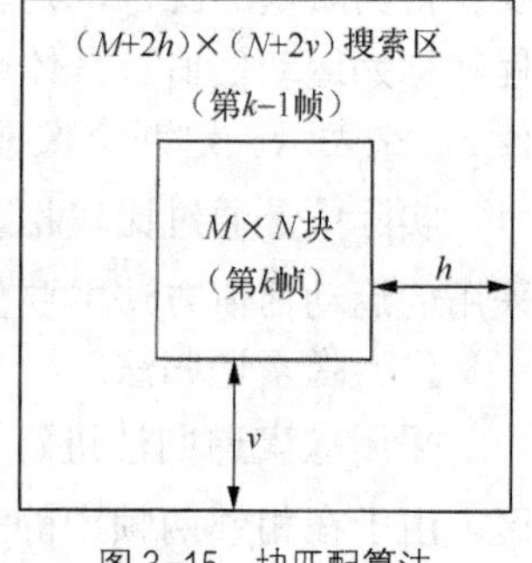

图 3-15 块匹配算法

② 搜索范围

由于两帧之间的时间间隔相当短，因此运动物体的运动距离是有限的，这样只需在一定范围内进行搜索即可，如图 3-15 所示。由此可见在k-1帧中开辟的搜索区域SR

$$SR=(M+2h)\times(N+2v) \tag{3-20}$$

这里需要说明的是搜索范围与一定的时间间隔内运动物体的运动速率、运动范围和匹配搜索所需的计算量有关。

③ 最优匹配搜索算法

基于最小绝对差准则的最优匹配搜索算法有很多种，如全搜索法（FSM）、二维对数法（TDL）和三步搜索法（TSS）等。尽管全搜索法的计算量很大，但它是最简单、可靠的方法，因而我们下面举例来说明该搜索过程，如图 3-16 所示。

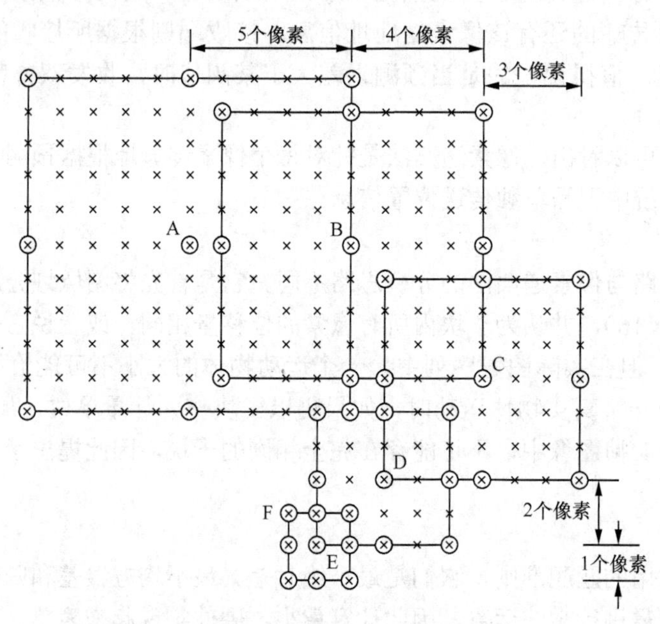

图 3-16 全搜索法示意图

首先是以第k帧中某图像子块$M\times N$为基准，在第k-1帧中进行搜索，最初的搜索是以A点为中心，以5个像素距离为搜索距离，对A点及其周围的10个点（共11个点）进行最小绝对差计算，从而找出最为相似的子块中心，如B点，然后再以B点为中心，以4个像素距离为搜索距离，再对B点及其周围的8个点进行搜索，找出最为相似的子块中心C，以此类推，直至找到F点，即k-1帧以F点为中心的子块是第k帧中相应$M\times N$子块的运动子块。

由于运动物体的运动方向和运动速度都是随机的，但相邻两帧之间的时间间隔很短，因此运动物体只能在一定范围内运动。从上例来看，搜索距离 5 + 4+3 + 2+1 = 15，可见经过 5 次反复搜索后，在±15个像素范围内完成全搜索，其准确率相当高。

④ 图像子块大小的选择

在块匹配法中，子块大小的选择直接影响其搜索速度，这是因为块匹配法的应用前提是块内各像素从第 k 帧到第 k-1 帧过程中是做相同的平移运动，因此当所选择的图像子块较大时，块内所包含的像素数较多，这样它们同时做相同平移运动。由于受到噪声的干扰，因而这种假设很容易被打破，从而影响运动估值的精度。但当子块过小时，则增加了运算量和附加信息的传输量，因此在目前实用的压缩标准中，如 H.261、MPEG 等都折中地选择 16 × 16 大小的图像子块作为匹配单元。

3. 具有运动补偿的帧间预测

（1）前向预测

帧间预测是指信道中传输的不是当前帧中的像素值 x，而传送的是 x 与其前一帧相应像素 x' 之间的差值，因此如果出现如图 3-17 所示的情况，即有一个运动小球，从第 k-1 帧到第 k 帧过程中只做了位置平移。可见这两帧图像的背景相同，这样如果只简单地用 k-1 帧中对应位置的像素作为 k 帧相应位置上的像素预测值，那么在图 3-17（b）中所示的实线和虚线区域内的预测误差不为零。

人们通常根据小球的运动方向和速度用第 k-1 帧中的小球所处的位置来预测它在第 k 帧中的位置，而且其背景仍是用前一帧中的背景（不考虑被遮挡的部分），这种预测方法就是具有运动补偿的帧间预测。这种预测方法准确度高，可以达到更高的数据压缩比。

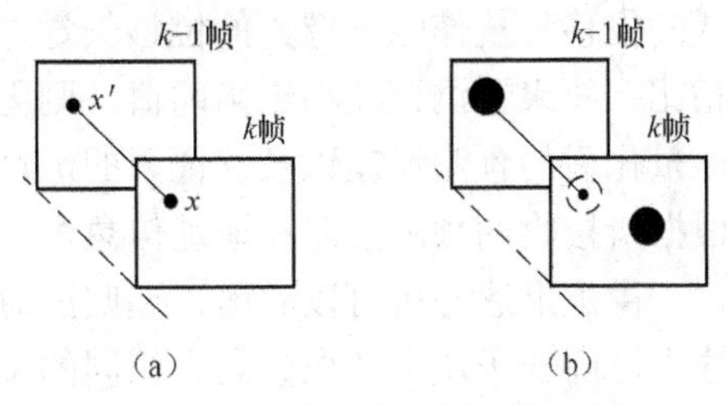

图 3-17 具有运动补偿的帧间预测

理想的运动补偿预测编码应由以下四个步骤组成。

① 图像划分：将图像划分为静止部分和运动部分。

② 运动监测与估值：即检测运动的类型（如平移、旋转、放大或缩小等），并对其中每一个运动物体进行运动估计，从而找出运动矢量。

③ 运动补偿：利用运动矢量建立处于前后帧的同一物体的空间位置的对应关系，即用运动矢量进行运动补偿预测。

④ 预测编码：对运动补偿后的预测误差、运动矢量等信息进行编码，并将这些信息传送到接收端。

在图 3-18 中给出了这种预测器的原理方框图，图中分割单元负责将图像分割成静止的背景和若干运动的物体，并将分割信号送往运动估值单元，供对不同物体进行位移估值之用。分割单元和运动估值单元的输出信号送往预测单元用以控制预测器，从而获得经运动补偿后的预测图像，最后经帧间预测得到预测误差，此外编码器的最终输出还包括位移矢量和因分割而产生的地址信息。

由于图像序列中每幅图像之间的时间间隔很短，因此在这样短的时间内，要将图像分割成静止区域和不同运动区域是一项非常艰巨的工作，但采用块匹配法和像素递归法可以实时地完成上述工作。

当采用块匹配法时，首先将图像分割成子块，每块看成是一个物体，然后按前面所介绍的方法进行计算，估计出每个子块的位移矢量，最后将经过位移补偿的帧间预测误差和位移矢量传送给对端，而接收端则根据所接收到的前一帧信息，恢复出该子块。

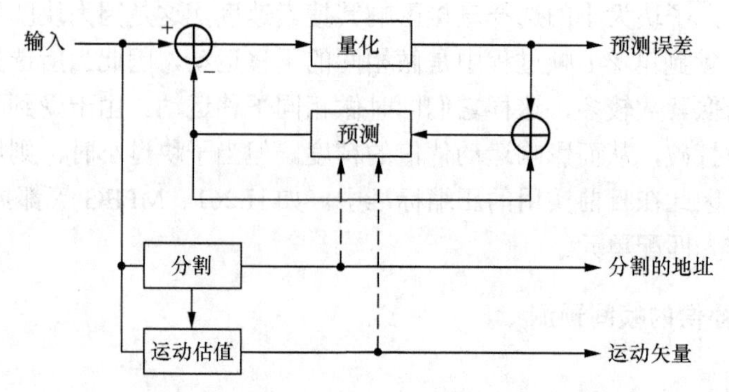

图 3-18　具有运动补偿的帧间预测器方框图

当采用像素递归法时，分别针对每一个像素进行位移矢量更新，因而无需单独将位移矢量传给接收端。具体工作过程如下：首先将图像分割成运动区和静止区。由于静止区的位移量为 0，因而对这些像素不进行递归运算，而对运动区内的每个像素则以其左边或正上方像素的位移矢量作为本像素的位移矢量，然后用前一帧的对应像素值求出预测值，与该像素值相比。如果预测误差小于某阈值，则无需传送此信息。如果预测误差大于该阈值，则需要传送量化后的预测误差以及该像素的地址信息，同时收发两端需各自更新位移矢量，接收端则根据所接收的预测误差和地址信息进行图像恢复。

由于上述分析可以看出，递归法对每一个像素都给出一个估算的位移矢量，而在块匹配法中，同一子块中各像素具有相同的位置矢量。对于面积较大的运动物体，块匹配法要相对简单一些，而且易于硬件实现，因此广泛地应用于压缩编码之中。

（2）后向预测与双向预测

我们上面介绍的帧间预测方法是由第 k-1 帧来预测第 k 帧图像的预测方式，这种方式就是前向预测。

后向预测是指由第 k 帧来预测第 k-1 帧，这种预测方法称为后向预测。如果为了进一步提高信道的利用率，则可以采用双向预测，即用前、后两帧来预测中间帧如图 3-19 所示。

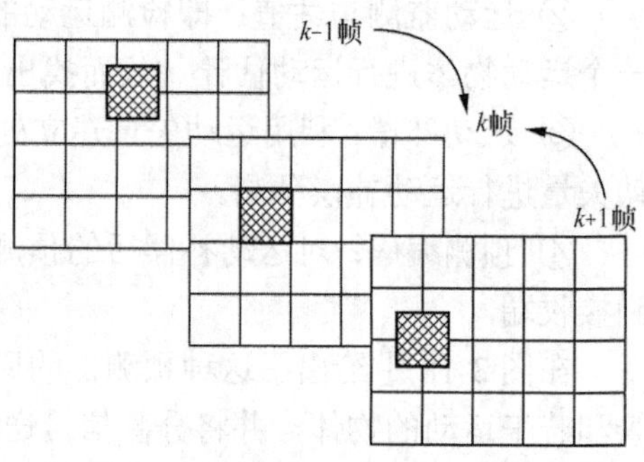

图 3-19　双向预测

由此可见，在采用双向预测的系统中，对每个子块需要向接收端发送 2 个位移矢量，而且必须在接收到第 $k+1$ 帧之后才能进行 k 帧的恢复，可见存在帧的延时。

4．具有运动补偿的帧间内插

由于图像序列中各幅图像之间的时间间隔非常短，即使运动物体在做高速运动，各帧之间仍存在很大的相关性，因此为了进一步压缩数据量，可以采用亚取样，即在发送端，每隔一段时间丢掉 1 帧或几帧图像，而在接收端则利用帧间的相关性将原丢弃的帧恢复出来。这种活动图像压缩编码的方法就称为帧间内插。由此可见其中关键的问题是如何根据所接收的图像帧来恢复出原丢弃的帧。实现方法有多种，通常人们采用线性内插来恢复丢弃帧，如图 3-20 所示。

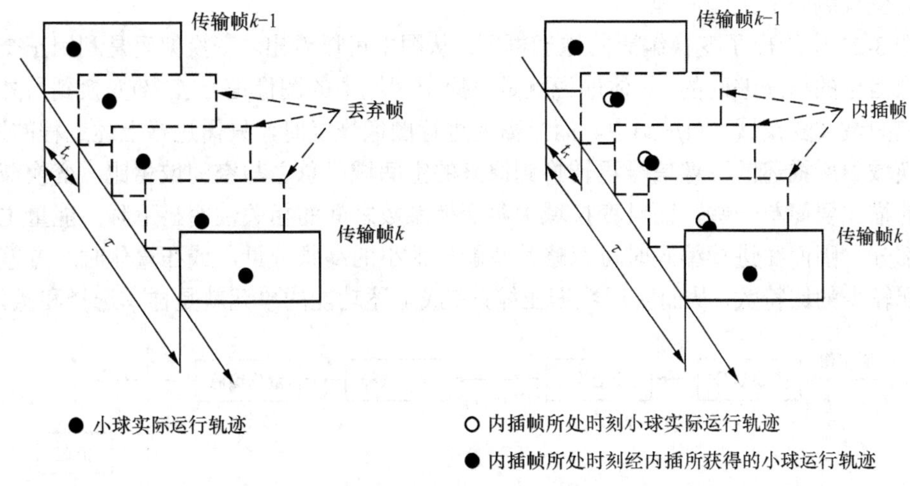

图 3-20 帧间内插示意图

图像序列是以 25 帧/秒按顺序进行传输的，为了压缩数据量，因此丢弃若干帧，例如，3 帧，那么 5 帧中只有两帧作为传输帧，接收端则按下式计算出中间第 i 个内插帧对应位置上的像素值。

$$z_0(i,j)=\frac{N-i}{N}\times(i,j)+\frac{i}{N}y(i,j)$$

其中 N 为两个传输帧之间的帧间隔数。$x(i,j)$, $y(i,j)$分别代表两个传输帧中相同空间位置上的像素值。

尽管这种编码方法能够提高信道的利用率，但当图像中存在运动物体时，用上式所计算出的结果与真实运动轨迹存在误差，从视觉效果来看，即存在图像模糊现象。要解决这一问题可采用带有运动补偿的帧间内插。由前面的分析可知，采用运动补偿可以减少预测误差，同时又提高编码效率。即使出现运动估值不准确的现象，也只会增加预测误差的大小，从而增加码速率。此时接收端还是能够根据所接收的预测误差和位移矢量进行图像恢复。可见预测误差的增加，并不会造成图像质量的严重下降。但在帧间内插中，通常是对运动区中的每个像素进行运动补偿，而不是对一个子块进行运动补偿，否则会引起运动物体边缘模糊的问题。由此可知，在帧间内插中较多使用的是像素递归法。

帧间内插技术较适合于低速系统，如可视电话、电视会议等。它需要在发送端每隔一段时间丢弃几帧图像，但究竟丢弃几帧图像为宜，既能提高数据的压缩比，又能保证图像的质量，不同系统处理方法不同。在电视会议系统中由于经常出现头肩像，其中眼睑的运动最快，可达 3Hz，因此对头肩像的取样率最低可为 6Hz。而电视信号的帧频为 25Hz，因而亚取样可以做到 4∶1，即每隔 4 帧传送 1 帧。其余帧则丢弃，而在接收端则根据所接收的传输帧恢复出被丢弃的帧。

3.3.5 变换编码

变换编码中的关键技术在于正交变换。与预测编码一样，正交变换是通过消除信源序列中的相关性来达到数据压缩的。它们之间的区别在于预测编码是在空间域（或时间域）内进行的，而变换编码则是在变换域（或频率域）内进行的。

（1）变换编码的工作原理

在图 3-21 中给出了变换编码的原理框图。从图中可以看出，变换编码是利用正交变换来实现图像信号的压缩编码的。具体地说就是将原空间域中的图像信号 $f(j, k)$变换到另外一个正交矢量空间域（变换域）$F(\mu, v)$中，而当需要进行图像恢复时，只需进行上述过程的逆变换，即把变换域中所描述的图像信号再转换到原来的空间域。总之与空间域相比，变换域中对图像信号的描述要简单一些，而且变换域中各变换系数之间的相关性明显下降。能量主要集中在低频部分，因而在进行编码时可忽略某些能量很小的高频分量，或在量化时对方差较小的分量分配较少的比特数，从而实现数据压缩，完成上述功能的单元就是样本选择和量化编码。

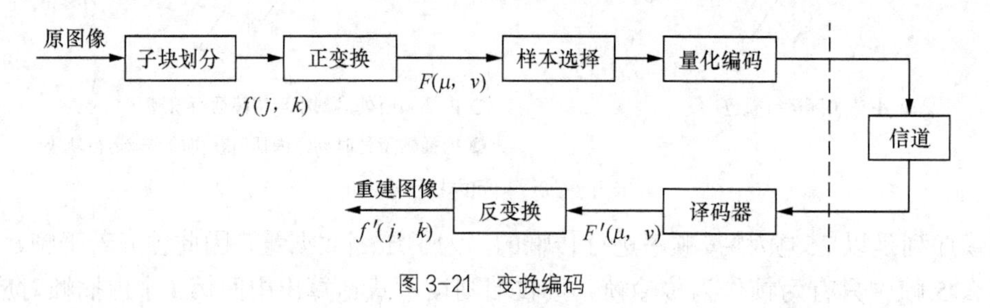

图 3-21　变换编码

由于经过量化编码，因而译码器输出的 $F'(\mu,\nu)$ 与 $F(\mu,\nu)$ 相比存在失真，这样经过反变换后重建的图像信号 $f'(j,k)$ 也存在一定的失真。此外变换编码的性能还与子图像的大小有关，下面分别进行介绍。

（2）子块划分

在变换编码系统中，其性能与所选用的正交变换类型、图像类型、变换块的大小、压缩方式和压缩程度等因素有关，但在变换方式确定之后，变换块的大小选择就显得尤为重要，这是因为大量的图像统计结果显示，大多数图像仅在约 20 个相邻像素间有较大的相关性，而且一般当子图像尺寸 $n>16$（像素）时，其性能已经改善不大。同时子图像块过大，其中所包含的像素数就越多，变换时所需的计算量也越大，因此一般子图像块的大小选为 8×8 或 16×16。

另外对图像进行子块划分的另一个好处是它可以将传输误差所造成的图像损伤限制在子图像的范围之内，从而避免误码的扩散。

（3）正交变换

① 正交变换的类型

正交变换的类型有多种，从数学上可以证明，各种正交变换都在不同程度上达到减小相关性的目的，而且信号经过大多数正交变换后，能量会相对集中在少数变换系数上，试验表明只取那些能量集中的少数变换系数进行图像恢复时，不会引起明显的失真，因此多种正交变换，如离散 *K-L* 变换、傅里叶变换、离散余弦变换和沃尔什变换等均在数据压缩中得到不同程度的应用。但从均方误差最小和主观图像质量两个方面来看，最优变换类型是离散 *K-L* 变换。

经过分析发现，当输入图像序列为广义平稳随机过程时，经过离散 *K-L* 变换后的各变换系数互不相关，而且能量主要集中在少数系数中，但其计算量过大，又无快速算法，因此很难满足实时处理的要求。然后人们把眼光投向了傅里叶变换。傅里叶变换也是一种正交变换，分析表明经过傅里叶变换后的图像子块的能量集中在低频区域，因此同样可以只选择数值较大的变换系数进行编码，从而达到图像压缩编码的目的。尽管傅里叶变换存在快速算法，但由于计算过程中涉及到复数运算，因此其计算复杂，耗时较多，实际中很少采用。在实用数据压缩标准中广泛使用的是离散余弦变换。下面着重介绍这种变换。

② 离散余弦变换（DCT）

当图像信源分布符合一阶平稳马尔可夫过程，而且其相关系数接近1时（许多图像信号均满足此规律），DCT变换的结果与离散 K-L 变换十分接近，而且变换后具有较高的能量集中度。特别是当信源的统计特性偏离上述规律时，其性能下降并不显著。同时DCT变换又具有多种快速算法，因此在图像压缩编码中得到了广泛的应用。下面我们首先介绍最简单的一维DCT变换，进而推广到二维的DCT变换。

如果已知一维实数信号序列 $f(n), n = 0,1,\cdots\cdots, N\text{-}1$，则其一维DCT的正变换和反变换分别由下式定义。

$$F(k) = C(k)\sqrt{\frac{2}{N}}\sum_{n=0}^{N-1} f(n)\cos\left[\frac{\pi}{2N}(2n+1)k\right] \tag{3-21}$$

$$f(n) = \sqrt{\frac{2}{N}}\sum_{n=0}^{N-1} C(k)F(k)\cos\left[\frac{\pi}{2N}(2n+1)k\right] \tag{3-22}$$

其中 $F(k)$ 为变换系数，且

$$C(k) = \begin{cases} \dfrac{1}{\sqrt{2}} & k = 0 \\ 1 & 1 \leqslant k \leqslant N-1 \end{cases}$$

由于二维DCT可以分解成行方向的一维DCT和列方向的一维DCT，因此可借助一维DCT推出 $M \times N$ 的图像子块的二维DCT的正变换和反变换。

$$F(\mu,\nu) = C(\mu,\nu)\sqrt{\frac{2}{MN}}\sum_{j=0}^{M-1}\sum_{k=0}^{N-1} f(j,k)\cos\left[\frac{\mu\pi}{2M}(2j+1)\right]\cos\left[\frac{\nu\pi}{2N}(2k+1)\right] \tag{3-23}$$

$$f(j,k) = \sqrt{\frac{2}{MN}}\sum_{\mu=0}^{M-1}\sum_{\nu=0}^{N-1} C(\mu,\nu)F(\mu,\nu)\cos\left[\frac{\mu\pi}{2M}(2j+1)\right]\cos\left[\frac{\nu\pi}{2N}(2k+1)\right] \tag{3-24}$$

其中 $C(\mu,\nu) = \begin{cases} \dfrac{1}{2} & \mu = \nu = 0 \\ \sqrt{\dfrac{1}{2}} & \mu\nu = 0 \text{且} \mu \neq \nu \\ 1 & \mu\nu > 0 \end{cases}$

由于DCT具有多种快速算法，可以减少运算中的加法和乘法的运算次数，从而提高运算速度。

（4）系数选择

人们通过大量的统计试验发现，大多数图像信号在空间域中像素的相关性很大。当它们经过DCT变换后，变换系数之间的相关性大大下降，并且信号能量主要集中在低频部分，为了进一步压缩编码速率，因此忽略那些能量很小的高频分量，不予以传输，而只对少数能量集中的方差大的变换系数进行量化编码。由此可见在变换编码中选择哪些变换系数进行量化编码，直接对系统性能构成影响。

选择变换系数的方法有两种：区域取样和门限取样。

① 区域取样

区域取样是指对设定区域内的变换系数进行量化编码，而舍弃区域外的变换系数。具体区域的大小和形状的选择与很多因素有关，而且直接影响压缩程度。由于变换系数的能量主要集中在直流和低频区，换句话说集中在图 3-22 中的左上角附近的系数上，因此编码区域通常选择在低频一带。区域编码的方便之处在于无需对系数所处的位置进行编码，但它同样也存在不足。由于区域的大小和形状是事先设定的，因而灵活性差。这是因为实际中图像特性有可能不符合统计规律，而且图像是非平稳的，因而出现某些重要的变换系数会超出设定的范围的现象。为克服上述问题，人们通常预先设计几种典型的区域方案，在实际中根据需要自动地选取其中一种。可见此时需用额外的比特以指示每一个子图像所采用的区域种类。

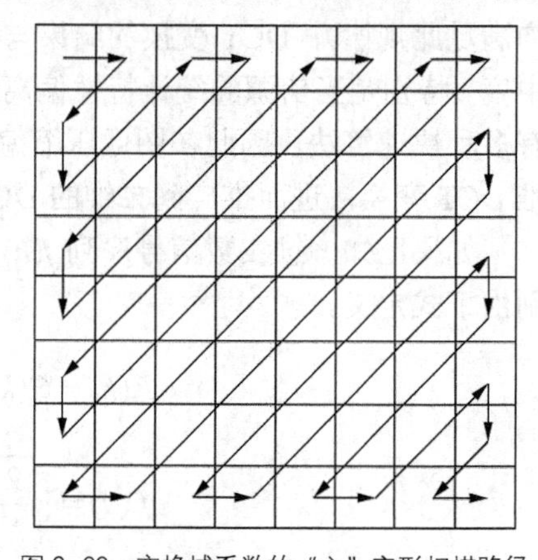

图 3–22　变换域系数的“之”字形扫描路径

② 门限取样

门限取样的方法是把变换系数的方差与某个门限值进行比较，对于大于该门限值的系数进行编码，否则忽略。可见门限取样是以变换系数所携带的能量为依据的，而不是按统计规律来进行系数的选择，这样就不会出现遗漏某个重要变换系数的现象，但它的缺点是必须对所选择的变换系数位置进行编码，可见所增加的附加信息过多会导致编码效率的下降。

由于 DCT 变换后，变换域系数矩阵中能量集中于直流和低频区，该区位于矩阵的左上角部分。另外目前通常使用行程法，此时不直接对系数位置进行编码，而是按图 3-22 中所示的“之”字形扫描路径将二维系数展开成一维序列输出。

（5）量化与编码

在编码之前，对每一个 DCT 系数需要进行量化，这样可以降低用以表示每个 DCT 系数所需的比特数。另外量化还使 DCT 系数矩阵中的多个高频系数被量化为 0，从而可实现高压缩比。

由于采用子图像块技术，通常每个子图像块包含 8 × 8 像素，DCT 变换是针对每个子图像块进行的，一个 DCT 矩阵中包含 64 个像素，当进行量化时，每个像素可以用不同的数值量化，通常能量集中的直流和低频系数被量化程度较低，而高频系数被量化的程度较高。具体量化过程如下。

首先设定一个量化表 $Q(\mu,\nu)$，在此表中每个像素的量化值不同。由于这些值的选取直接影响图像恢复质量，因此必须适当。然后按下式对 DCT 系数进行计算。

$$k(\mu,\nu) = round\left[\frac{F(\mu,\nu)}{Q(\mu,\nu)}\right] \tag{3-25}$$

其中 *round*[*x*]表示舍入到最接近的整数。如 *round*（8/16） = *round*(0.5) = 1，*round*(7/16) = *round*(0.4375) = 0，由于直流系数与邻近的子图像块具有较大的相关性，因此通常对其进行单独编码，而其他 63 个交流系数则按图 3-22 所示的规律进行扫描，从而形成一维数据序列。

由前面的分析可知，随着空间频率的增加，0 出现的越多，因而 64 个系数经过上述排列后，所形成的数据序列的尾部必然是一串长 0（游程），可见此时适于进行游程编码。它不但可以减少缓存器的存储量，而且也相应减少了传输码的解码时间。

3.3.6　小波变换编码

当输入图像的信号带宽较窄时，空间域中各像素之间存在较强的相关性，这类图像经过 DCT 变换后，在变换域中所获得的变换系数之间近似统计独立，即相关性很小，并且能量主要集中在直流分量和少数低频分量之中，表现为 0 的系数很多，因而选择能量集中在直流分量和少数交流分量进行量化、编码，从而大大地压缩了图像的数据量，但当输入图像信号带宽较宽时，该图像在经过 DCT 变换后，系数矩阵中非零系数占据了较大的区域，可见其压缩效果不如窄带图像的压缩效果。如果要求达到较高的压缩比，那么就会给系统引入误码，从而影响重建图像质量。小波变换恰巧弥补了 DCT 变换未能满足宽带图像的高数据压缩要求的缺憾。小波变换是一种能够在频率上自由伸缩的变换，因此它是一种不受带宽约束的图像压缩方法。下面简要介绍小波变换过程。

1．小波变换基本原理

（1）一维小波变换

设 $\varPsi(x)$ 为平方可积函数，即 $\varPsi(x)\in L^2(R)$ 成立，并且 $\varPsi(x)$ 的傅里叶变换 $\phi(\omega)$ 满足条件 $\int_{-\infty}^{\infty}\frac{|\phi(\omega)|^2}{|\omega|}\mathrm{d}\omega<\infty$，则称 $\varPsi(x)$ 为基本小波函数，其中 R 代表实数集。

对于任意函数 $f(t)\in L^2(R)$，在尺寸因子 $a\in R^{+}$、平移因子 $b\in R$ 上的小波变换定义如下

$$W_f(a,b)=\frac{1}{\sqrt{a}}\int_{-\infty}^{\infty}f(x)\varPsi(\frac{x-b}{a})\mathrm{d}x \tag{3-26}$$

其中的 R^{+} 代表正实数集，并且 $a\neq0$。

由上式可以看出，小波变换是尺寸 a 和平移 b 的二维函数，因而记为 $W_f(a,b)$。它实际上是原始信号与尺寸伸缩之后的小波函数的相关运算。

为了分析方便起见，令 $\varPsi_a^{'}(x)=\frac{1}{\sqrt{a}}\varPsi(\frac{x-b}{a})$

那么式（3-26）可写成

$$W_f(a,b)=f(x)*\varPsi_a^{'}(x) \tag{3-27}$$

由此可见，小波变换可以认为是原始信号与一组不同尺寸的小波带通滤波器的滤波运算。这样我们便可以将输入图像信号分解到一系列频带上，然后对每个频带内信号特性进行分析处理。

这里关键在于窗口的大小，通常在尺寸——空间平面内，定义一个矩形窗口

$$[x_0-a\sigma_x,x_0+a\sigma_x],\ \left[\frac{\omega_0}{a}-\frac{\sigma_0}{a},\frac{\omega_0}{a}+\frac{\sigma_0}{a}\right]$$

其中 ω_0 为 $\phi(\omega)$ 的中心频率，σ_0 为有效频宽，σ_x 为小波函数 $\varPsi(x)$ 的有效时宽。x_0 为 $\varPsi_a(x-x_0)$ 的时宽中心，这样 $a\sigma_x$ 代表有效时宽。可见随着 a 增加，小波滤波器的中心频率越小，频带

也越窄。但时（空）窗口宽度也越大。这表明低频带内的频率分辨率越高，换句话说就是高频带内的时间分辨率更好，充分反映了实际图像的分辨率要求。

（2）二维连续小波变换

如果输入图像信号是一个二维信号，其光学图像函数 $f(x,y)$，那么其连续小波变换为

$$W_{\mathrm{f}}(a,b_{\mathrm{x}},b_{\mathrm{y}})=\int_{-\infty}^{\infty}\int_{-\infty}^{\infty}f(x,y)\Psi_{a,b_{\mathrm{x}},b_{\mathrm{y}}}(x,y)\mathrm{d}x\mathrm{d}y \tag{3-28}$$

其反变换为

$$f(x,y)=\frac{1}{C_{\varphi}}\int_{0}^{\infty}\int_{-\infty}^{\infty}\int_{-\infty}^{\infty}W_{f}(a,b_{\mathrm{x}},b_{\mathrm{y}})\Psi_{a,b_{\mathrm{x}},b_{\mathrm{y}}}(x,y)\mathrm{d}b_{\mathrm{x}}\mathrm{d}b_{\mathrm{y}}\frac{\mathrm{d}a}{a} \tag{3-29}$$

其中二维基本小波函数

$$\Psi_{a,b_{\mathrm{x}},b_{\mathrm{y}}}(x,y)=\frac{1}{|a|}\Psi(\frac{x-b_{\mathrm{x}}}{a},\frac{y-b_{\mathrm{y}}}{b}) \tag{3-30}$$

上式中 b_{x}、b_{y} 代表在 x 和 y 方向上的平移。

2．基于子带分解的快速小波变换

子带信号的提取是利用一种二维可分离的镜像滤波器组（通常是 M 个带通滤波器），将原信号逐行逐列（或逐列逐行）地分解成若干相邻子带频谱。如经过二维子带分解后，得到四个子带图像信号，分别为：

LL——水平低通、垂直低通子带信号；

LH——水平低通、垂直高通子带信号；

HL——水平高通、垂直低通子带信号；

HH——水平高通、垂直高通子带信号。

在图 3-23 中给出了小波分解示意图。其中每次小波分解都是将图像分解成四块子带图像，其中左上角的一块对应低频图像，其余的对应高频图像。可以清楚地看出，图 3-23（a）表示原图像，图 3-23（b）代表一层分解的小波变换，图 3-23（c）表示将低频图像 *LL* 小区域再分解的小波变换，通常称其为二层分解。下面以一层分解的小波变换为例来进行介绍（如图 3-23（b）所示）。

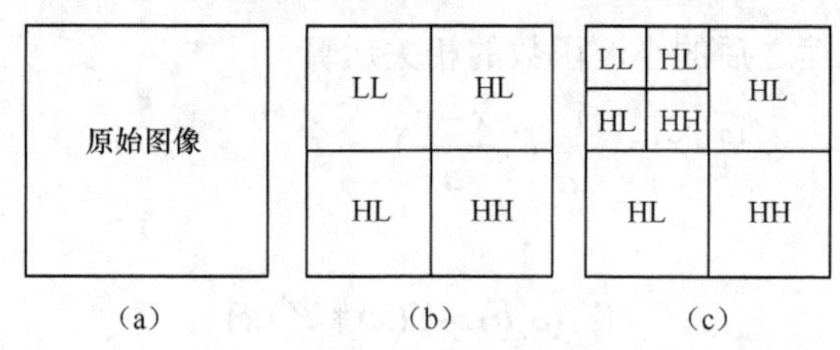

图 3–23　小波分解

此时将原始图像分解成四块子图像，其次序是首先将原始图像分为高频和低频二部分，然后在高频和低频区域再次分为高频和低频两部分，这样便获得了 4 个子带。二维小波分解与重建过程如图 3-24 所示。

其中 $\overline{H}$、$\overline{G}$ 分别代表分解时所采用的低通、高通滤波器；

H、G 分别代表重建时所采用的低通、高通滤波器。

$\overline{H}$ 与 H 是共轭函数，$\overline{G}$ 与 G 也是共轭函数。

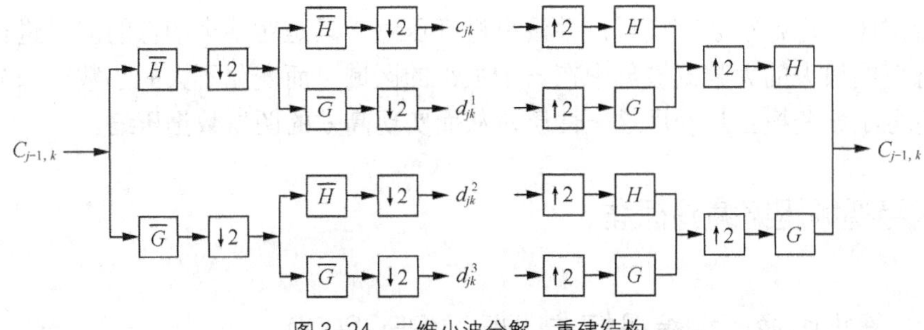

图 3-24　二维小波分解、重建结构

2↑是以因子 2 进行上采样，即对输入信号进行隔点抽样。

2↓代表以因子 2 进行下采样，也就是在每两个点之间插入一个零值样点。

C_{jk}为尺寸系数，d_{jk}^1、d_{jk}^2、d_{jk}^3 均为小波系数。

小波编/解码结构如图 3-25 所示。其中熵编码可以采用游程编码、哈夫曼编码和算术编码。在图 3-26 中给出了小波变换的实际图像。可见图 3-25（a）为原始图像，图 3-25（b）～图 3-25（d）是第 1～3 层小波分解图像。

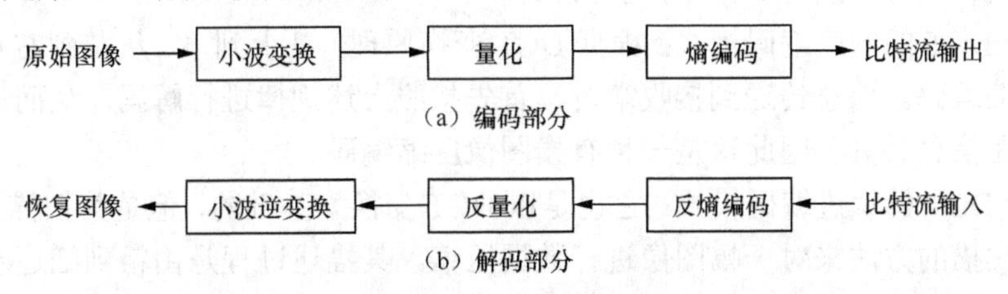

图 3-25　小波编/解码框图

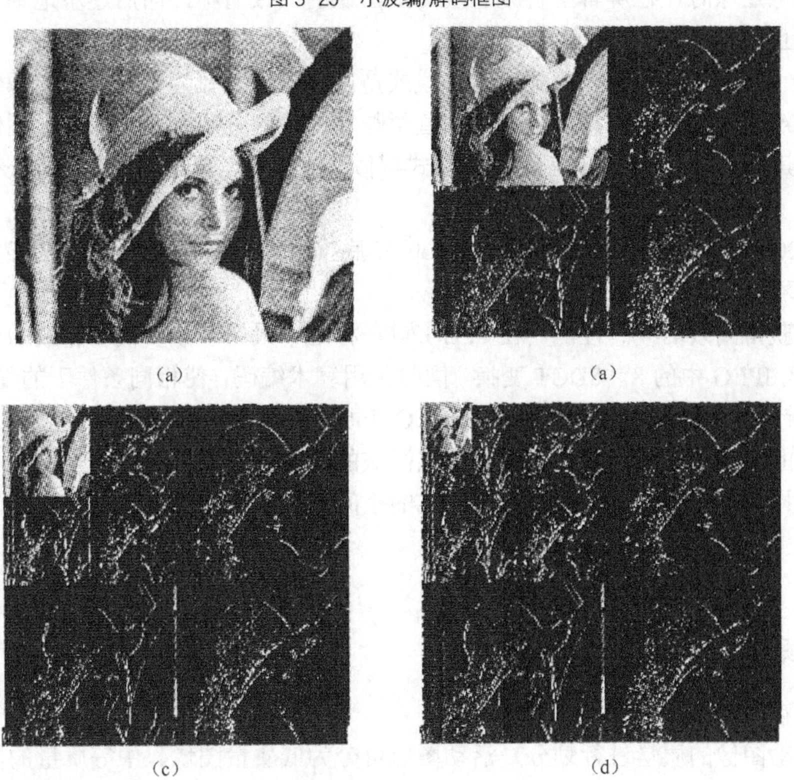

图 3-26　小波变换的实际图像

可以看出图像进行小波变换后，并没有进行压缩，只是对整个图像的能量进行了重新的分配。动态范围很大的大数据被集中在一个很小的区域，而变化不大的小数据却分布于很大的区域。可见小波变换正是利用这一性质，从而实现高效的图像数据压缩。

3.4 图像与视频压缩编码标准

3.4.1 静止图像压缩编码标准 JPEG/JPEG2000

静止图像压缩标准包括 JBIG 和 JPEG 标准，这里我们主要介绍 JPEG 标准。JPEG 是英文 Joint Photographic Experts Group 的缩写，即联合图像专家组。该标准是一种适用于静止图像压缩算法的国际标准。在 JPEG 算法中，共包含四种运行模式，其中一种是基于 DPCM 的无损压缩算法，另外三种是基于 DCT 的有损压缩算法。其要点如下。

- 无损压缩编码模式：采用预测法和哈夫曼编码（或算术编码）以保证重建图像与原图像完全相同（设均方误差为零），可见无失真。

- 基于 DCT 的顺序编码模式：根据 DCT 变换原理，从上到下、从左到右顺序地对图像数据进行压缩编码。信息传送到接收端时，首先按照上述规律进行解码，从而还原图像。在此过程中存在信息丢失，因此这是一种有损图像压缩编码。

- 基于 DCT 的累进编码模式：它也是以 DCT 变换为基础的，但是其扫描过程不同。它是通过多次扫描的方法来对一幅图像进行数据压缩。其描述过程是由粗到细逐步累加的方式进行的。图像还原时，在屏幕上首先看到的是图像的大致情况，而后逐步地细化，直到全部还原出来为止。

- 基于 DCT 的分层编码模式：这种模式是以图像分辨率为基准进行图像编码的。它首先是从低分辨率开始，逐步提高分辨率，直至与原图像的分辨率相同为止。图像重建时也是如此。可见其效果与基于 DCT 累进编码模式相似，但其处理起来更复杂，所获得的压缩比也更高一些。

JPEG2000 是由联合摄影专家组于 2000 年底推出的新型静止图像压缩标准。JPEG2000 与 JPEG 的区别在于以下几个方面。

（1）可获得高效的编码性能。在 JPEG2000 标准中采用小波变换和高效的数据组织方式 EBCOT 取代 JPEG 中的 8 × 8DCT 变换，同时采用算术编码，使相同条件下的编码性能更优。

（2）可针对重点区域采用 ROI（Region Of Interest）编码。JPEG2000 支持 ROI 进行比背景质量更高的编码，以满足对图像中某重点区域的更高质量要求。

（3）支持可伸缩编码。类似于分层方式的空间分辨率可伸缩性和信噪比可伸缩性编码。

3.4.2 H.261 和 H.263

1. 视频会议压缩编码标准 H.261

（1）视频数据格式

按照活动图像的质量进行划分，活动图像可分为低质量图像、中等质量的图像和高质量的图像三大类。不同种类的图像，其数据量不同，因而采用的编码格式也不同。

建议规定采用 CIF（通用中间格式）和 QCIF 格式（1/4CIF）作为视频输入格式。需要说明的是所有支持 H.261 协议的编/解码器都可支持 QCIF 格式，但也可以选择 CIF 格式。两种格式的最大图像帧频频率为 30000/1001（大约 29.97）帧/秒。格式选择由信道容量决定，如 ISDN 信道（$P \times 64$kbit/s，$P = 1$，2，……30）。如果 $P = 1$，2，则选择 QCIF 格式，由此构成的数据流适用于桌面视频应用系统。对于 $P \geqslant 6$，则选择 CIF 格式。

（2）视频编码系统

H.261 是 ITU-T 制定的视频压缩编码标准，也是世界上第一个得到广泛承认的、针对动态图像的视频压缩标准，而且其后出现 MPEG 系列标准、H.262 以及 H.263 等数字视频压缩标准的核心都是 H.261。可见在图像数据压缩方面该标准占据非常重要的地位，主要应用于会议电视和可视电话等方面，具体系统框图如图 3-27 所示。

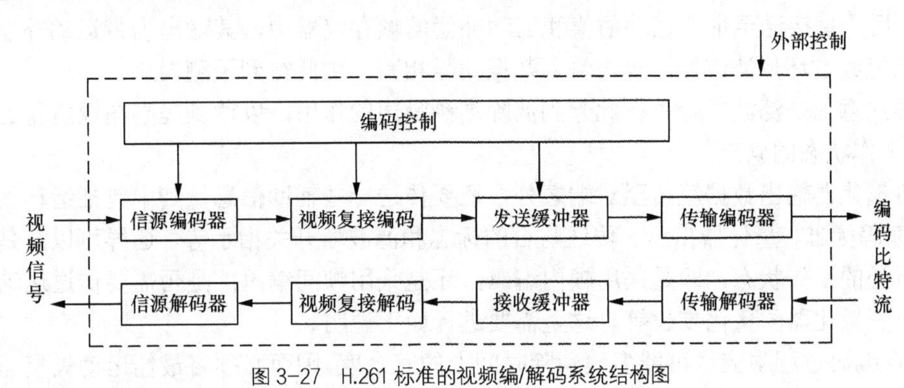

图 3-27　H.261 标准的视频编/解码系统结构图

（3）视频编码器原理

① 采用帧内编码

H.261 标准的视频信源编码器框图如图 3-28 所示，而解码器的工作原理与编码器中的本地解码电路完全相同，因此这里我们着重介绍视频编码器。

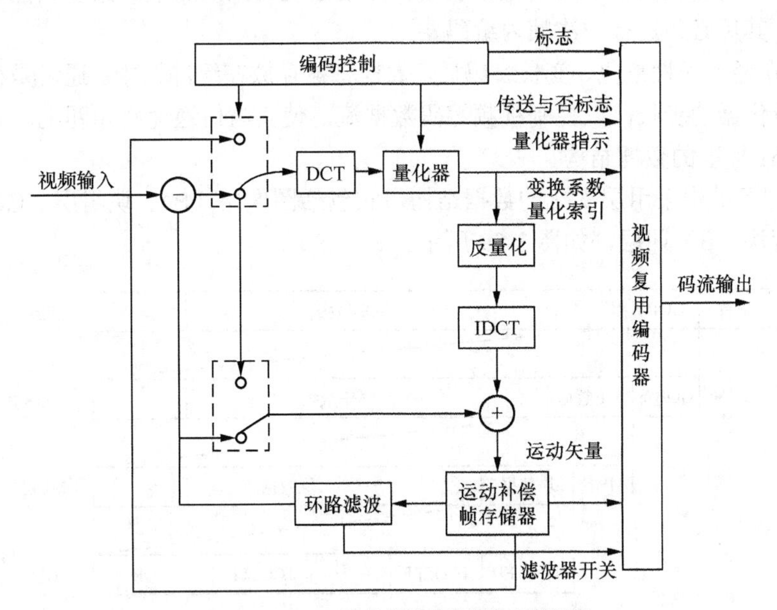

图 3-28　H.261 标准的视频信源编码器框图

可以看出它是由帧间预测、帧内预测、DCT 变换和量化组成。其工作原理如下：对图像序列中的第一幅图像或景物变换后的第一幅图像，采用帧内变换编码，如图 3-28 所示。

双向选择开关同时接上路，这样输入信号直接进行 DCT 变换。在该变换过程中采用了 8 × 8 子块来完成运算，然后各 DCT 系数经过 z 形扫描展开成一维数据序列，再经游程编码后送至量化单元，系统中所采用的量化器工作于线性工作状态，其量化步长由编码控制。量化输出信号就是一幅图像的输出数据流，此时编码器处于帧内编码模式。

② 采用帧间预测编码

当双向选择开关同时接下路时，输入信号将与预测信号相减，从而获得预测误差，然后对预测误差进行 DCT 变换，再对 DCT 变换系数进行量化输出，此时编码器工作于帧间编码模式。其中的预测信号是经过如下路径所获得的。首先量化输出经反量化和反离散余弦变换（IDCT）后，直接送至带有运动估值和运动补偿的帧存储器中，其输出为带运动补偿的预测值，当该值经过环形滤波器，再与输入数据信号相减，由此得到预测误差。

值得注意的是滤波器开关在此起到滤除高频噪声的作用，以达到提高图像质量的目的。

③ 工作状态的确定

在将量化器输出数据流传至对端之外，还要传送一些辅助信息，其中包括运动估值、帧内/帧间编码标志、量化器指示、传送与否的标志和滤波器开关指示等，这样可以清楚地说明编码器所处的工作状态，即是采用帧内编码，还是采用帧间编码；是否需要传送运动矢量；是否要改变量化器的量化步长等。这里需要进行如下说明。

- 在编码过程中应尽可能多地消除时间上的冗余度，因而必须将最佳运动矢量与数据码流一起传输，这样接收端才能准确地根据此矢量重建图像。
- 在 H.261 编码器中，并不是总对带运动补偿的帧间预测 DCT 进行编码，它是根据一定的判断标准来决定是否传送 DCT8 × 8 像素块信息。例如当运动补偿的帧间误差很小时，使得 DCT 系数量化后全为零，这样可不传此信息。对于传送块而言，它又可分为帧间编码传送块和帧内编码传送块两种。为了减少误码扩散给系统带来的影响，最多只能连续进行 132 次帧间编码，其后必须进行一次帧内编码。
- 由于在经过线性量化、变长编码后，数据将被存放在缓冲器中。通常是根据缓冲器的空度来调节量化器的步长，以控制视频编码数据流，使其与信道速率相匹配。

（4）H.261 标准的数据结构

在 H.261 标准中采用层次化的数据结构，它包括图像层（P）、块组层（GOB）、宏块层（MB）和像素块（B）四层，如图 3-29 所示。

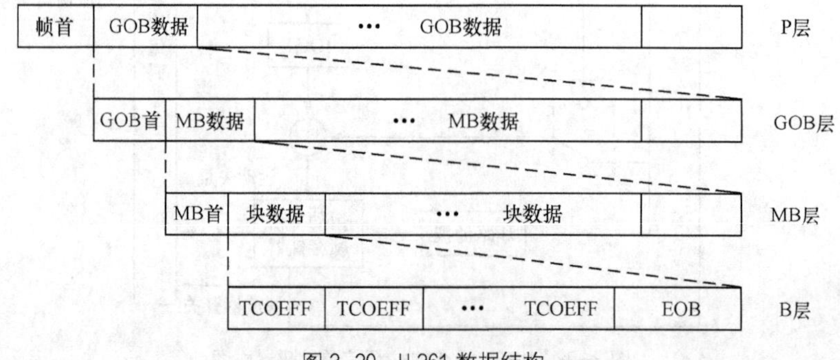

图 3-29 H.261 数据结构

由前面的分析可以清楚地看出，在H.261建议中，建议采用的数据格式有CIF或QCIF，并且规定所有的编/解码器都必须支持QCIF格式，但也可以选择CIF格式。所选择的格式不同，对图像质量的影响和信道带宽的要求不同。下面以一帧CIF格式的图像为例来进行说明，如图3-30所示。

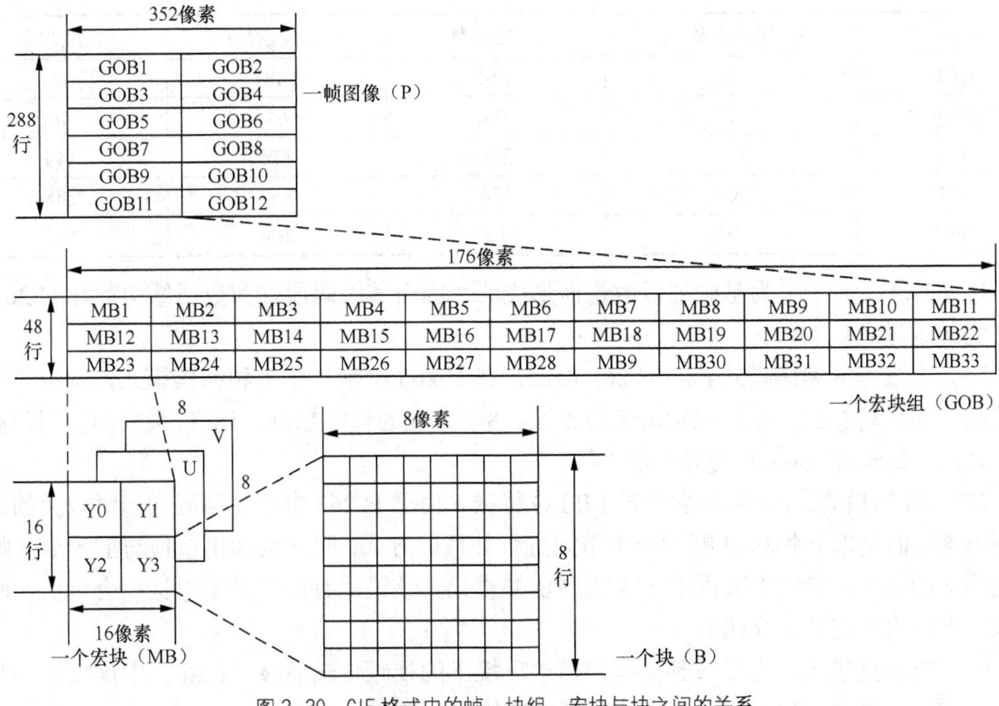

图3-30 CIF格式中的帧、块组、宏块与块之间的关系

从图中可清楚地看出，一帧CIF格式的图像是由12个块组GOB构成。每个GOB又包含33个MB（宏块），而每个MB则是由6个块（B）构成，其中包含4个亮度块和2个色度块。

由图3-29和图3-30可知，H.261数据结构如下。

① 图像层是由帧首和12个块组层构成。其中帧首包括一个20比特帧起始码和其他标志信息，如帧数、视频格式（CIF/QCIF）等。

② 块组层是由GOB首和33个宏块构成，其中GOB首中包含16bit块组编号、块组量化步长等标志信号。

③ 宏块层是由宏块首和其后面的6个数据块构成，MB首包括宏块地址、类型信息、运动矢量数据和编码块图样等信息。

④ 块层是由DCT系数（TCOEFT）和块结束符（EOB）组成。每块包含8×8个数据。

需要指出的是以上分析是针对CIF格式而言的。如果采用的是QCIF格式的图像，那么一帧图像仅包含3个GOB。按照H.261建议的规定，块B是作为DCT变换的基本单元，而宏块MB则是作为运动估值的基本单元。这样系统中是针对每个MB进行带运动补偿的帧间预测，所得到的运动矢量也同样适用于色差宏块。

2．低比特率视频压缩编码标准H.263

H.263标准是一种甚低码率通信的视频编码方案。所谓甚低码率视频编码技术是指压缩编码后的码率低于64kbit/s的各种压缩编码方案。H.263不仅可以支持CIF和QCIF标准数据格式，而且还可以支持更多原始图像数据格式，如 sub-QCIF、4CIF 和 16CIF 等，如表 3-5 所示。除此之外，它还支持用户自定义的图像格式。

表 3-5 H.263 图像格式

图像格式	亮度像素数/行	亮度行数	色度像素数/列	色度行数
QCIF	176	144	88	72
Sub-QCIF	128	96	64	48
CIF	352	288	176	144
4CIF	704	576	352	288
16CIF	1408	1152	704	576

H.263 是以 H.261 为基础加以改进而形成的，因而其编码原理和数据结构都与 H.261 相似。它的改进之处如下。

（1）高效率的编码模式。与 H.261 相比，在 H.263 中增加了多种编码模式，其中包括半像素精度的运动补偿、无约束运动矢量算法、8 × 8 块的帧间预测、DCT 系数的空间预测和基于语法（Syntax-based）的算术编码等。

（2）PB 帧模式。PB 帧概念出自 MPEG 标准。由于 H.263 中不使用附加延时较大的双向预测 B 帧，而是以 P 帧和 B 帧为一个单元进行处理的方式，即 P 帧和由该帧与上一个 P 帧所共同预测的 B 帧一起进行编码，这就是 PB 帧模式。该模式有助于满足电话和会议的实时性要求（详细内容在后面介绍）。

（3）抗干扰措施。为了改善高噪声信道环境下的视频传输质量，H.263 中增加了一些抗误码措施，如参考图像选择、独立分段解码和错误跟踪等。

3.4.3 MPEG 系列

MPEG 是 Moving Picture Experts Group 的缩写，其含义是活动图像专家组。该专家组成立于 1988 年，它的工作不仅局限于活动图像编码，而且还把伴音与图像的压缩联系在一起，并且根据不同的应用场合，定义了不同的标准。

MPEG-1 是 1993 年 8 月正式通过的技术标准，其全称为“适用于约 1.5Mbit/s 以下数字存储媒体的运动图像及伴音的编码”。这里所指的数字存储媒体包括 CD-ROM、DAT、硬盘和可写光盘等。同时利用该标准也可以在 ISDN 或局域网中进行远程通信。

MPEG-2 是 1994 年 11 月发布的“活动图像及其伴音通用编码”标准，该标准可以应用于（2.048～20Mbit/s）的各种速率和各种分辨率的应用场合之中，如多媒体计算机、多媒体数据库、多媒体通信、常规数字电视、高清晰度电视以及交互式电视等。

MPEG-4 是 1999 年 1 月公布了该标准的 V1.0 版本，同年 12 月公布了 V2.0 版本。该标准主要应用于超低速系统之中，例如多媒体 Internet、视频会议和视频电视等个人通信、交互式视频游戏和多媒体邮件、基于网络的数据业务、光盘等交互式存储媒体、远程视频监视及无线多媒体通信。特别是它能够满足基于内容的访问和检索的多媒体应用，并且其编码系统是开放的，可随时加入新的有效算法模块。

MPEG-7 是 2000 年 11 月颁布的称为“多媒体内容描述接口”的标准。定义该标准的目的是制定出一系列的标准描述符来描述各种媒体信息。这种描述与多媒体信息的内容有关，这样将便于用户进行基于内容和对象的视听信息的快速搜索。可见 MPEG-7 与其他 MPEG 标准的不同之处在于它只提供了与内容有关的描述符，并不包括具体的视音频压缩算法，而且还未形成与内容提交有关的所有标准的总框架。

MPEG-21 的全称为“多媒体框架”。该标准的目的在于为多媒体用户提供透明而有效的电子交易和使用环境。

MPEG 系列包括上述若干标准，由于篇幅有限，在此仅介绍以下几个常用标准。

1. 数字声像存储压缩编码标准 MPEG-1

MPEG-1 标准是由三个部分构成。第一部分是系统部分，编号为 11172-1。它描述了几种伴音和图像压缩数据的复用以及加入同步信号后的整个系统。第二部分为视频部分，主要规定了图像压缩编码方法，编号为 11172-2。第三部分为音频部分，主要规定了数字伴音压缩编码，编号为 11172-3。可见 MPEG-1 标准的基本任务就是将视频与其伴音统一起来进行数据压缩，使其码率可以压缩到 1.5Mbit/s 左右，同时具有可接收的视频效果和保持视音频的同步关系。由于已经在第二章中对音频编码进行了详细的介绍，因而在此仅介绍前两个部分。

（1）系统部分

MPEG-1 标准的系统部分主要按定时信息的指示，将视频和音频数据流同步复合成一个完整的 MPEG-1 比特流，从而便于信息的存储与传输。在此过程将向数据流中加入相关的识别与同步信息，这样在接收端，可以根据这些信息，从接收数据流中分离出视频与音频数据流，并分别送往各自的视频、音频解码器进行同步解码和播放。在图 3-31 中给出了 MPEG-1 多路复用编/解码器的原理图。

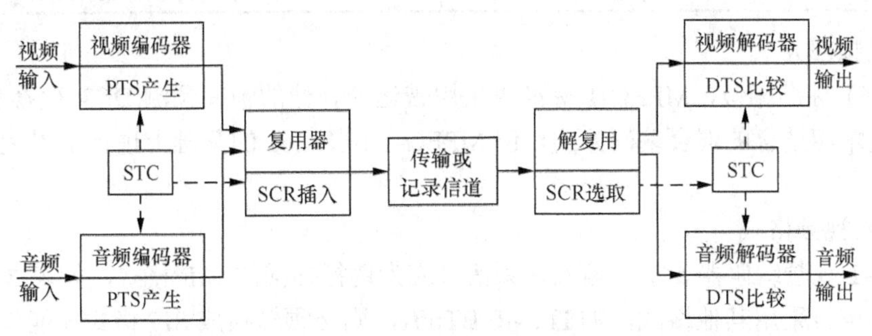

图 3-31　MPEG-1 多路复用编/解码器

其中 STC、SCR、PTS、DTS 构成 MPEG-1 的同步系统。

PTS——代表显示时间标志，与解码时间标志（DTS）一起用来确定视频、音频信息解码和重现时间。

SCR——代表系统时间基准，借助于 SCR，在接收端可以恢复出与发送端相同的 STC，利用该信号和所接收的 DTS、PTS 信号，可实现视频、音频的同步解码和播放。

STC——代表 90kHz 的系统时钟。根据该时钟，产生视频、音频各自的 DTS 和 PTS 数据。

由多路复用器输出的 MPEG-1 比特流如图 3-32 所示。从中可以清楚地看出，MPEG-1 比特流分为包裹层和包层。包裹层负责完成 MPEG-1 视/音频（ISO/IEC11172-2/3）的描述和压缩编码，包层则将经压缩编码后的比特流分成若干视/音频单元，并按图 3-32 中所示的格式进行封装。

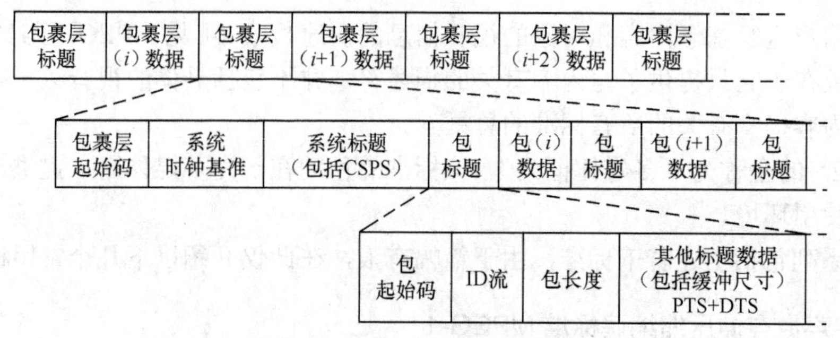

图 3-32　MPEG-1 比特流中的层次结构

需要说明的是由于 MPEG-1 视频编码的编码参数范围很广，有必要进行限定。在图 3-32 中的 CSPS 就代表 MPEG-1 定义的限定参数，如表 3-6 所示。

表 3-6　　MPEG-1 定义的限定参数

参数	允许范围
水平图像尺寸/像素	≤768
垂直图像尺寸/像素	≤576
像素速度/（宏块/s）	≤9900（396 × 25）
图像速度/（帧/s）	≤30
运动矢量范围/像素	≤–64～ + 63.5
输入缓存器容量/bit	≤327680
比特数/（bit/s）	≤1856000（恒定数据率）

（2）视频部分

与 H.261 标准相似，MPEG-1 标准也采用带运动补偿的帧间预测 DCT 变换和 VLC（变长编码）技术相结合的混合编码方式。但 MPEG-1 在 H.261 的基础上进行了重大的改进，具体如下。

① 输入视频格式

MPEG-1 视频编码器要求其输入视频信号应为逐行扫描的 SIF 格式，如表 3-6 所示。如果输入视频信号采用其他格式，如 ITU-R BT601，则必须转换成 SIF 格式才能作为 MPEG-1 的输入。

② 预测与运动补偿

与 H.261 标准相同，MPEG-1 也采用帧间预测和帧内预测相结合的压缩编码方案，以此来满足高压缩比和随机存取的要求。为此在 MPEG-1 标准中定义了三种类型的帧：分别是 I 图像帧、P 图像帧和 B 图像帧。

- I 图像帧是一种帧内编码图像帧。它是利用一帧图像中的像素信息，通过去除其空间冗余度而达到数据压缩的。
- P 图像帧是一种预测编码图像帧。它是利用前一个 I 图像帧或 P 图像帧，采用带运动补偿的帧间预测的方法进行编码。该图像帧可以为后续的 P 帧或 B 帧进行图像编码时提供参考。
- B 图像帧是一种双向预测编码图像帧。它是利用其前后的图像帧（I 帧或 P 帧）进行带运动补偿的双向预测编码而得到的，如图 3-33 所示。它本身不作为参考使用，所以不需要进行传送，但需传送运动补偿信息。

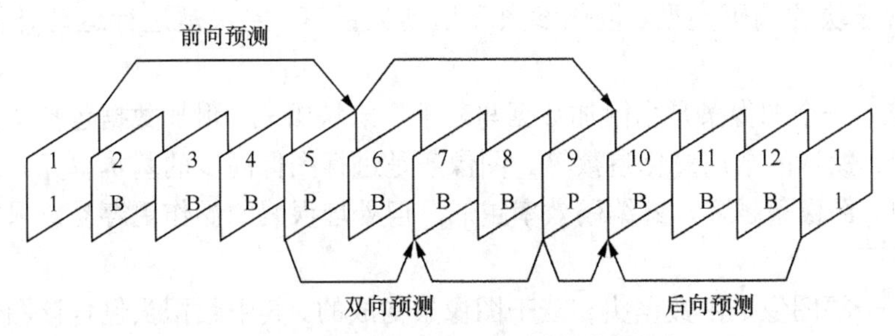

图 3-33 MPEG-1 图像组及其帧间编码方式

在 MPEG-1 中是以宏块 16 × 16 像素为单位进行双向估值。假设一个活动图像中的三个彼此相邻的宏块 I_0、I_1 和 I_2。如果已知宏块 I_1 相对于宏块 I_0 的运动矢量为 $\boldsymbol{mv}_{01}$，则前向预测 $I'_1(x) = I_0(x + \boldsymbol{mv}_{01})$，其中 x 代表像素坐标，同理若已知宏块 I_1 相对于宏块 I_2 运动矢量为 $\boldsymbol{mv}_{21}$，那么其后向预测 $I''_1(x)= I_2(x + \boldsymbol{mv}_{21})$，这样便可获得双向预测公式：

$$I_1(x) = \frac{1}{2}[I_0(x + \boldsymbol{mv}_{01}) + I_2(x + \boldsymbol{mv}_{21})] \tag{3-31}$$

这里需要说明的是在 MPEG 中对于 P 帧和 B 帧的使用并未加以任何的限制。一个典型的实验序列的结果表明：对 SIF 分辨率，在采用 IPBBPBBPBBPBBPBBP 的 GOP 结构、速率为 1.15Mbit/s 的 MPEG-1 视频序列中，其 I 帧、P 帧和 B 帧的平均码率大小分别为 156kbit/s、62kbit/s 和 15kbit/s。可见 B 帧的速率要远小于 I 帧和 P 帧的速率。然而仅通过增加 I 帧和 P 帧之间的 B 帧数量并无法获得更好的压缩比。这是因为尽管增加了 B 帧的数量，但致使 B 帧与相应的 I 帧和 P 帧的时间距离增加，从而导致它们之间的时间相关性下降，也就使运动补偿预测能力下降。

③ 视频码流的分层结构

MPEG-1 数据码流也同样采用层次结构，其结构如图 3-34 所示。可见其最基本单元是块，下面分别进行介绍。

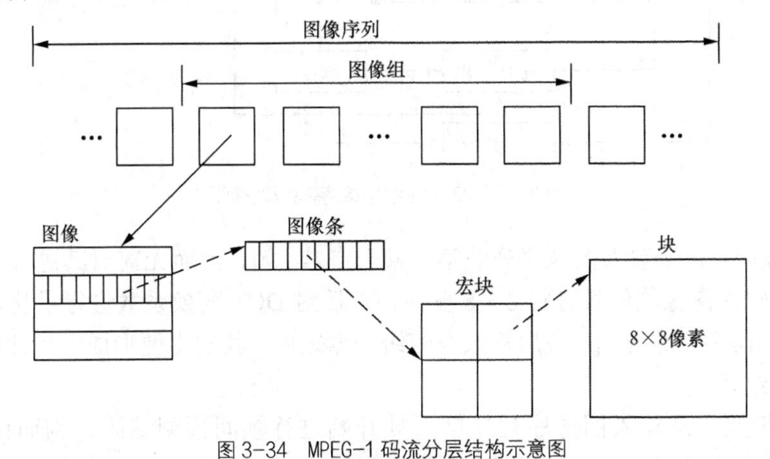

图 3-34 MPEG-1 码流分层结构示意图

a．块：一个块是由 8 × 8 像素构成的。亮度信号、色差信号都采用这种结构。它是 DCT 变换的最基本单元。

b．宏块：一个宏块是由附加数据与 4 个 8 × 8 亮度块和 2 个 8 × 8 色差块组成。其中附加数据包含宏块的编码类型、量化参数和运动矢量等。宏块是进行运动补偿运算的基本单元。

c．图像条：一个图像条是由附加数据与若干个宏块组成。附加数据包括该图像条在整个图像中的位置、默认的全局量化参数等。图像条是进行图像同步的基本单元。应该说明的是在一帧图像中，图像条越多，其编码效率越低，但处理误码的操作更容易，只需跳过出现误码的图像条即可。

d．图像：一幅图像是由数据头和若干图像条构成的。其中数据头包含该图像的编码类型及码表选择信息等。它是最基本的显示单元。通常我们也称其为帧。

e．图像组：一个图像组是由数据头和若干图像构成。数据头中包含时间代码等信息。图像组中每一幅图像既可以是 I 帧，也可以是 P 帧或 B 帧。但需说明的是 GOP 中的第一幅图像必须是 I 帧，这样可以便于提供图像接入点。

f．图像序列：由数据头和若干图像组构成的。数据头中包含图像的大小，量化矩阵等信息。

④ MPEG-1 视频编/解码原理

MPEG-1 视频编/解码器的原理框图如图 3-35 所示。从图中可以看出，其功能包含帧间/帧内预测、量化和 VLC 编码等。下面分别进行讨论。

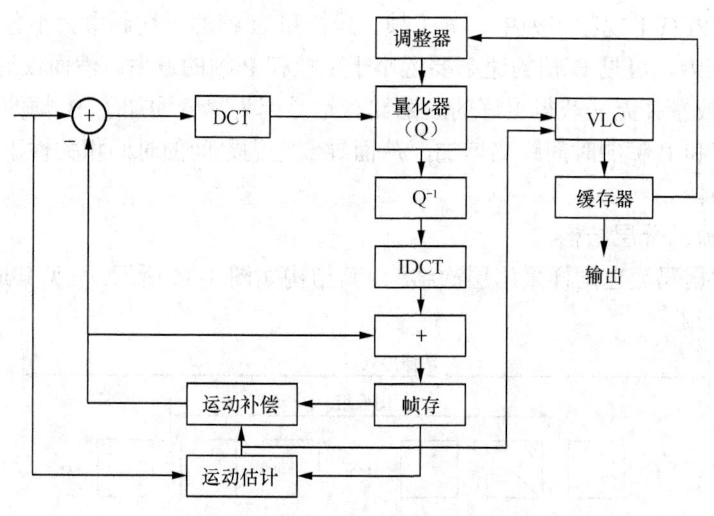

图 3-35 MPEG-1 视频编/解码原理框图

a．帧内编码。由于输入图像序列的第 1 帧一定是 I 帧，因而无需对其进行运动估值和补偿，只需要将输入图像块信号进行 8 × 8 变换，然后对 DCT 变换系数进行量化，再对量化系数进行 VLC 编码和多路复用，最后存放在帧缓冲器之中，其输出便形成编码比特流，解码过程是编码的逆过程。

b．帧间编码。从输入图像序列的第 2 帧开始进行帧间预测编码，因而由量化器输出的数据序列一方面被送往 VLC 及多路复用器的同时，还被送往反量化器和 IDCT 变换（DCT 反变换），从而获得重建图像，以此作为预测器的参考帧。该过程与接收端的解码过程相同。

此时首先求出预测图像与输入图像之间的预测误差，当预测误差大于阈值时，则对预测误差进行量化和 VLC 编码，否则不传该块信息，但需将前向和后向运动矢量信息传输到接收端，在实际的信道中传输的只有两种帧：即 I 帧和 P 帧，这样在接收端便可以重建 I 帧和 P 帧，同时根据所接收的运动矢量采用双向预测的方式恢复 B 帧。

值得注意的是对于 B 帧的运动估值过程要进行两次，一次用过去帧来进行预测，另一次则要用将来帧进行预测，因此可求得两个运动矢量。同时在编码器中，可以利用这两个宏块（过去帧和将来帧）中的任何一个或两者的平均值和当前输入图像的宏块相减，从而得到预测误差。这种编码方式就是前面介绍的“帧间内插编码”。

2．通用视频及伴音压缩编码标准 MPEG-2

MPEG-2 包含系统、视频和音频三部分。与 MPEG-1 相比，MPEG-2 主要增加以下功能。

（1）更有效的编码方式。增加了场图像的场间预测、帧图像的场间预测等 4 种预测模式，以及采用 2D（维）到 1D 交替扫描顺序（见图 3-36）等对隔行扫描图像具有更有效的编码方式。

（2）更高的色信号取样模式。在 MPEG-2 标准中规定了 4∶2∶0，4∶2∶2 和 4∶4∶4 三种取样格式。其中 4∶2∶0 色差信号的采样位置与 SIF 和 CIF 格式中的色差信号采样位置相比，向左移动了半个像素。

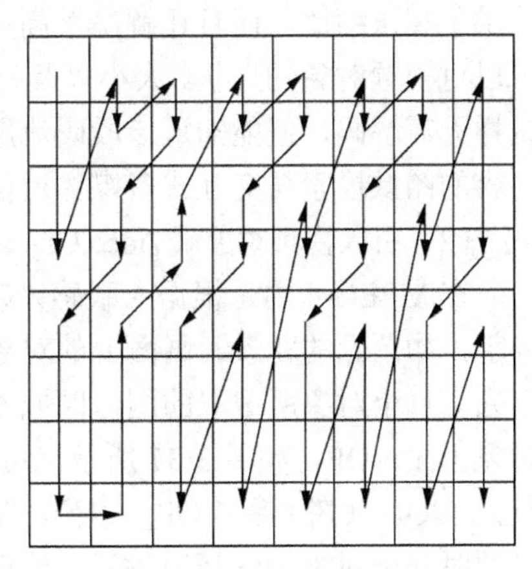

图 3-36 交替扫描示意图

（3）可分级的编码模式。可分级编码是指当形成一个码流时，只传输或解码其中部分码流，仍能完整地重现图像，但相对于对整个码流进行全部解码而获得的图像来说，该图像的分辨率、帧率降低了，因而图像质量也降低了。一般在 MPEG-2 可分级编码中，至少可以将码流分为基本层和增强层。基本层包含重建基本图像是所需的码流，而增强层则提供使图像达到更高质量所需的码流。MPEG-2 所支持的可分级的编码方式有空间可分级、时间可分级、信噪比可分级和数据分割等 4 种。这样它能够在很宽范围内对不同分辨率要求的不同输出比特率信号进行有效编码。表 3-7 给出了几种具体应用。

表 3-7　　MPEG-2 的几种应用

应用	分辨率	压缩后的效率
VHS 质量电视	352 × 288　25Hz	1.5Mbit/s
广播质量电视	720 × 576　25Hz	4～10 Mbit/s
HDTV	1920 × 1080 25Hz	30～40 Mbit/s

3．通用音视频对象压缩编码标准 MPEG-4

MPEG-4 是一种第二代视音频编码技术。它是一种适用于各种多媒体应用的“视音频对象编码”标准。在 MPEG-4 标准出现之前，已经制定了 MPEG-1、MPEG-2 以及 H.261 和 H.263 等四个运动图像压缩编码标准，但这些都是将视频图像按时间先后分成一系列帧，而每一帧又分成若干宏块，并以 16 × 16 宏块为单位进行运动补偿和以 8 × 8 块为单位进行编码的。这种基于帧、块和像素的编码被称为第一代视频编码方案。这类编码方案存在下列缺点。

- 由于图像被固定地分成大小相等的块，因此在高压缩比的情况下会出现块效应，严重影响图像的质量。
- 无法实现基于内容的访问、编辑和回放等操作。
- 未充分考虑人眼视觉特性的影响。

MPEG-4 标准正解决了上述问题，它与 MPEG-1、MPEG-2 的最根本区别在于以下两方面。

（1）MPEG-4 是基于内容的压缩编码方法

它首先根据内容将图像分割成不同的视频对象（VO），例如在会议电视系统中常见的视频图像是以讲话的人为前景，此外还有背景，因而在视频对象的划分中经常将人作为前景视频对象，而将其余部分视为背景视频对象。其中前景视频对象中包含了重要的边界和轮廓信息，因此在编码过程中应尽可能地保留这部分信息，而对人们不太关心的背景视频对象，则可以采用大比例的压缩策略，甚至可以不传输，仅在接收端用其他背景代替。这种编码不仅提供了高压缩比，而且还解决了高压缩比编码中出现的块效应的问题。在这种编码方案中，可以对视频对象的形状、大小以及颜色等特性进行描述，并将这些信息附加在数据码流之中，这样无需解码，便能知道该段码流所表示的物体及其特性。其优点是能够很容易地实现基于内容的图像检索与交互式多媒体通信。

（2）引入视频对象（Video Object，VO）和视频对象平面（Video Object Plane，VOP）概念

在 MPEG-4 中是根据人眼感兴趣的一些特征，如纹理、运动、形状等，对视频图像进行分割，如图像的背景、画面上的对象（对象 1、对象 2，……），然后将各对象从场景中截取出来，每个对象所截取的图像区域不同，它们各自的形状也不同。通常将这些区域称为视频对象平面 VOP，如图 3-37 所示。可见这幅图像（图 3-37（a））包含了 3 个对象：VOP_0（背景）、VOP_1（树）和 VOP_2（人）。图 3-37（b）指出了这三个对象在场景中组成的逻辑关系。必要时一个对象 VO 还可做进一步分解，如图中 VOP_1 可以分解成树冠与树干，每个 VO 可用三类信息来描述，分别是运动信息、形状信息和纹理信息。

（a）简单场景　　（b）对象的逻辑关系

图 3-37　VOP 的截取及其关系

可见在 MPEG-4 中是通过对构成多媒体场景的若干对象及其关系的描述来进行编码的，图 3-38 给出了多媒体场景描述和 MPEG-4 编码码流之间的关系。通常某个对象的信息是由对象描述符（Object Descriptor，OD）表示。这样通过 OD 可以找到对应该对象的媒体流，媒体流中携带了该对象的运动、纹理和形状信息，场景描述符（场景二进格式 BIFS）流、对象

描述符流和媒体流复接成一个流输出，接收端首先通过初始 OD 找到 BIFS 流和 OD 流，然后通过这两个流找到构成场景的各个媒体流。

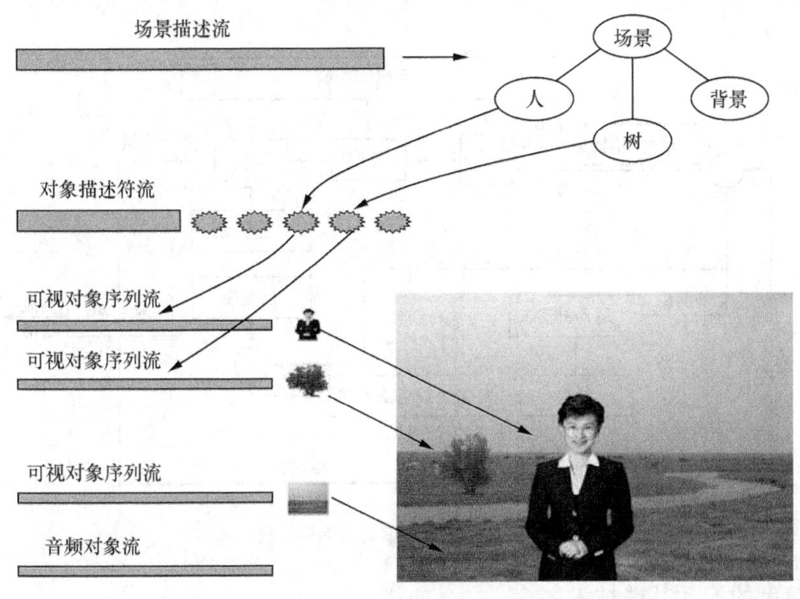

图 3-38　MPEG-4 场景构成

3.4.4　H.264/AVC

视频联合工作组（Joint Video Term，JVT）成立于 2001 年 12 月，它包括 ITU-T 和 ISO 两个具有影响力的视频标准制定组织。该组织的工作目标是制定一个既具有可实现性的高效压缩比和高图像质量，又具有良好的网络适应能力的新视频编码标准。该标准已被 ITU-U 接纳，被称为 H.264，同时也被 ISO 接受，称为 AVC（Advanced Video Coding）标准，它是 MPEG-4 的第十部分。下面进行简单介绍。

1．H.264 的分层结构

从概念上划分，H.264 算法分为视频编码层（Video Coding Layer，VCL）和网络提取层（Network Abstraction Layer，NAL），如图 3-39 所示。视频编码层负责表示高效的视频内容，即进行视频数据的压缩，而网络提取层则以网络所要求的适当方式对数据进行打包和传送，并且在视频编码层和网络提取层之间还定义了一个基于分组方式的接口，通常打包和传送相应的信令是由视频编码层完成的。

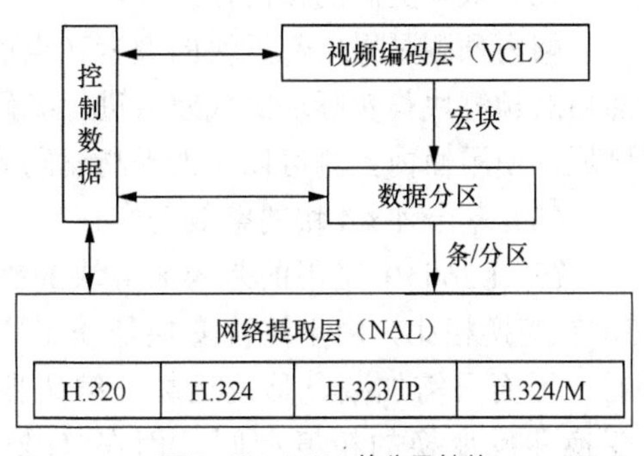

图 3-39　H.264 的分层结构

2．H.264 编码原理

H.264 同样是一种基于块的混合编码，其编码原理如图 3-40 所示。可见其基本原理与

H.261、H.263 类似。都是通过帧间预测和运动补偿来消除时域冗余，通过变换编码来消除频域冗余，然后在经过量化、熵编码产生压缩码流，但与其他标准不同，其先进性表现在以下几个方面。

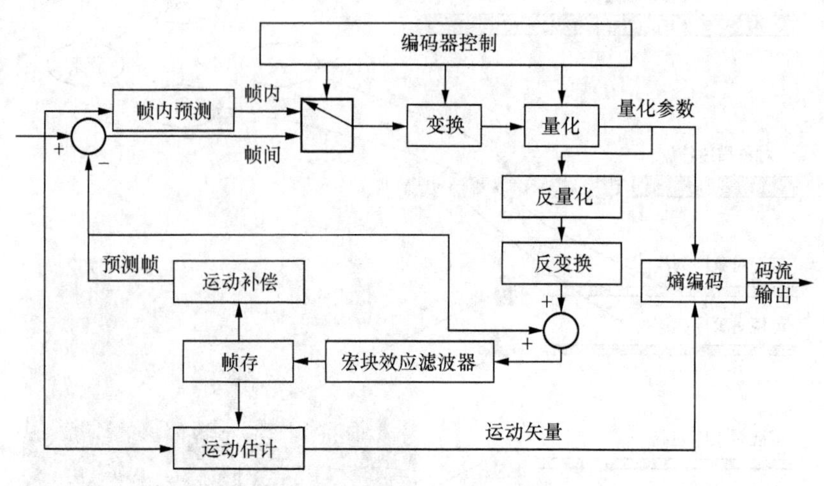

图 3-40　H.264 编码器编码原理

（1）高精度的运动补偿技术

H.264 中使用了 7 种不同尺寸和形状的子宏块分割，如图 3-41 所示。通过率失真优化（Rate Distortion Optimization）选择适当的块尺寸。可见相对于其他标准算法，H.264 的宏块分割更小，而且形状更多，这样便于改善运动补偿的精度，更好地实现运动隔离，提高图像质量和编码效率。在 H.263 中采用半像素估计，而在 H.264 中由于使用 1/4 像素甚至 1/8 像素的运动补偿技术（即运动矢量是以 1/4 像素甚至 1/8 像素为单位进行的），因此运动矢量位移的精度更高，帧间剩余误差更小，数据压缩比更高。

H.264 中还定义了一种新的 SP 图像类型，这样通过编码器的运动补偿预测中的前向变换和量化，可实现不同视频流或一个视频流的不同部分之间的切换。SP 帧主要应用于基础服务器的视频应用中。

（2）效率更高的帧内预测技术

帧内预测是采用邻近块的像素（当前块的左边和上边）做外推来实现对当前块的预测，然后对预测块与实际块的残差值进行编码，从而进一步消除空间冗余。特别是在变化平坦的区域，使用帧内预测可以大大提高编码效率。

（3）基于 4 × 4 块的整数变换

在 H.264 中采用的是 4 × 4 块的整数变换。与 DCT 变换相比，由于这种变换是基于整数进行变换的，因而只需加减、移位运算，编码器和解码器的变换和反变换的精度相同。而在 H.263 中是采用 8 × 8 块，如图 3-41 所示。可见由于 H.264 中采用了更小的变换块，因此降低了图像变换过程中的运算量，同时使运动物体边缘的衔接误差也会更小，从而提高图像质量。

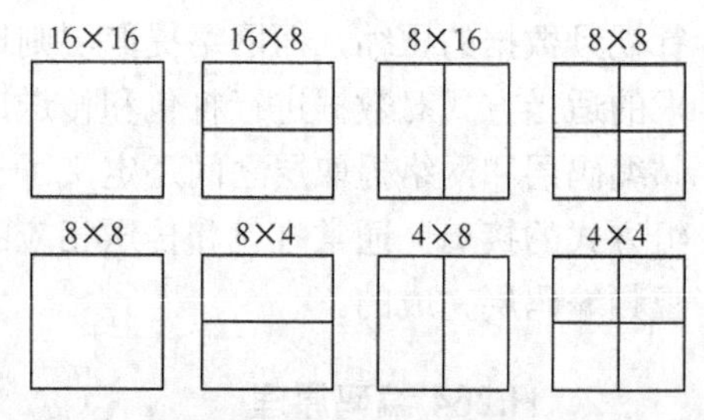

图 3-41　宏块和子宏块分割

（4）量化与熵编码

在 H.264 中量化步长采用非线性指数关系，它是以 12.5%的复合率递进的，因而编码器更加灵活，便于控制，易于达到比特率和图像质量的折中。

在 H.264 中的熵编码实现方法有两种，即通用变长编码（UVLC）和自适应算术编码（CABAC）。从性能上分析，CABAC 编码要优于 UVLC，这是因为算术编码给每一个符号的字母分配非整数比特，因此符号可以接近其熵编码，而自适应的算术编码可以使编码器自适应采用动态的符号概率统计，因此自适应模型可以充分利用已编码符号的概率累计，使算术编码更好地适应当前符号概率，从而提高编码效率。

3.4.5 H.265/HEVC

尽管 H.264 具有高压缩比，能够在恶劣传输条件下提供较高的误码性能，但随着数字视频技术的高速发展，H.264 的局限性逐步显现。特别是由于 H.264 标准采用固定化的压缩编码算法，这样不能通过调整或扩展来满足当前高清数字视频应用的要求。为此，MPEG 和 ITU VCEG 于 2010 年 1 月成立了联合视频编码组（JCT-VC），并开始新视频压缩标准的研究，该标准即为 HEVC，也称为 H.265。与 H.264 相比，H.265 的技术提升目标涉及以下几个方面：提高压缩效率；提高误码恢复能力；减少实时延时；减少信息获取时间和随机接入时延；减少复杂度等。

1. H. 265 视频压缩编码标准中的关键技术

H.265 标准仍然采用混合编码框架，如帧内预测和基于运动补偿的帧间预测、残差的二维变换、环路滤波、熵编码等，同时引入了大量的技术创新。下面将进行逐一介绍。

（1）基于四叉树结构的编码分割结构

为了提高高清、超高清视频的压缩编码效率，H.265 中引入超大尺寸四叉树编码结构，使用编码单元（Code Unit，CU）、预测单元（Prediction Unit，PU）和变换单元（Transform Unit，TU）来描述整个编码过程。其中 CU 类似于 H.264/AVC 中的宏块或子宏块，每个 CU 均为 $2N\times2N$ 的像素块（N 为 2 的幂次方），是 H.265 编码的基本单元，其范围可在 64×64 到 8×8 之间变化。图像首先按最大编码单元（LCU，如 64×64）进行编码，在 LCU 内部按照四叉树结构进行子块划分，直至最小编码单元（SCU，如 8×8），如图 3-42 所示。

对于每个 CU，H.265 采用预测单元（PU）来实现该 CU 单元的预测。PU 的大小、形状与 CU 相关，其分割形状可以是方形（$2N\times2N$ 或 $N\times N$）的，也可以是矩形（如 $2N\times N$ 或 $N\times2N$）的，如图 3-43 所示。

此外 H.265 突破了原有的变换尺寸限制，可支持 4×4 至 32×32 的编码变换。为了提高编码单元的编码效率，DCT 变换同样采用四叉树型的变换结构，如图 3-44 所示。其中虚线为变换单元四叉树分割，实线为编码单元四叉树分割，编号为各编码单元的编码顺序，可见采用了 Z 型编码顺序。为了适应不对称预测单元以及矩形预测单元，标准中还采纳了矩形四叉树 TU 结构，图 3-45 给出了 3 级矩形四叉树变换水平 TU 结构，同理也可采用垂直分割结构。

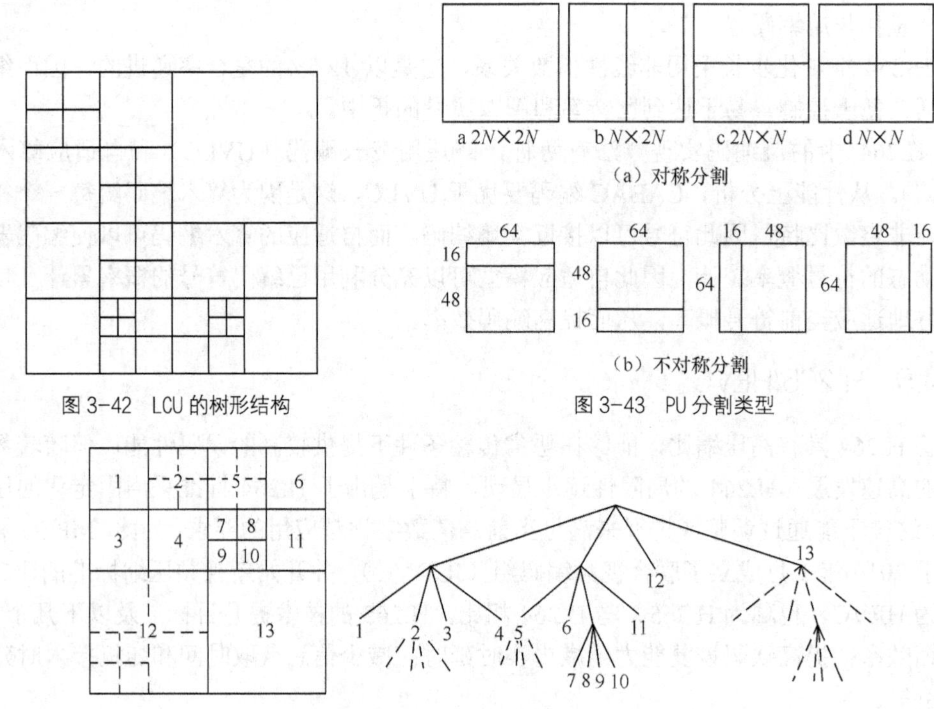

图 3-42 LCU 的树形结构

图 3-43 PU 分割类型

图 3-44 编码单元与变换单元四叉树分割

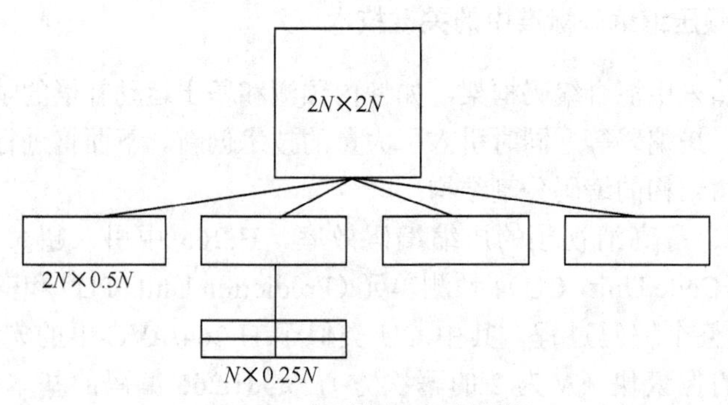

图 3-45 矩形变换四叉树结构

需要说明的是，尽管改进了 TU 模板，但对于不对称变换所使用的变换核仍然是由方形变换核剪裁而成，因此 $n \times m$ 的变换系数矩阵的计算公式为

$$C_{n\times m} = T_m \times B_{n\times m} \times T_n^T$$

式中：$B_{n\times m}$ 为 $n \times m$ 的像素块，T_m，T_n 分别为 m × m，n × n 的变换核，$C_{n\times m}$ 为 $B_{n\times m}$ 的变换系数。实验结果显示，采用不对称四叉树更适合矩形 PU 和不对称运动分割（AMP）变换，可降低大约 3%的比特，增加 2%左右的复杂度，对解码影响不大。另外采用大尺寸树型编码结构对于大尺寸图像编码有力，因此树型编码的尺寸变化有利于编码效率的提高。

（2）预测编码技术

在 H.265 中仍采用 H.264 帧间、帧内预测的基本框架，其区别在于①采用了多角度帧内预测技术。在 H.265 中将原有的 8 种预测方向扩展至 33 种，以增加帧内预测的精度。但由于受到编码复杂度的限制，编码模型对 4 × 4 和 64 × 64 尺寸的 PU 所使用的预测模式进行限制。

②广义 B 帧间（GPB）预测技术。GPB 预测是指对传统 P 帧采用类似于 B 帧的双向预测方式。对 P 帧采用 B 帧运动预测方式增加了运动估值的精度，提高了编码效率。③高精度运动补偿技术。在双向运动补偿过程中使用 14bit 的精度进行相关计算，以提高解码图像的信息精度。④运动融合技术。该技术是通过对传统的跳过预测模式和直接预测模式进行整合，这样当 PU 块的运动信息可以通过相邻 PU 的运动信息推导得到，这时无需传送运动信息，从而提高补偿效率。⑤自适应运动矢量预测（AMVP）技术。AMVP 技术是通过相邻空域相邻 PU 以及时域相邻 PU 的运动矢量信息构造出一个预测运动矢量候选列表，PU 遍历该列表选择最佳的预测运动矢量。

需要说明的是，运动融合技术和自适应运动矢量预测技术的使用在对候选列表的设计方面要求较高，要求做到保障运动估值的高效性和解码的稳定性。

（3）环路滤波

H.265 中所使用的环路滤波过程包括去块滤波、自适应样点补偿（SAO）和自适应环路滤波（ALF）三个部分。其中为了降低复杂度，去块滤波在 H.264 的基础上，取消对 4 × 4 块的去块滤波。同时新增了自适应样点补偿和自适应环路滤波新技术。

在使用 SAO 技术的系统中，重构图像将按递归的方式分裂成 4 个子区域，每个子区域将根据其图像像素特征进行像素补偿方式的选择，以减少源图像与重建图像之间的误差。目前自适应样点补偿方式可分为带状补偿和边缘补偿两大类。在完成去块滤波和 SAO 后，将进行 ALF。ALF 采用二维维纳滤波器，滤波系数根据局部特性进行自适应计算，以进一步减少重构图像与源图像之间的失真。自适应环路滤波的方法有基于像素的 ALF 分类，还有基于区域的 ALF 分类。不同分类方法对失真的减少程度不同。

（4）熵编码

熵编码是视频编码的最后一步，主要用于对量化变换系数、自适应块变换、运动矢量和其他编码信息的压缩技术中。H.264/AVC 采用两种类型的熵编码，即基于上下文自适应的二进制算术编码（CABAC）和基于上下文的自适应的可变长编码（CAVLC）。据资料显示，CABAC 是编码效率最高的一种熵编码，与 CAVLC 相比，可节省 6%～15%的比特速率。但现有 CABAC 编码器都采用串行方式，解码时需要提供足够高计算能力，以满足实时性的要求，这将直接导致解码功耗和实现复杂度的增加。为此 JCT 提出了熵编码模型的并行化要求，目前基于语法元素的并行 CABAC 方案为 JCT 所接受，用于对高码率的码流进行解码，而同时支持上下文自适应变长编码（CAVLC）和上下文自适应的二进制算术编码（CABAC）分别运用于低复杂度的编码场合和高效的编码场合。

2. H. 265 自适应预测编码原理

由于在 H.264 编码过程中，在预测误差样本之间的相关性较大时，可获得较高的频率域编码效果；而当预测误差样本之间的相关性较小时，编码效率将随之降低，因此为了提高编码效率，H.265 编码标准是在 H.264 标准的基础上，新增加了空间域编码过程，即首先对预测误差在空间域和频率域分别进行量化，然后再计算量化后的样本在空间域和频率域中的率失真代价，并从中选择出代价最小的编码域，最后在所选择的编码域中进行熵编码。

小　结

1．视觉特性：人眼对不同波长的光的亮度感觉是不相同的，因此人眼相当于一个具有时间频率特性的光带通滤波器。

2．彩色的概念：彩色的感知过程包括了光照、物体的反射和人眼的机能三方面的因素。它是一个心理物理学的概念，既包含主观成分（人眼的视觉功能），又包含客观的成分（物体属性与照明条件的综合效果）。

3．亮度、色度和饱和度

亮度表示光的强弱。

色度是指彩色的类别，如黄色、绿色、蓝色等。

饱和度则代表颜色的深浅程度，如浅紫色、粉红色。

4．空间频率响应

空间频率是某物理量（如亮度、发光强度）在单位空间距离内周期性变化的次数，单位为周/米。

空间频率响应：人眼对彩色细节的分辨能力远比对亮度细节的分辨能力低。

5．人眼的对比度特性

对比度 C 是指景物或重现图像的最大亮度 L_{max} 与最小亮度 L_{min} 之比，$C=\frac{L_{max}}{L_{min}}$。

灰度是指画面的最大亮度与最小亮度之间所能分辨的亮度感觉级数，也称为亮度层次。

亮度感觉是指能分辨出不同的亮度层次。

临界对比度是指人眼区分某一给定空间频率的正弦光栅明暗差别所需的最低对比度。

对比度灵敏度：临界对比度的倒数 $1/Cr$ 被称为人眼对于这一空间频率的对比度灵敏度。

6．视觉惰性：当一个景物突然出现在眼前时，需经过一定的时间才能形成一个稳定的主观亮度感觉；同样当一个实际景物从眼前消失后，所看到的印象都不会立即消失，还会暂留一段时间，由此可见人眼亮度感觉的建立与消失都滞后于实际的光刺激，而且此过程是逐步的，这样一种现象就是视觉惰性。

7．闪烁

如果观察者观察到一个具体周期性的光脉冲，当其重复频率不够高时，便会产生一明一暗的感觉，这种感觉就是闪烁。但当重复频率足够高时，闪烁感觉将消失，随之看到的是一个恒定的亮点。

临界闪烁频率就是指闪烁感觉刚刚消失时的频率。

8．电视系统的亮度方程

在彩色电视系统中所传输的不是红、绿、蓝三个基色分量，而是传输 1 个亮度分量和 2 个色差分量。它们与红、绿、蓝三个基色分量（R,G,B）的变换关系：

$$Y=0.299R+0.587G+0.114B \text{——亮度方程}$$

$$U=k_1(B-Y)$$

$$V=k_2(R-Y)$$

图像的色调和饱和度与 U、V 的关系：

图像的色调= $\dfrac{U}{V}$

图像的饱和度= $\sqrt{U^2+V^2}$

9．扫描——空间频率与时间频率的转换

根据扫描的路径来区分，电子束的扫描可分为逐行扫描和隔行扫描两种方式。

逐行扫描是指电子束按一行接一行地从上到下地对整个一幅（帧）画面进行扫描的方式。

隔行扫描是指将一幅（帧）图像分成两场进行扫描，第一场扫描 1、3、5、7…奇数行，通常称为奇数场，然后再扫描 2、4、6、8…偶数行，故而称为偶数场。可见两场叠加起来就是一幅完整的图像。

10．静止图像频谱

静止图像的频谱是由行频正弦波及其各次谐波构成的离散型线状谱，其频率成分可以用 $f_{\rm n}=nf_{\rm H}\pm mf_{\rm V}$ 来表示，即行频及其谐波是以 $f_{\rm H}$ 为间隔分布的，而且谐波次数越高，其振幅也越小。场频及其谐波则以 $f_{\rm V}$ 为间隔对称地分布在行频及其谐波的两侧，幅度也随谐波次数的增加而减少，而且行频各次谐波幅度的衰减速度还更快。可见图像信号的能量主要集中在行频及其谐波的两侧很窄的一个频带内。

11．频谱交错原理

电视信号的频谱是以行频、场频或帧频按一定的规律排列而成的离散型线状谱，而且谱线中间存在很大的空间。在彩色电视中利用电视信号的这一特性，将色差信号插入到这些空隙之中，具体方法是：选择副载波 $f_{\rm SC}$，它是半行频的奇数倍，即 $f_{\rm sc}=(2n+1)f_{\rm b}/2$（它正好出现在电视信号频谱的空隙中间），然后用 $f_{\rm SC}$ 对两个色差信号进行调制，从而将它们搬移到空隙处，这就是亮度信号与色差信号按频谱交错间置的共频传送原理。

12．平衡正交调制

色差信号的平衡调幅波：$u=k_1(B-Y)\sin 2\pi f_{\rm SC}t=U\sin 2\pi f_{\rm SC}t$

$$v=k_2(R-Y)\cos 2\pi f_{\rm SC}t=V\cos 2\pi f_{\rm SC}t$$

13．图像的信息熵

符号集 S_n 中每个符号的平均信息量 $H(X)$为图像信息源 X 的“熵”，其单位为 bit/符号。

$$H(X)=\sum_{i=1}^{n}p(S_i)I(S_i)=-\sum_{i=1}^{n}p(S_i)\log_2 p(S_i)$$

14．数据压缩技术的性能指标

压缩比 C 是指压缩过程中输入数据量与输出数据量之比。可用 $C=\dfrac{L}{L_{\rm c}}$ 表示。其中 L 为原图像的平均码长，$L_{\rm c}$ 为压缩后图像的平均码长。压缩比越大，说明数据压缩的程度越高。

冗余度　$$R=\frac{L}{H(X)}-1=1-\frac{1}{C}$$

编码效率　$$\eta=\frac{H(X)}{L}=\frac{1}{1+R}$$

15．哈夫曼编码

哈夫曼编码是一种变长编码，对于出现概率较大的符号用较短的码来表示，而对于出现概率较小的符号则用较长的码来表示。由于对于给定的符号集合概率模型没有任何其他整数码（每个符号所对应的码字的位数均为整数）比哈夫曼编码有更短的码长，因此哈夫曼编码又称为最优码。

16．算术编码

算术编码思路：当信源为二元平稳马尔可夫源时，我们可以将被编码的信息表示成实数轴 0～1 的一个间隔，这样如果一个信息的符号越长，编码表示它的间隔就越小，同时表示这一间隔所需的二进制位数也就越多。

在信源概率分布比较均匀情况下，算术编码的编码效率要高于哈夫曼编码。

17．率失真函数

率失真函数是指在信源一定的情况下使信号的失真小于或等于某一值 D 所必须的最小的信道容量，常用 $R(D)$ 表示。其中的 D 代表所允许的失真。

18．预测编码

预测编码是通过减小图像信息在时间上和空间上的相关性来达到数据压缩的目的。预测编码又可细分为帧间预测和帧内预测。

帧内预测编码是针对一幅图像以减少其相邻像素之间的相关性来实现数据压缩的。

帧间预测是指信道中传输的不是当前帧中的像素值 x，而传送的是 x 与其前一帧相应像素 x' 之间的差值的方法。

19．变换编码

变换编码过程：首先将原空间域中的图像信号 $f(j,k)$ 变换到另外一个正交矢量空间域（变换域）$F(\mu,v)$ 中，而当需要进行图像恢复时，只需进行上述过程的逆变换，即把变换域中所描述的图像信号再转换到原来的空间域。

20．小波变换编码

小波变换是原始图像信号与一组不同尺寸的小波带通滤波器进行的一种滤波运算。

21．静止图像压缩编码标准——JPEG

在 JPEG 算法中，共包含四种运行模式，其中一种是基于 DPCM 的无损压缩算法，另外三种是基于 DCT 的有损压缩算法。

22．H.261

视频数据格式：建议规定采用 CIF（通用中间格式）和 QCIF 格式（1/4CIF）作为视频输入格式（所有支持 H.261 协议的编/解码器都可支持 QCIF 格式，但也可以选择 CIF 格式）。

视频编码器原理：对图像序列中的第一幅图像或景物变换后的第一幅图像，采用帧内变换编码；当输入信号将与预测信号相减，从而获得预测误差，然后对预测误差进行 DCT 变换，再对 DCT 变换系数进行量化输出，此时编码器工作于帧间编码模式。

H.261 标准的数据结构：在 H.261 标准中采用层次化的数据结构，它包括图像层（P）、块组层（GOB）、宏块层（MB）和像素块（B）四层。

23．H.263

H.263 与 H.261 的区别：H.263 能够支持更多图像格式，H.263 建议两种运动估值、采用半精度像素的预测值和高效的编码和提高数据压缩效率。

四种有效的压缩编码方法：无约束运动矢量算法、基于语法的算术编码、高级预测模式和 PB 帧模式。

24．MPEG 系列

MPEG-1：MPEG-1 标准是由三个部分构成，系统部分、视频部分和音频部分。MPEG-1 标准的系统部分主要按定时信息的指示，将视频和音频数据流同步复合成一个完整的 MPEG-1 比特流，从而便于信息的存储与传输。

MPEG-4：MPEG-4 与 MPEG-1、MPEG-2 的最根本区别：①MPEG-4 是基于内容的压缩编码方法；②在 MPEG-4 中引入视频对象（Video Object，VO）和视频对象平面（Video Object Plane，VOP）概念。

习　题

1．简述人眼的空间频率响应。

2．简述对比度灵敏度的概念。

3．简述逐行扫描与隔行扫描的区别。

4．简述信息量与熵的概念，并写出它们之间的关系式。

5．请解释预测编码思路，说明与变换编码的区别。

6．H.263 与 H.261 的区别在哪里？

7．MPEG-4 与 MPEG-1、MPEG-2 的最根本区别在哪里？

8．计算 4∶2∶2 标准下的彩色电视图像速率。

9．已知四个符号 X_1、X_2、X_3、X_4，它们出现的概率分别为 3/8、1/4、1/4、1/8，试求其哈夫曼编码和编码效率。

10．如欲传输数据串 eauil，求采用固定模式的算术，其各符号概率分配见表 3-8。

表 3-8　　符号概率分配表

符号	概率	范围	符号	概率	范围
a	0.1	[0，0.1]	*o*	0.2	[0.6，0.8]
e	0.3	[0.1，0.4]	*u*	0.1	[0.8，0.9]
i	0.2	[0.4，0.6]	*l*	0.1	[0.9，1]

多媒体通信网络 第4章

纵观当今的信息世界，多媒体应用已遍及计算机、通信领域的各个方面。这些多媒体应用通过网络将处于不同地理位置的多媒体终端和为其提供多媒体服务的服务器连接起来，实现多媒体通信，并保证传输时的通信质量。然而传统网络，如计算机网、通信网，或电视广播网等，并不是进行多媒体通信的理想解决方案，不能保证多媒体信息传输的实时性、连续性和交互性等特殊要求；但是从社会和经济角度看，多媒体通信又离不开传统网络的支持。于是人们将这些适于不同应用目标的网络进行"融合"来保证多媒体信息的传输，但是要形成理想的多媒体通信网络还需要相当长的过程。

本章首先讨论多媒体通信对网络性能的要求，并在此基础上对互联网组网技术、移动互联网组网技术以及以软交换为核心的下一代网络进行介绍，之后阐述了多媒体通信所采用的主要协议，最后对多媒体同步问题进行简要介绍。

4.1 多媒体通信对传输网络的要求

4.1.1 性能指标

多媒体通信技术是一项综合性的技术，它将多媒体技术、计算机技术、通信技术和网络技术等结合起来对多媒体数据进行存储、传输、处理及显现，其中多媒体信息在传输时对网络提出了很高的要求，主要体现在高带宽、低延迟和服务质量的保证等方面。与此相关的网络性能参数包括吞吐量、延时、延时抖动和错误率等，下面我们对传输网络的这些性能指标分别进行讨论。

1. 吞吐量

网络吞吐量（Throughout）指的是有效的网络带宽，定义为物理链路的数据传输速率减去各种传输开销。吞吐量反映了网络所能传输数据的最大极限容量。吞吐量可以表示成在单位时间内处理的分组数或比特数，它是一种静态参数，反映了网络负载的情况。在实际应用中，人们习惯于将网络的传输速率作为吞吐量。实际上，吞吐量要小于数据的传输速率。

多媒体对象的数据量通常较大，所以对带宽的需求也较大。若就单个媒体而言，实时传输的活动图像对网络的带宽要求最高，其次是声音。下面我们分别讨论这两种媒体对网络带宽的要求。

（1）视频对网络带宽的要求

对于运动图像而言，人们能感受到的质量参数有两个，分别是每秒的帧数和每幅图像的分辨率，因此衡量视频服务质量的好坏通常用这两种参数的组合来表示。基于不同的视频服务质量，可以将活动图像分为5个等级。

① 高清晰度电视

高清晰度电视（HDTV）分辨率为1920×1080，帧率为60帧/秒。若每个像素量化为24个比特，总数据率约为2Gbit/s，当采用MPEG-2压缩时，其数据率约为20～40Mbit/s。

② 演播室质量的普通电视

演播室质量的电视，其分辨率采用CCIR 601格式。对于PAL制式，在正程期间的像素数为720×576，帧率为25帧/秒，采用隔行扫描方式。若每个像素量化为16个比特，总数据率约为166Mbit/s，当采用MPEG-2压缩编码时，数据率约为6～8Mbit/s。

③ 广播质量的电视

从原理上讲，广播质量的电视与演播室质量的电视没有区别，即分辨率为720×576，帧率为25帧/秒。但是由于接收机的分辨率受到限制以及其他原因，使得实际在接收机上显示的图像质量要比演播室电视的质量稍差一些，相当于模拟电视机显示出的图像质量。其对应于经MPEG-2压缩后数据率在2～6Mbit/s的码流。

④ 录像机质量的电视

录像机（VCR）质量是指具有VHS（家庭录像系统）格式的录像机放映广播质量的节目时所能观察到的质量。分辨率为广播电视质量分辨率的1/2，即360×288，经MPEG-1压缩后的数据率约为1.4Mbit/s（其中包括200kbit/s的伴音）。

⑤ 会议质量的电视

会议质量的电视可以采用不同的分辨率，如果采用CIF格式，分辨率为352×288，帧率为10帧/秒以上，经H.261标准压缩后，数据率为128～384kbit/s（包括伴音）。如果采用QCIF格式，经H.263标准或MPEG-4标准压缩后，数据率为64kbit/s，这一低质量等级适于在手机等低端设备中进行可视电话或会议。

（2）声音对网络带宽的要求

声音是另一种对带宽要求较高的媒体，可以分为4个等级。

① 话音

话音的带宽在300Hz到3400Hz之间，模数变换时采样率为8kHz，量化精度为8bit，数据率为64kbit/s，经压缩后可降为32 kbit/s、16kbit/s，甚至4 kbit/s。

② 高质量话音

高质量话音的带宽在50Hz～7kHz之间，其质量相当于FM调频广播质量，模数变换时采样率为22kHz，量化精度为16bit，压缩后的数据率在48～64kbit/s范围内。

③ CD质量的音乐

CD质量的音乐为双声道的立体声，其带宽限制在20kHz以内。当采样率为44.1kHz，量化精度为16bit时，可获得每声道705.6kbit/s的数据率，经MPEG-1的音频压缩算法压缩之后，两个声道的总数据率可降为192kbit/s或128kbit/s。若希望声音达到演播室质量，则数据率应提高到CD质量声音的2倍。

④ 5.1 声道立体环绕声

5.1 声道立体环绕声的带宽在 3～20kHz 之间，采样率为 48kHz，量化精度为 22bit，压缩方式采用 AC-3（杜比公司开发的数字音频编码技术）编码技术，压缩后的总数据率为 320kbit/s。

综上所述，不同媒体对网络吞吐量的要求是不同的，图 4-1 将它们进行了对比。

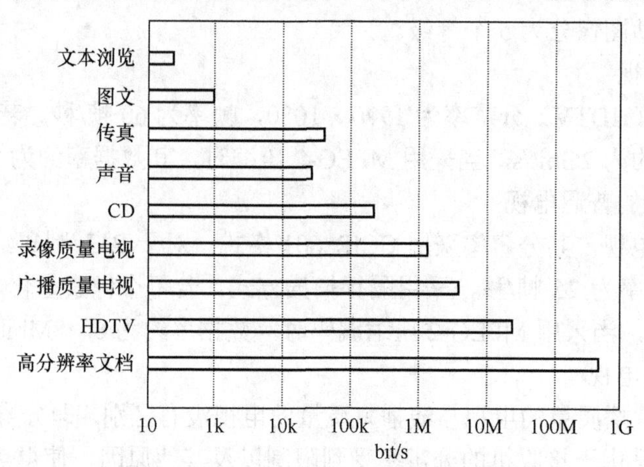

图 4-1　不同媒体对网络吞吐量的要求

图 4-1 中不同级别的声音及视频信号对于吞吐量的要求均是对应经压缩之后的数据率，其中高分辨率文档是指分辨率在 4096 × 4096 以上的图像，如某些医学图像。由图可知，一般实时的视频和音频对带宽的要求较高，而以非实时的文件方式传送的图文或者文本浏览对带宽的要求相对较低。

2. 传输延时

网络的传输延时（Transmission Delay）是指信源发出最后一个比特到信宿接收到第一个比特之间的时间差。它由两部分组成，一是信号在物理介质中的传播延时（Propagation Delay），该延时的大小与具体的物理介质有关，另一个是数据在网络中的处理延时，网络的节点设备或其他数字处理设备在对信号进行复用/解复用、交换处理等操作，或者信号在节点中进行排队等都会产生处理延时。

另一个常用的参数是端到端的延时（End-to-End Delay）。它通常指一组数据在信源终端上准备好发送的时刻，到信宿终端接收到这组数据的时刻之间的时间差。端到端的延时由三部分组成：第一部分是信源数据准备好而等待网络接受这组数据的时间，第二部分是信源传送这组数据（从第一个比特到最后一个比特）的时间，最后一部分即是网络的传输延时。根据不同的网络负载状况，端到端的延时会发生变化。

多媒体通信系统对延时的要求主要体现在多媒体通信的实时传输方面。ITU-T 规定，对于实时的会话应用，当网络的单程传输延时大于 24ms 时，应该采取措施消除可听见的回声干扰。而在有回波抵消的情况下，单程传输延时应在 100ms 到 500ms 之间，一般应小于 250ms。在交互式的实时多媒体应用中，系统对用户指令的响应时间应小于 1～2s。

3. 延时抖动

网络传输延时的变化称为网络的延时抖动（Delay Jitter），即不同数据包延时之间的差别。

延时抖动可以用多种方法来度量，其中一种是在一段时间内（例如一次会话过程中）最大和最小的传输延时之差。

产生延时抖动的原因有很多，如以下几种。

（1）传输系统引起的延时抖动，如金属导体随温度的变化引起传播延时的变化、符号间的相互干扰等产生的抖动。这种延时抖动的幅度非常小，一般只在微秒量级或者更小。如工作在 155.520Mbit/s 速率下的 ATM 交换机，其在本地范围内的最大延时抖动只有 6ns 左右，比传输 1 个比特的时间还要小。传输系统中的这种抖动被称为物理抖动。

（2）对于电路交换的网络（如公用电话网），因只存在物理抖动，所以其延时抖动的幅度很小，一般为毫微秒量级（对于本地网）或者微秒量级（对于跨越多个传输网络的远距离传输链路）。

（3）对于共享传输介质的局域网（如以太网或 FDDI 等），不同终端共享传输介质，因此各终端只有等到介质空闲时才能发送数据，这段等待时间就称为介质访问时间。可见，这一类网络的延时抖动主要来源于介质访问时间的变化。

（4）对于广域的分组网络（如 IP 网或帧中继网），由流量控制引起的等待时间的变化会产生抖动，此外，当节点拥塞而产生的排队延时的变化会带来更大的抖动，甚至可长达秒的数量级。

延时抖动会对实时通信中多媒体的同步造成破坏，最终影响到音视频的播放质量，从人类的主观特性上来看，人耳对音频的抖动更敏感，而人眼对视频的抖动则不太敏感。为了削弱或消除延时抖动造成的这种影响，可以采取在接收端设立缓冲器的办法，即在接收端先缓冲一定数量的媒体数据然后再播放，但是这种解决办法又会引入额外的端到端的延时。综合上述各种因素，实际的多媒体应用对延时抖动有不同的要求，如表 4-1 所示。

表 4-1　延时抖动要求

	数据类型或应用	延时抖动（ms）
音频	CD 质量的声音	≤100
	电话质量的声音	≤400
视频	HDTV	≤50
	广播质量电视	≤100
	会议质量电视	≤400

表中未列出的文字、图形和图像等静态媒体类型，对网络的延时抖动没有要求。

4．错误率

在传输系统中产生的错误有以下几种度量方式。

（1）误码率（Bit Error Rate，BER）

BER 是指在传输过程中发生误码的码元个数与传输的总码元数之比。通常 BER 的大小直接反映了传输介质的质量。如光缆传输系统，其 BER 很小，通常在 10^{-12}～10^{-9} 之间；而无线信道的 BER 较大，可能达到 10^{-4}～10^{-3}，甚至 10^{-2}。

（2）包错误率（Packet Error Rate，PER）

PER 是指在传输过程中发生差错的包与传输的总包数之比，所谓发生差错的包是指同一个包两次接收、包丢失或包的次序颠倒。

（3）包丢失率（Packet Loss Rate，PLR）

PLR 与 PER 类似，只是 PLR 只关心由于包丢失而引起的包错误。包在传输过程中丢失的原因有多种，通常最主要的原因就是网络拥塞，致使包的传输延时过长，超过了设定到达的时限从而被接收端丢弃。

在多媒体应用中，数据比活动的音视频对误码率的要求更高，比如银行转账的传输是不允许有任何差错的，而活动的不断更新的音视频即使产生错误也会很快被覆盖。所以对于数据的传输应通过检错、纠错机制使误码率减小到零，对于音视频的误码率指标要求可以宽松一些，例如对于话音，BER 应小于 10^{-2}；对于未压缩的 CD 质量音乐，BER 应小于 10^{-3}；对于已压缩的 CD 质量音乐，BER 应小于 10^{-4}；对于已压缩的 HDTV，BER 应小于 10^{-10}。由此可见，对于已压缩的音视频数据，其对误码率的要求比未压缩的音视频数据要高。

4.1.2 多媒体通信的服务质量

服务质量（Quality of Service，QoS），ITU-T 将其定义为决定用户对服务的满意程度的一组服务性能参数。上节中介绍的网络吞吐量、传输延时、延时抖动和错误率则是常用的网络 QoS 参数。它是多媒体通信网络中的一个重要的概念。

1. QoS 的参数

在一个分布式多媒体系统中，QoS 参数通常采用层次化的体系结构来定义，如图 4-2 所示。

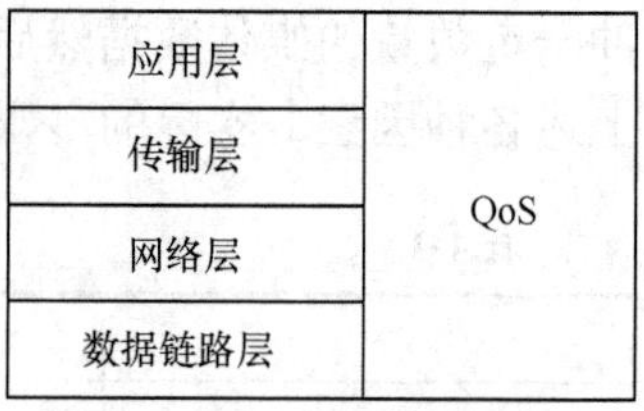

应用层	QoS
传输层	
网络层	
数据链路层	

图 4-2 QoS 参数体系结构

图中从上至下分别为应用层、传输层、网络层和数据链路层，各层对应不同的 QoS 参数，下面我们进行简要描述。

（1）应用层

应用层是面向终端用户的，因此该层的 QoS 参数通常采用直观、形象的表达方式来描述。表 4-2 示例出一个应用层 QoS。

表 4-2 一个视频分级的示例

QoS 级	视频帧传输速率（帧/秒）	分辨率（%）	主观评价	损害程度
5	25～30	65～100	很好	细微
4	15～24	50～64	好	可察觉
3	6～14	35～49	一般	可忍受
2	3～5	20～34	较差	很难忍受
1	1～2	1～9	差	不可忍受

表中按照视频的传输速率将 QoS 分成 5 个等级，QoS 参数包括视频帧的传输速率、分辨率、主观评价和损害程度，可见应用层是以可视化的方式将 QoS 参数提供给用户。

（2）传输层

传输层协议主要提供端到端的、面向连接的数据传输服务，能够保证数据传输的正确性和顺序性，但却需要较大的网络带宽来支持，并给数据传输带来延迟、延迟抖动等问题。传输层 QoS 参数主要包括：吞吐量、端到端延迟、端到端延迟抖动和分组差错率等。

（3）网络层

网络层协议主要提供路由选择和数据报转发服务。由于这种服务通常是无连接的，因此会带来分组丢失或出现差错。在中间点（路由器）进行数据报转发时，排队等待转发会带来延迟，而选择不同的路由则会带来延迟抖动。因此网络层 QoS 参数主要包括：吞吐量、延迟、延迟抖动、分组丢失率和差错率等。

（4）数据链路层

数据链路层协议主要实现对物理介质的访问控制功能。数据链路层的 QoS 与网络类型密切相关。有些网络并不支持数据链路层的 QoS，如 Ethernet 网。即使支持 QoS 的网络，其支持程度也不尽相同，如 FDDI 网、Token Ring 等是通过介质访问优先级来定义 QoS 参数的，而 ATM 网络由于是一种面向连接的网络，因此能够较充分地支持数据链路层的 QoS。这一层主要的 QoS 参数有峰值信元速率、最小信元速率、信元传输延时和信元丢失率等。

在上述 QoS 参数体系结构中，不同层之间表现为一种映射关系，当某一应用提出 QoS 需求时，这一需求由上往下被映射到各层相对应的 QoS 参数集，如将应用层的帧率映射成网络层的比特率等。各层协议按照映射的 QoS 参数来提供相应的服务，共同作用完成对应用的 QoS 承诺。对于通信双方，其对等层之间表现为一种对等协商关系，双方按照所承诺的 QoS 参数提供相应的服务。

2．QoS 服务

为了适应不同应用对 QoS 的不同需求，系统应该提供多种不同的 QoS 服务。QoS 服务有多种不同的描述方法，下面分别从提供的服务种类和服务对象两个角度对 QoS 服务进行区分，来简要描述 QoS 服务。

（1）按照提供的服务种类来区分

QoS 服务按照提供的服务种类来区分，可以分为定性服务和定量服务两种。

在定性服务中，不具体指定 QoS 指标，但是网络能够提供不同优先级别的服务，使得针对某些应用，相对于另一些应用可以获得更“好”的服务。如高优先级的应用会优先得到服务，因此延时较小，或者丢包率较低。而定量服务，则是指用户提出具体的 QoS 指标，网络在数据传输过程中保证满足这些指标。

（2）按照服务对象来区分

QoS 服务按照服务对象来区分，可以分为针对流（Per-flow）的服务和针对包类型（Per-class）的服务。

针对流的服务是网络针对某一应用产生的数据流提供相同的 QoS 服务。针对包类型的服务是将用户数据根据某种准则（如应用类型、QoS 要求等）进行划分，得到不同类型的数据包，网络对相同类型的数据包（无论是哪个应用产生的）提供同样的服务。针对流的服务可以是定性或定量的 QoS 服务，针对包类型的服务通常是定性的 QoS 服务，也常称为 CoS（Class of Service）服务。

显然，在上述服务中，针对流的服务要求网络必须首先能够识别和区分不同应用所产生的流，针对包类型的服务则要求网络要具备区分包类型的能力。

3. QoS 保障机制

完整的 QoS 保障机制应包括 QoS 规范和 QoS 机制两大部分。QoS 规范表明所需要的服务质量；QoS 机制根据用户提出的 QoS 规范，对可利用的资源进行配置和管理。

在对资源的管理上，QoS 机制可以分为静态资源管理和动态资源管理两大类，其中静态资源管理负责处理流建立和端到端 QoS 再协商过程，也称为 QoS 提供机制，动态资源管理处理媒体传递过程，也称为 QoS 控制和管理机制。静态资源管理通过对系统资源的协商和预留，使系统接受用户应用的 QoS 请求，而动态资源管理则是在系统接受 QoS 请求之后，通过资源调度和流控制等机制来保证和维护协商好的 QoS。

（1）QoS 提供机制

QoS 提供机制可以使用户与系统之间达成 QoS 约定，主要包括以下 4 个方面内容。

① QoS 协商和接纳控制

QoS 协商是指用户与系统以及用户与用户（端到端）之间就所传输信息的服务质量进行交互，最后根据应用和系统资源确定系统和用户的 QoS 的过程。可见，用户在使用服务之前应与系统协商其特定的 QoS 要求，最终达成用户可接受、系统可支持的一致的 QoS 参数值，从而成为用户和系统共同遵守的“合同”。

接纳控制是在 QoS 协商过程中，用于判断系统能否获得所需的资源以满足用户所申请的 QoS，从而接纳用户请求。如果满足用户请求，则系统会为用户预约所需的资源，如果不满足，那么用户可以选择“再协商”较低的 QoS。其中所需的资源主要包括链路带宽、端系统以及沿途各节点上的处理机时间和缓冲时间等。

② QoS 映射

QoS 映射是指系统自动将用户的高层次 QoS 请求解释成低层次的 QoS 参数，以使其不必关心该 QoS 请求在较低层次是如何通过各种复杂的方式来表示的。由 QoS 参数体系结构可知，通过映射，各层都将获得适合于本层使用的 QoS 参数，之后各层协议按照映射的 QoS 参数进行相应的配置和管理。

③ 资源预留与分配

按照用户 QoS 规范并根据 QoS 映射，系统对每一个经过的资源模块（如存储器和交换机）进行控制、预留和分配端到端的资源。

④ QoS 重协商

QoS 重协商是对已确定的 QoS 级别进行再调整的响应过程。当系统在最上层的用户应用接口处检测到下层已无法保证用户的 QoS 要求时，则向用户发送报告，说明需要进行 QoS 降级。但是否降级则由用户决定，是进行 QoS 重协商，还是终止用户行为。

（2）QoS 控制机制

QoS 控制机制是指在业务流传送过程中的实时控制机制。当用户应用与系统达成约定之后，系统就应提供基于 QoS 的信息流实时拥塞控制。基本的 QoS 控制机制包括以下 5 个方面内容。

① 流整型

流整型是基于用户提供的信息流特征描述来调整信息流量。例如，可以基于一个简单的固定分组速率或某种统计分组速率来调节信息流量。流整型可以使系统为应用分配足够的端对端资源，并能够适当地配置流调度程序。

② 流调度

调度机制是一种向用户提供并维持所需 QoS 的基本手段，流调度则是在终端以及网络节点上传送数据的策略。

③ 流监控

流监管不仅观察、监视网络系统是否正在维护所承诺的 QoS，同时还要观察、监视用户的行为是否符合 QoS 要求。

④ 流控制

流控制是为了在多媒体数据，特别是连续媒体数据流与速率受控传送之间建立对应关系，使发送方的通信量平稳地进入网络，以便与接收方的处理能力相匹配，克服抖动现象的发生，维持播放的连续性、实时性和等时性。

⑤ 流同步

流同步是指在多媒体数据传输过程中，需要保证媒体流之间、媒体流内部的同步。

（3）QoS 管理机制

当用户和系统协商达成一致的 QoS 参数值之后，用户就开始使用多媒体应用。在使用过程中，为了确保用户提出的 QoS，系统还需要经常维护已担保的应用 QoS，这是由 QoS 管理机制来完成的。QoS 管理机制主要包括以下 4 个方面内容。

① QoS 监控

QoS 监控用于系统在每一层都可以跟踪在低层所获得的 QoS 级。它在 QoS 管理机制中起核心作用。

② QoS 维护

QoS 维护将被监控的 QoS 与期望的性能做比较，当发现与期望值不符时，可以通过调整资源的使用策略以便维护应用的 QoS。如果当前的网络资源确实无法恢复应有的 QoS，则需进行 QoS 降级。

③ QoS 降级

系统将当前 QoS 降级的实际情况通知用户，用户通过与系统再协商，根据当前实际情况重新达成一致的 QoS 参数值。

④ QoS 扩展

QoS 扩展包括 QoS 过滤机制及 QoS 适应机制，其中 QoS 过滤机制在信息流通过系统时处理流，而 QoS 适应机制只在端系统上处理流。如在多媒体组播应用中，不同接收者的设备处理能力极可能不同，而相同的信源无法满足接收者的不同处理要求，QoS 过滤机制将弥合这种差异。

4.2 网络对多媒体通信的支持简介

4.2.1 网络类别

多媒体数据的传输需要网络的支持，本节将从不同角度对现有网络进行归类。

1．电路交换网络与分组交换网络

所谓交换，是指在网络中给数据正确地提供从信源到信宿的路由，并引导数据通过此路由的过程。根据数据交换方式的不同，现有通信网络大致可分为电路交换网络和分组交换网络。

（1）电路交换网络

电路交换网络是指网络中当两个终端在相互通信之前，需要建立起一条实际的物理链路，在通信中自始至终使用该条链路进行数据信息的传输，并且不允许其他终端同时共享该链路，通信结束后再拆除这条物理链路。可见电路交换网络属于预分配电路资源，即在一次接续中，电路资源就预先分配给一对用户固定使用，而且这两个用户终端之间是单独占据了一条物理信道。

电路交换网络的优点是：在整个通信过程中，网络能够提供固定路由，保障固定的比特率，传输延时短，延时抖动只限于物理抖动，这些优点有利于多媒体的实时传输。其缺点是不支持组播，因为电路交换网络的设计思想是用于点到点通信的。

公用电话网络（PSTN）、窄带综合业务数字网（N-ISDN）、第 1 代和第 2 代蜂窝移动网络等都属于电路交换网络。

（2）分组交换网络

分组交换网络将需传送的数据报文划分成一定长度的分组，并以分组为单位，采用存储-转发的方式进行数据的传输和交换。当用户分组从信源出发到达网络的交换节点时，节点先将整个分组存储下来，当所需要的输出线路空闲时，再将该分组转发出去，直至到达信宿。

分组在分组交换网络中的传输方式有两种：数据报方式和虚电路方式。数据报方式是独立地传送每一个数据分组。每一个分组都包含终点地址信息，交换节点为每个分组独立地选择路由，因此同一信源发出的不同分组可以沿着不同的路径到达信宿，在信宿中按序号将分组排列成正确的顺序。而当两终端之间的数据量较大时，则适于采用虚电路方式。虚电路是主叫终端与被叫终端之间建立的一种逻辑连接，主叫或被叫的任何一方都可以通过这种连接发送和接收数据，这种逻辑连接常称为虚连接 VC。虚电路并不独占线路和交换节点的资源，在一条物理线路上可以同时有多条虚电路。

采用分组交换方式的网络在传输多媒体信息时的最大优点是复用的效率高，当采用无连接方式时省去了由呼叫建立产生的延时，从而有利于多媒体数据传输的实时性。但其不利之处是网络性能的不确定性，即不容易得到固定的比特率，传输延时受网络负荷的影响较大，因而延时抖动大。

局域网、帧中继、ATM 网络、MPLS 和 IP 网都属于分组交换网络，其中帧中继、ATM 和 MPLS 网采用虚电路方式，局域网、IP 网采用的是数据报方式。

2．面向连接方式和无连接方式

根据网络是否需要为终端提供连接才能接收数据，网络可分为面向连接方式和无连接方式。

在面向连接的网络中，两个终端之间必须首先建立网络连接，才能进行信息的传输。即网络接纳了呼叫并给予连接，在信息传输结束后，终端还必须发出拆连请求，网络释放连接。在面向连接的网络中，网络能够在建立连接时预留一定的资源，而当资源不足时，还可以拒绝接纳用户的请求，从而提供一定程度的 QoS 的保障。在电路交换网络中，由于需要事先建立网络连接，然后才能进行数据信息的传输，所以电路交换网络是面向连接的网络。分组交换网络中采用虚电路方式的网络也属于面向连接的网络。

在无连接的网络中，传送数据的两个终端之间并不需要事先得到网络的许可，网络将每个数据包作为独立的个体进行传递。由于网络“觉察”不到连接的存在，也就无从实现资源的预留；不过这也省去了建立连接所产生的延时。分组交换网络中采用数据报方式的网络属于无连接的网络。

4.2.2 互联网组网技术

1. Internet

（1）Internet 概述

① Internet 的概念

Internet 是由世界范围内众多计算机网络（包括各种局域网、城域网和广域网）通过路由器和通信线路连接汇合而成的一个网络集合体，它是全球最大的、开放的计算机互联网。互联网意味着全世界采用统一的网络互连协议，即采用 TCP/IP 协议的计算机都能相互通信，所以说，Internet 是基于 TCP/IP 协议的网间网。

② TCP/IP 分层模型

Internet 的网络标准是 TCP/IP 协议。TCP/IP 协议族是一个具有分层结构的网络协议体系，每层完成某些特定的功能，上下层之间通过层间接口提供服务和传递信息，从而简化了不同系统之间数据通信的实现，但同时也增加了信息传输的延时。TCP/IP 模型与 OSI 参考模型的对应关系如图 4-3 所示。

OSI 参考模型	TCP/IP 参考模型
7 应用层	应用层（各种应用层协议，如 TELNET，FTP，SMTP 等）
6 表示层	
5 会话层	
4 运输层	运输层（TCP 或 UDP）
3 网络层	网络层（IP）
2 数据链路层	网络接口层
1 物理层	

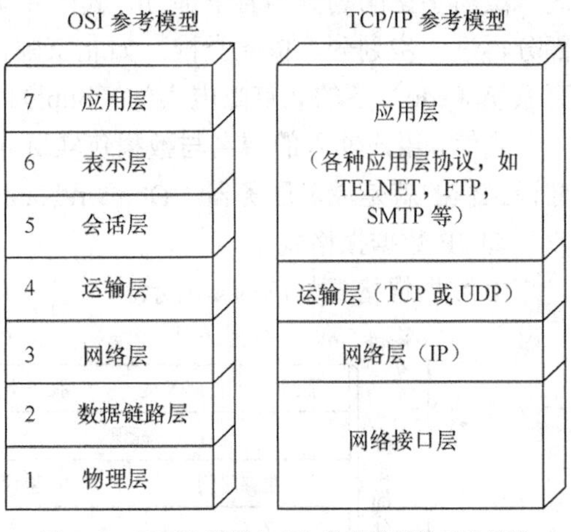

图 4-3 TCP/IP 模型与 OSI 参考模型的对应关系

从图中可以看出，TCP/IP 协议族共有四层，从上至下分别如下。

a．应用层

应用层的作用是为用户提供访问 Internet 的高层应用服务，如电子邮件、WWW 服务等。为了便于传输与接收数据信息，应用层要对数据进行格式化。应用层的协议就是一组应用高层协议，即一组应用程序，主要有文件传送协议（FTP）、超文本传送协议（HTTP）等。

b．传输层

传输层的作用是提供应用程序间（端到端）的通信服务，确保源主机传送的数据正确到达目的主机。典型的传输层协议有传输控制协议（TCP）和用户数据报协议（UDP）。其中 TCP 协议负责提供高可靠、面向连接的服务，UDP 协议负责提供高效率、无连接的服务。该层的数据传送单位是 TCP 报文或 UDP 报文。

c．网络层

网络层的作用是提供主机间的数据传送能力，其数据传送单位是 IP 数据报。网络层的核心协议是 IP 协议，提供的是不可靠、无连接的 IP 数据报传送服务。网络层还有一些辅助协议，能够协助 IP 协议更好地完成数据报传送，主要包括 Internet 控制报文协议（ICMP）、地址转换协议（ARP）和逆向地址转换协议（RARP）等。其中 ICMP 协议用于报告差错和传送控制信息，具有差错控制、拥塞控制和路由控制等控制功能；ARP 协议用于将 IP 地址转换成物理地址，即 MAC 地址；RARP 协议与 ARP 协议的功能相反，用于将物理地址转换成 IP 地址。

d. 网络接口层

网络接口层位于 TCP/IP 协议族底层，负责与不同物理媒介连接，其数据传送单位是物理帧。网络接口层主要功能为：发送端负责接收来自网络层的 IP 数据报，将其封装成物理帧并通过特定的网络进行传输；收端从网络上接收物理帧，抽出 IP 数据报，上交给网络层。

（2）IP 协议（v4）

IP 协议由推动 Internet 技术发展的组织 IETF 提出的建议 RFC 791 所规定。由于 IP 协议是点对点的，所以要提供路由选择功能。

① 编址与域名系统

欲跨越庞大的 Internet 传送数据，网上的每台机器都要有一个可识别的地址，这就是 IP 地址。IP 地址由网络地址（netid）和主机地址（hostid）组成，网络地址用于标识接入 Internet 的网络，主机地址则标识该网络中的主机。IP 地址长 32bit，以 X.X.X.X 格式表示，X 为 8bit。

但是对于这种数字型地址，用户还是不容易记忆并很难理解，于是 TCP/IP 开发了一种层次化的命名机制，称为域名系统（Domain Name System，DNS）。首先由中央管理机构将最高一级名字空间划分为若干部分，每一部分的管理权授予相应机构，各机构可以将其管辖的部分再进一步划分，依此类推。如北京邮电大学的域名是 bupt.edu.cn，意思是中国（cn）教育系统（edu）下的北京邮电大学（bupt）。

当然，用户输入的域名与数据包实际传送时使用的 IP 地址之间要有对应关系，完成这个翻译工作的就是域名服务器（Domain Name Server，DNS）。

② IP 数据报格式

IP 数据报格式如图 4-4 所示。

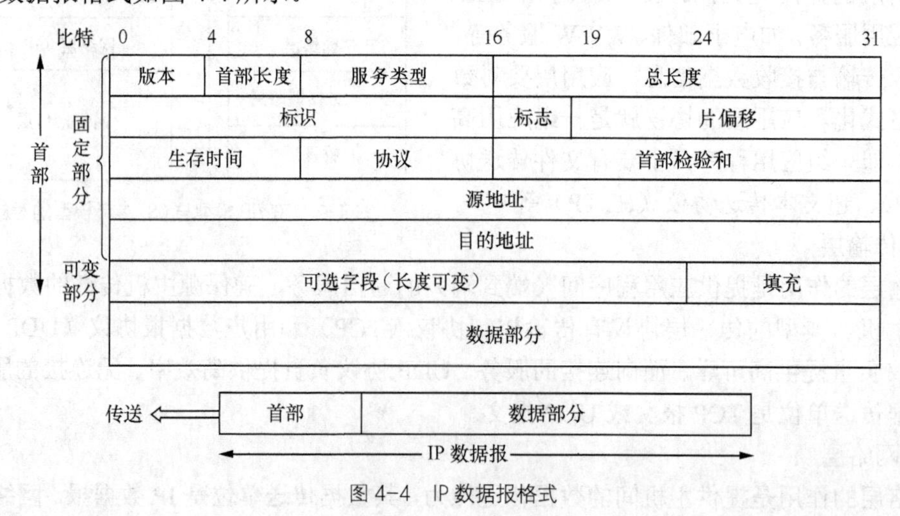

图 4-4 IP 数据报格式

IP 数据报具体由报头（也称首部）和数据两部分组成，其中首部又包括固定长度字段（共20字节，是所有 IP 数据报必须具有的）和可选字段（长度可变）。IP 数据报中各字段的含义如下。

a．版本（4bit）：IP 协议版本，版本不同，数据包的格式不同，现在为 IPv4。

b．报头长度（4bit）：指示报头的长度。

c．服务类型（8bit）：前三个比特用来表示数据的优先级，取值范围为 0～7，值越大，优先级越高，其值由用户指定。第四个比特代表低延迟，第五个比特代表高吞吐量，第六个比特代表高可靠性，这三个比特是由用户对本数据报的服务质量提出的要求，不具有控制性，当路由器进行路由选择时，如果找不到可满足的路由，则对它们完全忽视。最后两个比特未用。

d．总长度（16bit）：包头和数据的总长。

e．标识、标志、片偏移（32bit）：控制分片和重组。

f．生存时间 TTL（8bit）：数据报的最大生存时间，单位为秒。控制数据报在网络中的寿命。

g．协议（8bit）：IP 数据包的上层协议，以便目的主机的网络层决定将数据部分上交给哪个处理过程。

h．包头检验和（16bit）：用于保证报头的完整性。

i．源 IP 地址和目的 IP 地址（各占 32bit）：标识发送和接收该数据报的终端设备的 IP 地址。

j．选项：用于网络控制和测试等。时间戳就是其中一种选项内容，它将数据报经过每一个网关时的当地时间和有关数据记录下来，可用于网络吞吐量的分析以及拥塞情况、负载情况的分析。

k．填充：IP 数据报报头长度应为 32bit 的整数倍，假如不是，则由填充字段添“0”补齐。

③ IP 数据报的传输

IP 数据报的传输过程如下。

在发送端，源主机在网络层将传输层送下来的报文组装成 IP 数据报，这期间要对数据报进行路由选择，得到下一个路由器的 IP 地址，然后将 IP 数据报送到网络接口层。在网络接口层对 IP 数据报进行封装，即将数据报作为物理网络帧的数据部分，前面加上帧头，形成可以在物理网络中传输的帧。每个物理网络都规定了物理帧的大小，物理网络不同，帧的大小限制不同，物理帧的最大长度称为最大传输单元（MTU）。一个物理网络的 MTU 由硬件决定，通常情况是保持不变的。而 IP 数据报的大小由软件决定，在一定范围内可以任意选择。可通过选择适当的 IP 数据报大小以适应 Internet 中不同物理网络的 MTU，使一个 IP 数据报封装成一个物理帧。

源主机所发送的 IP 数据报在到达目的主机前，可能要经过由若干路由器连接的许多不同种类的物理网络。路由器对 IP 数据报会进行路由选择、传输延迟控制、分片等的处理。

当所传数据报到达目的主机时，首先在网络接口层识别出物理帧，然后去掉帧头，抽出 IP 数据报送给网络层。网络层需对数据报目的 IP 地址和本主机的 IP 地址进行比较。如果匹配，IP 软件接收该数据报并将其交给本地操作系统，由高级协议的软件处理；如果不匹配，说明本主机不是此 IP 数据报的目的地，IP 则要将数据报报头中的生存时间减去一定的值，结果如大于 0，则为其进行路由选择并转发出去。

④ Internet 的路由选择协议

遵照 TCP/IP 协议将世界范围内众多计算机网络互连在一起的主要设备就是路由器（Router）。路由器是在网络层实现网络互连，可实现网络层、链路层和物理层协议转换。

在 IP 网中，数据包是依靠 IP 地址进行寻址的，那么 IP 包又是如何确定通过哪条路径可将信息送达目的地的呢？这就涉及路由选择的问题。

路由选择功能要求路由器根据路由选择协议（算法）确定到达目的地网络最佳的路径，并将这些信息存储在路由表中，其中路由选择算法即路由选择的方法或策略。当有数据包需要转发时，路由器就根据路由选择算法来决定数据包的传递路径。

由于 Internet 规模庞大，为路由选择的方便和简化，一般将整个 Internet 划分为许多较小的区域，称为自治系统。每个自治系统内部采用的路由选择协议可以不同，自治系统根据自身的情况有权决定采用哪种路由选择协议。Internet 的路由选择协议划分为内部网关协议（IGP）与外部网关协议（EGP）两大类。其中 IGP 协议是在一个自治系统内部使用的路由选择协议，具体的协议有 RIP 和 OSPF 等；EGP 协议则是在两个自治系统（使用不同的内部网关协议）之间使用的路由选择协议，目前使用最多的是边界网关协议（BGP），即 BGP-4。

（3）IP 组播

对应 Internet 中三种类型的 IP 地址：单播地址、广播地址和组播地址，有三种传送包的方式：单播（Unicast）、广播（Broadcast）和组播（Multicast）。

当一台主机以点到点的方式向另一台主机发送数据包时，在发送端和接收端之间通过一条单独的数据通道进行通信，这种通信方式称为单播。当还有其他用户希望同时获得该信息时，发送端需单独为每个用户发送一份信息，这样不仅会给发送端带来沉重的负担，同时还会造成网络带宽的浪费。

广播是 IP 网中另一种数据传送方式。所谓广播是指一台主机以点到多点的方式向网络上的所有其他主机发送数据包，这种通信方式称为广播。这种通信方式会产生广播风暴，导致网络拥塞，但通常路由器不会转发 IP 广播包，IP 广播常被限制在本地的子网内。因为并不是所有主机都需要广播信息，因此造成网络带宽的很大浪费。

组播是一种介于单播和广播之间的一种通信方式。组播是指一台主机只将信息传送给属于同一组的多台主机，发送端只需一次性地把一份信息传送给所有需要的接收端，接收端收到的是同一信息的拷贝，该拷贝是由距离接收端最近的路由器复制而成的。组播被证明是能够向多台主机发送数据包，同时避免广播风暴的一种更好的解决办法。

单播和组播的区别如图 4-5 所示。

① IP 组播的基本概念

IP 地址中的 D 类地址为组播地址，其范围从 224.0.0.0～239.255.255.255。一个组播 IP 地址代表一个组播组，组播地址只能用作目的地址，而不能出现在数据包的源地址中。

在 IP 组播地址的分配中，一般是为特定的网络协议分配具体的 IP 组播地址，而对剩余的还没有被分配的组播地址则根据不同的应用以动态的方式进行共享。

② 组播转发树

组播传送的特点是一对多，因此组播传送路径用“树”来描述最合适，组播源是树根，组播组的成员是树枝，组播路由器负责复制组播信息，并分发到多个出口，因此，组播传输路径也称为组播转发树。

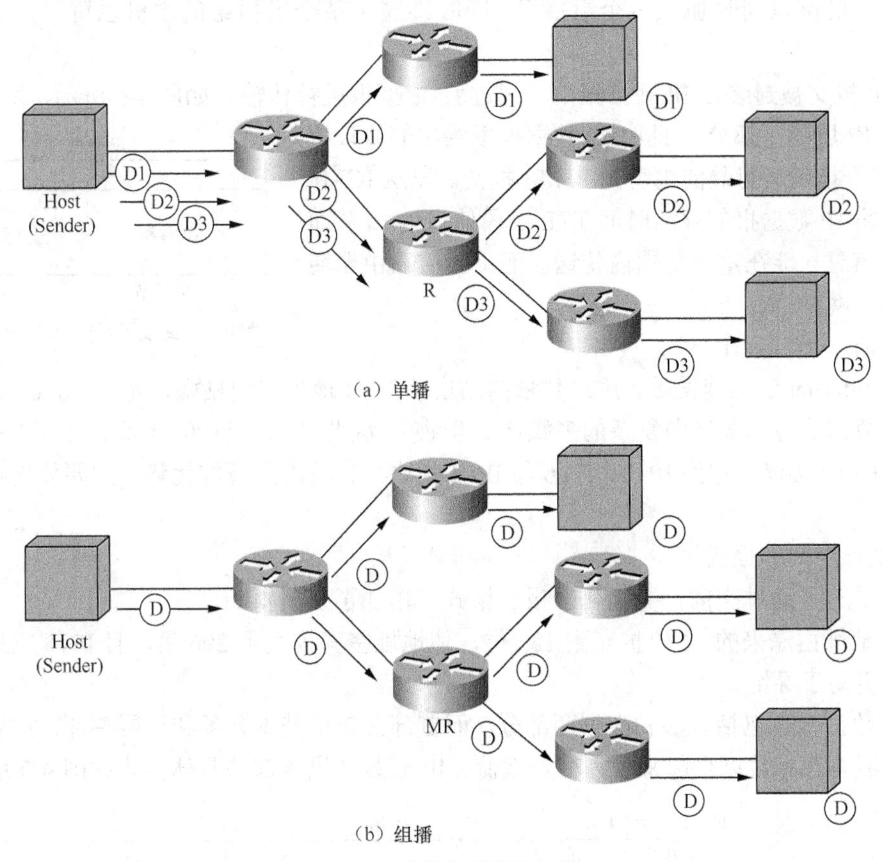

图 4-5 单播和组播的区别

③ 组播路由选择协议

组播路由协议用于发现组播组并为每个组播组建立组播转发树。组播路由协议分为两大类：密集模式路由协议和稀疏模式路由协议，其中密集模式路由协议包括距离矢量组播路由选择协议（DVMRP）、组播扩展 OSPF（MOSPF）和独立组播协议-密集模式（PIM-DM），而稀疏模式路由协议包括独立组播协议-稀疏模式（PIM-SM）和共享树协议（CBT）。

密集模式路由协议总是假定在子网上有接收者，因此网络中几乎所有的路由器都要转发组播信息，组播信息在一开始就扩散到网络的所有站点，生成转发树，因此密集模式路由协议适于接收者较多，在网络中分布较密的网络，例如局域网。

稀疏模式路由协议总是假定在子网上没有接收者，因此只有很少的路由器来转发组播消息，开始时首先建立一个空的转发树，当加入者请求加入组播组时，会将组播信息传至接收点，并形成树的分支，因此稀疏模式路由协议适于接收者较分散的网络，如 Internet。

④ IGMP 因特网组管理协议

组播需要专门的协议来支持，这就是因特网组管理协议（Internet Group Management Protocol，IGMP）。IGMP 因特网组管理协议是关于参加组播的主机与路由器（能支持组播）之间交换组员信息的协议，它能够告知一个物理网络上的所有系统主机当前所处的组播组，组播路由器需要这些信息以便知道组播包应该向哪些接口转发。一个组播组可跨越多个网络，组播组中的主机可随时加入或离开组播组。在一个组播组中的主机数量没有限制，一台主机可以同时加入多个组播组，同时不属于某个组播组的主机也可以向该组发送信息。

IGMP 报文被封装在 IP 数据报中，通过 IP 数据报进行传输，如图 4-6 所示，所以 IGMP 也被当作 IP 层的一部分。此时 IP 数据报报头中的协议字段值为“2”指示所封装的内容是 IGMP 报文。发送 IGMP 消息需要将 IP 数据报的存活时间 TTL 字段值设为 1，从而使 IGMP 信息只能在本地范围内传送，而不会被路由器转发到其他子网上。

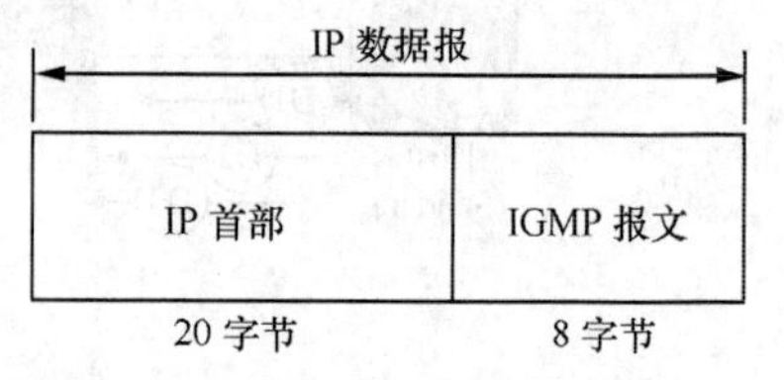

图 4-6　封装了 IGMP 报文的 IP 数据报

（4）新一代 IP（IPv6）

随着 Internet 的迅速发展，用户数量的剧增使 IPv4 地址出现枯竭，同时，Internet 的业务由简单的数据业务逐渐转向复杂的多媒体交互业务，因此 IETF 于 1995 年底公布了 RFC 1752，即新一代的 IP 协议，称为 IPv6。IPv6 与 IPv4 相比具有较为显著的优势，主要体现在以下几个方面。

① 地址空间和报头

IPv6 扩充了地址空间，并简化了报头格式，增加了扩展报头。

IPv6 地址由原来的 32 位扩充到 128 位，使地址空间扩大了 296 倍，且 IPv6 支持分层地址结构，更易于寻址。

IPv6 数据报也包括首部和数据两部分，而首部又包括基本首部和扩展首部，扩展首部是选项。扩展首部和数据合起来称为有效载荷。IPv6 数据报首部的具体格式如图 4-7 所示。

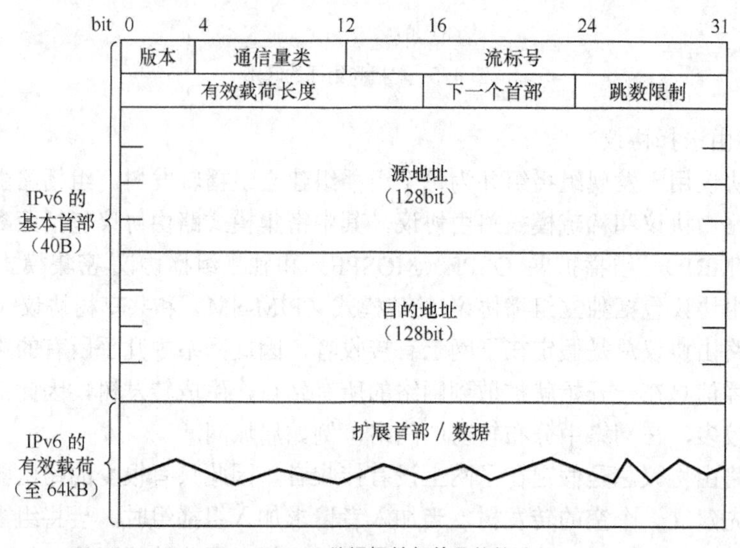

图 4-7　IPv6 数据报首部的具体格式

IPv6 基本首部的结构比 IPv4 简单得多，其中删除了 IPv4 首部中许多不常用的字段，或放在了可选项和扩展首部中。IPv6 规定，数据报途中经过的路由器都不处理扩展首部（只有逐跳选项扩展首部除外），而是将扩展首部留给路径两端的源站和目的站的主机来处理，从而提高了路由器的处理效率。

② 任播地址

IPv6 将 128bit 地址空间分为两大部分：类型前缀和地址的其他部分。数据报的目的地址有 3 种基本类型：

a．单播（Unicast）——是传统的点对点通信；

b．多播（Multicast）——是一点对多点的通信；

c．任播（Anycast）——是 IPv6 增加的一种类型，任播的目的站是一组计算机，但数据报在交付时只交付给其中的一个，通常是距离最近的一个。

任播地址非常适合某些多媒体应用，如在 VOD 视频点播应用中，将分布在网络边缘的具有相同数据库的一组服务器分配同一任播地址，当用户请求点播时，该请求会自动送交给距离用户最近的服务器。

③ 数据报长度

在 IPv4 中，路由器会根据传输路径上允许的最大传输单元 MTU 的长度对包进行拆分，但在 IPv6 中，若分段长度大于 MTU 长度时则将其丢弃，从而有利于提高它的传输速率。

④ 安全性

IPv4 几乎没有安全机制，只在报头中有一个可选的安全标志域，而 IPv6 却能够提供 IP 层的安全机制，它支持身份验证，并支持数据的完整性和数据的机密性。

⑤ QoS 管理功能

IPv6 报头中的流标签（Flow Label）是 IPv6 支持资源分配的一个新的机制，它将属于同一传输流的数据报设置成相同的流标签，这样通过流标签使传输路径上的所有路由器能够对这些数据报进行跟踪与处理，而无需重新处理每个数据报的报头，从而增强实时性流量的处理能力。

IPv6 报头中的业务等级（Traffic Class）用于定义数据报的不同类型或优先级。依据该字段，IPv6 根据信源能否对拥塞做出反应可以将数据报分为源提供拥塞控制和源不提供拥塞控制两类，每一种类型又分为 8 个优先级。在两类 16 个优先级中，0～7 用于允许尽力而为型服务的应用，8～15 用于实时媒体的应用。

（5）IP 网络的 QoS 保证

传统的 IP 网是一个“尽力而为”型的网络，不适合实时多媒体信息的传输，为此 IETF 又提出了几种 IP 网服务模型和 QoS 机制，为不同类型媒体的有效传输创造了条件。

① 综合服务模型和资源预留协议

IETF 较早提出了综合服务模型（IntServ），IntServ 的核心是资源预留协议（RSVP）。RSVP 是无连接的，因而与 IP 网兼容，使得 IP 网能够对多媒体通信提供具有 QoS 保证的传输。在 RFC 1633 中定义了 IntServ 模型。

IntServ 的基本思想是在两业务端进行通信之前，需根据业务类型向网络提出 QoS 要求，网络根据业务的 QoS 需求以及网络资源占用情况决定是否提供通信服务。如果网络有足够的资源可以满足这个业务的要求，则接纳该数据流，并在通信时保障该业务所申请的资源，从而为该数据流提供端到端的 QoS 保证。如果资源预留失败，则向主机返回拒绝消息。

IntServ 的优点是能够提供绝对有保证的端到端的 QoS。这是因为在通信路径中的每个路由器在使用 RSVP 协议为数据流提供 QoS 的同时，还实时进行数据流监视以防止其过量消耗所请求和预留的资源。缺点是当数据流量很大时，会大大增加对路由器的存储和处理能力的需求，所以提高了对路由器的要求，可扩展性不好，不适用于大型网络，只能应用于边缘网络。

② 区分服务模型

IETF 为了克服 IntServ 的伸缩性差的缺点，提出了区分服务模型（DiffServ），该模型以一种相对可扩展性较强的方法来保证 IP 网中的 QoS。DiffServ 到目前为止还没有形成真正的标准，没有对应的 RFC 文档。

DiffServ 的基本思想是任何类型的数据流都可以自由进入网络，但是数据流要按照 QoS 要求来划分不同的优先级，在排队和占用资源方面，优先级高的数据流比优先级低的数据流具有更高的优先权。DiffServ 承诺的是相对的服务质量，而不是具体的 QoS 指标。

在 DiffServ 中，用户必须预先与 ISP Internet 服务提供商协商获得服务等级合约（Service Level Agreement，SLA），合约中规定了该用户数据流的服务优先级以及该优先级所允许的流量。用户根据 SLA，在所发送的 IP 数据报的“服务类型”字段中设置对应的不同标识。当数据流通过网络时，路由器根据该字段所标识的服务等级纳入不同的输出队列。通常不同队列所经过的路径和跳数不同，而且每个队列有不同的每一跳行为（PHB），其中 PHB 主要是指带宽的分配、发生阻塞时的丢包处理等等，从而使得不同优先级业务获得了有区别的处理。

因为 DiffServ 只提供有限的服务优先级，只在网络的边界上才需要复杂的分类、标记等操作，而在核心路由器中的状态信息较少，因此实现简单，扩展性较好，适于为 IP 骨干网提供 QoS 保证，这是 DiffServ 的优点。它的缺点是难于提供基于流的端到端的 QoS 保证，而且由于其发展还处于研究和试验阶段，所以还难于实现不同运营商的 DiffServ 网络之间的互通。

③ 多协议标签交换

多协议标签交换（Multi-Protocol Label Switching，MPLS）起源于 Cisco 公司的标签交换技术，位于 OSI 参考模型中的第 2 层和第 3 层之间。

MPLS 的基本思想是在 MPLS 网络的入口边缘路由器中为每个 IP 数据包根据服务等级进行分类，并根据不同类别加上一个固定长度的对应的 MPLS 标签，MPLS 网内的核心路由器根据固定长度的标签确定转发路径，从而实现高速的转发，数据包到达出口边缘路由器时再去掉标签，恢复成原来的 IP 包。

路由器根据标签确定的转发路径称为标签交换路径（LSP），一条 LSP 上可以汇集多个具有相同服务等级的数据流，建立从发送者到接收者的单向逻辑通道。

MPLS 的优点是因为所加的标签为固定长度，因此路由器可以实现高速的转发，并且由标签交换路径（LSP）构成的隧道机制使得 MPLS 网非常易于与其他支持 QoS 机制的子网相连。

2. 宽带 IP 城域网

（1）宽带 IP 城域网的概念

城域网是指介于广域网和局域网之间，在城市及郊区范围内实现信息传输与交换的一种网络。IP 城域网是电信运营商或 Internet 服务提供商在城域范围内建设的城市 IP 骨干网络。宽带 IP 城域网是一个以 IP 和 SDH、ATM 等技术为基础，集数据、语音、视频服务为一体的高带宽、多功能、多业务接入的城域多媒体通信网络。

宽带IP城域网是基于宽带技术，以电信网的可管理性、可扩充性为基础，在城市范围内汇聚宽、窄带用户的接入，满足集团用户（政府、企业等）、个人用户对各种宽带多媒体业务需求的综合宽带网络，是电信网络的重要组成部分，向上与骨干网络相连。

（2）宽带IP城域网的分层结构

宽带IP城域网是在互联网业务迅速发展和市场竞争的条件下，建立起的城市范围内的宽带多媒体通信网络，它是宽带IP骨干网在城市范围内的延伸，并作为本地公共信息服务网络的重要组成部分，负责承载各种多媒体业务以满足用户的需求。由此可见所建立的宽带IP城域网必须具备可管理和可扩展的电信运营的性质。由于可管理和可扩展的电信运营网络均采用分层结构，因而宽带IP城域网也采用分层结构，共分三层，即核心层、汇聚层和接入层，如图4-8所示。

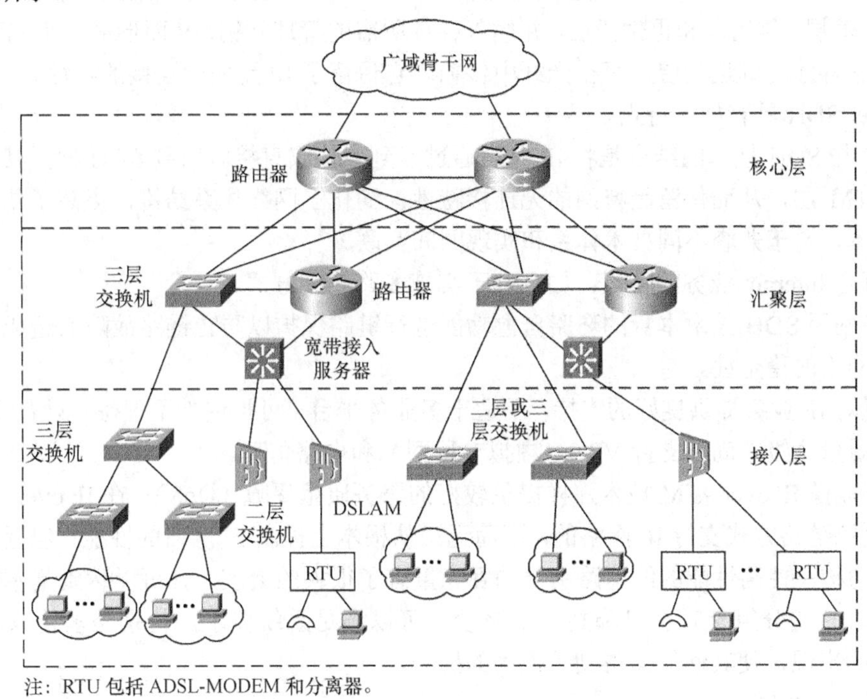

图4-8 宽带IP城域网分层结构示意图

① 核心层

核心层的作用主要是负责进行数据的快速转发以及整个城域网路由表的维护，同时实现与IP广域骨干网的互联，提供城市的高速IP数据出口。

② 汇聚层

汇聚层的作用主要包括汇聚接入节点，解决接入节点到核心节点间光纤资源紧张的问题；实现接入用户的可管理性；除基本的数据转发业务外，汇聚层还必须能够提供必要的服务层面的功能，如带宽的控制、QoS优先级管理等。

③ 接入层

接入层的作用是负责提供各种类型用户的接入，在有需要时提供用户流量控制功能。宽带IP城域网接入层常用的宽带接入技术主要有：ADSL、HFC、光纤接入网和无线宽带接入等。

（3）骨干传输技术

在宽带IP城域网的分层结构中，核心层、汇聚层的路由器之间（或路由器与交换机之间）的传输技术称为骨干传输技术。宽带IP城域网的骨干传输技术有IP over SDH（POS）、IP over WDM（POW）和吉比特以太网等，下面我们分别进行介绍。

① IP over SDH

IP over SDH，也称为Packet over SDH（POS），即直接以SDH网络作为IP数据网络的物理传输网络，可见是一种IP与SDH技术的结合。

IP over SDH的基本原理如下。

首先，使用点到点（PPP）协议，按照RFC1662规范将IP分组插入PPP帧中的信息段，从而完成IP数据包的封装，然后用HDLC协议对封装后的PPP帧进行定界；然而，形成HDLC帧；接着，SDH通道层的业务适配器将封装的HDLC帧映射到SDH的净负荷中；最后，经过SDH传输层、复用段和再生段层，并插入各种所需的管理开销，从而形成一个完整的SDH帧结构，这样才能到达光层，可在光纤中传输。它保留了IP无面向连接的特性。

IP over SDH具有如下特点。

- IP与SDH技术的结合是将IP分组通过点到点协议直接映射到SDH帧，其中省掉了中间的ATM层，从而保留因特网的无连接特性，简化了网络体系结构，提高了传输效率，降低了成本，易于兼容不同技术体系和实现网间互联。
- 符合Internet业务的特点，如有利于实施多路广播方式。
- 能利用SDH技术本身的环路自愈功能进行链路保护以防止链路故障而造成的网络停顿，提高网络的稳定性。
- 仅对IP业务提供良好的支持，不适于多业务平台，可扩展性不理想，只有业务分级，而无业务质量分级，尚不支持VPN（虚拟专用网）和电路仿真。
- 不能像IP over ATM技术那样提供较好的服务质量保障（QoS），在IP over SDH中由于SDH是以链路方式支持IP网络的，因而无法从根本上提高IP网络的性能，但近来通过改进其硬件结构，使高性能的线速路由器的吞吐量有了很大的突破，并可以达到基本服务质量保证，同时转发分组延时也已降到几十微妙，可以满足系统要求。特别是多协议标签交换（MPLS）的出现，使其性能又得到了很大的提升。

② IP over WDM

IP over WDM是IP与WDM技术相结合的标志。首先在发送端对不同波长的光信号进行复用，然后将复用信号送入一根光纤中传输，在接收端再利用解复用器将各不同波长的光信号分开，送入相应的终端，从而实现IP数据包在多波长光路上的传输。由此可见，IP over WDM将是一个真正意义上的链路层数据网，在IP层和物理层之间省去了ATM层和SDH层，将IP数据直接放到光路上进行传播。此时高性能的路由器可通过光ADM或WDM耦合器与WDM光纤相连，完成波长接入控制功能以及交换、路由选择和保护功能。

IP over WDM具有如下特点。

- 简化了层次，减少了网络设备和功能重叠，从而降低了网管复杂程度。
- 充分利用光纤的带宽资源，极大地提高了带宽和相对的传输速率。
- 对传输码率、数据格式及调制方式透明。可以传送不同码率的ATM、SDH/SONET和千兆以太网格式的业务。

由以上分析可见，IP over WDM 能够极大地拓展现有的网络带宽，最大限度地提高线路利用率，这样当千兆以太网成为接入主流时，IP over WDM 将会真正成为无缝接入。

③ 千兆以太网

千兆以太网是一种能在站点间以 1000Mbit/s（1Gbit/s）的速率传输数据的系统，它是建立在标准的以太网基础之上的一种宽带扩容解决方案，而且千兆以太网的 QoS 服务质量可以得到保证，同时支持 VLAN。IEEE 于 1996 年开始研究制定千兆位以太网的标准，即 IEEE 802.3z 标准，此后不断加以修改完善，1998 年 IEEE 802.3z 标准正式成为千兆位以太网标准。

它与传统以太网（10 BASE-T）及快速以太网（100 BASE-T）技术一样，都使用以太网所规定的技术规范，如 CSMA/CD、以太网帧、全双工和流量控制等，因此千兆以太网除了继承传统以太网的优点外，还具有以下一些优点。

- 升级平滑，实施容易。
- 传输距离较远，可达 100km。
- 性价比高，易管理。
- 原来以太网的不足，如多媒体应用和 QoS 等，已经得到部分解决。

3. 局域网

（1）局域网的概念

局域网（Local Area Network，LAN）是计算机网络中的概念。它一般由微型计算机通过高速通信线路相连。局域网通常由一个部门或公司组建，在地理位置上限制在较小的范围，如一栋楼房或一个单位。

IEEE802 委员会规定的局域网参考模型如图 4-9 所示。

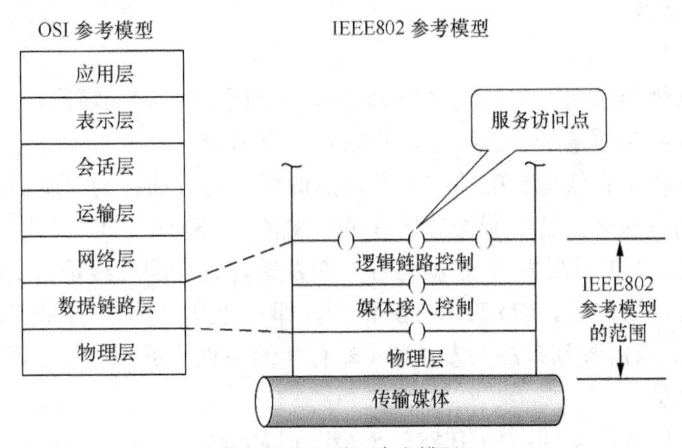

图 4-9 局域网参考模型

由于网络层的主要功能是进行路由选择，而局域网不存在中间交换，不要求路由选择，也就不单独设网络层。所以局域网参考模型中只包括 OSI 参考模型的最低两层，即物理层和数据链路层。但值得指出的是：进行网络互连时，需要涉及到三层甚至更高层功能。

① 物理层

物理连接以及按比特在物理媒体上传输都需要物理层，主要功能如下。

a．比特流的编码与解码（一般采用曼彻斯特码）。

b．前同步码的产生与去除。

c．比特流的传输与接收。

② 数据链路层

由于局域网的种类很多，不同拓扑结构的局域网，其介质（媒体）访问控制的方法也各不相同。为了使局域网的数据链路层不致过于复杂，通常将局域网的数据链路层划分为两个子层，即介质访问控制或媒体介入控制（Medium Access Control，MAC）子层和逻辑链路控制（Logical Link Control，LLC）子层。

a．MAC 子层

与接入各种传输媒体有关的问题都放在 MAC 子层，其主要功能有：将上层交下来的数据封装成 MAC 帧进行发送（接收时进行相反的过程，即帧拆卸）、比特差错检测和寻址等。MAC 帧中的地址字段为 6B。IEEE802 标准为局域网规定了一种 48bit 的全球地址，即 MAC 地址（MAC 帧的地址），它是指局域网上的每一台计算机所插入的网卡上固化在 ROM 中的地址，所以也叫硬件地址或物理地址。

b．LLC 子层

数据链路层中与媒体接入无关的部分都集中在 LLC 子层，其主要功能有：建立和释放逻辑链路层的逻辑连接、提供与高层的接口、差错控制及给帧加上序号等。不同类型的局域网其 LLC 子层协议都是相同的，所以说局域网对 LLC 子层是透明的，但不同类型的局域网 MAC 子层的标准是不同的。

（2）局域网分类

根据局域网用户是否共享带宽，局域网可分为共享式局域网和交换式局域网。共享式局域网是各站点共享传输媒介的带宽；交换式局域网是各站点独享传输媒介的带宽。

① 共享式局域网

a．传统以太网

最早出现的常规局域网 LAN 是传统以太网，它属于共享式局域网，即各站点共享带宽。传统以太网的拓扑结构通常采用总线形，各站点共享总线。

将传输介质的频带有效地分配给网上各站点的用户的方法称为介质访问控制。传统以太网的介质访问控制方法采用的是载波监听和冲突检测（CSMA/CD）技术。CSMA 代表载波监听多路访问。它是“先听后发”，也就是各站在发送前先检测总线是否空闲，当测得总线空闲后，再考虑发送本站信号。CD 表示冲突检测，即“边发边听”，各站点在发送信息帧的同时，继续监听总线，当监听到有冲突发生时（即有其他站也监听到总线空闲，也在发送数据），便立即停止发送信息。

传统以太网具体包括 4 种：10 BASE 5（粗缆以太网）、10 BASE 2（细缆以太网）、10 BASE-T（双绞线以太网）和 10 BASE-F（光缆以太网）。

b．快速以太网

随着计算机网络应用的普及，传统以太网 10 BASE-T 已经远远不能满足要求。于是，快速以太网便应运而生。常见的快速以太网有：100 BASE-T 快速以太网、千兆位以太网和 10Gbit/s 以太网等。

② 交换式以太网

交换式以太网是所有站点都连接到一个以太网交换机上。以太网交换机具有交换功能，它的特点是所有端口平时都不连通，当工作站需要通信时，以太网交换机能同时连通许多对端口，使每一对端口都能像独占通信媒体那样无冲突地传输数据，通信完成后断开连接。由于消除了公共的通信媒体，每个站点独自使用一条链路，不存在冲突问题，可以提高用户的平均数据传输速率，即容量得以扩大。

交换式以太网可向用户提供共享式局域网不能实现的一些功能，主要包括以下几个方面。

a．隔离冲突域

在共享式以太网中，使用 CSMA/CD 算法来进行介质访问控制。如果两个或更多站点同时检测到信道空闲而有帧准备发送，它们将发生冲突。一组竞争信道访问的站点称为冲突域，显然同一个冲突域中的站点竞争信道，便会导致冲突和退避，而不同冲突域的站点不会竞争公共信道，它们则不会产生冲突。

在交换式以太网中，每个交换机端口对应一个冲突域，端口就是冲突域终点。由于交换机具有交换功能，不同端口的站点之间不会产生冲突。如果每个端口只连接一台计算机站点，那么在任何一对站点间都不会有冲突。若一个端口连接一个共享式局域网，那么在该端口的所有站点之间会产生冲突，但该端口的站点和交换机其他端口的站点之间将不会产生冲突。因此，交换机隔离了每个端口的冲突域。

b．扩展距离限制

交换机可以扩展 LAN 的距离。每个交换机端口就是不同的 LAN，因此每个端口都可以达到不同 LAN 技术所要求的最大距离，而与连到其他交换机端口 LAN 的长度无关。

c．增加总容量

在共享式 LAN 中，其容量（无论是 10 Mbit/s、100 Mbit/s，还是 1000 Mbit/s）是由所有接入设备分享。而在交换式以太网中，由于交换机的每个端口具有专用容量，交换式以太网总容量随着交换机的端口数量而增加。所以交换机提供的数据传输容量比共享式 LAN 大得多。

d．数据率灵活性

对于共享式 LAN，不同 LAN 可采用不同数据率，但连接到同一共享式 LAN 的所有设备必须使用同样的数据率。而对于交换式以太网，交换机的每个端口可以使用不同的数据率，所以可以以不同数据率部署站点，非常灵活。

（3）以太网 QoS 保障

① 流量控制

IEEE 802.3x 为全双工以太网规定了流量控制的方法。该方法适用于点到点的链路，如两台主机之间、一台主机与一个交换机之间等的链路。流量控制的方法主要分为对称式和非对称式两种。其中对称式方法可以对两个方向的链路进行流量控制，而非对称式方法只对一个方向的链路进行流量控制。

② 包分类服务

IEEE 802.1p 提供了以太网 MAC 层的 CoS 能力，它利用虚拟局域网（VLAN）的标准 IEEE 802.1q 插入的标签来表示优先级，如图 4-10 所示。

图 4-10 中 3bit 的优先级字段共标识 8 个服务类别，IEEE 给出了一个非强制性的宽泛定义：优先级 7 为最高级，用于如路由协议的路由表更新等网络关键业务；优先级 6 和 5 用于

如交换视频与音频等对延时敏感的业务；优先级 4 到 1 可分配给从“控制负荷”（Controlled load）业务到“允许包丢失”业务的不同类别业务，其中“控制负荷”业务是指如流媒体或企业关键信息等这一类业务；优先级 0 是默认值，用于尽力而为的业务。

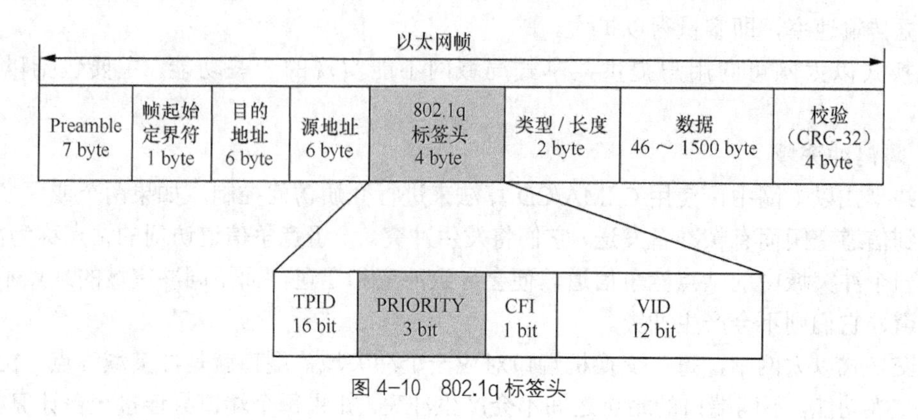

图 4-10　802.1q 标签头

4.2.3　无线网络组网技术

1. 无线传输的基本概念

信息传输方式分为有线传输和无线传输两种方式。在有线传输技术不断发展的同时，无线传输技术以其灵活方便的功能特点，广泛应用于电信网的各个领域。

无线传输是指用微波频率作为载波携带信息，并通过空中无线电波来进行通信的方式。微波是指频率为 300MHz～300GHz 的电磁波。

图 4-11 给出了无线传输系统结构图，可见与有线通信系统相比，在发射设备和接收设备上均增加了天线系统，以实现电磁波的辐射和接收。由于原始的语音、数据、图像信号的工作频段比较低，非常不利于天线的辐射和电磁波的传播，因此在发射设备中首先要对低频信号进行调制，即将其加载到高频率的载波上；频率变换器将信号变换成发射电波所要求的频率，再经过功率放大后，由天线辐射并通过大气空间进行电磁波的传播。由于电波传播过程中会受到衰落的影响，使得到达接收端的信号功率很弱，因此在接收设备中要经过信号放大、频率变换，最后经解调处理，从而恢复出原信号，完成无线传输过程。

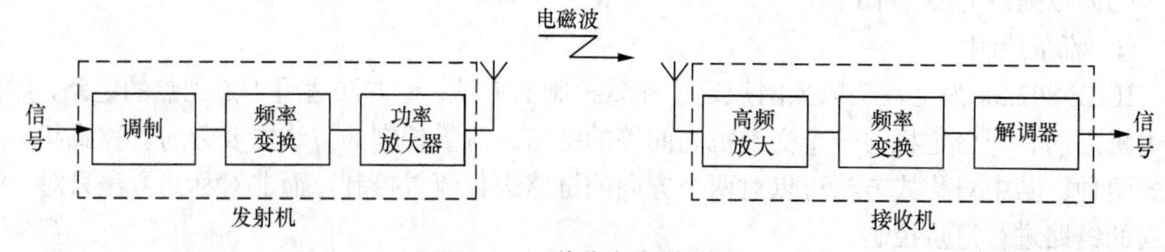

图 4-11　无线传输系统结构图

（1）无线传输的特点

① 开放式的信息传播。无线传输是借助于电磁波的空间传播来实现信息传输的。路径的空间约束性差，极易受到大气传播环境以及周围各种复杂地形的影响，具有极度的随机性。

② 收发环境复杂性和多样性。它包括地形、地貌、建筑物、气候以及电磁干扰等，给信道估计带来极大难度。

③ 用户终端具有随机移动性。例如漫游用户、高速的车载台。这样当用户终端处于高速运动时，都会给系统引入信号衰落和频移，严重时影响通信质量。

可见正是上述这些原因，造成无线传输具有多样性和时变性的特性。特别是在移动通信环境下，传输信道的复杂性成为无线传输系统设计中的一个难点问题。

（2）无线网络

使用无线电波作为传输介质的传输网络都称为无线网络。从覆盖范围进行划分，无线网络可以分为无线广域网、无线城域网、无线局域网和无线个域网。

无线广域网是指全国范围或全球范围内所构成的无线网络，其信息速率不高。GSM 系统和卫星通信系统就是两种最典型的无线广域网。

无线城域网（WMN）是指在地域上覆盖城市及其郊区范围内的分布节点之间传输信息的本地分配无线网络，能实现语音、数据、图像、多媒体、IP 等多业务的接入服务。其覆盖范围的典型值为 3～5km，点到点链路的覆盖可以高达几十公里，可以提供支持 QoS 的能力和具有一定范围移动性的共享接入能力。MMDS、LMDS 和 WiMax 等技术属于城域网范畴。

无线局域网（WLAN）是指在局部区域内以无线形式进行通信的无线网络。所谓局部区域就是距离受限的区域，可在此范围内为用户提供共享的、无线接入带宽。覆盖范围从几米到几百米。通常为一座大楼或一个楼群。

无线个域网（WPAN）是指能够在便携式终端和通信设备之间进行短距离连接的无线网络。在网络结构上，它位于整个网络的末端，用于实现同一地点终端与终端之间的双向通信。其覆盖范围可从几厘米到几米。其典型技术有蓝牙技术、UWB（超宽带）技术等。

下面主要通过蜂窝移动通信网和无线局域网来介绍无线网络的组网技术。

2．蜂窝移动通信网

（1）移动通信概述

① 移动通信概念

移动通信是指通信双方或至少一方在运动状态中进行信息传递的通信方式。它不受时间和空间的限制，可以灵活、快速、可靠地实现信息互通，因而目前被认为是实现理想通信的重要手段之一，它是信息交换的重要物质基础。

移动通信系统是指移动体之间、移动体与固定用户之间用于建立信息传输通道的通信系统，因而移动通信涉及到无线传输、有线传输以及信息的采集、处理和存储等内容、其主要设备应包括无线收发信机、交换控制设备和移动终端设备等。

目前应用最广泛的移动通信系统是公用蜂窝移动通信系统，图 4-12 给出了一个典型的蜂窝移动通信系统、系统中的服务区是由若干个六边形小区覆盖而成，并呈现蜂窝状。

② 移动通信的发展历程

对于目前应用最广泛的公用蜂窝移动通信系统，其经历了如下几个阶段的发展历程。

第一代移动通信系统主要采用模拟技术和频分多址（FDMA）技术。由于受到传输带宽的限制，无法实现移动通信的长途漫游，因而这种系统只能是一种区域性的移动通信系统。

第一代移动通信系统包括美国的 AMPS 系统、英国的 TACS 和北欧的 NMT450/900 等。

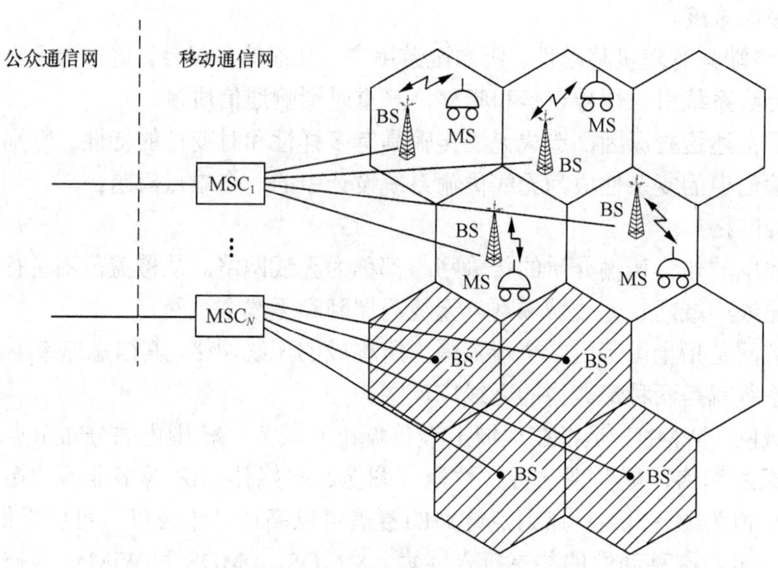

图 4-12　蜂窝移动通信系统

第二代移动通信系统主要采用数字的时分多址（TDMA）和码分多址（CDMA）技术来实现数字化的语音业务和低速数据业务的传输，它在一定程度上解决了第一代移动通信系统中频谱利用率低、设备复杂等问题，提高了系统容量和传输速率，改善了系统性能。20 世纪 90 年代中期投入商用的 GSM 和基于 CDMA 的 IS-95 数字移动通信系统都为移动通信的快速发展做出了巨大贡献。

第三代移动通信系统采用了扩频通信技术，有效缓解了日益突出的频率资源紧缺问题，并能提供更高的业务速率。2001 年，ITU 正式确立美国的 cdma2000，欧洲的 WCDMA 和中国的 TD-SCDMA 作为全世界三大 3G 标准。

cdma 2000 1xEV-Dx 标准和以 HSPA 为代表的 3.5G 技术的出现极大地提高了系统的吞吐能力，其中 HSPA 逐步向 3GPP 组织启动的长期演进计划（LTE）发展，而 cdma 2000 1xEV-Dx 向 3GPP2 的空中接口演进（AIE）发展。与此同时，WiMAX 与 WLAN 等宽带无线技术也得到了快速的发展。WiMAX 的 802.16m 标准是在 802.16e 基础上的演进标准，而 802.11n 也将使 WLAN 的传输速率达到 300Mbit/s。从长远的规划角度来看，无论是 B3G 技术，还是 WiMAX 和 WLAN 等宽带无线技术，它们之间虽然存在着局部竞争，但融合已是大势所趋。其中，LTE 支持与 2G/3G 系统的互通和无缝切换，可以低成本地实现所有网络的平滑过渡；cdma 2000 HRPD 与 UE 之间可以实现互通的系统架构；WiMAX 和 LTE 在网络层面的互通性测试已经完成；LTE 网络与 HSPA 和 GSM 网络的互通性能也得到了验证。

随着 3.5G 技术的不断发展，国际上对于 4G 的定义也已经逐渐清晰，基本可以确定，OFDM\OFDMA、MIMO 以及智能天线技术将成为 4G 的主流技术。可以预见，4G 无疑将延续 3G 标准之争的格局。

（2）HDPA 技术

随着信息社会对无线 Internet 业务需求的日益增长，第三代移动通信系统逐步采用各种速率增强型技术，以便更加有效地利用无线频谱资源，增加系统的数据吞吐量。

3GPP 在 R5 版本中提出了 HSDPA 技术。HSDPA（High Speed Downlink Packet Access）称为高速下行链路分组接入，主要应用于空中接口部分，在不改变 WCDMA 核心网络结构的情况下，能够提供最高 14Mbit/s 的下行数据业务速率。3GPP 在 R6 版本中，又在无线接入侧引入了上行链路增强技术（High Speed Uplink Packet Access，HSUPA），以提高上行链路数据传输速率，增加覆盖范围，它能够在 5MHz 带宽内提供最高 6Mbit/s 的上行数据传输速率。

① HSDPA 技术

HSDPA 核心技术主要包括三种：自适应调制和编码（AMC）、混合自动重发请求（HARQ）和快速调度算法（FS）。

a．自适应调制和编码

自适应调制和编码技术即指网络侧基于 UE（用户装置）所测量的下行信道条件获得当前无线信道的质量状况（CQI），据此选择最佳的下行链路调制和编码方式，从而最大限度地增大终端用户的数据吞吐量，提高传输速率。

AMC 的具体实现方法是当信道质量好时，选择高阶调制如 16QAM 和高速率的信道编码方式以提高传输速率，当信道条件较差时，则采用较低阶的调制方式如 QPSK 和低速的信道编码方式以保证通信质量。

b．混合自动重发请求

混合自动重发请求技术是前向纠错编码（FEC）和自动重传请求（ARQ）有机结合的一种技术。

（FEC）技术是一种通过增加一定的监督比特对所传信息加以保护的技术，当信道质量较差时，FEC 需增加更多的保护比特来获得所需的通信质量，从而降低了系统的吞吐量。（ARQ）技术则通过在数据传输失败的情况下重发信息来获得高可靠性的数据传输，ARQ 提高了系统传输的可靠性，但引入了较大时延，并使系统吞吐量下降。HARQ 技术将二者结合起来，根据信道条件的变化，在前向纠错编码（FEC）的基础上，自适应地选择（ARQ）机制，从而在增加系统可靠性的同时，提高了传输效率。

HARQ 的具体实现方法是当信道质量好时，主要通过采用前向纠错编码（FEC）对信息进行检错和纠错以提高通信质量，当信道条件较差时，此时误码较多，若超过了前向纠错编码（FEC）的纠错能力，接收端则通过一个反馈信道通知发送端要求重传。

c．快速调度算法

HSDPA 技术将分组调度功能由之前在 RNC 处实现转为在基站处实现，因此极大缩短了调度延迟，且调度的 HSDPA 子帧长度只有 2ms，使用户数据在很短的时长内就能够分配到物理信道，从而使网络能够重新调节系统资源，提高了频谱使用效率。快速调度算法与 AMC 和 HARQ 技术的结合，使分组数据的传输效率进一步提高。

② HSUPA 技术

HSUPA 借鉴了 HSDPA 中的关键技术，并结合上行链路的特点，主要采用 HARQ、节点 B 的快速调度、软切换技术等核心技术。在 HSUPA 中没有采用自适应调制技术，因为 HSUPA 不支持高阶调制，而是采用多码并行传输、低阶调制技术，就足以满足上行传输链路的要求了。

a．HARQ

HARQ 作为前向纠错编码和自动重传请求（ARQ）技术的有机结合，在 HSDPA 中被采用，在 HSUPA 中同样采用了 HARQ 技术，它们的基本原理相似，即接收端通过前向纠错编码（FEC）对信息进行检错和纠错，如果接收到的信息正确，则反馈 ACK 信息，发送端接收到 ACK 信息后就直接发送下一数据包，若接收到的数据包错误，且不能纠错，则反馈 NACK 信息，发送端据此重发数据包。此外，在 HSUPA 中还使用了软合并和增量冗余技术以进一步提高重传数据包的可靠性。

b．节点 B 的快速调度

无线分组调度是按上、下行分别进行的，在下行方向采用 HSDPA 技术，上行方向则采用 HSUPA 技术。对于下行方向，由于节点 B 能够掌握各业务流占用缓存的情况，因此可以实现对系统资源的精确分配，而对于上行方向，节点 B 只能由上行业务流通过无线信道来上报才能获得相关占用情况，从而引入了时延和不确定性，为此 HSUPA 提出了基于基站的快速调度，其核心思想是通过节点 B 来控制 UE 的传输数据速率和传输时间，使得无线资源在 UE 之间能够得到快速分配，从而提高了系统容量，并快速适应系统干扰的变化，这一调度功能主要通过节点 B 中新增的 MAC-e 实体来完成，因此也称为节点 B 的快速调度。

c．软切换技术

HSUPA 在上行链路上采用软切换技术，即当 UE 从一个小区移动到另一个小区时，需要经历 E-DCH 服务小区的位置变更即实现软切换。软切换在节点 B 内采用软合并方式，在节点 B 间则采用选择合并方式。当 UE 处于软切换状态时，若与 UE 有信号联系的相关小区（这一小区集合称为激活集）中只要有一个小区能够正确解码该 UE 的数据包并反馈 ACK 信息，此时即使其他小区都不能正确解码并发送了 NACK 信息，UE 也不会重传信息，只有当激活集中的所有小区都不能正确解码时，UE 才会重传。

由于 UE 终端用户功率有限，因此 HSUPA 在上行链路中采用的软切换技术可以带来软切换增益，从而降低 UE 的信号发送功率。

（3）IP 多媒体子系统（IMS）

第三代移动通信系统的一个突出特点是能够支持多媒体业务，在提供高速数据业务的同时还能够提供高质量的服务。为此 3GPP 将蜂窝移动技术与互联网技术结合起来，于 2002 年在 R5 版本中正式提出了 IP 多媒体子系统（IP Multimedia Subsystem，IMS）的概念。

IMS 即指基于会话初始协议（SIP）的 IP 多媒体架构，使得移动用户可以通过 3G 无线接入网接入到互联网并使用其所提供的多媒体业务。

IMS 在会话控制层采用简单易扩展的 SIP 协议作为呼叫控制协议，网络层采用地址空间充裕的 IPv6 协议，由于 IMS 系统大部分接口采用互联网协议，因此可以方便地支持 3G 用户和互联网用户之间，以及 3G 用户之间基于 IP 网络的多媒体通信。同时 IMS 系统还提供蜂窝移动通信系统中归属地网络和访问网络的功能，使用户能够在使用多媒体业务的同时仍能保持移动通信的特点。此外 IMS 系统基于软交换的思路，引入了会话控制层，负责多媒体通信的呼叫控制，并采用基于网关的方案与固网和移动网用户互通。

① IMS 系统架构

3GPP 没有对 IMS 系统架构中的节点进行标准化，而是对逻辑功能进行了标准化，因此

IMS 系统架构可认为是由一系列功能实体和接口组成，其组成架构如图 4-13 所示。

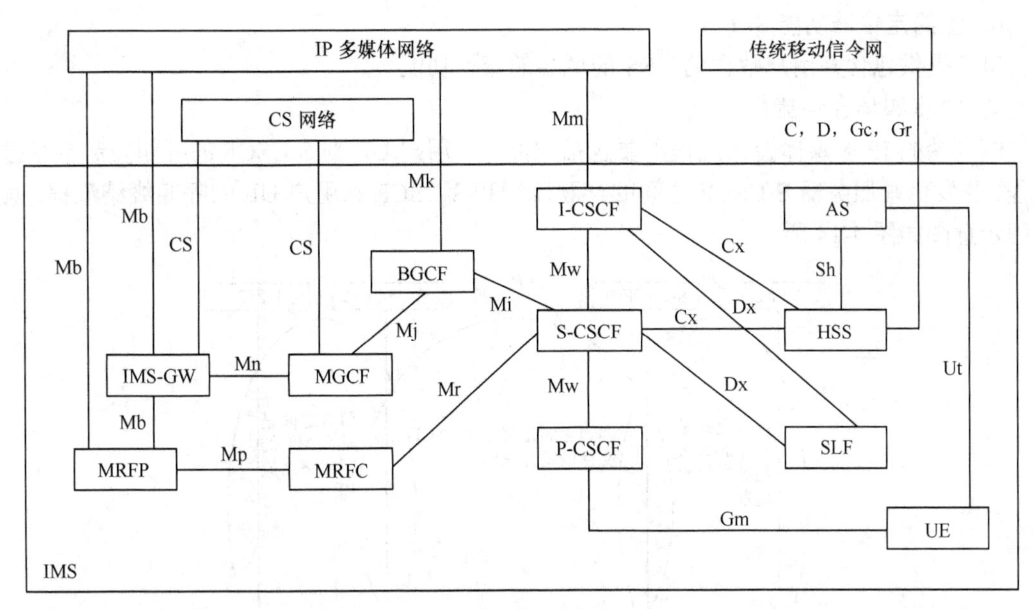

图 4-13　IMS 系统架构

图 4-13 中 IMS 架构中各功能实体为以下几部分。

a．呼叫会话控制功能 CSCF

CSCF 按照具体功能可分为三类：服务 CSCF（S-CSCF）、代理 CSCF（P-CSCF）和查询 CSCF（I-CSCF），其中 S-CSCF 执行业务的会话控制，包括 SIP 注册，并处理所有的 IMS 会话；P-CSCF 是 SIP 对外的代理，用户与 IMS 之间的第一个接触点即是 P-CSCF，主要处理与安全和信令压缩相关的功能；I-CSCF 负责对 S-CSCF 进行查询，将进入域的数据转发给查询到的负责处理该信息的 S-CSCF。

b．归属用户服务器 HSS

HSS 是用户和业务信息的数据库，用于存储一个域内所有用户的相关数据。

c．应用服务器 AS

AS 用于提供各种 IP 多媒体业务。

d．媒体网关控制功能 MGCF

MGCF 主要用于实现 IMS 与电路域、PSTN 或软交换网络的互通。

e．IMS 网关 IMS-GW

IMS-GW 主要根据 MGCF 的资源控制命令，实现 IMS 用户 IP 承载与电路域、PSTN 或软交换网络承载之间的转换。

f．多媒体资源功能 MRF

MRF 用于执行媒体相关的功能，主要包括多媒体资源功能控制器 MRFC 和多媒体资源功能处理器 MRFP，用于对分组域的媒体流资源进行控制和处理，其中 MRFC 位于 IMS 的控制面，MRFP 位于 IMS 的承载面。

g．中断网关控制功能 BGCF

接收来自 S-CSCF 的中断请求，选择电路域或 PSTN 域的出口位置，或选择与电路域/PSTN

互通的中断发生的网络。

h．签约定位器功能 SLF

SLF 提供包含某用户数据的 HSS 的域名的查询功能。

② IP 多媒体会话流程

端到端的 IP 多媒体会话流程主要包括三部分：用户 UE 到 S-CSCF 的呼叫发起会话建立流程、收发两端服务器 S-CSCF 之间的交互流程和 S-CSCF 到用户 UE 的呼叫终结流程，具体流程示意图如图 4-14 所示。

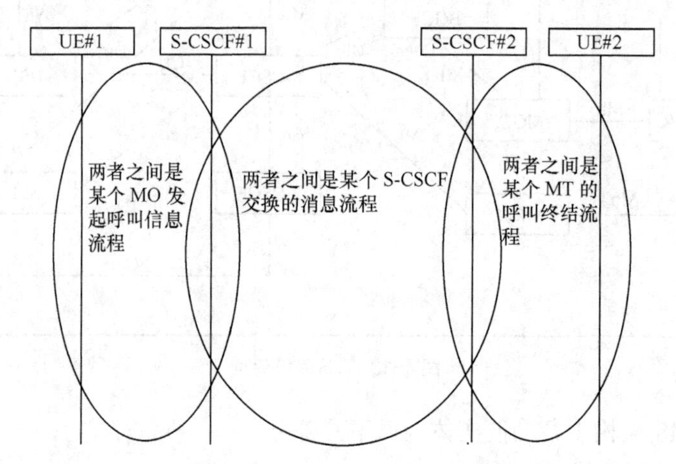

图 4-14　IP 多媒体会话端到端流程

图中描述了端到端会话流程的三部分。

a．UE#1 作为发起会话端

发起会话流程包含以下几种情况：漫游用户始发呼叫流程 MO#1、归属用户始发呼叫流程 MO#2、PSTN 用户始发呼叫流程 PSTN-O、非 IMS 网络用户始发呼叫流程 NI-O 和应用服务器 AS 始发呼叫流程 AS-O。

b．UE#2 终结会话端

终结会话流程包含以下几种情况：漫游用户终止呼叫流程 MT#1、归属用户终止呼叫流程 MT#2、CS 域漫游用户终止呼叫流程 MT#3、PSTN 用户终止呼叫流程 PSTN-T 和非 IMS 网络用户终止呼叫流程 NI-T，此外与应用服务器 AS 对应的终止呼叫流程有 4 种，包括基于 PSI 的 AS 直接终止呼叫流程 AS-T#1、基于 PSI 的 AS 间接终止呼叫流程 AS-T#2、基于 PSI 且使用 DNS 的直接终止呼叫流程 AS-T#3 和基于 PUI 的 AS 间接终止呼叫流程 AS-T#4。

c．服务器 S-CSCF#1 和 S-CSCF#2 之间

服务器 S-CSCF#1 和 S-CSCF#2 之间的会话流程共分 4 种，分别为不同运营商之间的会话建立和终止 S-S#1、同一运营商内的会话建立和终止 S-S#2、终止于和 S-CSCF 在同一网络的 PSTN 的呼叫流程 S-S#3 和终止于和 S-CSCF 在不同网络的 PSTN 的呼叫流程 S-S#4。

上述三种流程组合后可实现多种端到端的会话流程，以 S-CSCF 间的 4 种流程来划分，可有如下几种组合方式，如表 4-3 所示。

表 4-3 端到端的会话流程组合

呼叫发起流程（选择一项）	S-CSCF 间交互流程（选择一项）	呼叫终结流程（选择一项）
M0#1 M0#2 PSTN-0 AS-0 NI-0	S-S#1	MT#1 MT#2 MT#3 AS-T#1，2，3，4 NT-T
M0#1 M0#2 AS-0	S-S#2	MT#1 MT#2 MT#3 AS-T#1，2，3，4
M0#1 M0#2 AS-0	S-S#3	PSTN-T
M0#1 M0#2 AS-0	S-S#4	PSTN-T

表 4-3 中，选择呼叫发起流程中的任一个，选择对应的 S-CSCF 间的某种交互流程，再选择对应的呼叫终止流程中的某一个来构成整个端到端的会话流程，从而实现多媒体业务在 3G 网络中的应用。

3．无线局域网

（1）无线局域网概述

① 无线局域网基本概念

无线局域网（Wireless Local Network，WLAN）是无线通信技术与计算机网络相结合的产物，一般来说，凡是采用无线传输媒介的计算机局域网都可称为无线局域网。

在实际应用中，无线局域网通常与有线主干网络结合起来使用，由无线局域网为其移动终端提供接入有线网络的服务，目前无线局域网采用多种无线接入技术。基于不同的无线接入技术，无线局域网有多种不同标准，其中的 IEEE 802.11 系列标准因为其采用开放式架构，而被广泛应用。IEEE 802.11 的一系列标准由 IEEE 802.11 标准工作组制定，该工作组成立于 1990 年，其制定的 IEEE 802.11 系列标准主要覆盖无线局域网的物理（PHY）层和媒体访问控制（MAC）子层。

② 无线局域网的网络结构类型

无线局域网的网络结构类型主要有两种：无中心的对等网络（Ad hoc 网络）和有中心的结构化网络（Infrastructure 网络）。

无中心的对等网络也称为 Ad hoc 网络或自组织网络，在该网络中没有控制整个网络的中心站点，只有一组具有无线接口的无线工作站（STA）组成一个独立基本服务集（Basic Service Set，IBSS），网络中的工作站站点的地位是平等的，任意一台无线工作站可以与另一台或多台无线工作站直接通信。这种拓扑结构的网络适于站点数较少的网络，通常为 4～8 个用户，且站点间的距离不能太远。Ad hoc 网络组网灵活快捷且费用较低，但该网络只能独立使用，无法与有线网络互连。

有中心的结构化网络也称为 Infrastructure 网络，主要由无线接入点（AP）、无线工作站（STA）构成，其中一个无线接入点以及与其关联的若干无线工作站构成一个基本服务集（BSS），两个或多个基本服务集构成扩展服务集（ESS）。Infrastructure 网络结构示意图如图 4-15 所示。

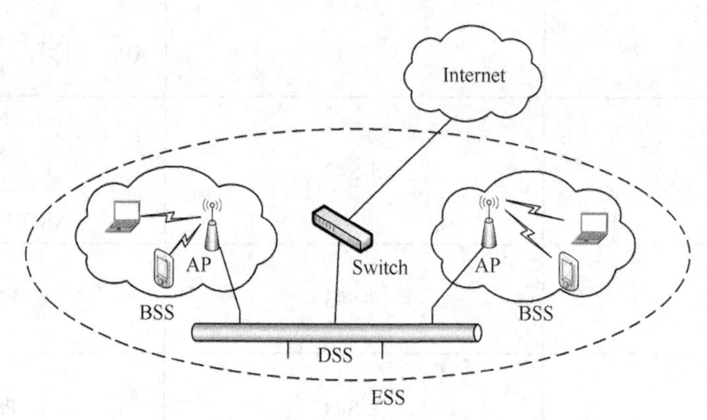

图 4-15　Infrastructure 网络结构示意图

图 4-15 中的分布式系统（DSS）通常是指以太网，则 ESS 的网络结构仅包含物理层和数据链路层，因此相对于 IP 高层协议，一个 ESS 就是一个 IP 子网。在 Infrastructure 网络中，无线接入点 AP 作为中心站点，所有与之关联的无线工作站均由它来控制。无线接入点既保证各无线工作站之间的通信，也为它们提供对有线网络的访问。大多数 Infrastructure 网络采用集中式 MAC 协议，如轮询机制，因此当业务量增加时，对网络吞吐量和网络延时性能的影响都不大。这种结构的无线局域网非常适合与有线局域网互连，作为有线局域网的一个扩展，但其抗毁性差，网络性能依赖于中心站点，一旦中心站点出现故障，可能会导致整个网络的瘫痪。

（2）CSMA/CA

CSMA/CA 是无线局域网 MAC 层技术。CSMA 称为载波侦听多路访问。载波侦听是指网络设备对网络进行侦听以便检测网络是否空闲。只有检测到信道空闲时才会发送数据，否则就会等候。多路访问是指连接到同一个网络上的多个网络设备能够同时检测信道状态。

CSMA 能够避免一些冲突的发生，但在通信繁忙的网络中，极可能发生两个同时要发送信息的设备，当它们在发送数据前的检测中都发现信道中没有信息在传输，因而同时开始发送信息的情况，从而导致冲突。为了解决这一问题，CSMA 分别采用了冲突检测（CD）和冲突避免（CA）两种方法，其中 CD 用于有线局域网来检测冲突，CA 用于无线局域网来避免冲突。

因传输介质不同，CSMA/CD 与 CSMA/CA 的检测方式不同。有线局域网中的 CSMA/CD 通过电缆中电压的变化来检测，当冲突发生时，电缆中的电压会随之变化。而在无线传输中检测载波是有困难的，因为无线电波经天线发送出去后，发送端自己无法检测到，故而冲突检测实质上是做不到的。因此无线局域网通过下面几种机制来避免冲突的产生。

① 载波检测（CS）

CSMA/CA 采用能量检测（ED）、载波检测（CS）和能量载波混合检测三种方式检测信道是否空闲。

② 帧间隔的设置

CSMA/CA 算法要求发送的帧之间要有一定的间隔，每当工作站完成发送后需要等待一段时间继续监听才能尝试访问介质，这段时间统称为帧间隔（Interframe Space, IFS）。帧间隔的长短确定帧的发送优先级，优先级越高的帧，帧间隔越短，可以优先获得发送权，优先级低的帧，其帧间隔较长，因此等待时间短的高优先级帧首先发送到介质中，此时介质为忙，帧间隔长的帧就只好推迟发送，进而使冲突机会减少。

③ 随机退避机制

介质繁忙后刚处于空闲状态时，由于之前许多工作站都在等待发送数据，当介质一旦空闲时，这些工作站就会试图接入介质，因此这一时间段是冲突发生的高峰期，通常称为竞争窗（CW）。为减小这种冲突发生的概率，CSMA/CA 采用二进制指数退避（Backoff）算法，为每个等待发送数据的工作站分配一个随机的退避定时值，其值从 0 到竞争窗 CW 宽度最大值之间。

（3）分布式协调功能

分布式协调功能（Distributed Coordination Function，DCF）是在 IEEE 802.11 协议标准中规定的访问控制方式。分布式协调功能适用于无线局域网的 Ad hoc 和 Infrastructure 网络结构中，并支持竞争型非实时业务。DCF 有两种工作方式，一种是基本工作方式，另一种是 RTS/CTS 机制。

① DCF 基本工作方式

DCF 基本工作方式即是指 CSMA/CA 方式，它是 IEEE 802.11 MAC 层协议中最基本的接入方式，实质是采用了基于两次握手的冲突避免 CA 方法，其工作原理如图 4-16 所示。

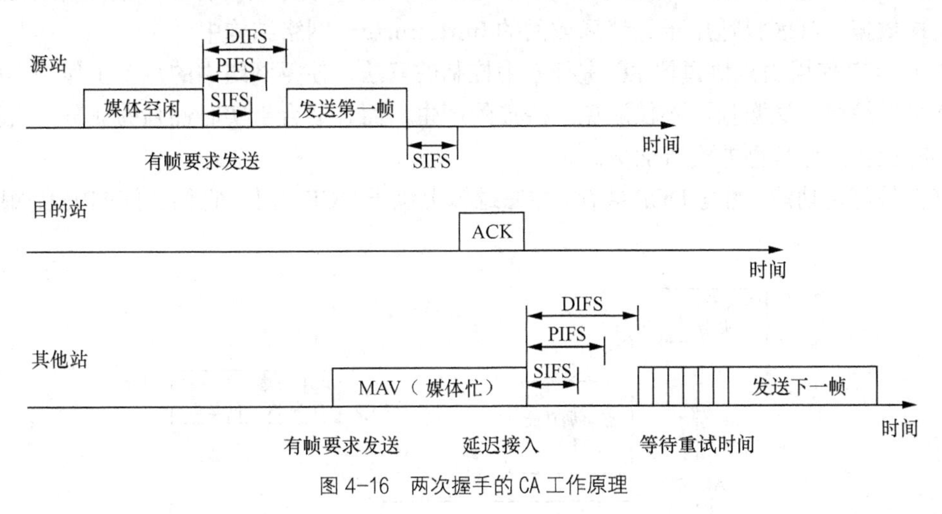

图 4-16　两次握手的 CA 工作原理

如图 4-16 中所示，传输时只有数据帧和 ACK 帧的发送。工作站如果检测到介质空闲时间超过 DIFS 时间间隔，就传输数据，否则采用随机退避机制延时传输。当接收方正确接收到数据帧后，就会立即返回确认帧（ACK），告知该帧已成功接收。

② RTS/CTS 机制

RTS/CTS 机制即请求发送/清除发送机制，主要用于解决隐藏工作站问题。在无线局域网中，如果工作站 A 和工作站 C 同时覆盖工作站 B，而工作站 A 在工作站 C 的覆盖范围之外。

当工作站 A 和 C 同时向工作站 B 发送数据时，由于工作站 C 检测不到工作站 A，此时它们的数据在接收站 B 就发生了冲突。工作站通过 RTS/CTS 机制在发送数据帧之前首先对无线信道进行预约来避免这种冲突，其工作过程如图 4-17 所示。

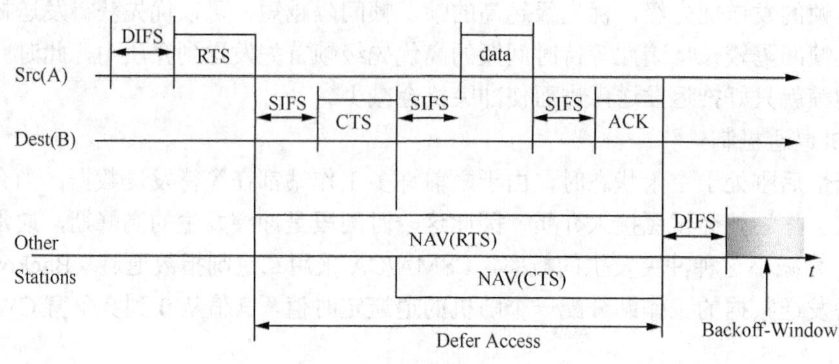

图 4-17　DCF 的 RTS/CTS 访问方式

如图 4-17 所示，发送工作站 A 在发送数据帧前先发送一个短的控制帧 RTS，其中包含源地址、目的地址和这次通信所需的占用信道的时间（包含目的站发回相应确认帧的时间）。若该帧被正确接收，则接收终端 B 就发送一个控制帧 CTS 作为响应，其中也包含从 RTS 帧复制到 CTS 帧的本次通信所需的持续时间。工作站 A 收到 CTS 帧后就可以发送数据帧了。

（4）点协调功能

点协调功能（Point Coordination Function，PCF）建立在 DCF 基础上，通过使用轮询机制由 BSS 内接入点 AP 的中心控制器——点协调器（PC）来控制所有工作站，决定它们是否有权发送数据。PCF 只适用于无线局域网的 Infrastructure 网络结构中。

由于 PCF 使用由点协调器 PC 进行集中控制的算法，使得网络中的每个工作站不必竞争信道就可以轮流发送数据，不仅避免了碰撞的产生，而且适合于实时性强的业务，支持无竞争型实时业务及竞争型非实时业务。

PCF 是可选功能，需与 DCF 共存，并在逻辑上位于 DCF 之上，它们之间的关系如图 4-18 所示。

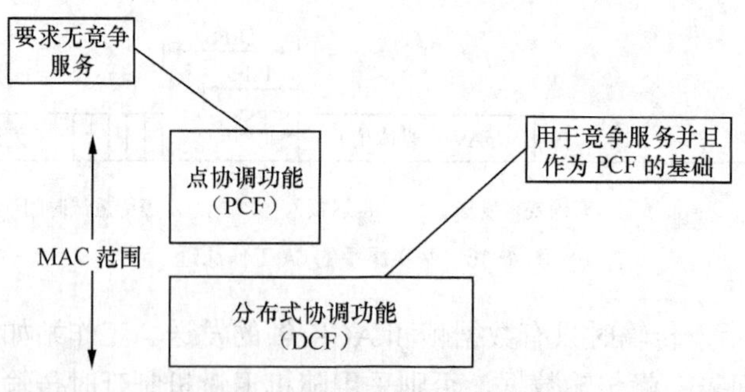

图 4-18　DCF 与 PCF 的逻辑关系

PCF 与 DCF 两者之间通过“超级帧”的概念共存。超级帧是一个逻辑概念，由两部分组成：无竞争期（CFP）和竞争期（CP）。在 CFP 时期内由 PCF 控制 BSS 内帧的传输，而在 CP 时期内则由 DCF 控制 BSS 内帧的传输。PCF 与 DCF 两者交替控制帧的传输，从而达到共存。图 4-19 为超级帧结构。

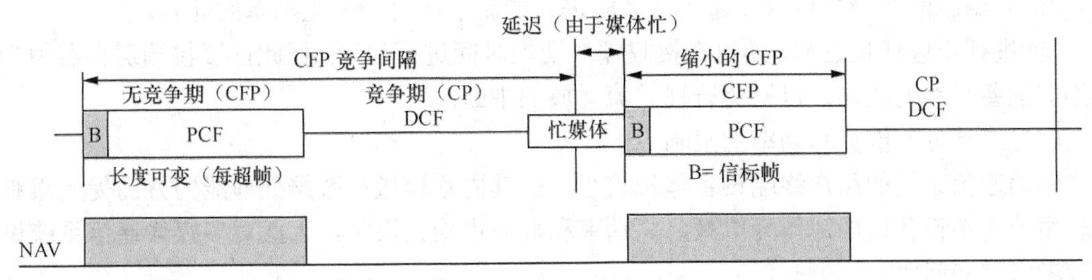

图 4-19　超级帧结构

通常将 BSS 内能在无竞争期间（CFP）工作的站点称为无竞争清醒（CF-aware）站点。点协调器 PC 只对无竞争清醒（CF-aware）站点进行轮询，站点在连接时需表明它的 CF-aware 状态。PCF 依据无竞争轮询表对站点进行轮询。无竞争轮询表中存放有 BSS 内所有 CF-aware 站点的 MAC 地址。当该表非空时，点协调器 PC 就在每个 CFP 期间对表中的站点进行轮询，若一个 CFP 时间间隔不足以轮询表中所有的站点，PC 就在下一个 CFP 期间继续轮询。如果在 CFP 开始时发送的信标帧中的 DTIM 消息指示有站点处于功率节省状态，PC 就首先对这些站点进行轮询。

4. 无线网络中多媒体传输的特殊问题

从多媒体信息传输的角度看，以蜂窝移动通信网和 WLAN 等无线网络作为底层传输机制的 IP 网，主要表现在如下几个方面。

（1）噪声和干扰引起高的误码率

无线信道由于传输环境的复杂性、多样性，其传输的比特错误和突发错误比有线信道要高得多，最终导致包的丢失。尽管无线网络已在物理层和数据链路层采取了差错控制措施，如前向纠错码、自动请求重发等，然而对于上层多媒体系统而言，无线传输造成的误码和丢包仍会对传输质量造成较大影响。为此，无线网络进一步采用改进打包方式、分别在传输层和编码层引入差错控制和采用跨层优化等技术手段来解决这一问题。

（2）衰落引起信道容量的动态变化

在无线通信系统中，由于地面反射、大气折射以及障碍物阻挡等因素的影响，导致了接收端信号的衰落。衰落使得接收信号的质量发生相当大的变化，这种衰落效应可以看成为无线信道的容量随时间而随机地变化。若信道容量小于移动系统的数据传输速率时则会产生丢包；当发生一连串的丢包则相当于信号中断。

为解决衰落引起信道容量动态变化的问题，一种有效的方法是引入数据传输方式的多样性，即让数据通过相互独立的多种途径到达接收端。

此外，在应用层上，通过动态地调整多媒体系统传输码流的码率来适应当前信道带宽，也是解决无线信道容量动态变化的一个有效途径。

（3）漫游和小区切换引起的包丢失

在移动通信系统进行信道切换时，无论是越区切换还是漫游切换，在切换时可能发生短时间的传输路径中断，造成数据包的丢失，并且由于前后两个小区可能接入技术或用户数量的不同等原因，也会造成丢包。针对这一问题，目前提出的解决方案包括如下三种。

① 采用新的网络层移动性管理技术来解决切换时发生的传输路径的短时间中断问题。

② 采用新的传输层技术以避免切换时进入的新小区可能发生拥塞的问题。

③ 进行小区切换之前，通过在接收端对切换时间进行估计，据此在接收端缓存器中为切换期间准备足够的数据，以避免音视频流播放的中断。

（4）终端处理能力和功率的限制

移动通信系统的用户终端设备体积较小，使其内存容量和数据处理能力方面受到限制。同时由于终端设备以电池作为电源，其功率和寿命也受到限制。为此对多媒体通信系统设计时应考虑这些问题。

4.2.4 核心网络技术——NGN

由于技术的进步和对话音业务、数据通信业务和多媒体业务的融合的需要，正在推动网络向下一代网络（Next Generation Network，NGN）发展。

1. 下一代网络的概念

下一代网络的概念可分为广义和狭义两种。

（1）NGN 广义的概念

从广义来讲，下一代网络泛指一个不同于现有网络，大量采用当前业界公认的新技术，可以提供语音、数据及多媒体业务，能够实现各网络终端用户之间的业务互通及共享的融合网络。下一代网络包含下一代传送网、下一代接入网、下一代交换网、下一代互联网和下一代移动网。

NGN 涉及的内容十分广泛，实际包含了从用户驻地网、接入网、城域网及干线网到各种业务网的所有层面。用一句话来概括，广义的 NGN 实际包含了几乎所有新一代网络技术，是端到端的、演进的、融合的整体解决方案，而不是局部的改进更新或单项技术的引入。NGN 不是对网络的革命，而是演进，是在现有网络基础上的平滑过渡。

（2）NGN 狭义的概念

从狭义来讲，下一代网络特指以软交换设备为控制核心，能够实现语音、数据和多媒体业务的开放的分层体系架构。在这种分层体系架构下，能够实现业务控制与呼叫控制分离，呼叫控制与接入和承载彼此分离，各功能部件之间采用标准的协议进行互通，能够兼容公共交换电话网络（PSTN）、IP 网和移动网等技术，提供丰富的用户接入手段，支持标准的业务开发接口，并采用统一的分组网络进行传送。

ITU-T 对 NGN 的定义为：NGN 是基于分组的网络，能够提供电信业务；利用有多种宽带能力和服务质量（QoS）保证的传送技术；其业务相关功能与其传送技术相独立。NGN 使用户可以自由接入到不同的业务提供商；NGN 支持通用移动性。若无特殊说明，本书后面所提及的“NGN”均做狭义的软交换网络理解。

2. 以软交换为中心的下一代网络

（1）软交换的概念

软交换（Softswitch）是 NGN 的核心，从广义上来说，软交换泛指一种网络体系，它有完整的网络结构和组织方法，包含交换、信令、网管及各种设备及接口功能定义等；但从狭义上讲，软交换单指一个具体的软交换设备，位于控制层。若无特殊说明，本书后面所提及的“软交换”均做狭义的软交换设备理解。

软交换设备是分组网的核心设备之一，它主要完成呼叫控制、媒体网关接入控制、资源分配、协议处理、路由、认证和计费等主要功能，并可以向用户提供基本语音业务、移动业务、多媒体业务以及其他业务等。

传统电路交换网络的业务、控制和承载是紧密耦合的，这就导致了新业务开发困难，成本较高，无法适应快速变化的市场环境和多样化的用户需求。软交换首先打破了这种传统的封闭交换结构，将网络进行分层，使得业务控制和呼叫控制相互分离，呼叫控制和接入、承载相互分离，从而使网络更加开放，建网灵活，网络升级容易，新业务开发简捷快速。

（2）以软交换为中心的下一代网络结构

下一代网络在功能上可分为媒体/接入层、核心媒体层、呼叫控制层和业务/应用层4层，其结构如图4-20所示。

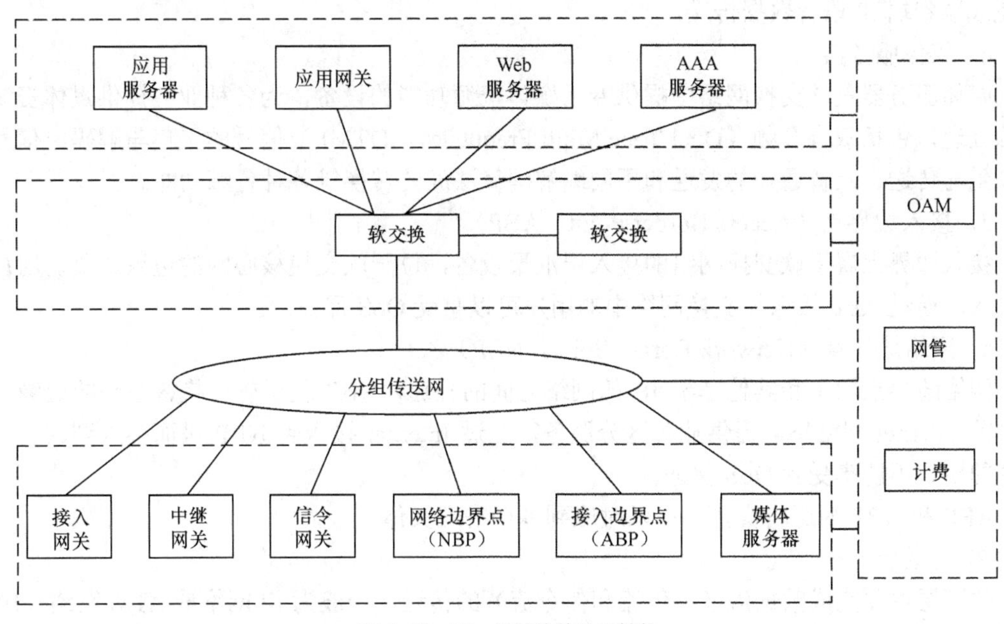

图4-20　下一代网络的分层结构

下面对各层功能分别进行介绍。

① 接入层

接入层的主要作用是利用各种接入设备实现不同用户的接入，并实现不同信息格式之间的转换。接入层的设备主要有接入网关、中继网关、信令网关、网络边界点、接入边界点和媒体服务器。

a. 信令网关（Signaling Gateway，SG）

信令网关的功能是完成7号信令消息与IP网中信令消息的互通，信令网关通过其适配功能完成7号信令网络层与IP网中信令传输协议SIGTRAN的互通，从而透明传送7号信令高层消息（TUP/ISUP或SCCP/TCAP）并提供给软交换（媒体网关控制器）。

b．媒体网关（Media Gateway，MG 或 MGW）

媒体网关实际上是一个广义概念，类别上可分为中继网关（Trunking Gateway，TGW）和接入网关（Access Gateway，AG）。

中继网关负责桥接 PSTN 和 IP 网络，完成多媒体信息（语音或图像）TDM 格式和 RTP 数据包的相互转换，中继网关没有呼叫控制功能，由软交换（媒体网关控制器）通过 MGCP 或 H.248 协议控制，完成连接的建立和释放。

与中继网关一样，接入网关主要也是为了在分组网上传送多媒体信息而设计的，所不同的是，接入网关的电路侧提供了比中继网关更为丰富的接口。这些接口包括直接连接模拟电话用户的 POTS 接口、连接传统接入模块的 V5.2 接口和连接 PBX 小交换机的 PRI 接口等，从而实现铜线方式的综合接入功能。

接入网关与住宅 IP 电话相连，负责采集 IP 电话用户的事件信息（如摘机、挂机等），且将这些事件经 IP 网传给软交换（媒体网关控制器），并根据软交换（媒体网关控制器）的命令，完成媒体消息的转换和桥接，将用户的语音信息变换为相关的编码，封装为 IP 数据包，以完成端到端 IP 语音数据传送。

c．媒体服务器

媒体服务器是软交换网络中提供专用媒体资源功能的设备，为各种业务提供媒体资源和资源处理，包括双音多频（Dual Tone Multi Frequency，DTMF）信号的采集与解码、信号音的产生与传送、录音通知的发送和不同编解码算法间的转换等各种资源功能。

d．接入边界点（Access Border Point，ABP）

接入边界点属于软交换网络的接入层汇聚设备，位于软交换核心网的边缘，负责用户终端接入。通过 ABP 接入软交换网络中的用户可以享受 QoS 保证。

e．网络边界点（Network Border Point，NBP）

网络边界点用于和其他基于 IP 的网络之间的互通，NBP 位于软交换核心网的边缘。由于目前 Internet 网络不能提供业务区分服务，经过 Internet 接入到 NBP 进而接入到软交换网络中的用户不能享受到 QoS 保证。

ABP 和 NBP 为逻辑实体，可以对应到多个物理实体。

② 传送层

传送层主要完成数据流（媒体流和信令流）的传送，一般为 IP 网络或 ATM 网络。IP 网络采用的是无连接控制方式，ATM 网络采用的是面向连接控制方式。下一代网络的传送层主要采用 IP 网络。

③ 控制层

控制层设备一般被称为软交换机（呼叫代理）或媒体网关控制器（Media Gateway Controller，MGC）。软交换设备是软交换网络的核心控制设备，它独立于底层承载协议，主要完成呼叫控制、媒体网关接入控制、资源分配、协议处理、路由、认证和计费等主要功能，并可以向用户提供各种基本业务和补充业务。

④ 业务层

在下一代网络中，业务与控制分离，业务部分单独组成应用层。应用层的作用就是利用各种设备为整个下一代网络体系提供业务能力上的支持。主要包括如下设备。

a．应用服务器

应用服务器是在软交换网络中向用户提供各类增值业务的设备，负责增值业务逻辑的执行、业务数据和用户数据的访问、业务的计费和管理等。

b．用户数据库

用户数据库用于存储网络配置和用户数据。

c．业务控制点

业务控制点（Service Control Point，SCP）属于原有智能网。控制层的软交换设备可利用原有智能网平台为用户提供智能业务。此时软交换设备需具备 SSP 功能。

d．应用网关

应用网关向应用服务器提供开放的、标准的接口，以方便第三方业务的引入，并应提供统一的业务执行平台。软交换可以通过应用网关访问应用服务器。

3．NGN 涉及的主要协议

因为 NGN 具有开放的网络体系，业务与控制相分离，呼叫与承载相分离，所以软交换与网络中其他部件通信时应遵循一定的协议，如软交换与信令网关之间，软交换与媒体网关之间，软交换与软交换之间，软交换与各种用户终端之间采用的呼叫控制协议、媒体控制协议和业务应用协议等等。下面我们对 NGN 涉及的主要协议进行简要介绍。

（1）H.323 协议

H.323 协议是 ITU-T 发布的 IP 网络实时多媒体通信标准协议族，它由一系列涉及呼叫控制、媒体编码、会议通信和网络安全等方面的协议组成，是目前应用最广泛的 IP 电话技术标准。H.323 协议适用的业务不仅包括语音，还包括数据、视频以及多媒体通信。

H.323 系统定义的组件主要有终端、网关、多点控制单元（MCU）和网守（Gatekeeper）等，其中终端是遵循 H.323 标准的端点设备；网关负责不同网络之间的媒体信息转换和信令转换等；MCU 用于支持三个以上端点设备的会议；网守负责网络管理和带宽管理，并提供地址翻译和用户接入控制服务。终端、网关和 MCU 统称为端点 endpoint，一个 endpoint 可以发起呼叫或接受呼叫，它生成或终止媒体信息流，网守则不可呼叫，只是参与呼叫控制。在 H.323 中，一个端点通过发起呼叫或接受呼叫与其他端点建立连接 connection。一个连接内部可以传送多种媒体信息，每种媒体信息在一个逻辑信道上传送。

H.323 是一组协议群，其协议栈结构如图 4-21 所示。

<table>
<tr><td colspan="2">声像应用</td><td colspan="4">终端控制和管理</td><td>数据应用</td></tr>
<tr><td>G.7XX</td><td>H.26X</td><td rowspan="3">RTCP</td><td rowspan="3">H.225.0
终端至
网闸信令
（RAS）</td><td rowspan="3">H.225.0
呼叫信令</td><td rowspan="3">H.245
媒体信
道控制</td><td rowspan="3">T.120
系列</td></tr>
<tr><td colspan="2">加密</td></tr>
<tr><td colspan="2">RTP</td></tr>
<tr><td colspan="4">不可靠传输（UDP）</td><td colspan="3">可靠传输（TCP）</td></tr>
<tr><td colspan="7">网络层</td></tr>
<tr><td colspan="7">链路层</td></tr>
<tr><td colspan="7">物理层</td></tr>
</table>

图 4-21　H.323 的协议栈结构

在H.323协议栈中，包括如下一些协议。

① 视频编解码标准H.26X，例如H.261、H.263等。

② 音频编解码标准G.7XX，H.323会议系统中的音频（语音）编码方式主要有六种：G.711、G.722、G.723.1、G.728、G.729和MPEG audio。其中G.711是必备的，其他为可选项。

③ 媒体流的实时传输协议和实时传输控制协议——RTP/RTCP，这个协议我们将在下节详细介绍。

④ 数据协议T.120，提供数据共享、程序共享和多点二进制文件传输等数据通信功能。

⑤ H.225.0协议，它主要包括两个功能。

a．RAS功能——RAS是端点和网守之间的协议，用于端点注册、接入认证、带宽管理等。

b．呼叫信令功能——完成呼叫控制，在端点之间或端点和网守之间建立呼叫连接，并建立H.245控制信道。

⑥ H.245协议，用于媒体信道控制，完成逻辑信道的打开和关闭、端点之间的参数设定以及双方的能力协商等控制功能。

H.323协议成熟，不同厂家的产品可以互操作，与PSTN/ISDN具有较好的互通性，但是标准过于复杂，产品过于昂贵，扩展性较弱。

（2）起始会话协议（Session Initiation Protocol，SIP）

SIP是由IETF提出的在IP网络上进行多媒体通信的应用层控制协议，用于软交换与软交换之间、软交换与SIP终端之间、软交换与基于IP的应用服务器之间。

SIP采用客户机/服务器（client/server）的工作方式实现会话的发起、建立和释放，客户机发起请求，服务器做出响应，其消息基于文本编码格式。会话内容可以是多媒体会议、视频会议等。

SIP协议借鉴了互联网标准和协议的设计思想，将网络设备的复杂性推向网络边缘，随着软交换技术的发展，SIP协议极有可能取代H.323成为未来发展的方向。

SIP-T是基于SIP的一种扩展补充协议，它利用SIP的扩展机制通过封装和转换两种手段实现了ISUP信令在IP网络上的透明传输，从而促进了PSTN/ISDN与IP的互通。该协议可以作为软交换设备之间的互通协议。

（3）媒体网关控制协议MGCP

MGCP协议是由IETF较早提出的媒体网关控制协议，用于软交换与媒体网关之间，软交换与MGCP终端之间。MGCP用于控制媒体的建立、修改和释放。由于MGCP协议本身只限于处理媒体流控制，呼叫处理等智能工作，而且该功能是由软交换设备实现的，因此MGCP协议简单而可靠。

MGCP采用网关分离的思路，将信令和媒体集中的传统网关分解为呼叫代理CA和媒体网关MG两部分，CA处理信令，MG处理媒体，因此媒体网关MG是一个功能很简单的设备。

由于MGCP开发得较早，相对比较成熟，主要应用于IP电话接入到PSTN网中，实现端到端的电话业务，因此目前的许多媒体网关和终端都支持MGCP，但其互通性和所支持的业务能力有限。

（4）H.248/MEGACO协议

H.248协议也叫MEGACO协议，它是ITU-T和IETF通过相互联络和协商，共同推荐的一种媒体网关控制协议，用于软交换与媒体网关、软交换与H.248/MEGACO终端之间。H.248协议是以MGCP为基础，结合其他媒体网关控制协议的特点发展而成，因此H.248协议与MGCP协议很相似，同样提供了控制媒体的建立、修改和释放机制，并支持传统网络终端的呼叫，使得语音、传真和多媒体信号可以在PSTN和IP网之间进行交换。但H.248协议比MGCP协议能够支持更多类型的接入技术，并支持终端的移动性。H.248比MGCP所允许的规模更大，并更具有灵活性，但对媒体网关与软交换设备间的呼叫建立状态机却没有严密的定义。尽管如此，作为媒体网关控制协议，H.248协议将逐渐取代MGCP协议。

（5）BICC协议

BICC协议称为与承载无关的呼叫控制协议，它由ITU-T第11工作组（SG11）提出，其目的是为了适应NGN提出的呼叫控制与承载相分离的思想。该协议用于软交换与软交换之间。

BICC协议是由ISUP协议演进而来的信令协议，BICC协议将呼叫控制和承载控制相分离。通常，不同的承载网络采用不同的承载控制信令协议，对于BICC而言是透明的，BICC并不知道具体的承载技术，它利用其定义的应用传送机制（APM）在ATM或IP承载网上传送BICC特定的控制信息，从而在真正意义上解决了呼叫控制和承载控制相分离的问题。BICC的体系结构如图4-22所示。

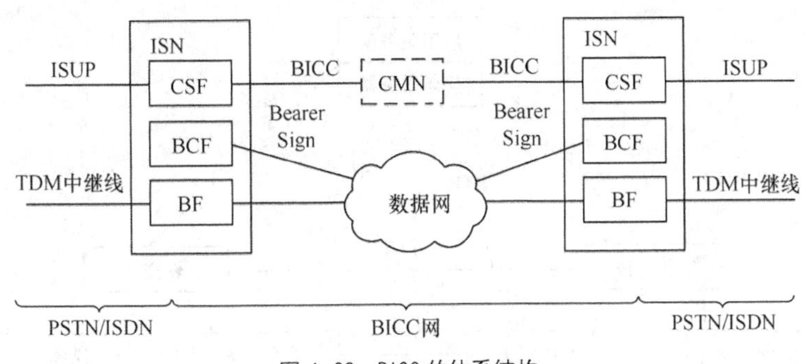

图4-22 BICC的体系结构

ISN为接口服务节点，用于提供非BICC网和终端设备之间的接口，它包含呼叫业务功能CSF、承载控制功能BCF等。BICC协议把支持BICC信令的节点分为服务节点SN和呼叫协调节点CMN，图中的ISN就是服务节点的一种。服务节点包含承载控制功能BCF，而呼叫协调节点只有呼叫业务功能但没有BCF功能。服务节点包含的CSF功能和BCF功能既可以在物理上分开，也可以不分开。BICC信令消息包括初始地址消息IAM、地址全消息ACM和应答消息ANM等。

目前ITU-T定义了BICC协议的三个版本：CS1（CS：能力集）、CS2和CS3。CS1应用于ATM作为承载网络的情况，即用ATM网取代长途PSTN/ISDN网，使用的呼叫控制信令是BICC信令，承载控制信令则是ATM信令或B-ISUP信令。CS2重点解决的是在IP承载网上传送窄带ISDN业务的呼叫控制问题。CS3则以CS2为基础增加了一些新的功能，比如支持端到端的QoS、自动重选路由以及与SIP的互通等等。

BICC协议是由ITU-T组织制定的与承载无关的呼叫控制协议，SIP-T协议则是由IETF制定的与承载无关的呼叫控制协议，它们的基本思想都是将窄带ISUP信令信息从入口网关透明传送到出口网关。BICC的CS2直接将ISUP作为IP网络中的呼叫控制信令，而SIP-T

由于是 SIP 的扩展协议，因此它用 SIP 作为呼叫和承载控制协议，在其中透明传送 ISUP 消息。

（6）SIGTRAN 协议

SIGTRAN 是 IETF 的信令传送工作组 SIGTRAN 建立的一套在 IP 网络中传递电路交换信令（主要是七号信令）的传输控制协议，通过信令网关 SG 来实现。

SIGTRAN 定义了一个比较完善的 SIGTRAN 协议堆栈，包括流控制传送协议（SCTP）、M2UA 和 M3UA 等用户适配层协议等。其中 SCTP 是一个面向连接的传输层协议，采用了类似 TCP 的流量控制和拥塞控制算法，可以无差错、无重复地在两个 SCTP 端点间进行可靠的数据传送。

（7）ParLay 协议

软交换为了实现业务和呼叫控制相分离，在其体系结构中引入了应用服务器，专门用于负责各种增值业务的逻辑产生和管理，并提供开放的应用可编程接口 API，从而为第三方业务的开发提供了开放的创作平台，基于软交换的增值业务架构如图 4-23 所示。

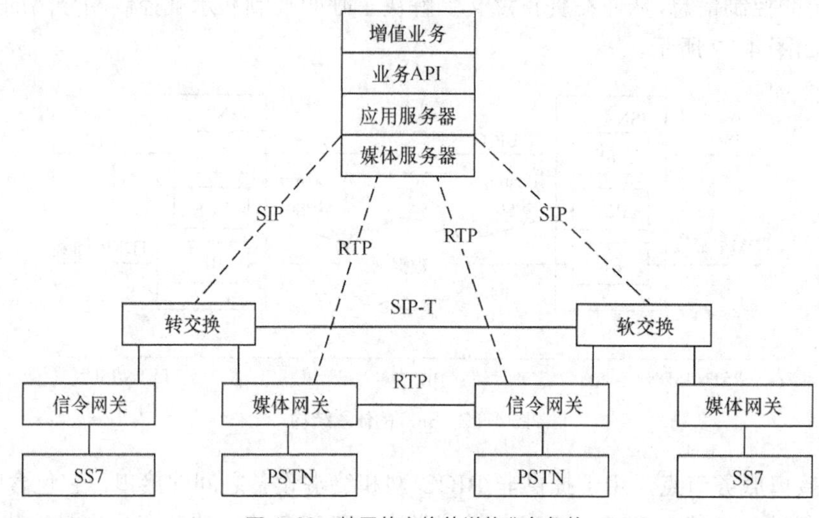

图 4-23 基于软交换的增值业务架构

应用服务器与控制层的软交换无关，软交换不需直接处理增值业务，而是由应用服务器来负责，应用编程接口 API 置于应用服务器之上，可以快速、有效地提供新业务，从而实现了业务和呼叫控制相分离。目前应用较为广泛的 ParLay API 就实现了对网络运营者以外的应用的支持。

ParLay 协议是 ParLay 工作组制定、由欧洲电信标准委员会（ETSI）发布的开放业务接入的应用编程接口（API）标准，适用于应用服务器和软交换之间的通信，属于应用层协议。

ParLay 协议定义了一套开放的、独立于技术的、可扩展的 API，采用面向对象的方法，使用标准建模语言（UML），分别从类（Class）、方法（Method）、参数（Parameter）和状态模型（State Model）等方面进行描述。ParLay API 可适用于不同的通信网络，通过对 API 的不断扩展，将解决网络的演进、融合和扩容等方面的一系列问题。

综上所述，软交换涉及的协议众多，除了上面介绍的一些常用协议之外还有其他一些协议，我们在此不再赘述。

4. NGN 承载网上的 QoS 应用方案

QoS 是一个系统工程，无论采用哪种建设方案，要获得端到端的 QoS 保证，都要求承载网全网支持 QoS 机制，因此在实际网络中经常需要几种 QoS 机制同时使用、协同工作。从 NGN 承载网的分层角度看，对核心层、汇聚层和接入层的 QoS 方案的建议如下。

（1）核心层的主要功能是根据业务报文中的 QoS 标记进行有差别的队列调度处理。

当核心层轻载时，可以使用超量工程法和 DiffServ 满足 QoS 要求。核心层重载时，则需要采用 MPLS TE 等技术来保障服务质量，例如采用 MPLS DiffServ 在 LSP 中为不同业务等级提供有区分的服务，采用 MPLS TE 技术优化网络流量。

（2）汇聚层的主要任务是要实现从 802.1p 到 DSCP/MPLS EXP 业务优先级类型的映射。

当前各大运营商在汇聚层面倾向于建造以宽带接入服务器（BRAS）、业务路由器（SR）及汇聚路由器组成的路由网络，主要解决高带宽、大容量、业务集中控制等需求。该层次设备要求具备足够容量的转发能力，提供充足的带宽，并能根据接入层透传过来优先级信息进行队列调度，针对每用户每业务优先级类别实施相应的 QoS 策略，保证高优先级别的业务得以优先转发。

（3）接入层的主要功能是区分用户和业务，并进行标记，以便于汇聚层针对用户和业务进行带宽控制，满足与用户签订的 SLA。

接入层要求接入交换机应至少支持 802.1q VLAN，最好还能支持 802.1p 或 DiffServ。对于仅有 802.1q VLAN 功能的，要求通过 VLAN 识别，在汇聚层实现业务优先级映射；若同时支持 802.1p 或 DiffServ，则接入层至汇聚层业务优先级必须严格匹配，以便 NGN 承载网设备根据标识对不同的业务提供相关的 QoS 保证。如将汇接软交换和 R4 电路域业务的信令流划分为 EF 类，流媒体类业务可划分为 AF4 类，IP 专网带内网管流和其余网络的带外网管流可划分为 AF3，AF1 和 AF2 为将来的 VPN 等业务预留，普通数据流则划分为 BE 类。

（4）NGN 边缘接入设备应具有控制接入用户数目的功能，出口带宽应大于满负荷时的业务流量，以保证 NGN 业务的 QoS。

当然，要满足 NGN 的 QoS 保证不仅需要承载网上采取一定的 QoS 策略，其他层面也要相互配合才能使 NGN 提供电信级的服务。

4.3 传输层协议

4.3.1 传统 Internet 传输层协议

TCP/IP 参考模型的传输层有两个并列的协议：传输控制协议（TCP）和用户数据报协议（UDP）。

1. UDP 协议

UDP 协议提供不可靠、无连接、高效率的数据报传输。UDP 协议本身没有拥塞控制和差错恢复机制等，其传输的可靠性由应用进程提供。UDP 协议通过提供协议端口来保证进程通信（区分进行通信的不同的应用进程），其中的协议端口简称端口，它是TCP/IP参考模型传输层与应用层之间的逻辑接口，即传输层服务访问点（TSAP）。当某台主机同时运行几个采用TCP/IP的应用进程时，需将到达特定主机上的若干应用进程相互分开。

基于UDP的特点，它特别适于高效率、低延迟的网络环境。Internet中采用UDP的应用协议主要有简单传输协议（TFTP）、网络文件系统（NFS）和简单网络管理协议（SNMP）等。

2．TCP协议

TCP协议提供面向连接的全双工数据传输，采用TCP协议时数据通信经历连接建立、数据传送和连接释放3个阶段。与UDP相同，TCP协议也通过提供协议端口来保证进程通信。TCP是Internet最重要的协议之一，为实现高可靠传输，TCP提供了确认与超时重传机制、流量控制和拥塞控制等服务。下面主要介绍TCP的流量控制和拥塞控制。

（1）TCP的流量控制。TCP协议中，数据的流量控制是由接收端进行的，即由接收端决定接收多少数据，发送端据此调整传输速率。

接收端采用“滑动窗口”的方法实现控制流量。在TCP报文的首部包含有2字节的窗口字段用于控制对方发送的数据量，即TCP连接的一端根据设置的缓存空间大小确定自己的接收窗口大小，然后通知对方以确定对方的发送窗口的上限。TCP采用大小可变的滑动窗口进行流量控制，在通信过程中，接收端可根据自己的资源情况，随时动态地调整对方的发送窗口上限值（可增大或减小），这样使传输高效且灵活。

（2）TCP的拥塞控制。当大量数据进入路由器，致使其超载而引起严重延迟的现象即为拥塞。一旦发生拥塞，路由器将丢弃数据报，导致重传。而大量重传又进一步加剧拥塞，这种恶性循环将导致整个Internet无法工作。

TCP提供有效的拥塞控制措施同样是采用滑动窗口技术，它与流量控制不同的是，流量控制考虑的是接收端的接收能力，是对发送端发送数据的速率进行控制，是点对点的；拥塞控制则既要考虑到接收端的接收能力，又要使网络不发生拥塞，以控制发送端发送数据的速率，是与整个网络有关的。

TCP在提供拥塞控制时，其发送端的发送窗口取通知窗口和拥塞窗口的最小值，其中通知窗口就是接收窗口。接收端将通知窗口的值放在TCP报文段的首部中，传送给发送端。拥塞窗口是发送端根据网络拥塞情况得出的窗口值，是来自发送端的流量控制。拥塞窗口同接收窗口一样，也是动态变化的。

TCP发现拥塞的途径有两条：一条是来自ICMP的源抑制报文，一条是报文丢失现象。TCP采取成倍递减拥塞窗口的策略，以迅速抑制拥塞：一旦发现TCP报文段丢失，则立即将拥塞窗口大小减半；而对于保留在发送窗口的TCP报文段，根据规定算法，按指数级后退重传定时器。拥塞结束后，TCP又采取“慢启动”窗口恢复策略，以避免迅速增加窗口大小造成的振荡。

4.3.2 RTP协议

多媒体通信的主要特点之一就是实时性。但是目前主要的传输网络为IP网，其传输模式仍为“尽力而为”型服务，所采用的IP协议不适用于实时数据业务，它没有数据检错和纠错功能，因此数据会出现丢失或发生失序，于是人们利用 IP 层的上一层协议 TCP 传输控制协议来保证数据的可靠传输，该协议提供面向连接的服务，在信源与信宿之间建立一条连接，传输的时候每一个报文都需要接收端确认。当接收端检测到数据包错误或丢失时，就要求发送端重新发送。因此通过提高接收端的检错和纠错能力，TCP 协议提供了高可靠的服务，但是同时 TCP 协议又引入了高的传输时延并占用了网络带宽，因而不适于传送实时的音视频数据。为了解决这个问题，国际上各标准化组织制定了一些用于 IP 实时通信的标准，实时传输协议（Real-time Transport Protocol，RTP）就是其中之一。该协议能够支持基于 IP 网络的多媒体通信业务的实现，为实时数据的应用提供点到点或点到多点通信的传输服务。RTP 协议在 RFC 1889 中给出定义。

由于 RTP 协议典型地运行于 UDP 之上，因此我们先对 UDP 协议做一简要介绍。UDP 协议位于 IP 协议之上，属于传输层协议，其报文封装在 IP 数据包中传输。UDP 提供不可靠、无连接的数据传输，目的是实现数据传输的高效率，其传输的可靠性则由应用进程来提供。在 IP 网中，具有唯一 IP 地址的节点可能同时运行多个应用进程，为了区分开这些应用进程，TCP/UDP 提出了协议端口（Protocol Port）的概念，用 16bit 的端口号标识不同的应用进程。所以 UDP 报文即用户数据报的报头含有 16bit 的源端口用于标识信源端应用进程的地址、16bit 的信宿端口用于标识信宿端应用进程的地址以及整个报文长度字段以及对整个报文进行校验的校验和字段。RTP 协议正是利用了 UDP 协议的端口和校验和的功能。尽管如此，RTP 也可以利用其他适用的传输层协议或者网络层协议来实现。需要注意的是 RTP 协议本身并不确保实时的传送报文或提供另外的服务质量保证，而是依赖下层服务提供保证。它既不确保报文的传送也不防止报文失序，同时也不认为下层网络是可靠地按序传送报文的。但是在 RTP 中所包含的序列号可以使接收端能够重构发送端的报文序列，并根据需要做相应处理。

RTP 协议用于传送具有实时性要求的数据，如音/视频数据。它与另一个协议密切相关，这个协议就是 RTP 的控制协议——实时传输控制协议（RTP Control Protocol，RTCP），该协议用于监测实时传输的服务质量，并传递正在进行会话的参与者的信息。RTP 协议不请求资源预留也不确保实时业务的服务质量，数据传送的功能通过实时传输控制协议 RTCP 的控制功能来增强。RTCP 允许以某种方法监测数据的传送，提供最小的控制和标识功能。RTP 和 RTCP 被设计成独立于传输层和网络层。

下面简单介绍这两个协议。

1. 有关概念

（1）RTP 会话

一组用户之间通过 RTP 建立的连接，称为 RTP 会话，“用户”为会话的参加者。对每一个参加者来说，该 RTP 会话由一对特定的传送层地址来标识，这对传送层地址包括一个网络地址（IP 地址）和一对端口号，其中一个端口号给 RTP 使用，另一个端口号给 RTCP 使用。

如果会话是由组播建立起来的 RTP 会话，那么该 RTP 会话的标识对于会话的每个参加者来说都是相同的，即每个参加者使用同一个 IP 地址和同一对端口号标识该 RTP 会话以进行通信。如果会话是由单播建立起来的，那么会话双方使用各自的 IP 地址，但却是相同的一对端口号来标识该 RTP 会话。

在一个多媒体会话中，其中每一个媒体都由一个独立的RTP会话来承载，多个媒体对应多个RTP会话，每个RTP会话具有自己的RTCP报文控制会话的质量。RTP会话之间通过不同的端口对号来区分。

（2）同步源（SSRC）和提供源（CSRC）

在一个采用RTP支持的多媒体会议会话中，由于需多个用户同时参加，而且每个用户发出多种类型的媒体，例如麦克风的声音或摄像机的视频。每一种类型的媒体必须有相同的定时以及一系列的序列号，以便在接收端能够据此重组之后播放。那么发出某一类型媒体的源，如麦克风或摄像机，我们称为同步源（SSRC）。同步源之间通过SSRC标识符来区分。要注意的是如果某一类型的媒体来自多个源，例如同时有多个摄像机提供视频，那么每一个源也都要用不同的SSRC标识符来区分。

会话过程中，多个用户发出的多个同步源都汇集到一个叫做Mixer（混合器）的中间系统中，经混合器重新组合形成一个新的组合流再发送出去，用户接收的是混和器输出的组合流，这样用户终端就能够获得所有参加会议的其他用户的信息。

混合器的作用是接收所有源的RTP报文，以某种方式将它们组合起来，其中还对部分报文进行数据格式转换，使之形成新的RTP报文，并将其发送出去。由于这些输入的同步源彼此之间不同步，所以需利用混合器对它们进行调整，生成组合流。这样该组合流就是一个同步流，同样需要用一个SSRC标识符来标识，此时该SSRC标识符代替了输入混合器的所有同步源的SSRC标识符，这样便将具有唯一一个SSRC标识符的组合流送给各个接收端。在混和器中形成组合流的所有同步源叫做该组合流的CSRC，用混合器CSRC标识符来标识。这样接收端用户可容易地获得源地址信息，例如在一个音频会议上，参加者可以据此来判断是谁在说话。

（3）RTP协议的相关文件

RTP协议是通过增加额外的功能或增加可选项使得协议更通用，从而为应用提供所需要的信息。RTP协议被有意设计成一个适用不同应用的不完整的协议框架，可以按某一特定应用的需要修改或补充头部。可见RTP协议与传统协议不同，它是作为应用的一部分，而非一个独立的层。用于一个特定应用的完整的RTP协议规范还需要两类相关的规范文件。

① 负荷格式文件（Payload Format Specification Documents）

定义了如何将一种特定的负荷数据，例如H.261视频编码承载在RTP中，即定义了某一音频/视频编码作为RTP负荷的格式。

② 轮廓文件（Profile Specification Document）

定义了一组负荷类型的代码以及这些代码与负荷格式之间的映射。具体来说，它是定义了某一特定应用对RTP协议的具体使用方法。一般一种应用对应一个轮廓文件。

2. 实时传输协议RTP

实时传输协议RTP的报文由报头和净负荷两部分组成，其格式如图4-24所示。

RTP报头为固定长度，共12字节，包含的主要字段如下。

V（版本）：2bit，标识RTP的版本号，此处为2。

P（填充）：1bit，标识RTP报文是否在报文末尾有填充字节，至于填充了多少字节则由填充字节中的最后一个字节来指示。填充的目的是一些加密算法可能需要固定字节的报文。

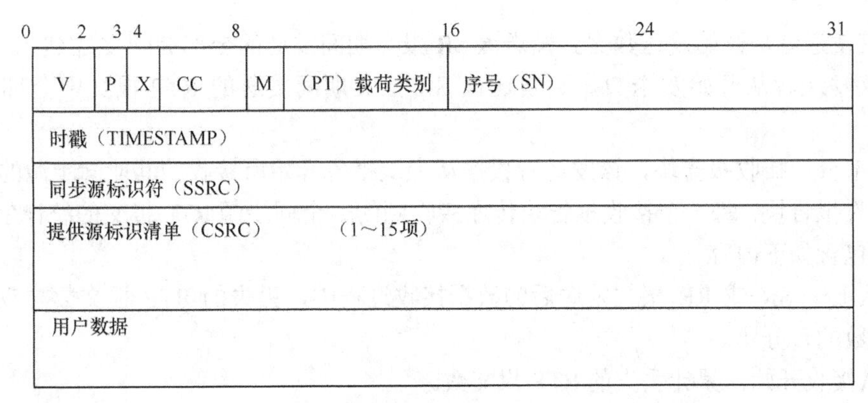

图 4-24　固定报头的 RTP 报文格式

X（扩展）：1bit，标识该 RTP 报头之后是否还有一个报头的扩展，此时 RTP 报头被修改。

CC（CSRC 计数）：4bit，标识在该 RTP 报头之后的 CSRC 标识符的数量，表示该同步流是由几个提供源组合而成的。

M（标记位）：1bit，标识连续码流中的某些特殊事件，例如帧的边界等。标记的具体解释则在轮廓文件中定义。

PT（负荷类型）：7bit，标识 RTP 净负荷的数据格式。接收端可以据此解释并播放 RTP 数据。

Sequence Number（序列号）：16bit，每发送一个 RTP 报文，该序号值加 1，可以被接收端用来检测报文丢失，并将接收到的报文排序。

Time Stamp（时间戳）：32bit，用于标识发送端用户数据的第一个字节的采样时刻。如果有多个 RTP 报文逻辑上同时产生，例如它们都属于同一视频帧，则这几个 RTP 报文的时间戳是相同的。时间戳是实时应用的重要信息。

SSRC（同步源标识）：32bit，标识一个同步源，该标识符值通过某种算法随机产生，在同一 RTP 会话中，不可能有两个同步源有相同的 SSRC 标识符。

CSRC（提供源标识列表）：列表中最多可以列出 15 个提供源的标识，具体数目则由上面的 CC 字段给出。每一项标识的长度为 32bit。如果提供源的数量大于 15，也只列出 15 个提供源。该项由混合器插入到报头中。

3．实时传输控制协议 RTCP

RTCP 协议作为 RTP 协议的控制协议，通过周期性地向所有参加者发送控制报文来传输有关服务质量的反馈信息和参加会话的成员信息。RTCP 的控制报文主要有以下几种类型。

（1）SR（Sender Report）——发送者报告

在会话中由当前发送者产生发送者报告，SR 报文包含三部分内容。

第一部分：SR 报头，其中用分组类型 200 来标识 SR 报文。

第二部分：发送者信息，它总结了该发送者发送的数据信息，信息包含以下内容。

- NTP 时间戳：NTP 指网络时间协议，用于指示该 SR 报文发送的时刻，计算到其他用户的往返延时。
- RTP 时间戳：与 NTP 时间戳指示的时刻相同，用于媒体内部和媒体间的同步。

- 该发送者从开始发送数据到发送该 SR 报文期间发送的全部 RTP 数据包。
- 该发送者从开始发送数据到发送该 SR 报文期间发送的 RTP 报文中全部的净负荷字节数。

第三部分：接收报告块，该发送者根据从上次报告开始所接收的其他同步源的信息生成对应的接收报告块，每一个接收报告块传递接收到的一个同步源 RTP 报文的统计信息。这些统计信息包含如下内容。

- 从上一 SR 或 RR 报文发送后的数据接收过程中，丢失的 RTP 报文数与应接收到的 RTP 报文数的百分比。
- 从接收开始，累计丢失的 RTP 报文数。
- RTP 报文的延时抖动的估测。
- 收发两点之间的往返传播延时等。

（2）RR（Receiver Report）——接收者报告

在会话中，那些不是当前发送者的参加会议者产生接收者报告，它与 SR 报文中包含的接收报告块内容相同，用分组类型 201 来标识 RR 报文。

（3）SDES（Source Description Items）——源描述项

描述与同步源（SSRC）/提供源（CSRC）有关的信息。

（4）BYE（Indicates End of Participation）——再见

标识参与的结束，它应该是信息源发出的最后一种报文。

（5）APP（Application Specific Functions）——应用特定功能

当开发新的应用和新的特征时，用该报文来进行试验。

RTCP 协议主要实现以下 4 种功能。

（1）提供关于数据传输质量的反馈

RTCP 通过向会话的所有参加者发送反馈报文，为发送端、其他接收端提供数据质量的反馈。发送端可以根据接收端报告的反馈信息来调整其传输。接收端可以据此确定传输质量问题是发生在本地还是区域或是全局。不仅如此，网络管理员作为第三方的会议监测者，也可以根据这个反馈报文在不参加会议的情况下推断网络的服务性能。这是 RTCP 最基本的功能。

（2）固定源标识

在一个 RTP 会话中，各种同步源分别用一个长度为 32bit，随机产生的 SSRC 标识符来描述，这个标识符应该是全局唯一的。但是可能会出现多个源同时选择了相同的 SSRC 标识符的情况，这时就会产生冲突。在任何时候，如果一个源发现有其他源与其使用相同的 SSRC 标识符，便发送一个 RTCP BYE 报文来结束旧的 SSRC 标识符，重新选择一个新的 SSRC 标识符。所以 SSRC 标识符不能作为一个 RTP 源的唯一标识。于是 RTCP 在 SDES 报文中定义了一个永久固定的规范名称（Canonical Name）——CNAME 来标识每一个源。当冲突发生时，接收端根据 CNAME 来追踪每一个会话参加者。

（3）控制流量的缩放

由于在 RTP 会话中，用户可以随时加入，使得 RTP 会话的用户数量可以从几个人扩展到上千人。尽管如此，会话中的数据流量却基本不变，因为在一个 RTP 会话中，如在一个音频会议中，不管该会议中有多少用户，同一时间只可能有一个或两个用户在发言，因此链路上的数据速率基本不变。但是当用户数量增加时，从前面两个功能可知，每个参加者都要发送自己的RTCP控制报文，如果发送速率不变的话，控制报文的流量就会成比例地增加。这样一来RTCP的控制流量就会削弱RTP的数据流量。因此当用户数量增加时，应降低RTCP控制报文的发送速率。一般建议RTCP控制流量占有全部会话流量的5%。

为了达到RTCP控制流量所占的比例，需要调整RTCP控制报文的发送速率。因为每个参加者都要将自己的RTCP控制报文发送给其他人，所以每个人都能独立地知道参加会议的用户数。RTCP就是根据这个用户数来计算发送RTCP控制报文的速率。

（4）可选功能

该项功能用于传送最小的会话控制信息。主要用于“松散控制”的会话，即用户的加入和离开不需要成员控制和参数协商。RTCP 只是作为一个到达所有参加者的便捷通道，而不必支持全部的通信控制需求。该功能为可选项。

4.3.3 RSVP 协议

资源预留协议（Resource Reservation Protocol，RSVP）协议位于IP层之上，属于OSI参考模型中的传输层，它是一种网络控制协议，用于建立网络资源预留，它允许客户端向网络提出一个特定的请求，为其数据流提供所需的端到端的服务质量（QoS）。利用RSVP协议，能在数据流经路径上的所有节点处保留必要的资源，以保证实际传输时所需要的带宽。

1. RSVP 协议的重要概念

（1）数据流

在RSVP协议中将具有一个特定的目的地和传输层协议的数据流定义为“会话（Session）”，所以通常用数据流来表示它所在的那个会话。

一个数据流（会话）可以由三个参数来定义。

① 目的地址：数据包的目的地IP地址，可以是单播或组播地址。

② 协议号：IP协议的版本号。

③ 目的端口号：UDP/TCP的端口号，当目的地址是单播地址时，若接收端主机要接收多个单播会话，此时就要用端口号来区分不同的单播数据流。但是当目的地址是组播地址时，这个参数是可选的，因为不同会话的组播地址肯定不同，所以只需目的地址就足以区分不同的数据流了。

对于单播会话，对应一个目的主机，可能有多个发送方，这些发送方可能是多台主机，也可能是一台主机上的不同端口，RSVP支持这种多点对一点的数据传输。

（2）消息类型

RSVP能够支持多种消息类型，其中最重要的两个消息是Resv和Path。

RSVP路径（Path）消息是由发送端主机经路由器逐跳地（hop-by-hop）向下游传送给接收端，其目的是指示数据流的正确路径，以便稍后由Resv消息在沿途预留资源。在Path消息中包含以下重要内容。

① 上一个送出此Path消息的网络节点的IP地址。

② 发送模板（Sender_Template）：定义了发送端将要发送的数据分组的格式，因为一个单播数据流可能有多个发送方，要想从同一链路上的同一会话的其他分组中区分这个发送端

的分组就要用到这个发送端的发送模板，如这个发送端 IP 地址和端口号。

③ 发送流量说明（Sender_Tspec）：指明了发送端将产生的数据流的流量特征，以防止下一步预约过程中的过量预约，从而导致不必要的预约失败。

RSVP 资源请求（Resv）消息是由接收端主机向上游传送给发送端，这些消息严格地按照 Path 消息的反向路径上传到所有的发送端主机，其目的是根据 Path 消息指示的路径，逆向在沿途的每个节点处预留资源，同一数据流中的不同分组请求预留的资源（QoS）可以不同。在 Resv 消息中包含以下重要内容。

④ 流规范（Flow_Spec）：用于描述一个请求的 QoS，即描述请求预留的资源，例如带宽为 1Mbit/s，端到端的延迟为 10ms 等等。

⑤ 过滤器规范（Filter_Spec）：指定能够使用上述预留资源的数据流中的某一组数据分组。此处的预留资源是由 Flowspec 来描述的。

2．RSVP 协议的机制（工作过程）

RSVP 协议的工作过程如图 4-25 所示。

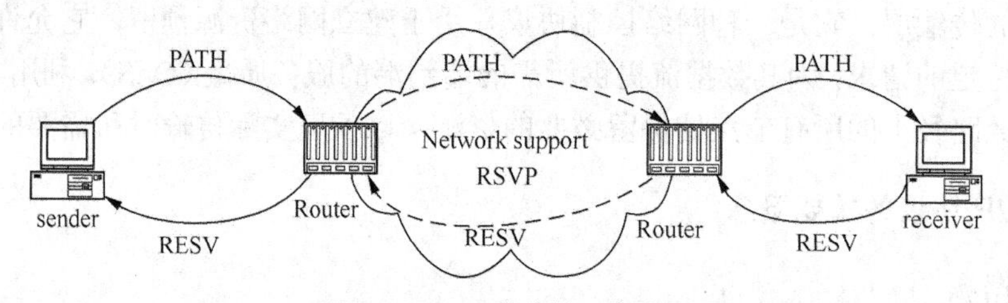

图 4-25 RSVP 协议的工作过程

（1）发送端主机发出 Path 消息，路由器根据路由选择协议，例如 OSPF、DVMRP 选择路由转发此消息。沿途每一个接收到该 Path 消息的节点，都会建立一个“Path 状态”，保存在每一个节点中。在“Path 状态”信息中至少包括前一跳节点的单播 IP 地址，Resv 消息就是根据这个前一跳地址来确定反向路由的方向。

（2）接收端主机负责向发送端发出 Resv 消息，Resv 消息依据先前记录在网络节点中的“Path 状态”信息，沿着与 Path 消息相反的路径传向发送端。在沿途的每一个节点处依照 Resv 消息所包含的资源预留的描述 Flowspec 和 Filter_Spec，生成“Resv 状态”，各个节点根据这个“Resv 状态”信息，预留出所要求的资源。

（3）发送端的数据沿着已经建立资源预留的路径传向接收端。

在 RSVP 协议的工作过程中，保证了一个数据流的 QoS，其资源预留的实现在网络节点内部是由叫做“业务控制”的机制来完成的，这些机制如图 4-26 所示，主要包括以下几个模块：接入控制模块、策略控制模块、分组类别模块、分组调度模块和 RSVP 处理模块。其中接入控制模块用来确定某个节点是否有足够的可用资源来提供请求的 QoS。

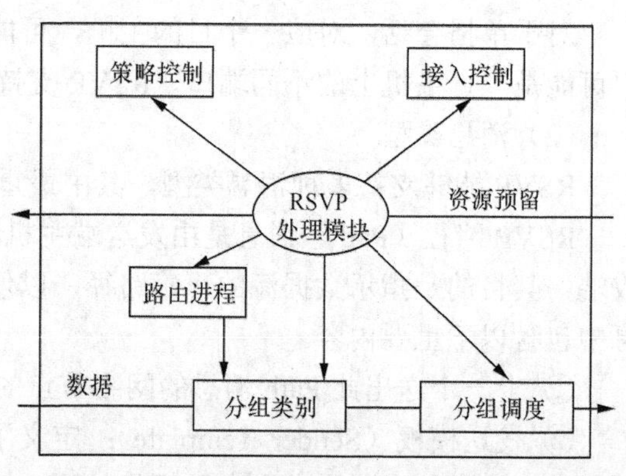

图 4-26 RSVP 单向数据流路径上的一个节点

策略控制模块用来确定接收端用户是否拥有进行资源预留的许可权。

在预留建立期间，RSVP 处理模块将接收端发来的一个 RSVP QoS 请求-Resv 消息传递给接入控制模块和策略控制模块。如果其中任何一个控制模块测试失败，预留请求就被拒绝，此时 RSVP 处理模块将一个错误消息返回给接收端。只有两个控制模块都测试成功，节点才会进一步处理，分别依据 Resv 消息中的 Flowspec 和 Filter_Spec 设置分组类别模块和分组调度模块中的参数，以满足所需的 QoS 请求。

资源预留后便可进行数据传输，当数据传输到该节点后，分组类别模块确定每一个数据分组的 QoS 等级，将具有不同 QoS 等级的数据分组进行分类。然后将它们送到分组调度模块中按照不同的 QoS 等级进行排队，再通过接口发送出去。

3. RSVP 协议的特点

综上所述，RSVP 协议具有如下特点。

（1）RSVP 是单工的，仅为单向数据流请求资源，因此 RSVP 的发端和收端在逻辑上被认为是截然不同的。

（2）RSVP 协议是面向接收者的，即一个数据流的接收端初始化资源预留。

（3）RSVP 不是一个路由选择协议，但是依赖于路由选择协议，路由选择协议决定的是分组向何处转发，而 RSVP 仅关心这些分组的 QoS。

（4）RSVP 对不支持 RSVP 协议的路由器提供透明的操作。

（5）RSVP 既支持 IPv4，也支持 IPv6。

4.4 多媒体同步

4.4.1 多媒体同步概述

1. 多媒体同步的基本概念

所有的数字通信系统都要实现同步来保证数据的可靠传输。在单一媒体的传输中，同步的情况要简单些，并不需要对时间有很特别的关注。而在多媒体系统中，不同媒体间的多种时态关系很复杂，同步问题也就尤为突出。

多媒体是在各种不同的应用环境中文本、图像、视频、图形和声音等媒体的系统集成，在网络多媒体的情况下，发送端需要将这些媒体数据安排在一起来表现某种主题，这样在接收端不同媒体的到来时间就要有先后的顺序关系，这种顺序关系就是同步关系。整个系统按照这种关系对各个媒体进行控制的过程就是同步。由于多媒体系统中集成了多种不同时态特征的媒体，如视频、音频和动画的媒体是依赖于时间的，而文本、静止图像和表格是独立于时间的。依赖于时间的媒体也叫时基媒体（连续媒体），不依赖于时间的媒体也叫非时基媒体（非连续媒体）。

目前对多媒体同步并没有做严格的定义，我们可以这样来描述多媒体同步：多媒体同步就是保持和维护各种媒体对象之间以及各种媒体对象内部所存在的时态关系，维持各种媒体序列来达到某种特定任务的目的。由于多媒体的同步关系很复杂，需要采用某种较为简捷的方法对其进行描述，这就要用到同步描述模型。多媒体同步的核心内容就是为不同媒体的同步关系建立一个与实现环境不相关的抽象的描述模型。

2．多媒体同步分类

从类型上来划分，多媒体的同步类型分为上层同步、中层同步和底层同步。

上层同步也称作表现级同步或交互同步，也即用户级同步。在这一级，用户可以对各个媒体进行控制和编排，以决定某个媒体的时空表现形式。上层同步的同步机制是由多媒体信息中的脚本信息提供的。在具体的应用中，它是由具体事件来驱动的。例如，在一个多媒体幻灯片的演示过程中，使用者要对某组图像进行口头解释，图像就要出现在上一段语音完成之后。此时，同步点就处于图像段的改变点或者口头讲解段的起始点上。

中层同步是信息合成同步，也就是不同媒体类型数据之间的合成。从这一点来说，合成同步又称为“媒体间的同步”。这一层的同步涉及到各种不同的媒体类型，重点在于对不同媒体数据在合成表现时的时间关系描述。例如，在可视电话的应用中，为了确保说话人口形和声音的一致，音频数据和视频数据必须从始至终在显示终端上以同步的方式表现。这时的音频数据媒体和视频数据媒体间的同步，除了在开始点和结束点要得到保证外，在中间的整个过程都要求保持同步。

底层同步是系统同步，也称为媒体内部同步。该层同步是要完成合成同步所描述的各媒体对象内数据流间的时序关系，这要根据具体多媒体系统性能参数来进行。在单机多媒体和多媒体数据在网络中传输时所涉及的内容有所不同。在单机多媒体情况下，同步技术要考虑计算机的读盘时间、图像的显示速度和处理速度；这和磁盘的存取速度、视频适配器和中央处理器的处理能力有关。在网络传输的情况下，要考虑网络的延迟、无法预料的网络阻塞等因素。这些因素的影响可能影响媒体内部的同步，造成单一连续媒体（音频或视频信息）在传输和播放时的稳定性较差，也可能影响媒体间的同步，造成各个媒体间的配合出现障碍。为解决这些问题，引出了同步协议的设计和各种相应的同步技术。

4.4.2 多媒体数据

1．多媒体数据

媒体数据指的是文本、图形、图像、动画、语音和视频图像对应的数据，而多媒体数据是由这些相互关联的数据构成的一个复合信息实体。多媒体数据的合成是多媒体计算机通过对多种媒体数据的控制完成的。这些媒体数据，有些是实时的有些是非实时的。有着严格时间关系的音频、视频和动画等数据称为实时媒体数据或连续媒体数据，除此之外，其他类型的数据称为非实时媒体数据或静态媒体数据。一般在说到多媒体数据时至少要包含一种实时媒体数据和一种非实时媒体数据。

连续媒体数据可以看作是由逻辑数据单元 LDU 构成的时间序列，也叫数据流。LDU 的内容不是固定的，可以由具体的应用、编码方式、数据的存储方式和传输方式来决定的。例如，在 H.261 的视频码流中，一个 LDU 可以是其中的一个宏块、一个块组、一帧图像或几帧图像，如图 4-27 所示。连续媒体数据的各个 LDU 之间的时间关系

LDU			划分
LDU	1个场景		第 4 种划分
LDU	1帧图像	…	第 3 种划分
LDU	1个宏块组	…	第 2 种划分
LDU	1个宏块	…	第 1 种划分

图 4-27　H.261 码流中 LDU 的划分

是固定的。这种固定的时间关系是在媒体数据的获取时确定的，并且这种时间关系要在媒体数据的存储、处理、传输和播放的整个过程中保持不变，一旦这种时间关系发生变化就会损伤媒体显示的质量。比如对图像来说会产生图像的停顿、跳动；声音会产生间断。在静态媒体数据内部是不存在这种固定的时间关系的。

2. 多媒体数据约束关系

在多媒体数据中，各种媒体数据对象之间并不是相互独立的，媒体对象之间存在着许多种相互制约的同步关系。多媒体数据的约束关系有三种：基于内容的约束关系、空域约束关系和时域约束关系。

基于内容的约束关系描述的是不同媒体对象是同一数据内容的不同表现形式而在媒体之间所具有的一种约束关系。

空域约束关系也称为布局关系，它定义了多媒体数据显示中某个时刻，不同媒体对象在呈现媒体上的空间位置关系。空域约束关系是排版系统、电子出版著作系统首先要解决的问题。

时域约束关系是多媒体数据对象的时域特征，它定义了媒体对象在时间上的相互依赖关系。多媒体数据的时域约束关系包含的内容较多，除了连续媒体内部的定时关系外，还涉及连续媒体之间以及连续媒体和非连续媒体之间的时域依赖关系。前一种媒体数据约束关系也称为媒体内同步，后一种约束关系也称为媒体间同步。

在这三种约束关系中，时域约束关系最为重要。当多媒体数据在表现时的时域特征遭到破坏时，接收端的用户就可能对多媒体数据所表达的内容产生遗漏或造成误解。例如在电视上观看体育比赛的现场直播时，由于时域特征遭到破坏，电视画面会有中断或不连续的情况发生，观众对整个比赛过程的理解就不会完整。时域约束关系也称为时域特征，它反映各个媒体对象在时间上彼此之间的对应关系，主要表现在下面两个方面。

- 连续媒体对象本身的各个 LDU 之间的相对时间关系。
- 各个不同媒体对象之间，包括连续媒体和非连续媒体之间的相对时间关系。

连续媒体对象本身的各个 LDU 之间的关系可以用图 4-28 来说明，视频图像中的一帧作为一个 LDU，对 25 帧/秒的帧率来说，一个 LDU 的播放时间为 40ms，比如可以想象是一个连续跳动小球的视频。媒体对象内的同步主要是要保证媒体数据流之间的简单时态关系，表现为媒体流的连续性，以满足人们对媒体感知上的要求。媒体流内部同步的复杂性不仅和单个媒体的种类有关，而且也和分布式系统所提供的服务质量 QoS 有关；同时也和源端和目的端的操作系统的实时性有关。

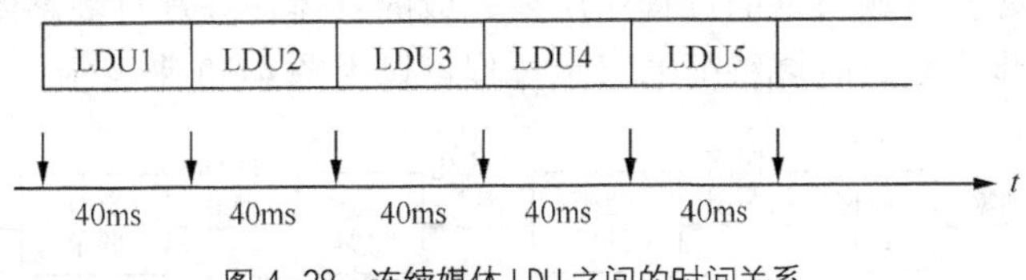

图 4-28 连续媒体 LDU 之间的时间关系

不同媒体对象之间的相对时间关系可以用图 4-29 来说明。一段文字、声音和视频图像同时开始和结束，紧接着三幅静止图像出现，紧接着播放一段动画，并在动画播放期间插入另一段声音。媒体数据流之间的同步主要是要保证不同媒体数据流间的时间关系，如音频和视频流之间的时态关系，音频和文本之间时态关系等，表现为各个媒体数据流中在同步点上的同时播放。媒体流之间的复杂性和需要同步的媒体流的数量有关。

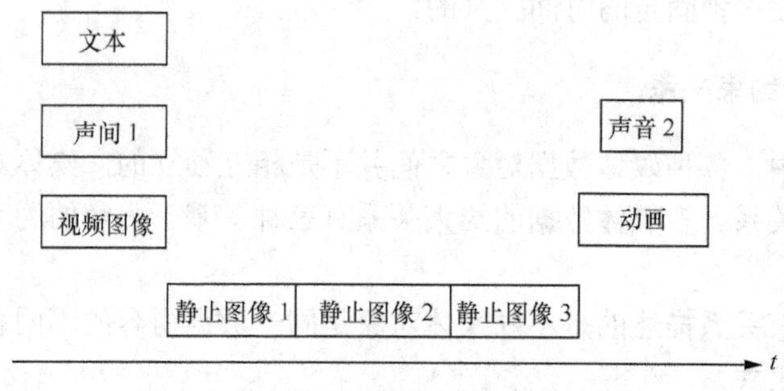

图 4-29　不同媒体对象之间的时间约束关系

若从各个媒体之间的关系来看，媒体的同步主要包括两个方面：媒体内同步和媒体间同步。媒体内同步是要维持单个媒体数据流内部各个信息单元的连续性；媒体间同步是要维持多个相关媒体流中媒体单元间的时间关系。在分布式多媒体的情况下，影响媒体同步关系的主要因素如下：媒体间的时延偏移、端系统的抖动、时钟漂移和传输网络的条件改变。

媒体间的时间偏移是指当相关媒体流来自不同的信源时，各个媒体流选择的信道不同，所产生的时延也不同，从而造成媒体间的时间关系发生变化。为了解决媒体间的偏移，一般采用在接收端设置缓冲存储器来实现。抖动指的是各媒体流的最大时延和最小时延的差，也称为时延的变化。端系统抖动是指端系统中所引起的时延变化，可采用在接收端的弹性缓冲区来进行补偿。由端系统完成对连续媒体的捕获、重新生成和播映，这个过程是需要时钟来驱动的。由于经过较长一段时间后，温度的变化或者晶振本身的缺陷，使得端系统的时钟频率发生变化，与标准时钟发化漂移。时钟漂移的积累会使用户端的缓存产生溢出，可能是上溢也可能是下溢。解决时钟漂移的问题可以在网络中使用时间同步协议来解决。网络条件的变化是指网络连接性质的变化，比如像平均时延的改变或者媒体单元丢失率的增高。由于多媒体数据的传输都是利用无证实的数据报服务，这种不可靠的传输服务有时会发生媒体单元丢失的事件。此时需要重复播映前一个媒体单元的内容。

4.4.3　多媒体时域特征表示

1. 时域场景及时域定义方案

在表示多媒体数据时域特征的过程中所要完成的具体任务是对多媒体数据进行抽象、描述和给出必要的同步容限。时域特征的表示过程可以用图 4-30 来表示。

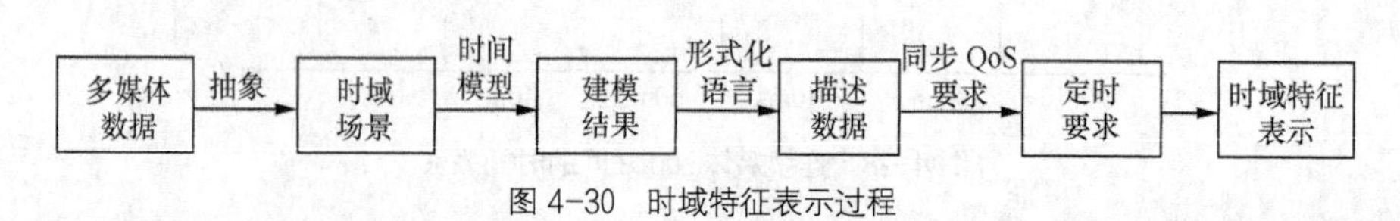

图 4-30　时域特征表示过程

图中，抽象的过程是忽略多媒体数据中与时域特征不相干的细节（比如数据量、编码方式、传输方式等），将多媒体数据概括为一个时域场景的过程。一个时域场景是由若干时域事件构成，其中的每一个时域事件都是与多媒体数据在时域中发生的某个具体动作相对应的。这些具体动作可以是开始播放、暂停、结束播放和恢复播放等。时域事件的发生可以是在某个时刻瞬间完成的，也可以是持续一段时间完成。如果一个时域事件在时域场景中的时间位置是完全确定的，该事件就称为确定性事件，否则就称为非确定性事件。比如，像暂停、恢复播放等事件，其在时域场景中的位置是不能固定的，要根据实际用户的使用情况来确定。由确定性时域事件构成的时域场景为确定性时域场景，包含有非确定性时域事件的时域场景为非确定性时域场景。确定性时域场景和非确定性时域场景如图 4-31 所示。

在将一个多媒体数据对象进行抽象并转变为一个时域场景后，需要利用某种时间模型对此时域场景加以描述。时间模型是对数据进行抽象描述的数据模型，它是由若干基本部件和部件的使用规则组成。时间模型是在计算机系统内为时域场景进行建模的依据。所采用的时间模型不同，得到的同步描述数据也就不会完全相同。建模的结果再通过某种形式化语言转化为形式化描述，这种形式化描述数据就是同步描述数据。时间模型及其相应的形式化语言合称为时域定义方案。除了同步描述数据外，还需要考虑同步机制提出必要的服务质量要求，这种要求是用户和同步机制之间在应当以何种准确程度来维持时域特征方面所达成的一种质量约定，也称之为定时要求。最后，描述数据和定时要求相结合就形成了在计算机内部对多媒体数据时域特征表示。

2. 时域参考框架

时域参考框架是由多媒体场景、时域定义方案和同步机制三个部分构成，如图 4-32 所示。

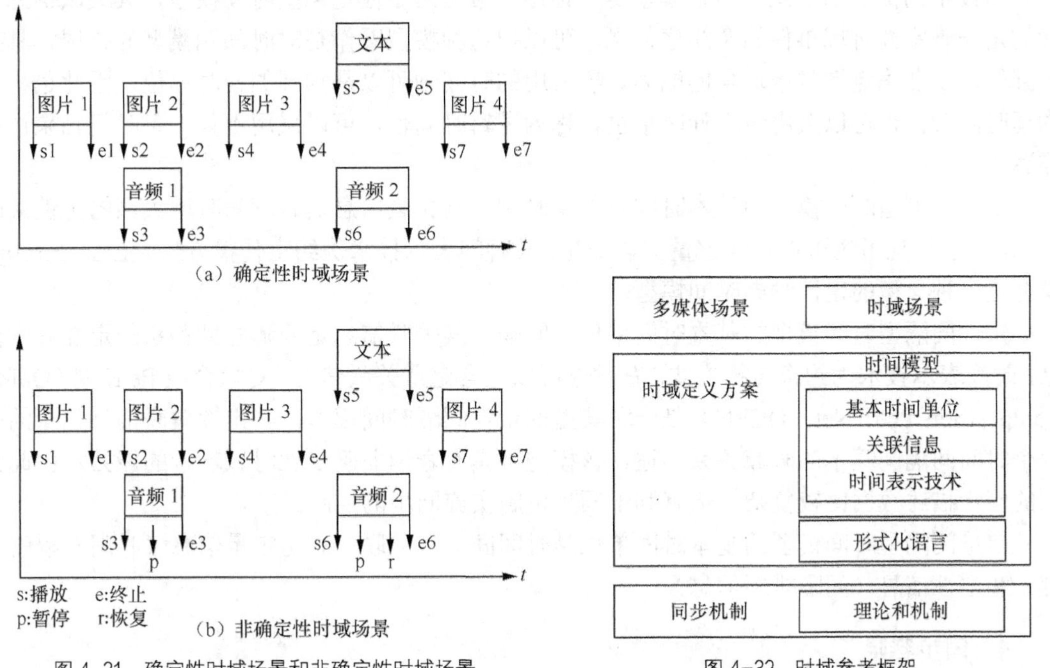

图 4-31 确定性时域场景和非确定性时域场景

图 4-32 时域参考框架

时域参考框架是研究多媒体同步问题的一个很好的基础。多媒体时域场景是对多媒体数据在时间特征和空间特征抽象的结果，它反映了多媒体数据在相关方面所具备的语义，而时域场景是多媒体场景的一个重要组成部分，是参考框架中时域定义方案要处理的对象。

3. 描述时域特征的时间模型

（1）时间模型的构成

一个时间模型是由基本时间单位、关联信息和时间表示技术三个部分所组成。基本时间单位用来表示一个时域场景中所发生的事件，时间单位可以分为时刻和间隔两种类型，可以用时刻来表示时域事件，也可以用间隔来表示时域事件。关联信息反映了时域事件的组织方式，可以分为定量关联信息和定性关联信息两类。在定量关联信息的时间模型中，认为时域场景中的各个时域事件是相互独立的，因而可以对时域事件在时域场景中的位置进行单独描述，以此来间接地反映各个事件间的关系。在定性关联信息的时间模型中，认为时域场景中的各个时域事件是彼此相关联的，因此在关联信息中所包含的是对时域事件约束关系的描述。

（2）时间模型的分类

根据基本时间单位、关联信息和时间表示技术这三个构成成分的具体内容，可以将时间模型分为 5 类，即定量定期型、定性定期型、定性时刻型、定性间隔型和定量间隔型。

定量定期型时间模型的基本时间单位是时刻，其关联信息为定量关联信息，时间表示技术为定期方式。时间轴模型是这种时间模型比较常见的模型，利用这种时间模型对时域场景进行建模比较容易理解，同步描述数据简单，其定量关联信息所包含的是时域事件发生的准确时间。该模型的缺点是难于来表示非确定性事件。

定性定期型时间模型的基本时间单位是时刻，关联信息是表示次序的定性关联信息，时间表示技术为伪定期方式。虚轴模型是一种比较常见的定性定期型时间模型，其关联信息包含的是非确定性时域事件的全排序信息。可以把这种模型看作是对时间轴模型的扩展，具有较强的表示非确定性时域场景的能力。所采用的时间轴可以是物理的计时单位，因此也称为物理时间轴；也可以采用逻辑计时单位，称为逻辑时间轴。可以采用不只一条时间轴来进行描述。

定性时刻型时间模型的基本时间单位是时刻，其关联信息是时刻间时域关系的定性关联信息，个别情况下也可以包含定量关联信息，其时间表示技术伪约束传播方式。萤烛（Firefly）模型是一种典型的定性时刻时间模型。

定性间隔型时间模型的基本时间单位为间隔，其关联信息是间隔时域关系的定性关联信息，时间表示技术为约束传播方式。有时也可以包含定量关联信息。对象合成 Petri 网（Object Composition Petri Net，OCPN）是一种典型的定性间隔时间模型。其定性关联信息包含的是两个时间间隔间基本的时域关系描述，该模型不具有表示非确定性时域场景的能力。由此得到的同步描述数据比较复杂，但有利于同步机制实施同步的控制。

定量间隔型时间模型的基本时间单位是时间间隔，关联信息是定量信息（时间间隔的宽度）和定性信息（间隔排序信息）。

4. 同步容限

在实际工作中，多媒体系统的工作总是存在着一些影响准确恢复时域场景的因素，比如像其他进程对 CPU 的抢占、传输的带宽有限、数据缓冲区不是足够大等，这些因素的存在常常会导致在恢复后的时域场景中，一些时域事件之间的相对位置产生了变化，我们称这种时域事件间相对位置的变化为事件间偏差，如图4-33所示。事件间偏差分为对象内偏差和对象间偏差，前者是指同一媒体对象的时域事件间的偏差，后者是指不同媒体对象的时域事件间的时间偏差。不同偏差的存在都会造成多媒体同步质量的下降，偏差的大小对同步质量的影响也是有所不同的。多媒体同步容限包含了对同步机制服务质量的要求，将同步描述数据和同步容限结合起来也称为同步规范。所以，同步容限是用户与同步机制之间对事件间偏差的许可范围所达成的协议。

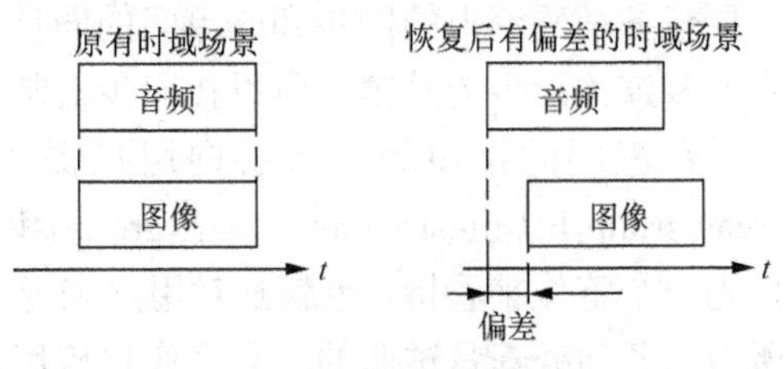

图4-33 事件间的偏差

4.4.4 多媒体同步的四层参考模型

由于多媒体同步是一个很复杂的问题，人们希望通过某种方式的划分来理解与同步相关的因素，从而找出解决的方法，这样就提出了多媒体同步的四层参考模型，如图4-34所示。

图中四层模型由规范层、对象层、流层和媒体层构成。四层参考模型的意义在于它规定了同步机制所对应的层次以及各个层所应完成的任务。按层次的划分从上而下来看，由多媒体应用生成时域场景，时域场景是规范层的处理对象。由对象层、流层和媒体层构成同步机制。规范层处理的核心是时域定义方案，其接口可以为用户提供利用多媒体时间模型描述媒体数据时域约束关系的工具，例如同步编辑器、多媒体文档编辑器和著作编辑系统等。规范层产生的同步描述数据和同步容限，经过对象层的适当转换后进入到同步机制。

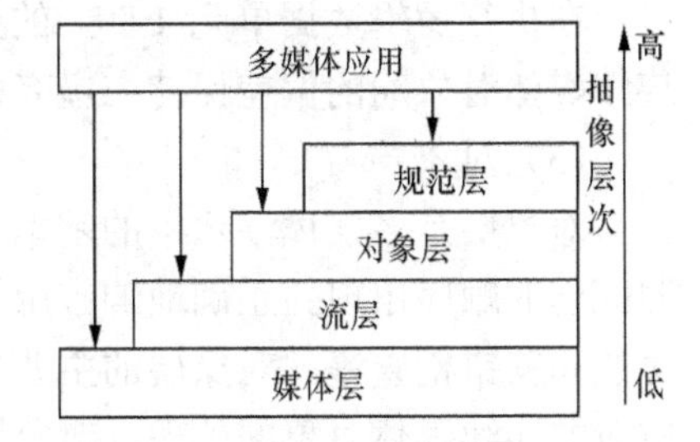

图4-34 多媒体同步的四层参考模型

在层次参考模型中，每一层都有对应的数据处理对象，同步参考模型体现了不同层次上对同步的要求，每一层实现一个由适当的接口提供的同步机制，这些接口可以用于定义和保证时间关系。下面对同步机制所包含的媒体层、流层和对象层进行具体的说明。

（1）媒体层

媒体层处于同步机制的最下层，它所要处理的对象是连续码流（音频流、视频流）的一个个逻辑数据单元LDU。音频流的LDU是由在时域上相邻的采样点构成的数据集合，而视频流的LDU为一帧图像。针对不同的数据流，其LDU的大小是不同的。LDU的大小对于系统不同的容限要求也是不同的，一般来说，允许的偏差越小，LDU越小；允许的偏差越大，LDU也越大。此外，媒体层对LDU的处理一般是有时间限制的。

在媒体层内主要完成两项任务，一是申请必要的系统资源（如CPU时间、传输带宽、通信缓冲区等）和系统服务（如QoS等），为此层各项功能的具体实施提供所需的支持；二是访问各类设备的接口函数，获取或者提交一个完整的 LDU。在媒体层接口，该层负责向上提供与设备无关的操作，如Read(Devicehandle，LDU)、Write(Devicehandle，LDU)等，其中由Devicehandle所标识的设备可以是数据播放器、编解码器、文件，也可以是数据的传输通道。

（2）流层

流层处于同步机制的中间层，流层的处理对象是连续码流或者连续码流组。所要完成的主要任务是码流内的同步和码流间的同步。在前面的讨论中，我们知道，流内同步和流间同步是多媒体同步的关键，所以在同步机制的三个层次中，流层是最重要的一层。

在流层的接口处，流层向用户提供一些功能函数，如 start(stream)、stop(stream)、creategroup(list-of–streams)、start(group)和 stop(group)等功能函数。这些功能函数将连续码流作为一个整体来看待，也就是对用户来说，该层利用媒体层的接口功能对逻辑数据单元 LDU 所做的各项处理是透明的。当多媒体应用直接使用流层的各项接口功能时，连续码流和非连续码流之间的同步控制则要由应用本身来完成。流层在对码流或码流组进行处理之前，首先要根据系统的同步容限来决定 LDU 的大小以及对每个 LDU 的处理方案，处理方案完成对某个 LDU 在何时进行哪种处理。此外，流层还要向媒体层提交必要的服务质量（QoS）要求，这种要求是由同步容限推导而来的，是媒体层对逻辑数据单元进行处理所应满足的条件，例如在传输数据流的 LDU 时，LDU 的最大延时以及延时抖动的范围等。媒体层将按照流层提交的服务质量（QoS）要求，向底层服务系统申请系统资源以及服务质量（QoS）的保障。

在执行逻辑数据单元 LDU 的处理方案过程中，流层负责将连续媒体对象内的偏差以及连续媒体对象间的偏差保持在虚夸大范围内。

（3）对象层

对象层是多媒体演示中的基本单位，对象层同步就是要保证多媒体演示中的各个对象按照规定的顺序出现并正确地响应用户的输入事件。这一层涉及到多媒体演示之中的对象调度算法和差错检查等。对象层的主要任务是实现连续媒体流和非连续媒体流之间的同步，并完成对非连续媒体对象的处理。对象层能够对不同类型的媒体对象进行统一的处理，这样，用户就可以不必考虑连续媒体对象化非连续媒体对象之间的差异。与流层相比，对象层的同步控制精度比较低。

对象层的接口提供诸如 prepare、run、stop 和 destroy 等功能函数，这些功能函数通常以一个完整的多媒体对象作为参数。显然，同步描述数据和同步容限是多媒体对象的必要组成部分。当多媒体应用直接使用对象层的功能时，其内部无需完成同步控制操作，多媒体应用只需利用规范层所提供的工具完成对同步描述数据和同步容限的定义即可。

在分布式多媒体系统中，信源所产生的多媒体数据流在到达接收端之前可能要通过不同的网络，在整个数据流的传输过程中，由于会受到各种因素的影响，多媒体数据的时域约束关系有可能遭到破坏，这样就会使用户端的多媒体节目不能正确地播放。影响多媒体同步的主要因素包括：延时抖动、时钟偏差、数据丢失和网络传输条件的变化。

4.4.5 同步多媒体集成语言 SMIL

随着流媒体技术的成熟和在网上越来越多的应用，我们对其优点已经有了很深的体会，但其缺点也逐渐地显现出来。SMIL 就是针对当前流技术的问题提出来的。

SMIL 是同步多媒体集成语音（Synchronized Multimedia Integration Language）的缩写，可以念做 smile。SMIL 是由 3W 组织（World Wide Web Consortium）规定的多媒体操纵语言，有很多世界著名的公司参与了该标准的制定，如 Compaq、IBM、Microsoft 和 RealNetworks 等。从语言的构成来看，SMIL 与现在网上使用的 HTML 语法格式非常的相似。HTML 只是对普通的网络媒体文件进行简单的机械性操纵，而 SMIL 则可以操纵多媒体片断，可以对多媒体片断进行有机的、智能组合。

SMIL 语言是一套已经规定好而且非常简单的标记，这些语言用来规定多媒体片断在何时何地以何种方式来播放。SMIL 的主要特点如下。

（1）避免使用统一的文件格式

由于现有的多媒体文件格式非常得多，比如针对声音的文件格式有*.mp3、*.wav、*.ra 等等；视频的文件格式更是种类繁多，如*.mpg、*.avi、*.mov、*.rm 等；图片的文件格式也是有很多。若要在本地计算机上或者从网上以流媒体方式来播放多个媒体文件，可以采用播放列表的方式实现多个文件的连续播放，不必一个一个地打开文件。但是要想对多个媒体片断同时播放，如在显示图片和视频的时候有声音的说明，在以前唯一可行的办法是用媒体编辑软件将要播放的多个媒体文件整合成一个文件，就需要使用某种统一的文件格式。编辑软件可能会对源文件造成某种损伤，要是没有对源文件进行保存会带来很多的麻烦。而如果采用 SMIL 来组织这些媒体文件，就可以在不修改源文件的情况下获得我们想要的效果。

（2）同时播放在不同地点上的多媒体片断

例如要在一段电视采访的视频文件上加上解说，包括音频解说和文本的内容。视频文件是在 A 服务器上的一个文件，音频文件是在 B 服务器上的一个文件，而文本解说是在 C 服务器上的一个文件，利用 SMIL 可以很轻松地将它们整合到一起。

（3）时间控制

针对一段视频文件，如果想要取出其中的某个时间片断，以前的办法是用编辑软件来进行剪辑。老办法费时费力，很有可能会出问题，会把想要的片断剪掉了。而利用 SMIL 可以很容易地完成。比如一段 10 秒的视频文件，我们只想要其中 4～7s 片断，其余部分不需要，利用 SMIL 进行操纵，在视频的第 4s 开始播放，到第 7s 停止就可以了。也可以对动画和专场效果进行时间控制。

小　　结

1．多媒体通信对网络性能的要求有：吞吐量、传输延时、延时抖动、错误率。

2．QoS 服务按照提供的服务种类来区分，可以分为定性服务和定量服务两种。按照服务对象来区分，可以分为针对流（Per-flow）的服务和针对包类型（Per-class）的服务。

3．完整的 QoS 保障机制应包括 QoS 规范和 QoS 机制两大部分。

4．根据数据交换方式的不同，通信网络大致可分为电路交换网络和分组交换网络。电路交换网络是面向连接的网络，分组交换网络存在无连接的方式以及面向虚连接的方式。

5．Internet 的网络标准是 TCP/IP 协议。TCP/IP 协议族是一个具有分层结构的网络协议体系。

6．IP 地址由网络地址和主机地址组成，长 32bit，以 X.X.X.X 格式表示，X 为 8bit。

7．Internet 中有三种传送包的方式：单播（Unicast）、广播（Broadcast）和组播（Multicast）。

8．IPv6 与 IPv4 相比具有较为显著的优势，主要体现在：地址空间和报头、任播地址、数据报长度、安全性和 QoS 管理功能。

9．IP 网络的 QoS 保证主要包括综合服务模型（IntServ）和资源预留协议（RSVP）、区分服务模型（DiffServ）、多协议标签交换（MPLS）。

10．宽带 IP 城域网采用分层结构，共分三层，即核心层、汇聚层和接入层。

11．宽带 IP 城域网的骨干传输技术有 IP over ATM（POA），IP over SDH（POS）、IP over WDM（POW）和吉比特以太网等。

12．以太网 QoS 保障包括：流量控制、包分类服务。

13．HSPA 技术包括 HSDPA（高速下行链路分组接入）技术和 HSUPA（高速上行链路分组接入）技术。

14．IMS 即指基于 SIP 协议的 IP 多媒体架构，使得移动用户可以通过 3G 无线接入网接入到互联网并使用其所提供的多媒体业务。

15．一般来说，凡是采用无线传输媒介的计算机局域网都可称为无线局域网，即 WLAN。

16．无线网络中多媒体传输的特殊问题：噪声和干扰引起高的误码率、衰落引起信道容量的动态变化、漫游和小区切换引起的包丢失、终端处理能力和功率的限制。

17．以软交换为中心的下一代网络（NGN）结构在功能上可分为媒体/接入层、核心媒体层、呼叫控制层和业务/应用层 4 层。

18．传输层协议涉及传统 Internet 传输层协议：TCP（传输控制协议）、UDP（用户数据报协议）、RTP（实时传输协议）、RTCP（实时传输控制协议）和 RSVP（资源预留协议）等。

19．多媒体同步可分为上层同步、中层同步和底层同步。

20．多媒体数据的约束关系有三种：基于内容的约束关系、空域约束关系和时域约束关系。

21．多媒体同步四层参考模型由规范层、对象层、流层和媒体层组成。

22．SMIL 的主要特点：避免使用统一的文件格式、同时播放在不同地点上的多媒体片断和时间控制。

习　　题

1．多媒体通信对网络的性能提出了哪些要求？

2．为了使用户与系统之间达成 QoS 约定，QoS 提供机制主要包括哪 4 方面内容？

3．IP 网络的 QoS 是如何得到保证的？

4．宽带 IP 城域网的骨干传输技术有哪些？

5．无线网络中多媒体传输会遇到哪些特殊问题？

6．请描述 NGN 承载网上的 QoS 应用方案。

7．简述 RSVP 协议的工作过程。

8．多媒体同步的四层模型中，各层的作用是什么？

第5章 多媒体流式应用系统与终端

随着宽带 Internet 的迅速发展和用户群的不断扩大以及流媒体技术的发展与应用，IPTV 已得到广大厂商和运营商的广泛关注。本章将从流媒体技术入手，详细介绍其在 IPTV 系统中的应用，其中还包括 IPTV 技术及特点、IPTV 系统结构、关键技术和 IPTV 多媒体应用系统等。

5.1 流媒体

5.1.1 流媒体技术及特点

流媒体（Stream Media）是指在网络中使用流式传输技术的连续时基媒体，如视音频等多媒体内容。其中“流”是指流媒体数据的网络传输方式和播放方式，即当特定的流媒体服务器在发送数据时，无论是声音、视频文件，还是其他格式的媒体文件，首先将其分成若干较小的部分，并依此进行传送，用户端在接收到文件前一部分数据时，例如几秒或几十秒，便开始进行播放，与此同时服务器仍不间断地向用户提供后续的数据，从而大大减少用户的等待时间，这种边传输、边播放的方式就是“流媒体”方式。流媒体服务器可以采用单播、组播、点播或广播的方式向用户提供服务。

采用单播方式时，客户端与媒体服务器之间都需要建立一个单独的数据通道，从而使一台服务器发送的每一个数据包只能传送给一台客户机。这样每个用户必须分别向媒体服务器发出查询请求，而媒体服务器则必须向每个用户单独发送所申请的数据包拷贝。当用户数较大时，这种巨大的冗余会给服务器和网络带来沉重的负担。

采用组播方式，网络中允许路由器一次将数据包复制到多个通道上，这样媒体服务器只需要发送一个信息包，就可使所有发出该请求的客户端共享同一信息包，从而大大减少传输流量，提高网络的利用率，使成本降低。

在 IPTV 系统中，通常是首先将视频和音频信息的节目预先录制下来，存放在服务器的硬盘或光盘之中，然后按照节目中心预定的时间表从服务器中提取节目，并通过有线或无线网络向用户进行广播，或者按用户（或者用户组）提出的请求向用户传送特定的节目，后者被称为点播。在点播连接时，用户可进行开始、停止、快进、后退或暂停操作，实现对流的最大控制，但当点播用户数不断增加时，这种方式会迅速耗尽网络带宽。而广播方式中，数据包被发送给网络上的所有用户，但用户客户端无暂停、快进等控制功能，仅能被动接收数据流。

流媒体的技术优势有如下几方面。

（1）实时性：传统的播放技术需要将全部文件都下载完毕后，才能开始播放，而流媒体文件的播放是采用边传输、边播放的方式。在客户端当用户点击播放连接时，只需经过一段较短的预置时间，便可以播放文件，无需用户长时间的等待，同时也降低了存储器的容量。

（2）有效性：因采用高效的数据压缩技术，在不影响文件播放质量的条件下，流媒体文件的体积很小，便于存储，同时也相对降低了对网络传输带宽的要求，从而使系统得到有效利用。

（3）方便性和集成性：目前流行的多媒体集成软件，如 PowerPoint 等，是将所有要集成的媒体文件重新组合成一个新的文件，但这种方法对网络带宽的要求相当高，况且目前流行的网络浏览器，如 Internet Explorer 等，尚不具备播放这类多媒体文件的功能，还需要安装额外的播放平台。在因特网中采用的是 HTTP（超文本传送协议），所用的是 HTML（超文本标记语言）；而在流媒体中则采用 SMIL（同步多媒体集成语言）。SMIL 对媒体的集成是采用关联的方式，即通过媒体文件的网络地址 URL（通用资源定位器），将它们组合到一起，并且 SMIL 文件通常很小，而且媒体文件可以位于网络的不同位置，一个媒体文件能够被多个 SMIL 文件关联。这样当用户段载入 SMIL 文件时，根据各媒体文件的 URL 地址，数据会从处于网络不同位置的各个服务器流向用户端，以此充分利用网络的传输能力。目前高版本的浏览器中均含有支持流媒体播放的插件，使用非常方便。

（4）有利于知识产权的保护

流媒体技术是一种新型的网络多媒体技术，它把多媒体数据压缩技术、数据流调度策略以及网络数据传输控制技术有机地结合起来，使用户可以在下载数据的同时就可以进行观看，大大地缩短了用户的等待延迟，而且节约了网络资源。同时由于流媒体在播放后不会在客户端留下播放过的数据，因此也有利于知识产权的保护。

5.1.2 流媒体的传输与控制协议

图 5-1 给出了基于 IP 网视音频流式传输结构。服务器端是由 Web 服务器和用于存储视音频文件的流服务器组成。由于视频文件的数据量要远大于音频文件的数据量，因此流服务器也称为 A/V 媒体服务器。在客户端媒体播放器包括数据和控制两部分，其中数据部分负责媒体数据的接收、解压缩和显示等，控制部分则负责产生控制指令，以控制播放进程，如暂停、快进和后退等操作。图 5-1 中同时标示出了各对连接过程中所使用的通信协议。从中可以看出，一般采用 HTTP/TCP 来传输控制信息，而用 RTP/UDP 来传输实时视音频数据。具体过程如下。

用户首先通过网页点击选择所需观看的节目，Web 浏览器与 Web 服务器之间将利用 HTTP/TCP 进行控制信息交互，以便将需要传输的实时数据从原始信息中检索出来；然后客户机上的 Web 浏览器启动 A/V Helper 程序，并使用 HTTP 从 Web 服务器检索相关参数，从而实现对 Helper 程序的初始化。这些参数包括目录信息、A/V 数据的编码类型等；A/V Helper 程序及 A/V 服务器运行实时流协议（RTSP）以交换 A/V 所需的控制信息，如开始、快进和快退等操作指令。A/V 服务器使用 RTP/UDP 协议将 A/V 数据传输给 A/V 客户端程序，一旦

A/V 数据到达客户端，即可开始播放。当用户按“结束”键时，播放器将通过 RTSP 协议向服务器发送请求，服务器随即发出响应，并返回客户端，则表示该 RTSP 会话结束。

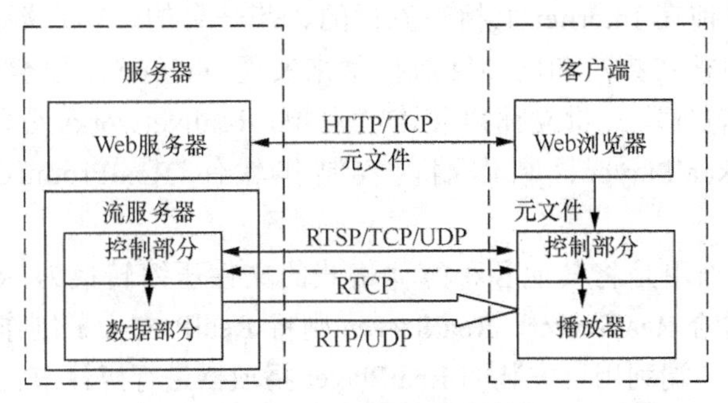

图 5-1 视音频流式传输结构

从上面的介绍可以看出，播放器从接收媒体数据到媒体播放开始仍需一定时间的等待，其长短取决于网络传输的延时抖动，一般较小（可以只有几秒钟）。

5.1.3 流媒体系统结构

图 5-2 给出了一个典型的流媒体系统结构示意图。由于流媒体信息主要以视频和音频为主，而且视频流占据主要的带宽，因此流媒体系统也可视为视音频流系统。

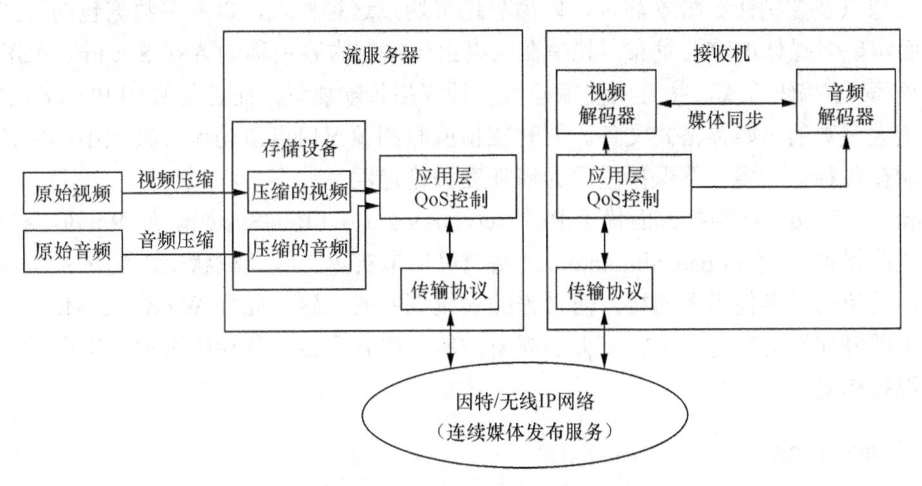

图 5-2 流媒体系统结构示意图

其工作原理为首先采用视频和音频压缩算法对原始视音频数据进行压缩，然后存放在流服务器的存储设备之中。在用户通过网页点击所需的节目后，客户端随即向流服务器发出请求。根据用户的请求流服务器从存储设备中检索到压缩的视音频数据，再通过应用层 QoS 控制模块，并根据网络当前负荷现状和业务的 QoS 要求进行视音频流量调节；按照传输协议进行打包处理，从而形成视音频流，再通过因特网或无线 IP 网络进行业务流传送。为了提高视音频流的传输质量，连续媒体发布服务使得接收端的数据包经过传输层、应用层的处理，最后由视频和音频解码器进行解码，其中需要采用同步机制，以使视频和音频达到同步。

目前网络上主要使用的流媒体平台包括 Real Media、Windows Media 和 Quick Time 三种。

1. Real Media

Real Media 是目前在 Internet 上相当流行的、跨平台的、客户端和服务器架构的多媒体应用标准，它采用视音频流和同步回放技术来实现 Internet 上以全带宽传输，同时也能够以 28.8kbit/s 的传输速率提供立体声和连续视频。RealNetworks 公司的 RealSystem 包括客户端播放软件 RealPlayer、制作端内容制作软件 RealProducer 和服务器端软件 RealServer。

RealProducer 的作用是将其他各种媒体格式的文件压缩转换为 Real 流媒体格式文件（*.rm 等），然后传送给 RealServer，RealServer 则将 RealProducer 制作好的流媒体内容通过 IP 网传送给用户，用户端利用已安装的 RealPlayer 播放器进行媒体节目的播放。

2. Windows Media

Windows Media 是 Microsoft 公司所制定的视音频压缩规范，是一个能够适应多种网络带宽条件的流式多媒体信息平台，可提供一系列紧凑的服务和工具，用以制作、发布、管理和播放通过 IP 网络传送的流式媒体内容。另外，还提供开发工具包（SDK）供二次开发使用。

Windows Media 的核心在于 ASF（Advanced Stream Format），它是一种数据格式，音频、视频、图像以及控制命令脚本等多媒体信息均可通过这种格式，以网络数据包的形式进行传播，从而实现多媒体内容的发布。其中在网络上传输的内容被称为 ASF Stream。ASF 支持任意的压缩/解码/编码方式，并可以使用任何一种底层传输协议。而且与 Real Player 几乎一样，可播放绝大多数的多媒体格式文件。同时在播放时图像窗口可自动调节其大小，包括全屏方式，并能在各种显示条件下保持图像的清晰度和稳定性。

Windows Media 在某些方面优于 RealNetworks 公司的 RealSystem，如 Windows Media 提供伺服负载模拟程式（Load-Simulator），系统可模拟实际上线负载状况，测试系统伺服能力的极限，避免因过多使用者的接入而带来的系统拥塞的问题。此外 Windows Media Encoder 还提供了屏幕捕捉的功能，可以将大小视窗的所有内容及游标移动的过程全部记录在高度压缩的流视频档案中。

3. Quick Time

Quick Time 是最早的视频工业标准，其中 1999 年发布的 Quick Time 4.0 版本就已经开始支持流式播放技术，因此它是能够在计算机上播放高品质视频图像的技术，是面向专业视频编辑、Web 网站创建和内容制作开发的多媒体技术平台。它可以通过 Internet 提供实时的数字化信息流、工作流与文件回放功能。它是制作 3D 动画、实时效果、虚拟现实、音频/视频和其他数字媒体流的重要基础。它是由 Quick Time 电影文件格式、Quick Time 媒体抽象层和 Quick Time 内置媒体服务系统组成。Quick Time 电影文件格式定义了存储数字媒体内容的标准方法，使用这种文件格式不仅可以存储单个的媒体文件，而且还能保存对其完整描述。Quick Time 媒体抽象层定义了软件工具和应用程序将如何访问 Quick Time 内置媒体服务系统以及如何通过硬件来提高系统的性能。Quick Time 内置媒体服务系统则是软件开发的基础。

5.2 IPTV的基本概念及特点

网络电视（Internet Protocol Television，IPTV）是以宽带网络为基础设施，以家用电视或计算机为主要终端设备，集互联网、多媒体通信等多种技术于一体，通过互联网络协议（IP）向家庭用户提供包括数字电视在内的多种交互数字媒体服务的技术。

在 IPTV 系统中，用户通常可采用计算机、机顶盒 + 家用电视机和手机（安装相应功能的手机客户端）三种方式，通过公众互联网或专用宽带 IP 网络，传送包括电视节目以及基于电视节目的其他增值业务（如直播电视、时移电视、点播电视）在内的视听类宽带 IP 多媒体信息业务。由于不同业务对 QoS/QoE、安全和交互性等的要求不同，因此 IPTV 需要提供一定的服务质量保障，并满足可控制、可管理和交互性的要求。

与传统电视节目相比，其主要特点在于交互性和实时性，具体如下。

（1）继承了互联网的交互性特征：既包括观众与 IPTV 平台之间的请求与响应，也包括观众之间的互动。观众可以根据节目菜单通过点击来选择节目和确定播放顺序，另外在观看节目过程中，观众可以通过网站获得相关补充信息。如在观看足球比赛时，可以获得某些运动员的资料信息和相关统计数据等。

（2）提供更加优质的视听效果。目前普通模拟电视清晰度只有 350 线左右。IPTV 的图像质量可以根据网络和接收终端的情况进行选择，清晰度最高可达 1080 线，即达到演播室质量。声音可以支持 5 个声道或者更高。

（3）支持多种平台的构建。能够承载一些传统电视系统无法承载的增值服务，如远程教育、视频会议、远程医疗、网络游戏和网上购物等。

5.3 IPTV业务及对网络的QoS要求

5.3.1 IPTV业务

IPTV 可提供三类业务以满足用户需求，即电视类业务、通信类业务和各种增值业务。

（1）电视类业务

① 直播电视（BTV）。直播电视类似无线电视、有线电视及卫星电视所提供的传统电视服务，但 IPTV 是以组播或者单播的方式，向用户主动推送相同的视音频流，用户在使用某个服务前需要加入某个频道。直播节目所提供的持续节目可以是标清，也可以是高清。其承载网络为 IP 网络。

② 视频点播（VOD）。用户可根据自己的兴趣，在计算机或电视上自由地选择节目库中的视频节目和信息，视频点播是一种能够对视频节目内容进行自由选择的交互式系统。

③ 时移电视。通常人们观看电视节目需要根据节目播出时间表进行观看，如果因事错过，便无法再观看到该节目。如果人们能够根据自己的安排，选择观看节目的时间，并可对电视播放进行任意的暂停、倒退和快进等操作，这种可根据用户需要随意调整播放时间轴的功能被称为时移电视（Time Shift TV）业务。可见直播电视与时移电视的基本原理相同，其主要区别在于传输方式的不同，前者采用组播方式实现视频广播，而后者是通过存储电视媒体文

件，采用点播方式为用户实现时移功能的。

④ 个人录像（PVR）：个人录像是指用户或运营商在进行直播节目播放的同时，有选择地将需要的内容存储起来，以备时移或者个人播放时使用。

（2）通信类业务

① 可视电话业务。IPTV 系统中是通过在机顶盒上叠加音/视频采集和编解码传输功能，这样将摄像头和麦克风采集的模拟音/视频信号转换成适合 IP 网络传输的数字信号，然后通过 IP 网络传递到对端，实现音/视频的传输。

② 短信。在 IPTV 终端上提示有新的短信到来和显示短信的内容，也可以发送短信。

③ 视频会议。通过 IPTV 终端实现多方视频通信功能。

④ 电子邮件。在 IPTV 终端上提示有新的未读邮件，也可收发邮件。

⑤ VOIP 和即时信息（IM）。能够即时发送和接收网络信息的业务，可以实现客户端/服务器之间对等类型的移动即时语音和文本通信。

（3）增值业务

增值业务是指通过 IPTV 终端向用户提供互动广告、电视购物、电子商务、本地或在线游戏等。

5.3.2 IPTV 对网络的 QoS 要求

由于 IPTV 业务中的视音频业务具有连续性和实时性特征，而且其对承载网络的传输延时、丢包以及抖动等性能非常敏感，因此要求承载网络提供可靠的 QoS 保障。其中直播类视频业务对 QoS 的要求高于点播类视频业务。游戏类业务因为是一种双向交互式数据业务，因此其操作指令的灵敏性等因素对数据包的传输时延影响很大。据资料显示，上述业务的 QoS 经验值如表 5-1 所示。

表 5-1　IPTV 业务的 QoS 需求值

业务类型	网络时延上限	延时抖动上限	丢包率上限	包误差率上限
视频直播	1s	1s	1/1000	1/1000
视频点播	10s	1s	1/1000	1/1000
游戏	200ms			
可视电话	90ms	20ms	1/1000	1/1000

由此可见，为了保证 IPTV 的收看质量与现阶段有线电视的收看质量相同，因此在传输带宽、频道切换时延和网络 QoS 等方面要求 IPTV 承载网络提供可靠的保障。

（1）用户接入带宽。若使用户能够体验到 DVD 效果的 IPTV 业务服务，则需要采用适当的压缩编码技术，而且用户至少需要 3～4M（使用 MPEG-2 编码）或 2M（使用 MPEG-4 编码或更高压缩率的编码）的下行接入带宽。

（2）IP 网络对组播技术的支持。IPTV 业务应尽可能减少端到端的时延，使其具有与现有有线电视网络相当的频道切换速度。据调查资料显示，用户可以接受 1s 的 TV 频道切换时间及 10s 内的 VOD 切换时间。为了满足上述要求，因此要求 IPTV 承载网络和设备都能够支持 IP 组播技术。

（3）网络 QoS 要求。丢包、抖动和传输延时大都会影响 IPTV 用户的收看体验效果，因而在IPTV网络中，分别采用IP组播、核心网CDN（内容分发网络）、分区服务和流量工程等技术来实现QoS。可见其承载网络的性能直接影响业务本身及其QoS。

5.4 IPTV系统结构

5.4.1 IPTV系统架构

图5-3给出了ITU-T提出的IPTV体系结构示意图，其主要功能体系包括端用户功能、应用功能、业务控制功能、内容分发功能、网络功能和内容提供者功能。

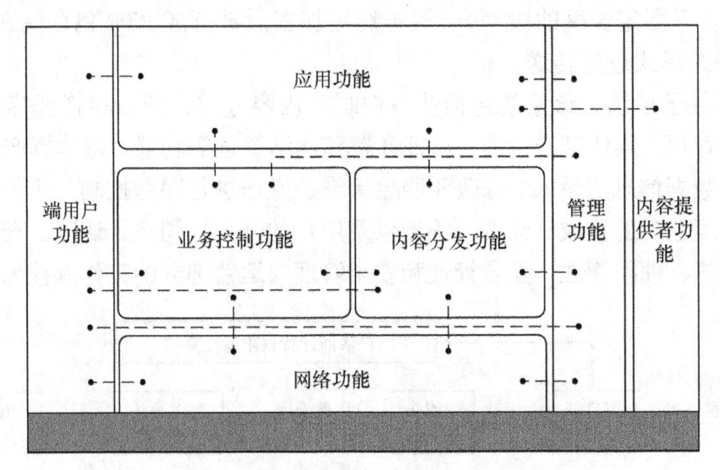

图5-3 ITU-T提出的IPTV的功能体系结构

（1）端用户功能：执行端用户和IPTV系统之间的协调功能。

（2）应用功能：利用端用户功能，选择或购买具体的内容项目。

（3）业务控制功能：负责请求和释放网络与业务资源。

（4）内容分发功能：通过网络功能将内容提供给端用户功能。

（5）管理功能：完成系统管理、状态监测和配置。

（6）内容提供者功能：由拥有或被授予出售内容或内容资产的实体提供的内容、元数据和使用权等。

（7）网络功能：包括传送和控制功能，用于提供所需的服务质量。

IPTV作为下一代网络平台上提供的一种应用业务，其功能体系构架中不同部分的实现方式不同，因此IPTV的体系架构又细分为以下三种。

（1）非基于NGN的IPTV架构：基于现有IPTV网络模块和协议/接口构建的网络与业务实现架构。

（2）基于IMS的IPTV架构：采用Y.2012定义的NGN框架体系结构。在业务控制层面使用IMS（IP多媒体子系统）模块，使之能够同时提供IPTV业务和其他NGN业务。

（3）非基于IMS的IPTV架构：同样采用Y.2012定义的NGN框架体系结构，但在业务控制层面不使用IMS模块，仍能同时提供IPTV业务和其他NGN业务。

5.4.2 工作流程

综上所述，无论哪种架构，都需要利用一系列的基本功能来实现 IPTV 业务。下面将进行详细介绍。

（1）节目制作子系统。节目制作包括节目策划、节目生产管理、节目内容审核、编码与转码和上传环节。该系统通过内容提供者功能，负责将原始的节目源转换成符合规定编码格式的流媒体节目源。系统通过内容引擎和媒体内容上传设备，上传实时或非实时的节目内容，在此过程中并对节目内容进行切片、加密等处理。原始节目源是通过编码器将节目压缩成具有广播级质量的 MPEG-2、MPEG-4 或 WMV、H.264 等格式的数字码流，然后经过语法预分析，将其分割成若干固定长度的段，每一段再经过加密后被打成 RTP 包存储在媒体工作站中，可以单播或组播的形式进行传送。

（2）业务提供子系统。该系统包括业务控制、内容分发、应用和管理等功能，用于实现业务控制、用户管理、媒体资产管理、认证计费和网络管理等功能。媒体资产管理负责对所有媒体节目源的元数据信息的录入、修改和删除等维护操作进行跟踪控制。计费和用户管理提供用户界面用于实现业务的生成、计费、统计以及用户的开户、销户、认证、查询等操作。网络管理包括故障管理、性能管理、配置管理和安全管理。运营部分的工作流程如图 5-4 所示。

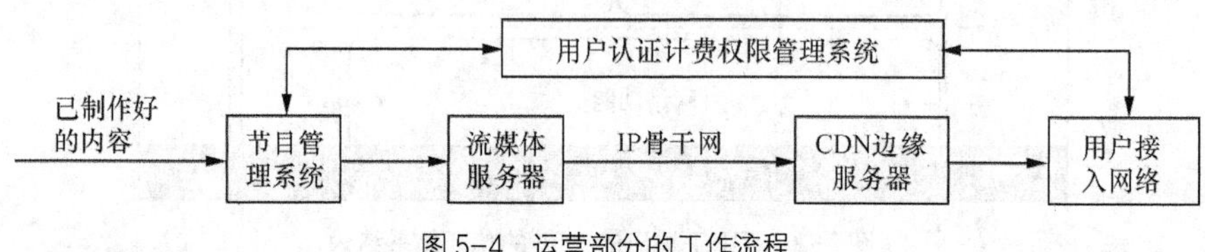

图 5-4 运营部分的工作流程

（3）网络承载子系统。该系统包括 IP 骨干网、城域网和宽带接入网等，是实现 IPTV 业务的物理介质。通过网络、管理等功能，实现 IPTV 业务的传送与控制，同时提供相应的服务质量保障。

（4）用户终端子系统。通过端用户、应用等功能，可实现 IPTV 节目流媒体数据、电子节目指南等信息的接收、存储和播放。典型的终端设备包括多媒体计算机、电视机 + 机顶盒和 3G 智能手机等。通过电视机 + 机顶盒方式观看 IPTV 业务的工作流程如图 5-5 所示。

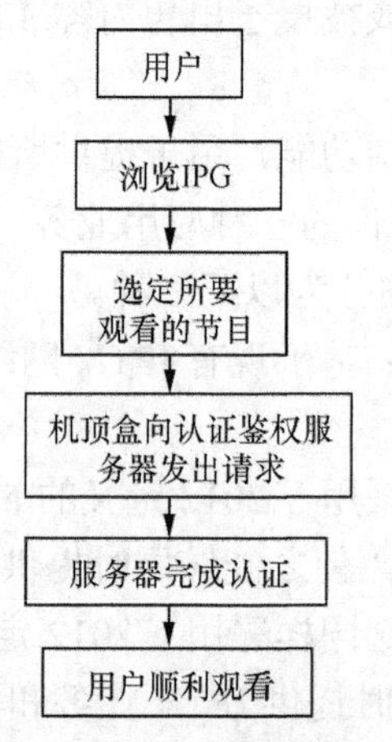

图 5-5 用户使用 IPTV 终端流程

IPTV 整体业务流程如图 5-6 所示。

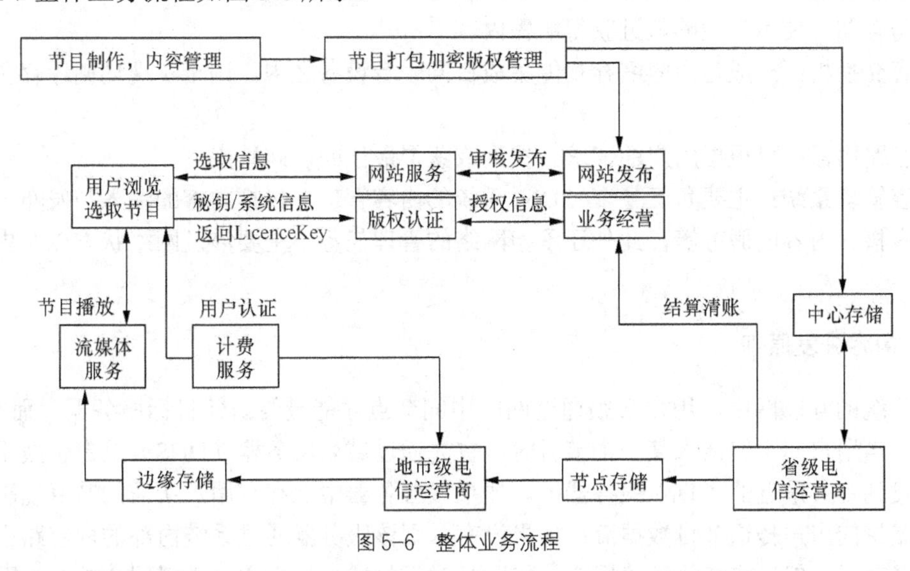

图 5-6　整体业务流程

5.5　IPTV 关键技术

IPTV 关键技术主要涉及视频编码技术、网络技术、内容管理和网络接入等几个领域。编码技术是指流媒体视频压缩编码技术。网络技术是指进行 IPTV 数据传输时所采用的模式，包括内容分发网络（CND）技术和点对点（P2P）技术。内容管理包括电子节目 EPG 菜单技术和数字版权管理 DRM 技术。网络接入技术是研究如何使用户能够接入 IPTV 网络，并保证 IPTV 业务的收看质量。下面介绍以下关键技术。

5.5.1　内容分发网络 CDN

1. CDN 网络的结构

内容分发网络 CDN 是建立在现有 IP 网上的一种叠加应用网络，它主要包括内容缓存设备、内容交换机、内容路由器和内容管理系统等，如图 5-7 所示。

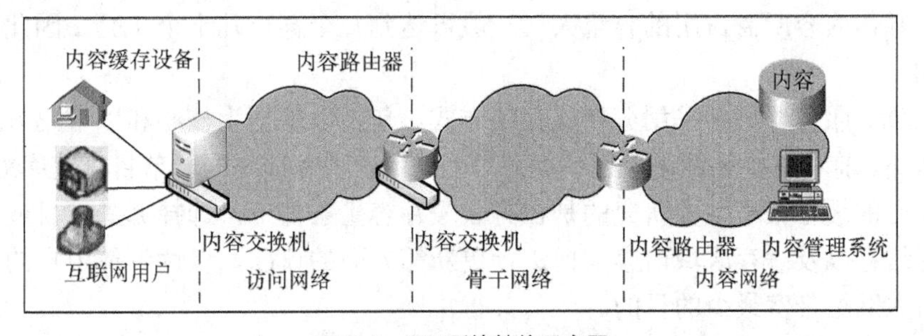

图 5-7　CDN 网络结构示意图

内容缓存设备：也称为 CDN 网络节点，它通常是面向最终用户提供 CDN 业务的节点，因此一般放置在用户接入节点处，以缓存静态的 Web 内容和流媒体内容，从而实现内容的边缘传播与存储，使用户能够就近获得所需内容。

内容交换机：一般与内容缓存功能集成在同一台设备之中，用于实现均衡缓存负载和访问控制。

内容路由器：可根据用户的请求，找到或获得最佳的访问站点。

内容管理系统：主要负责整个 CDN 系统的内容管理，包括内容的注入与发布、内容的分发与审核、内容的服务等，此外还承担网络的管理任务，主要涉及网络状态以及内容分布的监控。

2．内容分发原理

在传统的互联网中，用户必须通过网络中间节点才能最终访问目标服务器。而在 CDN 网络中，当用户向系统请求某一个节目时，首先通过域名服务器（DNS）重定位技术，将该请求转发到距其最近的 CDN 服务器上。如果该服务器中保存有用户所需的节目复制版本，该服务器将向用户传递节目数据流；如果没有，则该服务器通过系统内部的内容路由功能找到或获得节目，然后将其传递给用户。特别是对于热播节目而言，点播用户较多，因而多个边缘服务器中均存储了该复制版本，这样用户可从邻近的边缘服务器上获取节目流，从而降低源服务器的负载和传送网络的流量，进而节约网络资源。同时由于用户与服务器之间的距离较近，因此节目流的传输延时、丢包率和延时抖动等性能得到改善，从而提高服务质量。具体工作流程如下。

（1）用户首先在自己的浏览器中输入所需访问的网站域名。

（2）浏览器向本地 DNS 请求对该域名进行解析。

（3）本地 DNS 将请求发到网站的主 DNS，该 DNS 再将域名解析请求转发到重定位 DNS。

（4）重定向 DNS 根据策略确定当前最适合的 CDN 节点，并将解析结果（IP 地址）通知用户。

（5）用户向指定的 CDN 节点请求相应的节目内容。

（6）CDN 节点服务器响应用户的请求，为其提供所需的节目内容。

3．内容缓存策略

CDN 网络中包括内容源和分布在不同地域的 CDN 节点（CDN 服务器）。对于内容源的存储，由于媒体内容所需占用的容量大（一般可达到几个甚至几十个 TB），因此通常采用海量存储架构。

边缘 CDN 服务器通常采用分布式存储方式，包括以数据为核心和以编码方式为核心的两种缓存策略。前者主要是针对单速率编码节目，后者则是针对同一节目多速率编码的情况。以数据为核心的缓存策略主要研究的是在有限缓存容量条件下，选择哪些节目或者节目的哪些部分进行缓存以及缓存区域内容如何进行更新等方面的议题，以达到使用户的平均起始延时最小和所占网络带宽最少的目的。

通常我们以点击率来评价节目的热度。据资料显示，一般有 20%的节目具有 80%的点击率，这部分节目被称为热播节目。热播节目由于其点击率高，若将其完整地存储在各个 CDN 节点服务器中，那么网络可以根据用户的请求，从距离用户最近的 CDN 节点为用户提供节目流，这样在保证业务的服务质量的同时，可尽量减少网络流量负担。对于非热播节目，通常只有每个节目的前一部分内容存储在 CDN 节点的缓存器中。当用户点击了非热播节目，距离用户最近的 CDN 节点服务器首先向用户传送节目的前一部分内容，同时向源服务器索取后一部分节目内容，以保证所提供节目流的持续性。此时 CDN 节点服务器可以将这部分节目内容存储起来以备后续用户点播使用，也可以将其用完后删除。

在 CDN 网络中通常是根据节目管理策略，由源服务器主动将热播节目和非热播节目的前一部分内容发送到各边缘 CDN 节点服务器，这种工作方式称为“推”模式；而当用户点播非热播节目时，CDN 节点服务器需要向源服务器发起请求，源服务器才会向边缘节点服务器输送节目流，这种方式称为“拉”模式。

随着时间的推移，热播节目可以成为非热播节目，因而在某一时段边缘 CDN 服务器中应该保存哪种节目或哪种节目的哪一部分，才能提高此段时间的资源使用效率和降低用户的平均等待时间，这就是缓存替代策略所要研究的课题。通常采用点击率作为决策依据，点击率高的节目将获得较大的存储空间，而删掉点击率很低的节目。

以编码为核心的缓存策略主要是针对采用分层编码的节目的缓存策略。通常在边缘 CDN 服务器中缓存的是基本层数据，它仅能提供较低质量的图像。这样低质量终端的用户点播节目时，只需从边缘 CDN 服务器直接获得数据；而高质量终端用户在点播同一节目时，边缘 CDN 服务器需向源服务器索取增强层图像数据，并与本地存储的基本层数据一起传输给用户。

4. 合作缓存机制与内容路由

合作缓存是指各个 CDN 节点服务器上分别存储着不同的节目，当本地 CDN 服务器上没有所需的节目时，服务器可以通过内容路由功能从周围缓存了该节目的 CDN 服务器索取此节目，这样既可避免在一个 CDN 服务器中因需要复制所有的节目而带来的占用过多存储资源的问题，也可避免因各个 CDN 服务器直接向源服务器索要所有节目数据而带来的网络负荷过重的问题。图 5-8 给出了一个采用二层合作缓存结构的网络示意图，其中将地域邻近的服务器彼此互联，从而构成一个簇，每个簇中均有一个代理 CDN 服务器，如图 5-8 中簇 A 中的 R_A 就是本簇的一个代理服务器。各簇代理 CDN 服务器的彼此互联构成第 2 层网络。

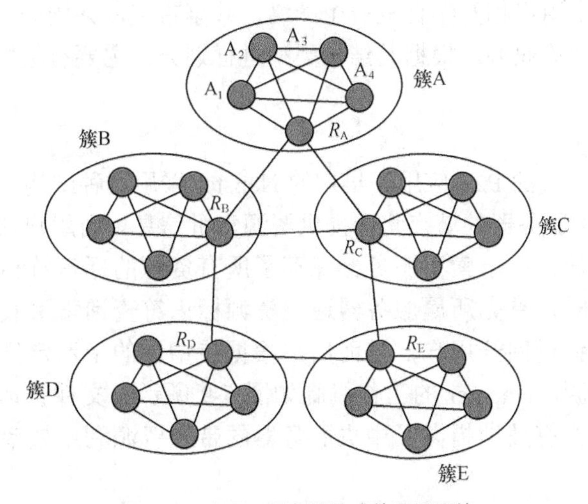

图 5-8 由 CDN 服务器构成的两层网络

内容路由功能的作用是将用户的请求导向 CDN 网络中的最佳节点，使网络达到负载均衡。通常负载均衡可以分为两个层次：全局负载均衡和本地负载均衡。全局负荷均衡的主要目的是在整个网络范围内将用户请求定向到距离用户最近的节点。通常可供使用的就近性判断方式有两种：即静态配置和动态检测判断方式。这样就要求 IPTV 系统应具有将用户的每次请求定向到距离用户最近的边缘节点进行处理的能力。

本地负载均衡一般局限在特定的区域以内，通过实时获取缓存服务器的运行状态信息，同时考虑到节目放置位置、并发流量和服务器资源的消耗量等因素的影响，进行复杂决策运算，寻找出一个合适的边缘节点。该节点的局部负载均衡器将在本节点媒体服务器组的多个媒体服务器间进行负载均衡，为用户提供优质的服务。

5.5.2 P2P

1．P2P 技术及特点

P2P（peer-to-peer）是一种分布式网络，网络的参与者共享他们所拥有的一部分硬件资源（包括处理能力、存储能力、网络连接能力和打印机等），这些共享资源需要由网络提供服务和内容，能被其他对等节点（Peer）访问而无需经过中间实体。可见这种网络中的参与者既是资源的提供者（Server），又是资源（服务和内容）获取者（Client）。P2P 与传统的 Client/Server(C/S)模式不同，在 P2P 网络中用户设备既是终端，又是网络节点，相互之间是对等的关系。

当一个用户想要某个节目时，它不是向 CDN 网络那样从边缘 CDN 服务器获取数据，而是从曾经接收（或正在接收）相同节目的其他用户（节点）那里获取数据。当它收到这些数据之后，也可以向后续请求该节目的用户提供数据，这时该节点既可以作为客户机，又可以作为服务器，以此共享各个节点的计算、存储和带宽资源，从而节约网络建设的费用，增强网络传输的可靠性和网络的可扩展性。

2．P2P 网络模型

P2P 技术可将各个用户相互结合成一个网络，共享带宽，共同处理其中的信息。目前已成为宽带互联网中的主流业务。根据其结构类型进行划分，主要有集中式、纯分布式、混合式和结构化式几种。

（1）集中式 P2P

集中式 P2P 是第一代的 P2P 应用。早期的 Napster 采用这种结构。在采用集中式 P2P 的网络中，有一个类似于服务器的节点集中提供资源索引信息。当用户共享资源时，需要向索引服务器进行资源注册。由于索引服务器保存了所有资源的标识符和指针列表，因此在用户需要进行资源查询时，首先所属服务器通过资源标识符查询索引服务器，然后服务器将查询结果——资源指针返回给用户，继而用户根据该指针的指示定位到资源的存储位置，开始使用该节点的资源。Napster 的工作机制如图 5-9 所示。文件查询和文件传输是采用分离的方式进行的，这样有效地提高了中央服务器的带宽资源利用效率，同时减少了文件的传输时延。

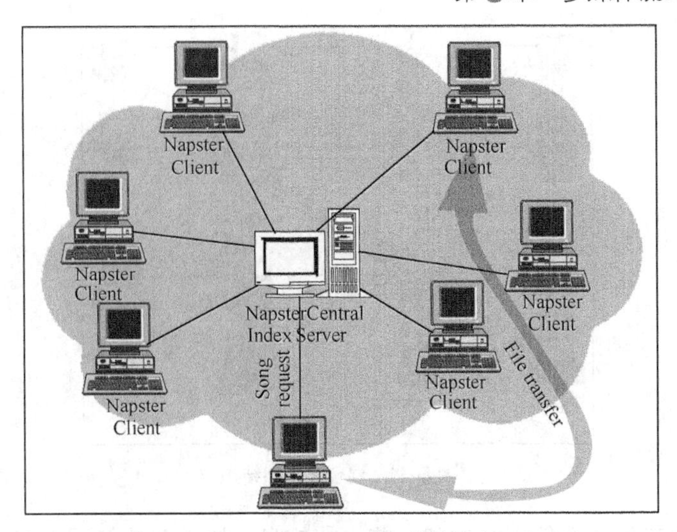

图 5-9　Napster 的拓扑结构

（2）纯分布式 P2P

第二代的 P2P 网络采用纯分布式的拓扑结构，如图 5-10 所示。网络中不再使用中央索引服务器，也可以避免因中央索引服务器的故障，而带来全网瘫痪的问题。由于该系统具有明显的“完全去中心化”的特点，每次查询需要在全网中各节点之间通过采用洪泛请求来实现，因此会造成大量的网络流量，致使搜索速度变慢、排队响应时间长等问题。这些均与用户 PC 机的性能及其与网络的连接状态有关。这种工作模式具有典型的自组织（Ad Hoc）特点，可降低使用者的成本，同时提供良好的可扩展性，但需要考虑洪泛抑制问题。

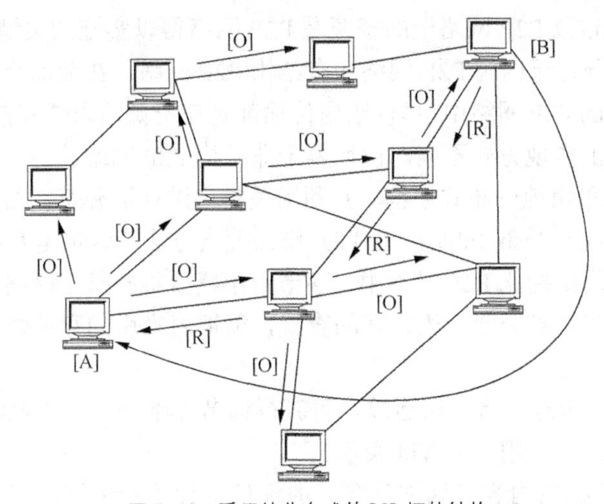

图 5-10　采用纯分布式的 P2P 拓扑结构

（3）混合式 P2P

混合式 P2P 作为第三代 P2P 技术，吸取了集中式和纯分布式 P2P 各自的优点，选择性能较高的若干节点作为超级节点构成分布式网络来代替中央索引服务器，具体混合式网络的拓扑结构，如图 5-11 所示。

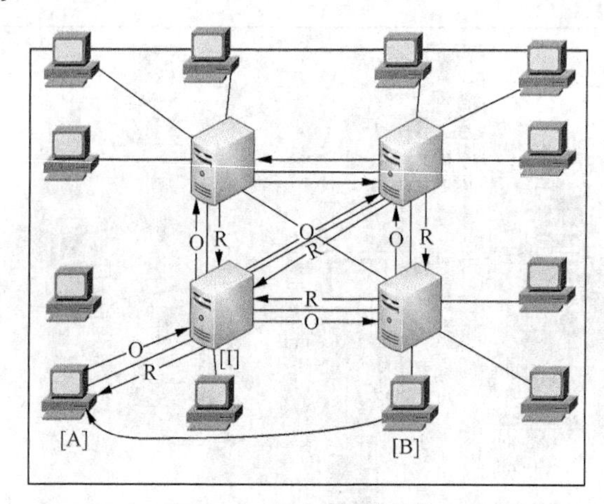

图 5-11　混合式拓扑结构

各超级节点上存储了系统中其他部分节点的信息，发现算法仅用于在超级节点间转发，最终由超级节点再将查询请求转发至适当的终端节点。除此之外，它们还负责网络的组织和网络的管理。在资源下载阶段，其工作过程与分布式 P2P 网络相同，可直接在节点之间进行内容交换，无需其他节点参与转发。可见混合式 P2P 采用双层分布式架构，超级节点之间构成一个提供索引搜索服务的层次，而超级节点与其所负责的普通节点之间构成若干自治层次。这样通过采用分层搜索方式，进而大大地缩短了排队等待的时间，并且所产生的流量要远低于第二代 P2P 分布式网络。另外由于网络中没有设置中心控制点，不会因为某个超级节点的故障而导致全网瘫痪。

（4）结构化 P2P

如何高效快速地定位 P2P 网络上的资源是 P2P 网络得以实施的关键。按照资源组织与定位方法，P2P 网络可分为无结构 P2P 网络和有结构 P2P 网络。在前面介绍的集中协调式、纯分布式和混合式结构的 P2P 网络中，尽管数据传输都是在资源请求者和接收者间直接进行的，而且各自的控制层面的实现方式不同，但均属于非结构 P2P 网络。

结构化 P2P 网络采用纯分布式结构，并利用关键字进行资源查找与定位。目前普遍以分布式哈希表（Distributed Hash Tables，DHT）作为搜索方法。这也是有结构和无结构 P2P 网络的根本区别。在采用结构化 P2P 网络中，各节点不需要维护整个网络信息，只在节点中存放部分哈希表。通过多个部分哈希表之间的查找，能够对索引的存放位置做出快速定位。资源定位计算过程如下。

① 对每个节点 IP 地址进行哈希运算，可获得该节点唯一的标志 ID 值，节点的 ID 值作为网络中节点的逻辑地址（用符号 Vid 表示）。

② 对每个节点所提供内容（为文件名）的标识进行哈希运算，可获得该文件的关键字 key 值。

③ 每个节点公开发布其 Key、Vid（Vid 指出内容的存放位置）。

④ 根据文件的关键字 Key，通过哈希映射获得相应的 ID1 值，然后将该文件信息（可以是文件本身的内容，或者是文件的位置）存到 ID 号为 ID1 的节点。

反之，当查找一个关键字为 Key2 的文件信息时，先进行哈希映射得到对应的 ID2 值，然后将查找消息路由，从而获得 ID2 节点，再从标识为 ID2 的节点上获取该文件信息。由此可见，这种系统的最大优势在于在进行资源定位过程中，消息所经过路径的跳数较少，有效地减少了节点信息的发送数量。但基于 DHT 的结构化 P2P 的维护机制较为复杂，特别是在节点频繁加入和退出情况下，会因网络波动而大大增加 DHT 的维护代价。

5.5.3 节目内容的发布与呈现

在 IPTV 节目内容发布与呈现过程中，涉及媒体信息的流式传输、节目流控制方式、终端与服务器之间的通信方式、节目中不同媒体信息在时间和空间上的组织方式、媒体服务器和节目库的组织以及节目信息的数字版权保护等内容。

1. 电子节目 EPG 菜单的呈现

电子节目指南（E1ectronic Program Guide，EPG）是构成交互式网络电视的重要组成部分。它为用户提供各种业务索引及导航功能。作为 IPTV 系统的门户系统，其界面与 Web 类似，一般在 EPG 界面上提供各种菜单、按钮和链接等，用户可以通过直接点击组件来选择感兴趣的和需要的节目，可见用户可以通过该功能观看到一个或多个频道甚至所有频道上将要播放的电视节目，也可以动态或静态地浏览多媒体内容。

由于 IPTV 可实现交互式操作，因此 EPG 接收端系统通常采用基于 Web 的交互式方案。这样用户可以通过电视机和 IP 机顶盒登陆 Internet。图 5-12 给出基于 IPTV 的 EPG 系统工作模型。其中 MetaDate 是存放在数据库中的各种元数据，它们源自 IPTV 系统中的媒体资产管理系统和中央元数据管理系统。

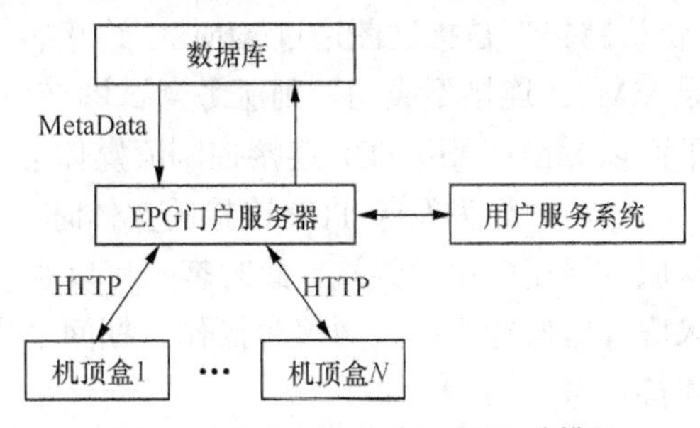

图 5-12 基于 IPTV 的 EPG 系统工作模型

在 EPG 门户服务器收到来自 STB 的请求之后，首先在数据库中搜索所需信息，元数据经过 EPG 门户服务器可生成各种网页。接收端使用内嵌的浏览器，通过 HTTP 协议获得这些网页，并将它们呈现给用户。与此同时，EPG 门户服务器与 IPTV 平台中的用户服务系统或者 BOSS 系统进行信息交互，从而获得用户信息、用户权限和书签信息等，以对 STB 发送的用户认证请求做出响应，便于提供个性化的节目导航。

在基于 IPTV 的 EPG 系统信息传送过程中，必须采用分布式结构，这样 EPG 信息可以一步一步地从服务提供商的数据中心分布到用户的各个区域。用户的 STB 只需和用户终端接入中心进行交互，即可实现 EPG 的功能。同时这种结构可以缓解整体主干网络的负荷量。而且当用户增加时，只需在最下层的用户终端接入中心增加 EPG 门户服务器的数量，便可扩大规模。但在这种分布式结构设计中，通常用户终端接入中心采用主、备用服务器设计，这样每一层都预留了一定的冗余，可以防止服务器出现故障，以保证用户端每时每刻都能享用 EPG 带来的便捷服务。

EPG 系统的工作过程大致如下。

（1）媒体源经过内容服务平台处理成系统所定义的格式，存储在中央媒体数据中心上，并由后台的媒体分发管理模块按一定的算法将这些节目分发到每一个区域中的媒体数据中心。

（2）同时有关节目的信息也被下发到EPG服务器中。

（3）用户开机经过后台认证后登录到EPG服务器上，开始浏览系统的节目信息。

（4）当用户选择一个节目观看后，EPG将有关节目信息和用户的信息发送到后台运营支撑系统，通过用户管理部分判断用户是否有权限欣赏节目，如果有权限。用户机顶盒则向邻近的用户终端接入中心发送播放节目请求，然后进入节目播放阶段。

（5）播放完毕，机顶盒向后台服务器发送扣除相应收费的请求，同时重新定向到EPG服务器，用户可以继续浏览节目和欣赏节目。

2. 节目流控制

在IPTV系统中，多数流媒体服务器是通过HTTP协议，或同时使用RTSP协议来传输流媒体数据，但HTTP不是特别适合流媒体，因其内部使用大量的数据结构，并缺少控制通道，无法实现流数据的快进和回退。而使用RTSP协议，或MMS（Microsoft Media Server Protocol）协议可实现流媒体服务器与终端媒体播放器之间的通信。

MMS也是一种流媒体传送协议，主要用于访问Windows Media发布点上的单播内容和接收由.asf文件描述的流媒体信息。这种协议支持快进、回退、暂停、启动和停止索引数字媒体文件等播放器控制操作，可见非常适用于需要多媒体数据边传输边同时呈现的场合，如视频显示和音频播放。当使用MMS协议连接到发布点时，使用协议翻转可获得最佳连接。“协议翻转”是指试图通过MMSU连接客户端（使用MMS协议和UDP进行数据传送）。如果MMSU连接不成功，则服务器试图使用MMST（使用MMS协议和TCP进行数据传送）。下面以MMS利用TCP连接控制流媒体会话为例加以说明。

当用户作为发起TCP连接的实体时，服务器则作为响应该链接的实体，同时多媒体数据从服务器流向用户终端。此时客户可以利用TCP连接向服务器发送MMS协议请求消息，要求服务器执行开始、暂停等操作。期间多媒体数据即可以采用TCP传送，也可以通过UDP连接传送。

3. 媒体服务器和节目库的组织

随着用户数量的不断增加，要求网络能够同时提供较大的媒体流，以保证用户任何请求都能得到高质量的媒体流，因此网络通常使用多个高带宽具有强大功能的服务器与互联网实现连接，并且每个服务器均被分配执行特定的任务。为了提高网络的可靠性，通常采用加倍组件的增加冗余方法，这样一旦有一个组件发生故障，可以用另外的组件代替，而两个组件同时出现故障的概率极小。

由于服务器采用冗余设置，因此必须设法将访问任务从一个服务器转到另一个服务器，并保持动态的、自动的和对用户透明的特性。为此，可以通过将多台服务器按某种方式连接起来，构成一个服务器集群来共同完成一个动态分配访问任务。采用服务器集群有很多优点，但需要重视的是流媒体网络的负载平衡和容错性能。

负载平衡是指能够在多台服务器中自动地为每台服务器分配基本平均的负载，而容错则是指一个网络在有硬件和软件错误发生的情况下可以维持工作的能力。可见使用服务器集群对建立容错系统起到很大的帮助作用。如若集群中的一台服务器出现错误，系统可以自动地将负载转移到另一台服务器上，这种能力被称为失效保护。目前的网络操作系统均提供完整的负载均衡和容错特性。这样通过操作系统便可实现上述功能，无需增加特殊的硬件，但要求提供一台独立的计算机作为负载平衡服务器。

为了达到提高网络容量和可靠性的目的，在实际中往往需要增加更多的服务器，而在一个大规模的网络中，每台服务器均被指定完成规定的任务，这些服务器一起组成数据中心，也称为节目库。节目库服务功能主要包括：

- 高带宽网络互联
- 网络安全、管理与监控
- 可靠的电源和强大的空调装置

由此可见，在多个地域拥有冗余的、分布式的节目库，对提供网络带宽效率和容错能力，减少灾难和互联网中枢瘫痪、大面积停电、地震等地区性事件所带来的损失有很大的帮助。

4. 服务器与网络的带宽设计

IPTV网络带宽设计中需要考虑以下两方面的因素，一方面是节目源主要以视音频文件为主，其大小通常大于大多数计算机文件，因此对网络传输带宽的要求较高；另一方面是要求从服务器到用户终端流经的网络路径提供足够的带宽，以持续保证媒体流的质量。然而通常系统无法控制用户接入互联网时的接入带宽，这与当时网络运行状态有关。当无法保证用户的接入带宽时，便无法维持媒体流传送的质量需求。

在IPTV系统中，所需的带宽通常是由同时并发的媒体流的数量和每个媒体流的带宽需求两个因素决定的，即

总的流带宽需求 = 同时发生的媒体流的数量 × 每个媒体流的带宽

由于实际系统中会受到多种因素的影响，因此实际流量应被限制于理论最大传输流量的70%～80%。这样在给定带宽的情况下，可以支持流的数量为

并发流数量 = 实际网络容量/每个流的平均比特率

5.5.4 数字版权管理

1. 概念与特点

在IPTV系统中使用一种独立于媒体文件、有标准格式和多种灵活激活方式的数字证书，由此推出数字版权管理（Digital Rights Management，DRM）概念。DRM是一项涉及到技术、法律和商业各个层面的系统工程，是保护多媒体内容免受未经授权者播放和复制的一种方法。这样在采用DRM保护的媒体信息中应该使用加密技术，而且只有当用户拥有一个有效的数字证书时，才可以播放媒体信息，由此可见如欲播放一个媒体信息，用户需要同时具有媒体信息文件和电子证书。由于证书是存储在服务器之中，因此可以完全由内容提供者控制。为了实现上述要求，可见所设计的DRM应具有个性化、颗粒性、兼容性和易用性的特点。

个性化：根据用户要求，对作品大小、格式、内容进行剪裁，同时加上可见的个人水印。据大量实践案例显示，只要措施得当，个性化是一种非常有效的实施方式，但需要投入大量的部署工作和投资。

颗粒性：用来描述DRM系统对信息的细分能力。通常一个目标信息能够细分为多个小的模块，这些模块又可以某种组合方式被其他创作者和制片人使用，从而形成新的创作作品。

可见颗粒性可以为创作开发人员提供一种高效低成本开发的途径。

兼容性：在 IPTV 应用环境中，由于创作者、生产商、开发商需要互相沟通，制片人与使用者也需要在不同的场合频繁地使用不同的资源，因此要求系统具有较强的兼容性。主要涉及的开发内容包括数字对象标识（DOI）和版权表述语言。这些语言具有通用性，可以使用在网站、文本文件、图片、音乐、PDF 文档和流媒体中。

易用性：能够使合法用户轻松方便地使用 DRM 系统，这就要求嵌入在元数据中的技术控制手段能够使合法用户感到使用方便，能够快捷地访问所需的内容，而不用填写额外的表格，即对于合法用户而言，DRM 是透明的。

2. 关键技术

（1）DRM 要素

① 元数据：是保存特定信息的数据段，所有的元数据都是由一套关键词和数据类别描述符构成的，用于描述作品的基本信息。合理使用元数据对信息的查找起到很大帮助作用。

② 版权管理信息：可以用于版权管理的信息，如作者、联系方式、授权条件和权利有效期等，方便用户获得作品的使用许可，还可监控用户的使用情况，防止侵权行为。

③ 数字对象标识（DOI）：类似于用来识别物品的条形码，注册代理机构为每一个数字对象分配一个识别号码，并采用元数据对其进行描述。

（2）版权保护技术

适用于 IPTV 的数字内容版权保护技术主要有两种，分别是数字水印加密技术和数据防拷贝技术。

① 数字水印加密技术

数字水印加密技术是将数字水印以可感知或不可感知的形式嵌入到数字多媒体产品（文本、图像、音频和视频等）中，用于版权保护、内容检验或提供其他信息的信号。数字水印可以采用可见和不可见两种不同呈现方式，其中不可见的数字水印是嵌入到IPTV媒体内容中的隐蔽标记，只有通过专用的检测工具才能提取。与可见数字水印相比，广泛应用于图像、音视频中。

② 数据防拷贝技术

数据防拷贝技术是指经对数字内容进行加密后，再将解密的密钥分发给授权用户的数字版权保护技术。需要说明的是其中的密钥是与用户终端硬件信息绑定在一起使用的，因而可防止非法拷贝。数据防拷贝技术的加密与普通文件的加密机制不同。由于普通文件的加密密码容易被破译，不能从根本上保护版权。而数据防拷贝技术是利用开发商打包工具对 IPTV 媒体文件进行加密，加密时还可以添加版权信息，如作者权人、版本号和发行日期等信息。通常加密采用 128 位或 256 位对称算法来完成，因而可以有效地保证密钥的安全性，同时也增加了破译的难度。

通常密钥有两把。一把是公钥，另一把是私钥。公钥用于对节目内容本身进行加密，而私钥则用于解密节目。如果数字内容文件头有被改动或破坏的迹象，利用密钥就可以判断出来，浏览器或者播放器就会停止节目的播放。

3. DRM 的实现与解决方案

DRM 可以与任何种类的文件和任何种类的发送方式相结合，因此在各种 DRM 系统中都是指定为与一个特定的流媒体服务器/播放器结合使用，具体的实现步骤如下。

（1）媒体提供商将一个媒体文件进行打包处理，从而创建了一个受保护的媒体文件和相应的数字证书。

（2）提供商将受保护的媒体文件发布到流媒体服务器上，将数字证书放到证书服务器上。

（3）当用户欲播放该媒体文件时，其媒体播放器将向证书服务器请求一个证书。

（4）用户终端下载一个证书不需要做任何操作或指示用户到一个网页去注册或缴费。

（5）当证书下载完毕后，用户可以根据证书条件来播放媒体文件。

目前两大主流流媒体服务器供应商 Microsoft 和 RealNetworks 都开发了相应的 DRM 系统。由于不同的 DRM 解决方案仅支持某个特定的流媒体格式，因此使用何种 DRM 系统将由所选择的流媒体平台决定。

5.6 IPTV 多媒体应用平台与终端

5.6.1 多媒体应用平台

1. IPTV 中间件的整体架构

中间件是指位于网络与应用之间的软件，该软件负责提供认证、鉴权、授权、目录服务和安全等。借助这种软件，分布式应用软件可在不同的技术之间实现资源共享，通常中间件位于客户机服务器的操作系统之上，管理系统资源和网络通信。根据 TCP/IP 模型，可见它是应用层上的应用软件。图 5-13 给出了 ITU-T IPTV GSI 对 IPTV 中间件架构的总体描述，具体包括业务平台中间件和终端中间件。

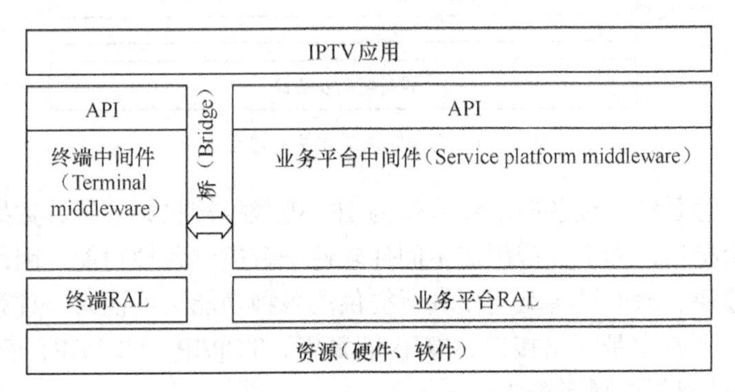

图 5-13　IPTV 中间件架构的总体框图

IPTV 应用层：可供运营商和第三方提供业务和应用的功能层，具体业务包括 EPG 应用、VOD 点播、直播电视、PVR（个人视频录像机）、游戏、互联网应用以及其他增值业务。

API 层：为业务提供者或者制造商提供的一整套接口。这样可通过不同层次的封装来为用户提供各种各样的应用。

IPTV 中间件：分为业务平台中间件和终端中间件，它们之间通过桥链接。这样 IPTV 中间件可调用底层的资源，并对其加以控制，同时为上层提供 API。IPTV 中间件的功能包括资源管理和应用管理两个方面。前者用于管理 IPTV 终端设备和服务器的系统资源，而后者则用来管理应用以及它们之间的交互操作的生命周期。

资源抽象层：使中间件不依赖于底层软件和硬件层。

（1）IPTV 业务平台中间件

IPTV 业务平台中间件包括应用管理、内容传递和控制、业务控制、监控和配置、内容读取和资源管理等 6 个方面的功能。

应用管理功能负责管理应用以及它们之间的交互操作周期。业务控制功能主要负责请求和释放网络和业务资源。监控和配置功能主要负责整个系统的管理、状态监控和配置。内容读取功能主要用于将内容提供者所提供的信息传递给业务提供者。资源管理功能主要用于业务平台的资源管理。内容传递和控制功能负责传递内容到用户的终端设备。具体包括内容分发和媒体流的控制管理两部分。内容分发负责在内容提供者和业务提供者之间控制内容传递，即根据具体规则进行内容的分发、复制、缓存和检索等操作，带宽和拥塞控制等。内容流的控制管理主要涉及将媒体流发送到 IPTV 终端设备过程中的媒体流控制、媒体操作的管理以及网络 PVR 和存储管理等。

（2）IPTV 终端中间件

图 5-14 给出 IPTV 终端中间件的功能架构图。

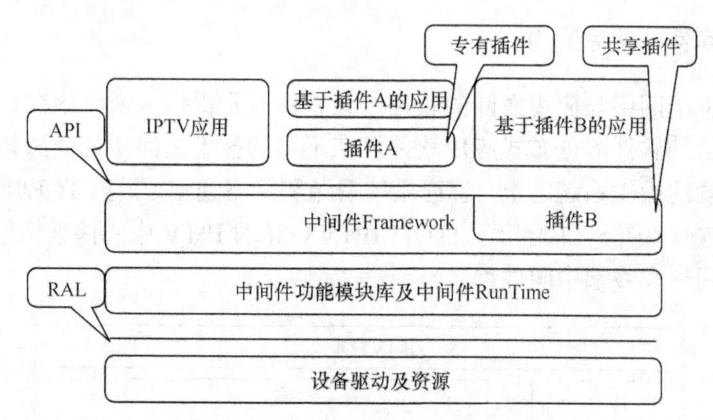

图 5-14　IPTV 终端中间件的功能架构

设备驱动及资源系统：设备驱动模块作为 IPTV 数据接收、解码、数据处理和显示等业务的基本硬件平台接口，为上层应用或中间件软件平台提供各种功能，因此它是中间件软件平台调用的主要模块。然而设备驱动模块所提供的各种功能又可视为一种系统资源，因此又称为资源模块，主要有宽带网络接口、复用/解复用、TCP/IP、UDP/IP、音频编/解码、视频编/解码、音/视频处理与控制等模块。

资源抽象层（Resource Abstraction Layer，RAL）：包括系统抽象层接口和硬件层接口。资源抽象层的目的是使具体的硬件平台与中间件内部模块相分离，这能够使同一套中间件软件能够平滑地移植到不同的硬件平台。换句话说，任意厂家的机顶盒只要实现了本层功能，那么客户端中间件和应用程序都能够运行于其上，而无需对不同硬件和操作系统进行适配。

终端业务逻辑适配层：将应用程序和硬件平台相互隔开，其中包含了一个中间件框架，因此也称为中间件软件平台，它主要负责启动应用程序、插件和中间件 API 接口，管理所有应用程序、插件和中间件 API 库的生命周期，包括彼此之间的相互操作、各种应用程序之间的协调工作。

中间件 API 接口：中间件通过 API 接口为上层应用提供服务。

2．多媒体应用平台

目前国际上现有的多媒体应用平台标准有多种，下面以著名的多媒体家庭平台（MHP）为例来加以说明。

MHP 中间件的体系架构如图 5-15 所示。由于 MHP 标准与 DVB 的演进发展密切相关，因此其主要应用模型包括广播 MHP 应用、DVB-J 模型和 DVB-HTML 模型等。从图 5-15 中可以看出，MHP 中间件的体系结构是由资源层、系统软件层和应用层构成的。应用层包括了可相互协作运行的 Java 应用库，这些应用只能通过 MHP 的 API 访问资源层。系统软件层是由 MHP API 应用管理器（即浏览器）和 Java 虚拟机构成。正是利用系统软件层实现应用与硬件资源的隔离，同时将其提供给应用层。资源层包括机顶盒硬件、驱动程序和操作系统等。

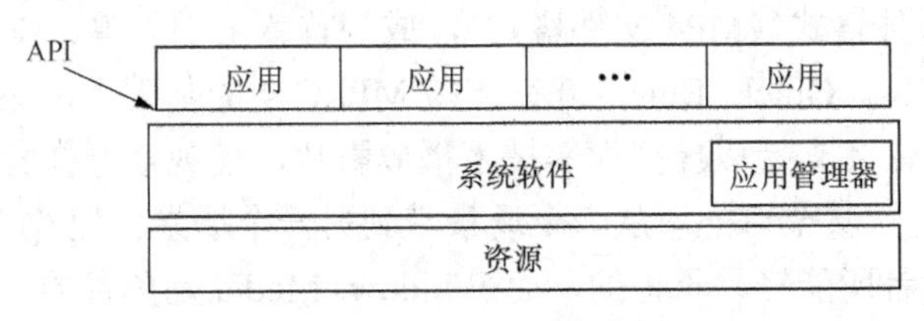

图 5-15　DVB-MHP 基本构架

5.6.2　多媒体计算机终端

1．多媒体计算机终端组成

多媒体计算机是指能够对声音、图像和视频等多媒体信息进行综合处理的计算机。其主要功能是指可以通过计算机的交互式控制来实现视音频、图像图形等的综合处理能力。多媒体计算机通常包含多媒体硬件平台、多媒体操作系统、图形用户接口和支持多媒体数据开发的工具软件。目前市场上在售的计算机都具备多媒体信息处理能力，可以作为 IPTV 终端。多媒体计算机主要硬件包括光盘驱动器、音频卡、图形加速器、视频卡、USB 接口、多功能读卡机、交互控制接口和网络接口等。

2．基于多媒体计算机的媒体播放软件

随着多媒体和计算机技术的发展，目前 IP 网络上使用的流媒体产品主要包括 Real system、Windows Media Technology 和 QuickTime 三大主流产品，与之相对应的可供在多媒体计算机上使用的媒体播放软件是 Real Player、Windows Media Player 和 QuickTime Player。

（1）Real Player

目前 RealPlayer 的最新版本 15，可支持 real 格式（RM、RMVB 等）和各种 Windows media 格式（WMA、WAV、mp3）的网络流媒体文件。除了 RealPlayer, RealNetworks 还提供更多优秀产品，如 HelixDNA、HelixMedia Delivery Platform、RealDownloader、安卓版 Helix SDK 和安卓版 RealPlayer 等。作为流媒体领域的主导厂商，凭借其优秀技术，占领了一半多的网上流式视音频点播市场。

（2）Windows Media Player

Windows Media Player 是一款能够提供很强扩展性、灵活性和方便性的多媒体播放软件。它与 Internet Explorer 集成，实现的功能几乎与 Real Player 一样，可播放大部分多媒体文件格式。它不仅支持自定义列表，而且提供强大的媒体资料库管理与维护功能，例如，节目的检索、添加、删除等操作。同时具有自动检测客户端是否安装解码软件的能力，若客户端尚未装解码软件，浏览器会自动下载安装，进而保证正常浏览。它不仅能播放视音频节目，而且还能播放所有的视音频点播节目文件，如 MP3.、WAV.、MIDI.、AIF.等音频文件格式和 MPG.、AVI.、DAT.、MOV.等视频文件格式。此外它还能自动调整播放窗口的大小，并能根据网络连接速率自动调整播放器参数以获得最佳播放效果。

（3）QuickTime Player

Apple 公司的 Quick Time 从 5.0 版本开始采用 MPEG-4 压缩标准，并且在其 6.0 版本提出支持 MPEG-4 流媒体格式（MP4 文件格式），成为首款用于创建、流化和观看 MPEG-4 内容的完全媒体解决方案。Quick Time 7.0 在支持 MPEG-4 的基础上，还增加了对 H.264 的支持。此外，Quick Time 还支持以虚拟现实技术播放影片，使观众好像身处现实场景之中，可以 360°环顾任何方向，甚至可把您从一个场景带到另一个场景。但 Quick Media 价格昂贵，也是非一般专业使用者所能轻易承担的，而 Windows Media 是免费的。

5.6.3 IPTV 机顶盒

IPTV 机顶盒是指能够通过 IP 网络接收数字电视节目，同时可实现广播、点播和交互式多媒体应用。因此 IPTV 机顶盒应具有以下功能。

（1）实现对用户室内设备、公用设备、IP 网络和节目源的状态监控以及信号传输性能的遥测与反馈。

（2）通过电视用户屏幕显示提供者和节目信息提供者所发出的消息与菜单，并将用户的选择信息传递给服务器或节目信息提供者。

（3）向用户提供基本的终端控制功能，如收看点播电视时，可进行快进、快退等操作控制。

（4）提供双向通信能力、基于 IP 协议的处理能力和实现与家用计算机的互联。

机顶盒是由硬件和软件两部分组成，通常不同的机顶盒所采用的系统平台不同，软件结构也不同，因而实现的功能也不同。一般机顶盒的硬件平台有基于专用芯片架构、基于多媒体数字信号处理器架构的平台。软件结构大多数采用层次化、模块化结构，或者采用中间件结构。

1. 机顶盒的硬件结构

图 5-16 给出了机顶盒的硬件结构示意图，从图中可以看出，机顶盒的硬件结构包括核心控制单元、媒体处理单元以及各类接口。

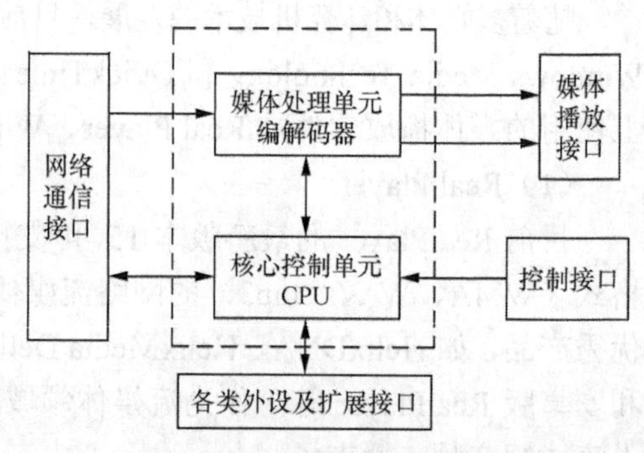

图 5-16 机顶盒的硬件结构

核心控制单元：采用嵌入式操作系统来管理机顶盒的活动和资源。

媒体处理单元：负责对压缩视频流和音频流进行编/解码。

图形控制与媒体播放接口：图形控制系统负责产生菜单等服务程序所需的图形界面，其输出通过将控制器与视频信号叠加，再经编码输出到普通电视机上。

网络接口：将机顶盒与网络相连接，处理有关网络协议，接收输入信息流，同时通过该网络接口向服务器返回用户的控制命令。

控制接口：用户操作和控制机顶盒的接口。

外围设备控制接口：根据用户的需要，机顶盒还将提供更多的接口，如USB接口、串行接口和智能卡接口。

2. 机顶盒的软件结构

IPTV机顶盒作为客户端产品，其软件一般分为3层，分别是应用层、中间解释层和资源层，如图5-17所示。

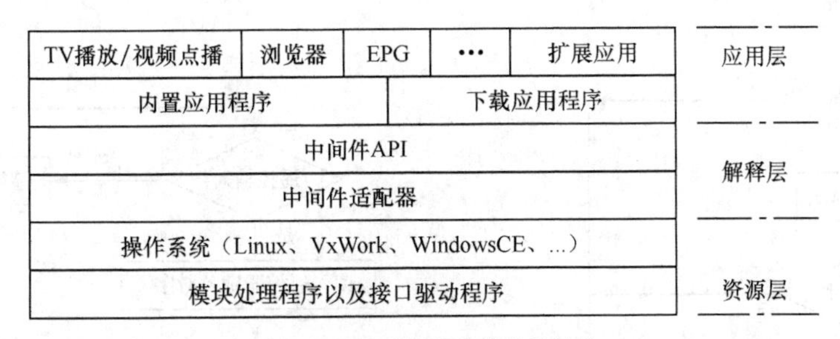

图5-17 IPTV机顶盒的软件结构

资源层又可进一步分为硬件抽象层和内核层，主要用于完成对硬件设备的操作。硬件抽象层提供了一个硬件设备的底层接口，程序员可以通过该接口实现对视频、音频、图形和网络等子系统的控制。但引入硬件抽样层会影响系统的运行速度，因此在一些机顶盒的软件设计中，操作系统中的某些函数原形并不经过硬件抽象层，而直接进行硬件处理，以此来提高系统的运行速度。内核层是位于硬件抽象层之上的一个小型操作系统，用来完成进程的创建和执行、进程间的通信、资源的分配和管理。

中间解释层包括中间件API和中间件适配层，主要功能是将机顶盒应用程序翻译成CPU能识别的指令，以调度硬件设备完成相应的操作。

应用层可以分为内置应用程序和下载应用程序，实现例如TV播放、视频点播和EPG等业务应用。位于软件结构的最上层，不同的应用程序可以提供不同类型的交互式电视服务。

由于IPTV系统的媒体服务器中存储着大量的经过压缩的电影、电视剧和教育视频等多媒体数据，因此当用户向媒体服务器提出请求时，服务器对被访问的数据进行协议处理，然后经过数据的打包和调制，再通过IP网络进行数据传输。这就要求每一个IP机顶盒应拥有一个实地址，并将其存储在机顶盒的ROM中，而媒体服务器中针对提供的每一线程都有一个虚地址与之对应。这样当用户机顶盒选择某一节目时，将其实地址与所需要的虚地址相连，随后服务器就会向用户传送节目。

（1）机顶盒的自举流程

图5-18给出了机顶盒的自举流程。在可以自举的机顶盒中一定拥有携带如何进行初期通

信指令的 ROM，此外还需已知该机顶盒模型定义和序列码，同时还能显示由前端服务器发送的当前或未来节目的可浏览的节目选单。在机顶盒向服务器发起请求之后，媒体服务器将给机顶盒回应一个初始化连接请求，该请求可以采用特定的实地址，也可以采用通用的虚地址，但通常虚地址总是跟在实寻址序列之后。媒体服务器的实寻址可以用于收集机顶盒请求、状态、数据或诊断信息，或者用于向机顶盒发送一个虚地址。

（2）机顶盒的选择程序流程

图 5-19 给出了机顶盒的选择程序流程。目前用户通常采用 IR 多键遥控器作为机顶盒的配套设备，用以进行节目选择。这样当用户选择了一个选单后，可通过 IP 网将选单传送给媒体服务器，在取得媒体服务器授权后，通过进行相关信息通道连接，用户才可获得所需的节目信息。

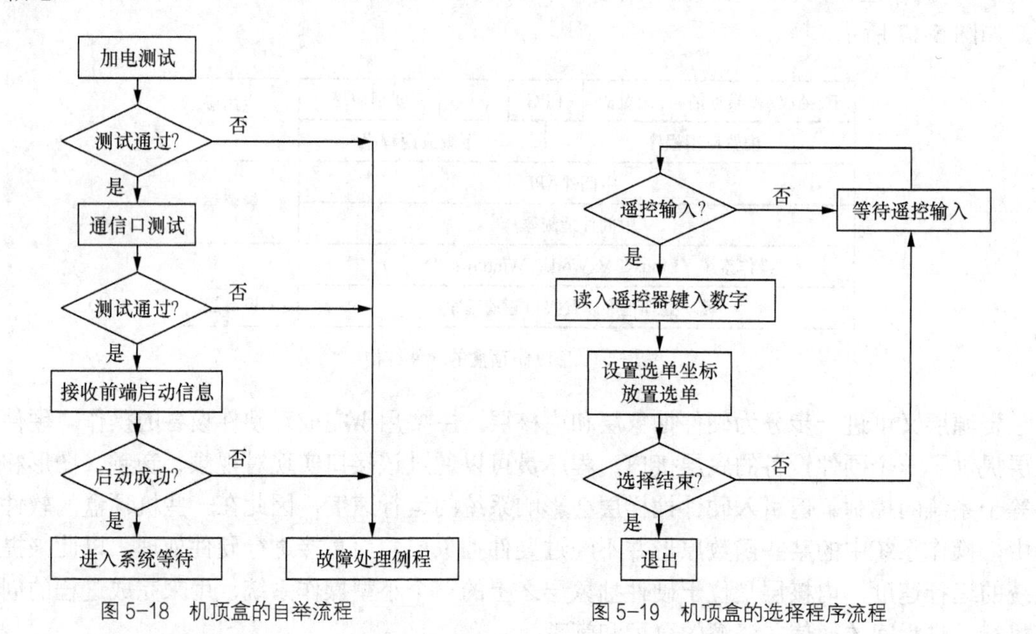

图 5-18 机顶盒的自举流程

图 5-19 机顶盒的选择程序流程

IPTV 机顶盒在设计过程中，需要满足上述技术要求，因此其中采用了一系列的关键技术，主要涉及视音频编解码技术、图形和图像显示技术、媒体流传输与控制技术（协议）、中间件技术、嵌入式系统和各类接口技术等（请参见相关章节）。

5.7 IPTV 多媒体应用系统

5.7.1 系统整体框架

在传统的 CDN 网络中，通常是将 20%的热播节目存储在边缘服务器，而其他大部分节目则存储在中央源服务器之中，这样做既节约边缘存储空间，又能为大部分用户提供就近服务。但由于 IPTV 用户的使用习惯更近似于看电视，因而会出现命中率降低的问题，进而给中央源服务器带来压力，同时也影响用户的体验效果。除此之外，还存在不支持分层编码、并发流有限和组播功能较弱等问题。为了最大限度地利用运营商的网络资源，提高用户体验效果，以及满足未来业务的可扩展性，IPTV 需要引入 P2P 重叠网技术，这样才能有效地利用大量的普通节点的计算资源和带宽资源，将计算任务或存储数据分布到所有节点上，达到高性能计算、高 I/O 能力、高带宽和海量存储，降低部署成本的目的。基于 P2P 的 IPTV CDN 系统框架结构如图 5-20 所示。它包括媒体的分发域、媒体服务域和终端域三个域。其中各部分的基本功能如下。

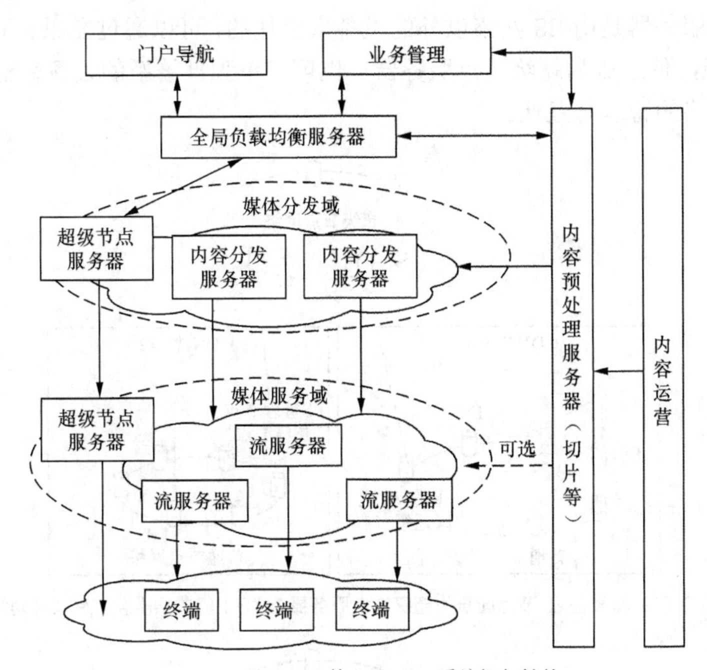

图 5-20 基于 P2P 的 IPTV CDN 系统框架结构

内容预处理服务器：完成包括内容切片等在内的预处理功能。

全局负载均衡服务器：负责完成全局内容调度/路由、全局服务控制、网络组建和操作维护等功能。

超级节点服务器：负责完成内容分发策略、域间/域内查询和节点/拓扑管理等。

内容分发服务器：负责完成内容存储与控制功能和内容分发功能。

流服务器：负责完成内容存储、存储控制、流服务与流服务控制功能。

终端（作为 P2P 对等节点）：仅提供流服务器功能，同时也可以向域内另一对等终端提供流服务，但终端并不参与内容的分发。

可见在这种框架结构中，并没有采用纯分布式的 P2P 架构，而是保留了 CDN 中的媒体分发域，将经过预处理后的媒体流切片首先注入到媒体分发域中。这样既能够保证内容的安全，又能根据地理位置、运营需求以及用户使用差异，进行内容的特定分发，以减少跨域流量。同时也可根据特殊需要，直接将内容注入到媒体服务域之中（如图 5-20 中的“可选”箭头所示）。由于 CDN 具有可控的、服务保障的、安全的媒体调度、分发和传送机制，因而这种基于 P2P 的 IPTV CDN 框架既保留了原有的 CDN 对媒体流的控制和管理，又因为引入 P2P 技术，从而改善了 CDN 的中心化以及高成本部署的问题，进而形成了以 CDN 为可靠内容来源，以 P2P 为服务边缘的体系结构。

5.7.2 基于 P2P 的 IPTV CDN 系统

基于 P2P 的 IPTV CDN 系统采用层次化结构，通常有两种应用形式，其中之一如图 5-21 所示，超级节点服务器是指在边缘服务器（ES）节点处配备了超级节点服务器的功能模块的节点服务器，并由这类超级节点构成超级节点网络。图 5-22 为另一种层次化 P2P 网络结构，其中的超级节点服务器是由 ES 网络以外的设备来担任的，可以通过在原有 CDN 节点服务器中添加 P2P 功能，使之成为超级节点服务器，也可以单独部署新的设备来辅助 CDN 节点服务器实现边缘网络的管理与互通。

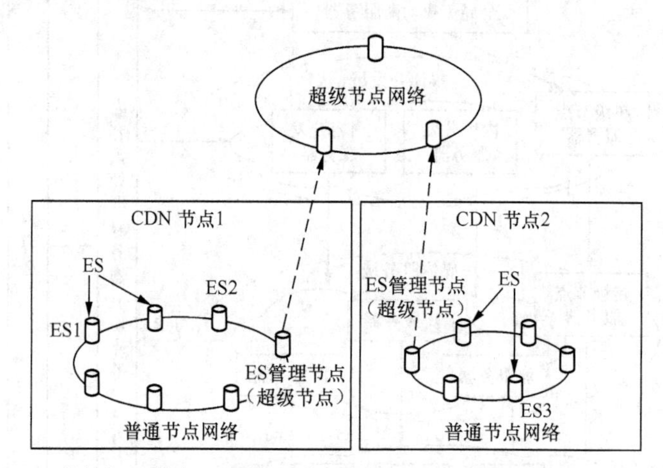

图 5-21　将某些 ES 节点配置为超级节点服务器（SNS）组成层次化 P2P CDN 网络

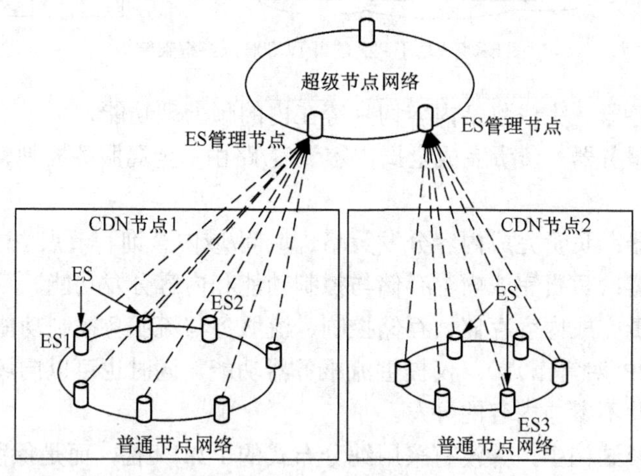

图 5-22　采用单独部署的超级节点服务器组成层次化 P2P CDN 网络

1. 基于 P2P 的 CDN 功能架构

图 5-23 给出了基于 P2P 的 CDN 功能架构示意图，它是由内容调度、内容预处理、存储控制、内容存储、流服务控制、流服务、P2P 节点管理和 P2P 策略管理等功能模块组成。各部分的功能如下。

内容分发（内容预处理）功能：负责从内容运营商处获取媒体内容，并可根据需要决定是否对其进行预处理，然后在CDN网络中进行分发传送。

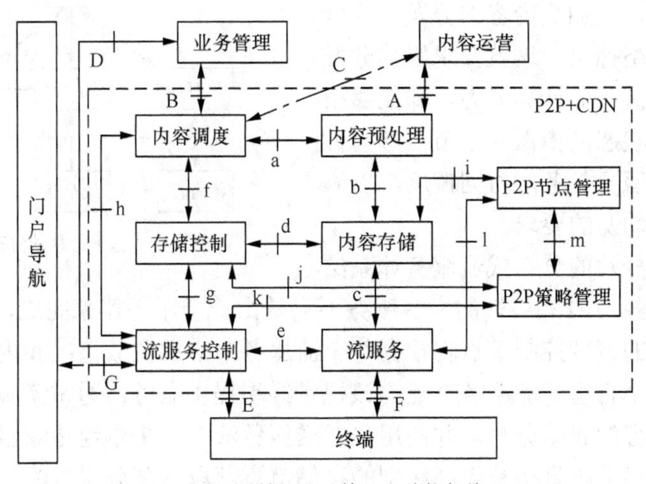

图5-23 基于P2P的CDN功能架构

内容存储功能：负责媒体内容的存储、删除、提取，冗余备份和恢复操作。

流服务功能：基于机顶盒实现流服务功能，包括完成视音频内容媒体文件的预处理，缓存流化内容用于进行节目的快进、快退等操作，支持CDN节点之间的直播流中继和内容存储用以实现直播和时移操作等。

内容调度功能：根据从运营商处获得的内容管理信息，进行内容资源管理与汇报，内容的分发操作等。

存储控制功能：根据内容的逻辑标识，对节点内的内容存储位置进行定位，对媒体内容的生命周期进行管理，对文件内容和流化内容进行管理。

流服务控制功能：在CDN网络进行媒体内容的发布；根据P2P算法选择适当的节点存储全局服务器发布媒体内容；对客户端接入的流服务进行负载均衡、计费相关控制、必要时的重定向操作和P2P流查询。

P2P节点管理功能：受理P2P节点的注册、认证请求；采集P2P节点的负荷、存储状态以及流服务信息；管理P2P节点的节目分片、复制、查找和删除等信息。

2. 内容分片、存储与分发

由于IPTV系统具有媒体容量大的特点，因此不适合采用一个磁盘阵列的集中存储方式，而适合采用不同的切片式服务器分散存储与集中管理的方式，其基本原理如下。

（1）基于P2P技术的分片存储：将体积较大的视音频文件切分成一个个固定大小的分片，然后以片为基础进行存储。

（2）分发存储策略：流化后的媒体内容分片将按一定的分发策略分布式地存储在不同层次的存储节点（服务器）内。

需要说明的是具体分发存储策略将由用户的视频业务的使用模式和运营商的运营模式来决定。通常是根据承载网络的结构以及用户分布，采用多级分布式内容存储方式来进行存储节点的部署。这样运营商可按照预先确定的分发策略和应用属性，将媒体内容起始切片存储在距离用户较近的边缘节点上，而将其余的内容切片存储在上一级或更高的存储节点内，如

图 5-24 所示。但对于热播节目通常是存储在边缘媒体服务器上的，以加快内容的分发、降低存储需求和减少网络拥塞。这就要求媒体分发系统要具有分布式流服务计算能力，即能够根据当前节点的负载状态，指派多个节点参与针对某用户的流媒体服务任务的协同调度，以满足整个系统的负载均衡的要求。

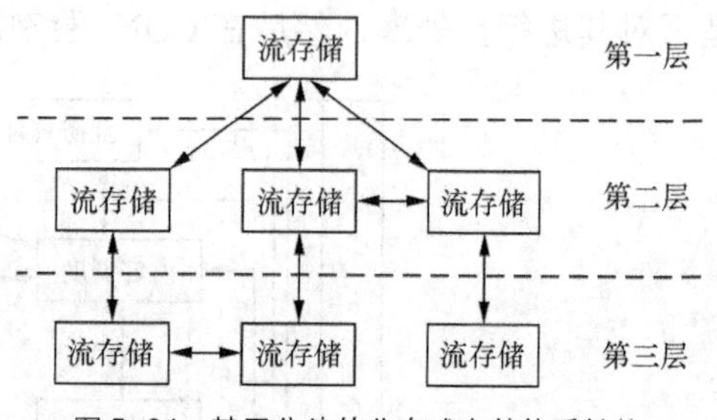

图 5-24 基于分片的分布式存储体系结构

图 5-25 是基于分片的分布式流服务体系结构。从图中可以看出，IPTV 终端的内容服务不只是由一个服务器来完成，而是由多个流服务器共同承担。内容的调度控制节点将根据每个流服务节点的负载情况和内容分片的分布情况做出决策，指定一个合适的流服务节点为该视频终端提供服务。通常流服务节点是从本地边缘服务器中获取内容的起始分片，并向用户发送服务流，如果本地边缘服务器中未存储其余的内容切片的话，终端将直接从更高级别的存储节点获取这部分服务流，从而减少了因内容在流服务器之间的复制而带来的网络流量的压力。

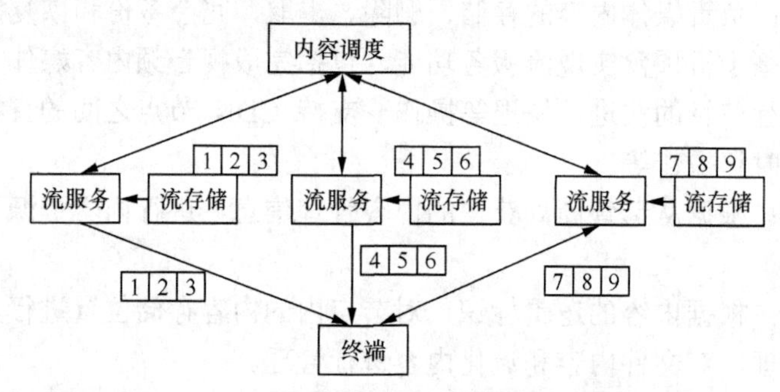

图 5-25 基于分片的分布式流服务体系结构

3. 媒体内容发布

媒体内容发布实际上包括媒体的发布和内容索引的发布两个方面。

在采用 P2P 媒体发布系统中，媒体数据首先是在内容预处理服务器中进行切片，然后根据运营策略发布到边缘服务器上，这个过程被称为媒体的发布。由于媒体的发布系统是通过 CDN 网络来实现具有 P2P 功能的客户端之间的互通的，因此在边缘服务器（ES）存储了一定的内容之后，需要采用 P2P 方式将本地内容索引存储在适当的边缘 ES 节点。为了提高服务质量，可以在 P2P 消息中携带优先级信息，这样可以根据所携带的优先级信息，对不同的 P2P 信息进行区分处理。下面分别就 CDN 节点内和 CDN 节点之间的媒体发布流程进行介绍。

CDN 节点内媒体发布流程：首先是由存储内容的边缘服务器来计算内容索引，然后通过 P2P 算法，从本地开始经过有限的跳数，将内容索引/边缘服务器信息（Key,Vid）发布到与内容对应的边缘服务器上，如图 5-26 所示。这是一种普通节点网络，当 ES1 发布某一内容时，首先 ES1 判断本节点是否保存该内容索引，若未保存，ES1 则开始查

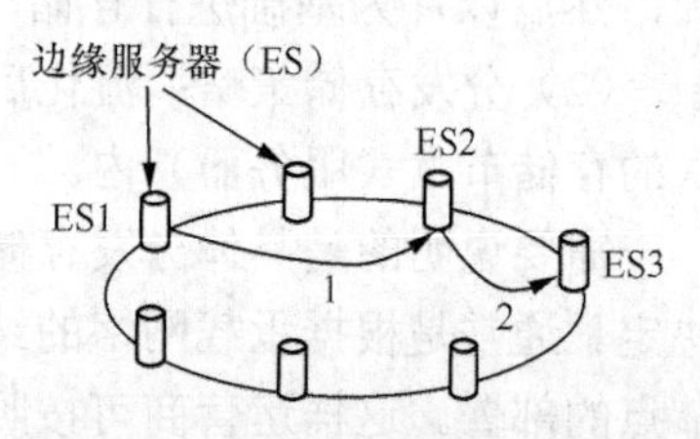

图 5-26 CDN 节点内的媒体发布流程

找存放该内容索引的边缘服务器信息。初步判断ES2可能对应此内容索引，因而ES1请求ES2进行内容索引对应判断，ES2执行与ES1一致的计算后发现与内容索引并不对应，然后接着请求ES3进行内容索引对应计算，ES3发现与内容索引对应，继而保存该内容索引。

CDN节点之间的媒体发布流程：首先是由存储内容的边缘服务器在其所属的普通节点网络中发布所存储的内容，然后再采用P2P算法在超级节点网络中查找与该内容对应的超级节点服务器（SNS），该超级节点在其所属的普通节点网络中发布该内容，如图5-27所示。如当ES1需要发布某一内容时，此内容索引应保存在ES3以及CDN节点2的ES6上。具体过程如下。

（1）ES1在普通节点网络中发布该内容（与CDN节点内的媒体发布过程相同），并通知CDN节点的超级节点服务器ES3。

（2）ES3利用本节点所保存的超级节点信息，判断CDN节点2可能对应此索引，然后ES3请求CDN节点2的超级节点服务器ES4进行内容索引判断。

（3）ES4执行与ES1一致的计算后发现与内容索引对应，进而在其普通节点网络中发布该内容（与CDN节点内的媒体发布过程相同），最后将内容索引存放在ES6上。

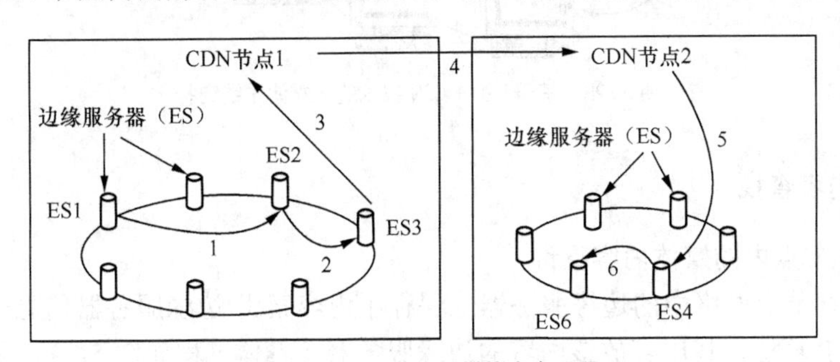

图5-27　CDN节点间媒体发布流程

5.7.3　基于P2P + CDN的流媒体应用

1. 结合CDN和P2P技术的流媒体系统结构

（1）系统架构

随着计算机技术的迅速发展，无论服务器还是计算机的性能得到提高，特别是磁盘容量的大幅增加，从而大大缓解了因大量流媒体文件而带来的缓存压力，因此目前的系统结构设计充分利用互联网的结构特点，将源服务器与分布在不同自治域系统内的代理服务器（边缘服务器）通过骨干网络实现互联构成CDN网络，并且每一个自治域内的代理服务器与客户机组成P2P流媒体网络，具体结构如图5-28所示。这样当客户发起访问请求时，首先连接有相关内容的其他客户节点，以缓解代理服务器的缓存压力。

（2）基于P2P的用户终端

对于没有服务质量和运营要求的Internet网络而言，比较容易将P2P功能扩展到用户终端，而对于要求提供可控制的、可管理、可运营的、有服务质量和安全保障的IPTV来说，如果将P2P功能扩展到用户的机顶盒，则需要在用户机顶盒中加装P2P客户端，这就要求机顶盒能够具有一定的缓存能力，以实现登录、直播/点播业务、直播/点播的切换和客户端文件下载等功能。

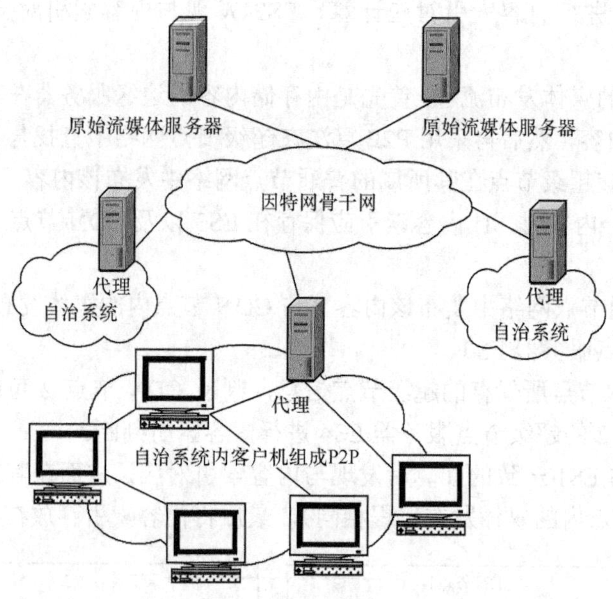

图 5-28 基于 P2P + CDN 技术的流媒体系统结构

2. 媒体内容查找

（1）CDN 节点内的媒体内容查询

由于在普通节点网络中的边缘服务器上保存了内容索引/边缘服务器信息（Key，Vid），因此可通过 P2P 算法，找出存放该内容的边缘服务器，具体过程如图 5-29 所示。

若用户欲请求某一内容，而且其内容索引保存在 ES3 上。从图中可以看出，最初用户请求 ES4 在其所保存的内容索引中进行查找，因为没有找到该内容索引，因此需查找自身保存的 Key、Vid 信息，判断 ES5 可能保存该内容索引，随后 ES4 请求 ES5 进行内容索引查找，经运算后，ES5 仍然没有找到该内容索引，再请求 ES3 并进行内容索引查找后，确定 ES3 节点保存了此索引，最后将该内容索引信息返回用户。

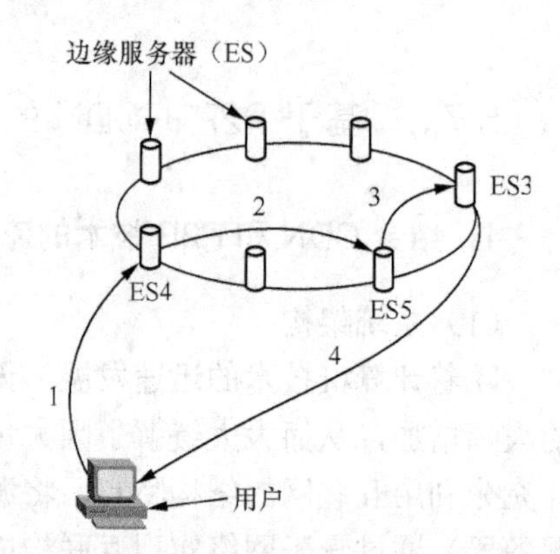

图 5-29 CDN 节点内的媒体内容查询过程

（2）CDN 节点间的媒体内容查询

图 5-30 给出了在 CDN 节点间进行媒体内容查询的过程。首先查询内容的边缘服务器是从所在的普通节点网络开始搜寻相应的内容索引，如果未找到，再通过 P2P 算法，在超级节点网络中进行查询，当找到与该内容相对应的超级节点后，此超级节点则在其所属的普通节点网络中选择合适的边缘服务器来为用户提供服务。如图 5-30 所示，用户发起某内容的请求，由于此内容索引保存在 ES6 服务器上，因此用户首先请求 ES7 在其所属的普通节点网络中进行内容索引的查询（过程同（1）），因未成功，则通知 ES9（CDN 节点 3 的超级节点服务器），ES9 在其

保存的超级节点信息中查找，判断ES4（CDN节点2的超级节点服务器）可能保存该内容索引，随后ES9请求ES4进行相应内容索引查询，经ES4查找确实其保存了该内容索引，这样根据内容索引可在其所属普通节点网络中查找到该内容。

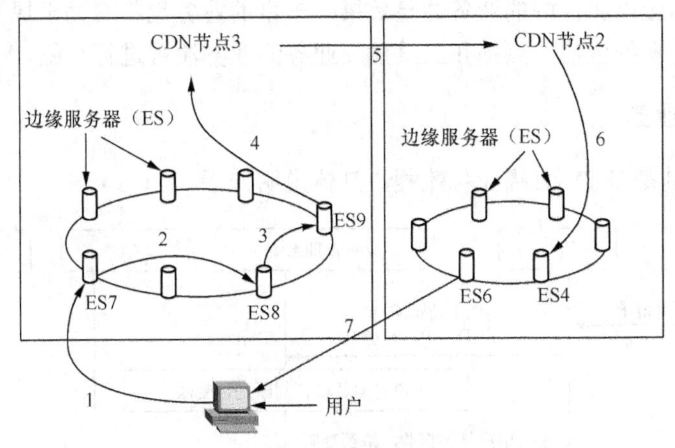

图5-30 CDN节点间的媒体内容查询过程

3. 媒体请求服务流程

基于P2P + CDN媒体请求服务流程如图5-31所示。

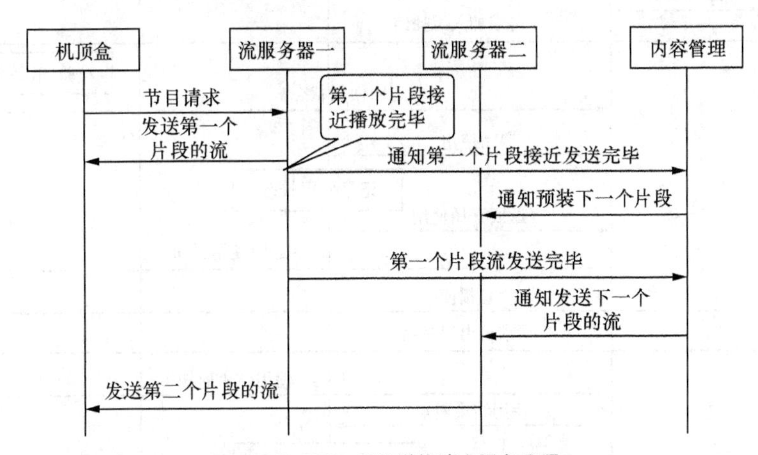

图5-31 P2P + CDN媒体请求服务流程

（1）机顶盒首先从EPG获得节目源地址（仅包括节点的第一片段），然后向相应的流服务器1发起媒体流请求。

（2）流服务器向机顶盒发送媒体流，当媒体流接近发送完毕时，将通知媒体内容管理模块。

（3）媒体内容管理模块将根据节目ID查找出下一节目片断所在的流服务器2，同时通知流服务器2准备进行流的发送。

（4）流服务器1通知媒体内容管理模块，第一片段发送结束。

（5）媒体内容管理模块通知流服务器2进行下一片断的媒体流发送。

（6）流服务器2开始进行下一个片段媒体流的发送。

5.7.4 直播、点播、三重播放业务应用

IPTV 业务融合了传统的电视和互联网的相关特性，使电信业务终端功能得以扩展，能够为用户提供全新的应用和良好的业务体验效果，丰富的业务也将有助于提升运营商的市场竞争力。下面分别对视频直播、点播和三重播放业务的业务流程进行介绍。

1. 视频直播业务

图 5-32 给出的是 IPTV 直播业务流程，具体说明如下。

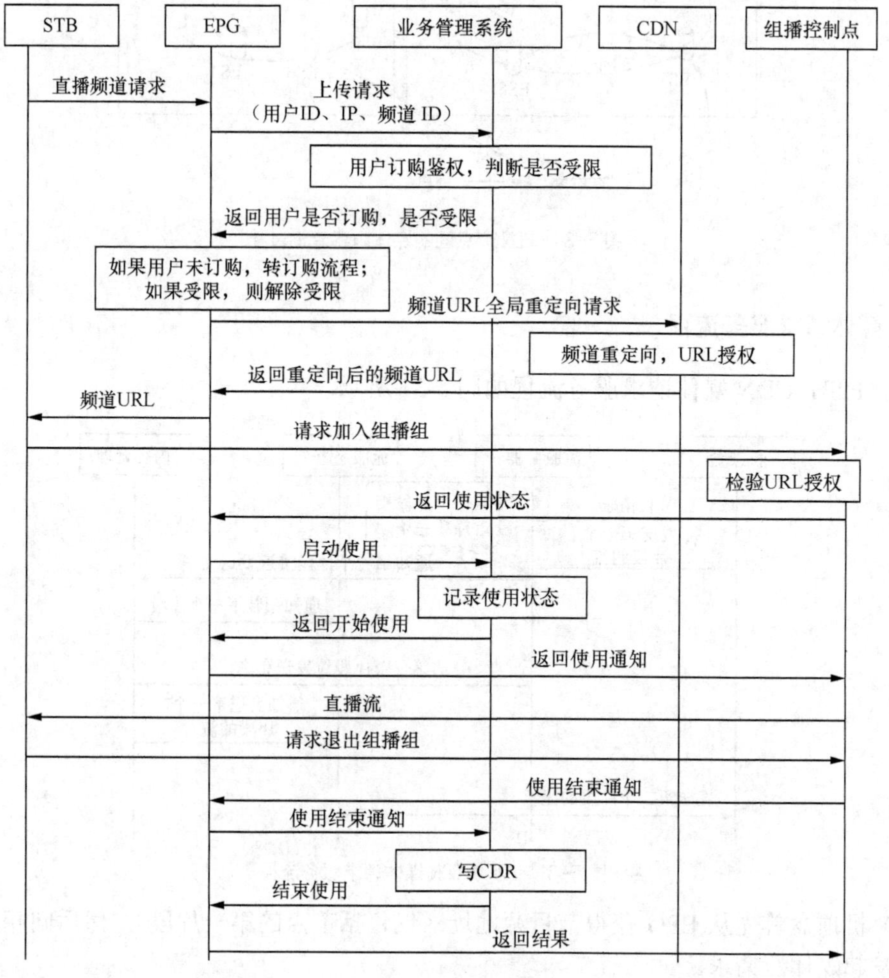

图 5-32 直播业务流程

（1）用户利用 EPG 节目指南点击所需的直播节目，以实现通过机顶盒请求直播频道服务的目的。

（2）EPG 向业务管理系统转发请求消息，具体涉及用户 ID、IP 和频道 ID 等信息。

（3）业务管理系统将进行身份认证，并将用户的订阅情况和频道限制情况返回给 EPG。

（4）EPG 根据业务管理系统返回的信息，判断该用户是否订阅该频道，如果没有订阅，则转入订阅流程；如果频道受限（针对儿童），则根据设置进行处理，否则进入解除限制状态流程。

（5）若用户已订阅该频道，EPG 将向 CDN 发出频道 URL 重定向请求。CDN 根据全局负载均衡重定向频道 URL，并根据事先约定的加密算法生成授权码。

（6）CDN 返回经过重定向并增加授权码的频道 URL。EPG 将频道 URL 返回机顶盒；机顶盒则根据返回的 URL 请求加入组播频道。

（7）组播控制点接收到直播请求后检查 URL 中的授权码，如果非法请求则拒绝服务；如果请求合法，组播控制点将向 EPG 发出使用状态信息。

（8）EPG 根据所收到的使用状态信息，则向业务管理系统发出启动使用指令；业务管理信息开始记录用户的使用信息，并将结果返回 EPG；EPG 将向组播控制点发送使用通知信息；组播控制点向机顶盒提供直播流。

（9）当用户主动退出时，STB 向组播控制点发出退出请求，组播控制点向 EPG 发出使用结束通知。

（10）EPG 将此请求转发给业务管理系统，该系统将根据请求构成 CDR（一种文件格式）信息，并将其返回 EPG，最后由 EPG 转给组播控制点。

2．点播业务

图 5-33 给出的是 IPTV 点播业务流程，具体说明如下。

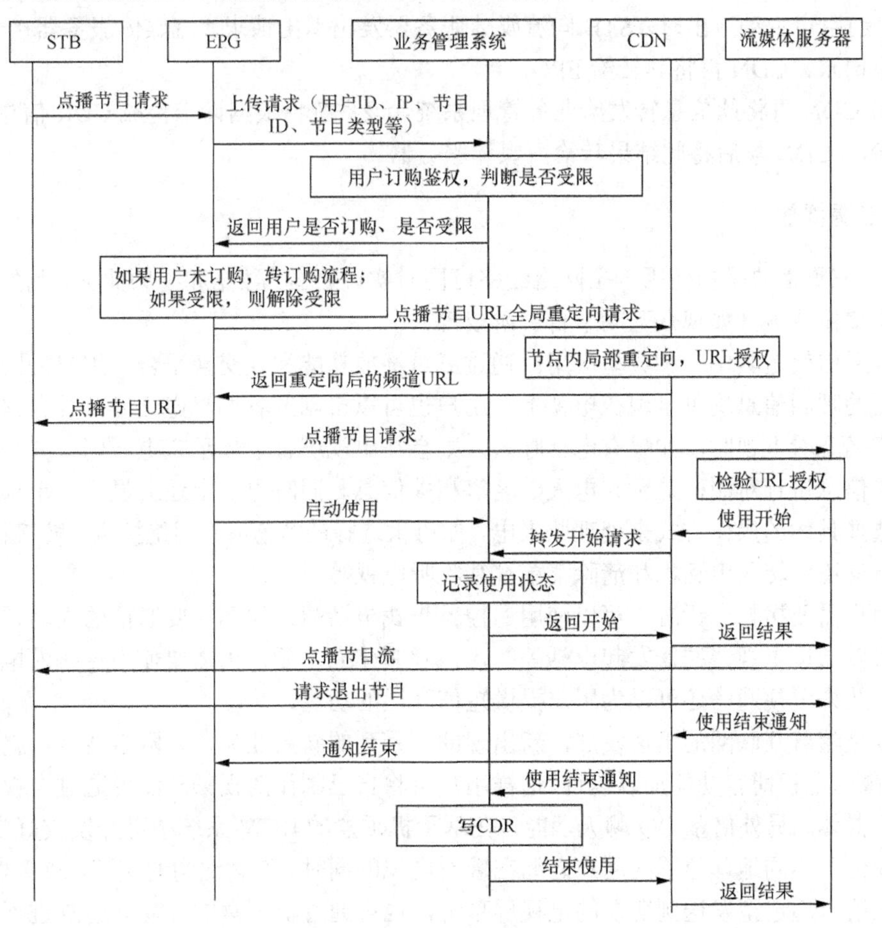

图 5-33　点播节目流程

（1）用户利用 EPG 中的电视点播菜单点播一个节目，然后 EPG 通过机顶盒向业务管理系统转发点播请求（包括用户 ID、IP、节目 ID 和节目类型等信息）。

（2）业务管理系统根据所接收到的信息判断用户是否订购了该节目以及受限情况，并将结果返回给 EPG。

（3）EPG 根据业务管理系统所返回的结果，判断用户是否订购该节目，如果没有订购，则转入节目订购流程；如果节目受限（针对儿童）则限制，否则进入解除限制状态流程。

（4）如果用户通过认证，EPG 将向 CDN 发出节目服务 URL 重定向请求，CDN 根据全局和局部重定向后提供节目 URL，并根据预先约定的加密算法生成授权码，然后将携带授权码的 URL 返回给 EPG。

（5）EPG 再将点播节目的 URL 返回机顶盒。

（6）机顶盒根据所收到的 URL 信息，重定向到流媒体服务器请求点播服务。

（7）流媒体服务器通过检查 URL 中所携带的授权码进行判断，如果请求是非法的，则拒绝服务；否则流媒体服务器将向 CDN 发送使用开始请求。

（8）CDN 将该请求转发给业务管理系统，由其进行使用记录，并将结果返回 CDN，CDN 又将此结果转发给流媒体服务器，随后流媒体服务器将向机顶盒发送点播节目流。

（9）当用户主动退出时，STB 向流媒体服务器发出退出请求，流媒体服务器接着向 CDN 发出结束请求，CDN 再将其转给 EPG。

（10）CDN 再将此信息转发给业务管理系统，该系统将根据请求构成 CDR 信息，并将其返回 CDN，CDN 最后将此结果转给流媒体服务器。

3. 三重播放

IPTV 三重播放是指使用一条网络线路可同时实现语音、数据和视频业务，此外还可以支持其他类增值业务（如观众互动节目、游戏等）。

电视通信就是其中一种典型应用。通过三重播放功能和软交换平台，用户的固定电话或移动电话的呼叫信息均可呈现在电视上。用户也可以自创或者编辑电话簿，并存储在机顶盒中，这样当观看电视时，如果有电话呼入，则会在电视屏幕上显示来电号码，并与存放在机顶盒中的信息进行对照，显示来电人姓名等相关信息。同时电视上还会显示一个选择菜单，用户可选择具体的操作方式来处理此来电，如可供选择的状态有：拒绝接听、转接移动电话、转入语音信箱、转入电话机和清除菜单继续收听电视等。

当用户需要拨打电话时，可以使用遥控器查找电话簿，找到需要通话的人名、电话等信息后，可以通过电视遥控器发起电话呼叫，但呼叫建立之后，仍需要使用传统的电话机来完成通话。此外电视通信还可以为用户提供短信互通的功能。

特别是随着互联网的迅速发展，新出现的一系列的新兴业务，如网络博客，就可以通过 IPTV 承载的电视博客功能加以呈现。这样用户可将自己制作的视频和图像通过电视传送到指定的受众群体。另外借鉴 QQ 聊天功能，在基于机顶盒的 IPTV 系统中可开发友好电视功能，这样可使位于不同地理位置的用户之间在观看电视的同时，随意地沟通交流，或将表达心情、看法的表情卡通造型发送到朋友的电视屏幕上，也可通过机顶盒的耳麦与朋友进行聊天，发表电视评论等。

小 结

1．流媒体（Stream Media）的概念：是指在网络中使用流式传输技术的连续时基媒体。

2．流媒体系统的工作原理：首先采用视频和音频压缩算法对原始视音频数据进行压缩，然后存放在流服务器的存储设备之中。在用户通过网页点击所需的节目后，客户端随即向流服务器发出请求，根据用户的请求，流服务器从存储设备中检索到压缩的视音频数据，再通过应用层 QoS 控制模块，并根据网络当前负荷现状和业务的 QoS 要求进行视音频流量调节；按照传输协议进行打包处理，从而形成视音频流，再通过因特网或无线 IP 网络进行业务流传送。

3．目前网络上主要使用的流媒体平台：包括 Real Media、Windows Media 和 Quick Time 三种。

4．网络电视（Internet Protocol Television，IPTV）的概念：是以宽带网络为基础设施，以家用电视或计算机为主要终端设备，集互联网、多媒体通信等多种技术于一体，通过互联网络协议（IP）向家庭用户提供包括数字电视在内的多种交互数字媒体服务的技术。

5．IPTV 主要特点：（1）继承了互联网的交互性特征。（2）提供更佳优质的视听效果。（3）支持多种平台的构建。

6．直播电视（BTV）：类似无线电视、有线电视及卫星电视所提供的传统电视服务，但 IPTV 是以组播或者单播的方式，向用户主动推送相同的视音频流，用户在使用某个服务前需要加入某个频道。直播节目所提供的持续节目可以是标清，也可以是高清。其承载网络为 IP 网络。

7．视频点播（VOD）：允许用户可根据自己的兴趣，在电脑或电视上自由地选择节目库中的视频节目和信息，是一种能够对视频节目内容进行自由选择的交互式系统。

8．内容分发网络 CDN 的基本组成：是建立在现有 IP 网上的一种叠加应用网络，它主要包括内容缓存设备、内容交换机、内容路由器和内容管理系统等。

9．P2P（Peer-to-Peer）的概念：是一种分布式网络，网络的参与者共享他们所拥有的一部分硬件资源（包括处理能力、存储能力、网络连接能力和打印机等），这些共享资源需要由网络提供服务和内容，能被其他对等节点（Peer）访问而无需经过中间实体。

10．电子节目指南（E1ectronic ProgramGuide，EPG）是构成交互式网络电视的重要组成部分。它为用户提供各种业务索引及导航功能。

11．DRM 的概念：是一项涉及到技术、法律和商业各个层面的系统工程，是保护多媒体内容免受未经授权者播放和复制的一种方法。

12．DRM 的特点：个性化、颗粒性、兼容性和易用性。

13．数字水印加密技术：是将数字水印以可感知或不可感知的形式嵌入到数字多媒体产品（文本、图像、音频和视频等）中，用于版权保护、内容检验或提供其他信息的信号。

14．数据防拷贝技术：是指经对数字内容进行加密后，再将解密的密钥分发给授权用户的数字版权保护技术。

15．中间件：是指位于网络与应用之间的软件，该软件负责提供认证、鉴权、授权、目录服务和安全等。

16. 多媒体计算机：是指能够对声音、图像和视频等多媒体信息进行综合处理的计算机。

17. IPTV 机顶盒：是指能够通过 IP 网络接收数字电视节目，同时可实现广播、点播和交互式多媒体应用。

18. IPTV 三重播放：是指使用一条网络线路可同时实现语音、数据和视频业务，此外还可以支持其他类增值业务（如观众互动节目、游戏等）。

习　题

1. 简述流媒体的基本概念，并说明流媒体的技术优势。
2. 请画出流媒体系统结构示意图，并说明各部分的功能。
3. 画出 IPTV 的功能体系结构，并说明各部分的功能。
4. 简述 CDN 网络的分发原理。
5. 简述合作缓存的技术思路。
6. 请简单说明采用集中式 P2P 与纯分布式 P2P 拓扑结构系统之间的主要区别。
7. 简述 DRM 的实现过程。
8. 简述 Windows Media Player 的特点。
9. 简述 CDN 节点内的媒体发布流程。
10. 简述 CDN 节点内的媒体内容查询过程。

第6章 多媒体视频会议应用系统与终端

从20世纪90年代以来，互联网技术逐步深入到人们的工作和生活中，人们越来越多地使用电话线联入互联网，电路交换网和包交换网逐步地走向融合。公共电话交换网以其覆盖范围广、通话质量高占据着人们日常通信的重要一面，但缺点是没有信息存储的能力。而包交换网络，如Internet和Intranet，虽然在语音通信质量方面还比不上电话网，但却存储着非常丰富的信息资源。人们对信息传输的需求已经不再限于语音和数据，视频和图像的传输应用开始进入到人们的视野。而现有传输网络的带宽限制了视频图像的传输质量。

为了在公共电话网和包交换网络上开发最容易为人们接受的多媒体通信业务，ITU及相关的国际标准化组织制定了许多相关的标准，如H.320是ISDN上电视会议标准；H.323是局域网上多媒体通信标准；H.324是公共电话网上的多媒体通信标准；还有数据传输标准T.120。

本章介绍多媒体通信的一些基本概念和重要标准，包括视频会议标准、会话初始协议SIP和视频点播VOD。

6.1 会议系统的应用类型

多媒体通信的应用类型很多，而且伴随着用户需求的不断增长也会有新的发展。多媒体通信的应用涉及到很多领域，如通信、计算机、有线电视、安全、教育、娱乐和出版业等。多媒体通信技术与终端技术、网络技术、媒体压缩处理技术等技术密切相关。从推动多媒体通信发展的技术因素来看，与多媒体通信相关的技术有视音频压缩技术、网络技术、媒体同步技术和存储技术等。常见的多媒体通信应用系统有视频会议系统、IP电话系统、视频点播系统VOD、远程监控系统、远程教育系统、远程医疗系统和网络电视系统等。本章要对其中重要的通信系统进行介绍。

多媒体技术正在许多领域影响着我们的工作和生活。多媒体通信业务的种类很多，并且随着新技术不断发展和用户对多媒体业务需求的不断增长，新型的多媒体通信业务也会不断出现。今后，越来越多的宽带业务将全部是多媒体业务。根据ITU-T对多媒体通信业务的定义，其业务类型共有6种。

（1）多媒体会议型业务：此类业务具有多点、双向通信的特点，如多媒体会议系统等。

（2）多媒体会话型业务：此类业务具有点到点通信、双向信息交换的特点，如可视电话、数据交换业务。

（3）多媒体分配型业务：此类业务具有点对多点通信、单向信息交换的特点，如广播式视听会议系统。

（4）多媒体检索型业务：此类业务具有点对点通信、单向信息交换的特点，如多媒体图书馆和多媒体数据库等。

（5）多媒体消息型业务：此类业务具有点到点通信、单向信息交换的特点，如多媒体文件传送。

（6）多媒体采集型业务：此类业务具有多点到多点、单向信息交换的特点，如远程监控系统等。

以上多媒体业务，有些特点很相似，因此也可以做进一步的归类，划分为以下 4 种类型。

（1）人与人之间进行的多媒体通信业务：会议型业务和会话型业务都属于此类。会议型业务是在多个地点上的人与人之间的通信，而会话型业务则是在两个人之间的通信。另外从通信的质量来看，会议型业务的质量要高些。

（2）人机之间的多媒体通信业务：多媒体分配业务和多媒体检索业务都属于此类。多媒体检索业务是一个人对一台机器的点对点的交互式业务，而多媒体分配型业务是一人或多人对一台机器（多点对一点）的人机交互业务。

（3）多媒体采集业务：多媒体采集业务是一种多点向一点的信息汇集业务，一般是在机器和机器之间或人和机器之间进行。

（4）多媒体消息业务：此类业务属于存储转发型多媒体通信业务。此类多媒体信息的通信不是实时的，需要先将发送的消息进行存储，待接收端需要时再接收相关信息。

在实际工作中，上述这些业务并不都是以孤立的形式进行的，而是以交互的形式存在的。实用的多媒体通信系统有：多媒体会议系统、多媒体合作应用、远程学习系统、远程医疗系统、多媒体监控系统、电子交易、多媒体检索系统、多媒体邮件系统和视频点播等。

多媒体通信是在不同地理位置的参与者之间进行的多媒体信息交流，通过局域网、电话网和互联网传输经过压缩的视频和音频信息。经过多年的发展，多媒体通信已经在我们的生活和工作中发挥着重要的作用。

多媒体信息系统中所传输的多媒体信息的数据量是非常巨大的，特别是其中的视频和音频连续媒体信息，对实时性有很高的要求。这些音频和视频数据，即使经过不同的方式进行压缩后，其数据量仍是很大的。当有许多用户要同时通过网络实时的传送这些连续媒体数据时，就要求通信网络能够提供足够的带宽。因此，为了保证多媒体数据高速有效的传输，对传输网络环境在带宽、延迟、动态资源分配和服务质量 QoS 提出了很高的要求。

6.2 多媒体视频会议系统与终端

多媒体电视会议系统的最初形式是模拟视频会议系统，是从 20 世纪 60 年代开始的。随着图像压缩编码技术的发展，在 20 世纪 60 年代末，视频会议系统由模拟方式转向数字方式。20 世纪 80 年代初期，2Mbit/s 的彩色数字视频会议系统开始投入使用，此时的视频会议系统是非标准的，如日本和美国就有自己国内的视频会议网。20 世纪 80 年代后，计算机技术、通信网络技术和多媒体技术有了快速的发展，从而形成了视频会议系统的系列标准，即 ITU

的 H.200 系列建议标准。视频会议标准的形成极大地推动了视频会议的发展。视频会议标准对音频视频信息的输入输出、相应的算法、误码校验以及不同通信模式的互换都做了标准化的描述，解决了不同厂商会议系统设备互通的问题。针对不同的网络应用，所适用的标准也是有所不同。

多媒体视频会议（Video Conference）系统是一种能将音频、视频、图像、文本和数据等集成信息从一个地方通过网络传输到另一地方的通信系统。视频会议的参与者通过视频会议的方式可以听到其他会场与会者的声音，同时还可以看到其他会场和与会者的视频图像，还可以通过传真和电子白板及时地传送需要讨论的文件，使与会者有身临其境的感觉。

根据所完成的功能不同，视频会议的方式可以有很多种。按照参与会议的节点数目可以分为点对点会议系统和多点会议系统。按照所运行通信网络不同可以分为专用网络（如 DDN）、局域网 LAN/广域网 WAN 和公共电话网 PSTN 三种。在数字数据网 DDN 方式中，信息的传输速率是 384～2048kbit/s，提供帧频为 25～30f/s 的 CIF 或 QCIF 格式的视频图像。在局域网和广域网环境中，信息的传输速率低于 384kbit/s，帧频为 15～20f/s。在公共电话网中，信息的传输速率只有 28.8kbit/s 或 33.6kbit/s，帧频也只能达到 5～10f/s。按照所使用的主要设备分为电视会议和计算机会议系统。按使用的信息流分为音频图形会议、视频会议、数据会议、多媒体会议和虚拟会议。

由于视频会议的会议内容常具有保密特征，因此其安全性就很重要。现有的很多视频会议系统都是属于专用系统，许多行业部门也都使用自己的专用系统。而基于互联网的桌面会议系统具有开放性的特征，但安全性无法保证。在一定的时期内，这两种系统会并存。

6.2.1　多媒体视频会议系统的组成方式

1. 多点视频会议系统的结构

一个典型的多媒体会议系统是由终端设备、通信网络、多点控制单元 MCU 和相应的系统运行软件组成的。点对点的视频会议系统是不需要 MCU 的，在电路交换网络上的多点会议系统是必须要有 MCU 的参与，而在包交换网络上就要通过多点会议服务器来实现多点会议。针对不同的通信网络的应用，电视会议系统的组成部分是有所不同的。图 6-1 为多点会议系统结构示意图。

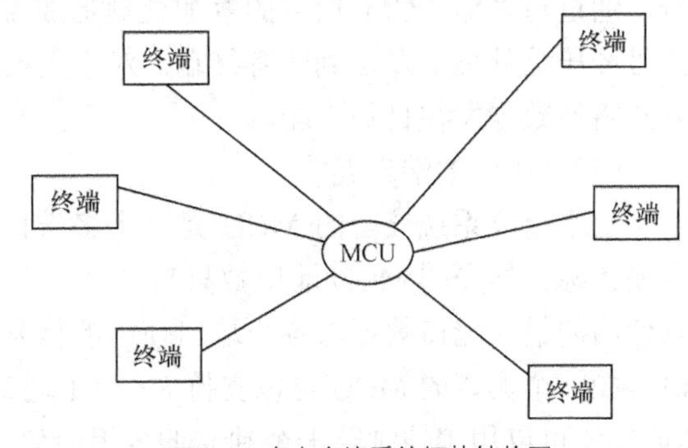

图 6-1　多点会议系统拓扑结构图

会议终端主要完成的功能是数据的处理、音频和视频信息的存储播放处理、数据文件的检索请求。会议终端的实现方式也有多种，可以是专用的电视接收机，也可以是多媒体计算机。通信网络的构成可以是电话网 PSTN、局域网 LAN 或广域网 WAN、数字数据网 DDN、帧中继 Frame Relay 和 B-ISDN 等网络。在整个视频会议系统中，多点控制单元 MCU 是核心设备。MCU 一般设置在网络的汇接节点处，是一个处理单元，完成对多个会议地点同时通信的处理。当会议终端数量比较多时，MCU 可能会不只一个，多个 MCU 之间以主从方式连接。

在多点会议电视系统中必须采用多点控制单元MCU。可以把多点控制单元MCU看作是一台多媒体信息交换机，用来实现多点间的信息控制功能，包括多点呼叫连接、视频广播及视频选择、音频混合、数据广播等。与交换机所不同的是，交换机完成的点对点的信号连接，MCU完成的是多点对多点的信号切换、汇接和广播。

2. MCU的基本功能

MCU的作用是对多点会议电视系统中的各种信号进行切换，在会议电视系统中主要是有三类不同的信号，即视频、音频和数据，MCU要完成对这三类信号的处理，因此其工作过程也是比较复杂。MCU对三类不同的信号采用不同的处理方式，对音频信号采用多路混合或切换的方式，对视频信号采用直接分配的方式，对数据信号采用广播方式。除了对上述三类信号的处理之外，MCU还要完成对通信控制信号、网络接口信号的处理工作。MCU所完成的重要工作如下。

（1）时钟同步和通信控制

在多点控制方式中，各个终端都要以双向通信的方式与MCU连接，MCU处于星型结构的核心。MCU要按照会议控制者的要求进行处理后再发送出去，为此，MCU各个端口上的信息流必须同步在同一个时钟上。同步过程是在MCU中完成的。MCU将各个终端输入的信号码流统一在控制时钟上，完成对各个码流中的帧定位信号进行校验并输出处理后的分配信号、复帧同步信号。

在通信控制方面，MCU支持各端口的信令和互通方式，支持$p \times 64$kbit/s($p = 1$～30)速率信号的通信，完成主席控制、语音控制和演讲人控制等会议控制功能。MCU要协调整个系统中各个终端的信息处理能力，选择各个终端都可以接受的通信能力，如要考虑传输的速率、编解码方式和数据协议等。一般来说，MCU会将所有终端速率统一在速率最低的终端速率上。

（2）码流控制

MCU要对从各个终端输入的所有码流进行处理。MCU对符合H.221建议的复合会议电视码流进行解复用处理，对分解出的各路压缩数字视频信号并不进行解码，采用直接分配的方式将视频码流发送到目的终端；对分解出的各路数字音频信号进行解码得到多路PCM信号，通过对多路PCM信号的叠加处理形成现场感很强的混合语音信号，再将这一混合音频信号经压缩处理后发送到所有终端。对于数据信号的除理，MCU是采用广播方式或MLP的方式将源数据发往目的终端。

（3）MCU的端口连接

处于会议系统核心的MCU是一个多端口连接设备，端口数量的多少也是衡量MCU的重要指标。早先的MCU端口数只有8个，现在的MCU端口数最多可以有几十个。MCU可以使用的最大端口数还与各个端口使用的信号速率有关，在低速率情况下可以使用较多的端口，如一个典型的MCU可以支持8个E1端口，而在384kbit/s速率下可以支持16个端口。MCU还可以用来控制若干个独立的分组会议，只要参加会议的终端总数不超过MCU的最大端口数，如一个8端口MCU可以同时支持两个独立的分组会议，其中一个会议由3个终端组成，另一个会议由5个终端组成。

MCU也可以采用级联的方式以支持更多的会议终端，一般情况下，级联的层数不超过2

层，分为主MCU和从MCU。也就是说，一个MCU最多只能经过一个从MCU转接到主MCU。在采用导演控制方式中，连接的两台MCU是对等的；在采用多台MCU的会议系统中，必须定义主从连接关系，其中一台是主MCU，其余的MCU为从MCU，要采用主席控制方式和语音控制方式。

3. MCU的工作原理框图

MCU的构成原理框图如图6-2所示。

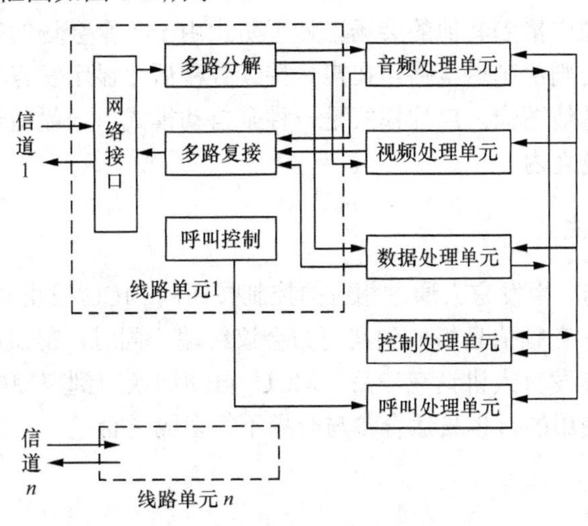

图6-2 MCU构成原理框图

线路单元包括网络接口、多路分解、多路复接和呼叫控制4个部分。每个端口对应一个线路单元。网络接口部分分为输入和输出两个方向，完成输入/输出复合码流的波形转换，并完成输入码流的时钟同步。输入码流是复合H.221格式帧结构信号，多路分解部分将输入的复合码流分解为视频、音频和数据信号并分别送往相应的处理单元。多路复接部分将视频、音频和数据处理单元送来的数据进行复接，形成固定格式的帧，以便在数字信道中传输。

音频处理单元完成音频信息的相关处理，主要是由语音代码转换器和语音混合模块组成。语音代码转换器从输入的复合码流中分离出语音信号并完成解码，再送到混合器进行叠加，最后送到编码部分以适当的形式进行编码并插入到输出的数据流中。

视频处理单元是当需要在同一个电视画面上看到若干会场的组合画面时，MCU视频处理器会对多路视频信号进行解码、组合和再编码处理。在一般的视频应用中，MCU只完成对视频信号的切换选择，并不进行解码处理。

控制处理单元完成路由的选择，对视频信号、音频信号和数据信号进行混合和切换，并负责会议的控制。

数据处理单元在MCU中是可选单元。具有根据H.243建议的数据广播功能，以及根据H.200/A270系列建议的多层协议（MLP）来完成数据信号的处理。

6.2.2 多点会议控制方式

在视频会议进行中，会议的参与者既可以看到其他的会场也可以听到与会者的声音，也可以让别人看到自己的会场并听到自己的声音。这些会议过程的转换是由多带会议的控制方式来决定的。目前，根据视频会议的不同需要共有5种会议控制模式：声控模式、发言人控制模式、主席控制模式、广播/自动扫描模式和连续模式。

1. 声控模式

声控模式按照“谁发言显示谁”的原则由声音信号的大小来控制图像的自动切换，此种模式应用十分普遍。当有多个会场要求发言时，MCU 从这些会场送来的数据流中分离出音频信号，在语音处理器中进行电平比较并选出电平最大的音频信号，将音频信号电平最大的会场的声音和视频图像广播到其他的会场。为了防止由于各个会场的咳嗽和噪声等因素造成的误切换，要设置声音判决延迟电路，在声音持续数秒后才显示发言者的图像。在无人发言时显示主会场全景或其他图像。声控模式是一种全自动模式，一般适合参与的会场不多的情况，控制在十几个会场之内。

2. 发言人控制模式

在多点会议进行时，由发言人通过相应的控制按钮向MCU发出发言请求信号，MCU认可后便将其视频图像、音频信息播放到其他的会议终端，同时，MCU 还要给发言人一个已经“播放”的提示。在发言人讲话完毕后，MCU 自动切换回到声控模式。此种控制模式一般是与声控模式混合使用的，也只适合参与会场不很多的场合。

3. 主席控制模式

这种控制模式将所有参与会议的会场分为主会场和分会场两种，由主会场（主席）控制整个会议的进行。主会场根据会议的进行情况来决定由哪个会场在何时发言。分会场要想发言需先向主席申请，经主席许可后才可进行有效的发言，并将发言者的会场图像传送到其他会场。主席也可点名某个分会场发言，其他分会场接收其图像和声音。主席控制模式具有很大的主动性，可以避免声控模式中由于频繁的切换造成的混乱现象，控制的效果也比较好。

4. 广播/自动扫描模式

这种模式实际上是主席控制模式的变型。在这种模式中将电视画面设置为某个会场（称为广播机构），与会者可以定时、轮流地看到其他各个分会场。扫描的间隔和广播机构的画面要事先安排好。

5. 连续模式

连续模式将电视屏幕划分为若干个窗口，与会者可以在一个电视画面上同时看到多个分会场的情况。连续模式是一种较新的控制模式。

会场的控制模式是由相应的应用程序驱动的，若出现视频会议新的应用需求就会有新的控制模式给予支持。

6.3 视听通信业务标准

从20世纪80年代开始，为了保证多媒体通信在不同厂家设备中传输得畅通，国际电信联盟ITU制定了与多媒体通信密切相关的7个系列标准，形成了整套视频会议标准体系。这些标准的设立，从根本上对视频、音频和数据的通信方式等方面进行了规范，解决了不同厂商设备间的互通问题。G系列涉及传输系统、媒体数字系统和网络；H系列涉及视听和多媒体系统；I系列涉及综合业务数字网；J系列涉及电视、声音节目和其他多媒体信号的传输；Q系列涉及电话交换和控制信号传输；T系列涉及远程信息处理业务的终端设备；V系列涉及电话网上的数据通信。

多媒体通信较早的应用是电视会议系统，电视会议的标准主要是H系列标准。多媒体通信中主要需要处理的是数据量很大的视频和音频信息，对视频信息和音频信息都有相应的压缩标准。比如对视频信息主要的压缩标准是H.261、H.263，针对不同的网络，对图像的帧率和图像格式都有一定的要求。音频信息主要的压缩标准是G.711、G.722、G.728、G.723.1和G.729，针对不同的网络应用采用不同的标准。这些压缩标准在速率、延时和声音质量等方面都有所不同。在交互式电视中所采用的主要标准是MPEG-4和H.264。

不同的多媒体通信系统所具有的体系结构是不同的，不同的构成部分各自完成特定的功能。在具体的应用描述中我们会做详细的说明。

6.3.1　视频会议标准体系

20世纪90年代之前，各厂商生产专用的视频会议设备，不同厂商的设备间难以进行互通，妨碍了视频会议系统的发展。1992年至1996年，视频会议采用的通信网络是基于ISDN的，如各种大型视频会议系统、桌面的小型视频会议系统和远程医疗应用系统等，采用的国际标准都是H.320标准。之后，随着互联网的发展，以IP协议为基础的多媒体通信成为主要的发展方向，IP网络成为事实上的工业标准。ITU-T于1997年3月出台了基于IP网的多媒体通信系统建议标准H.323v2。

1. 视频会议标准

到1997年为止ITU-T所制定的视频会议标准主要有：

- 用于ATM和B-ISDN网络上的视频会议标准H.310；
- 用于56kbit/s～2Mbit/s速率的ISDN和56kbit/s交换电路网上的视频会议框架标准H.320；
- 用于局域网上的桌面视频会议标准H.323；
- 用于普通电话线和无线通信信道上的视频会议标准H.324。

在各个视频会议的标准中，对应用的网络情况、视频编码、音频编码、数据传输、多路复用格式和通信控制方式都做了说明。各个标准的关系用表6-1来说明。

表6-1　视频会议标准及关系

框架标准	H.320	H.310/H.321	H.322	H.323	H.324
网络	N-ISDN	ATM B-ISDN	质量保证的LAN	非质量保证的LAN	PSTN
信道能力	<2Mbit/s	<600Mbit/s	>6/16Mbit/s	<10/100Mbit/s	<28.8kbit/s
视频编码标准	H.261	H.261/H.262	H.261	H.261/H.263	H.261/H.263

续表

音频编码标准	G.711/G.722 /G.728	MPEG-1/G.711 /G.722/G.728	G.711/G.722 /G.728	G.711/G.722 /G.728/G.723 /G.729	G.723/G.729
多路复用标准	H.221	H.222.0 /H.222.1	H.221	H.225.0/TCP/IP	H.223
通信控制标准	H.242	H.245	H.242	H.245	H.245
数据传输标准	T.120 等	T.120 等	T.120 等	T.120 等	T.120 等
信令	Q.931	Q.931	Q.931	Q.931	国家标准

视频会议系统中的视频标准主要是H.26x系列标准。作为世界上第一个视频压缩标准，H.261于1990年12月得到批准，主要应用于可视电话和视频会议。H.261标准为“视听业务速率为$p \times 64$kbit/s的视频编译码”，也被称为$p \times 64$kbit/s标准，其中$p = 1$～30。p值的大小决定了图像质量。$p = 1,2$时，用于帧率较低的可视电话，采用的图像格式为QCIF；$p \geqslant 6$时，应用于视频会议，图像格式为CIF。

1995年11月完成的H.263是ITU-T关于速率低于64kbit/s的窄带通道视频编码建议标准，主要目的是充分利用现有的电话网来实现活动图像的传输。为了实现低速率的图像传输，H.263就必须在帧率和图像质量上做出权衡选择。H.263是在H.261基础上发展起来的，并有了更进一步的改进：采用半像素分辨率进行运动补偿，图像格式从sub-QCIF到16CIF共5种；提供了4种可协商选择的编码方法。

视频会议国际标准中的音频编码主要是G.7xx系列和MPEG-1。

G.711是CCITT于1972年为电话质量的语音数字编码制定的PCM标准，其速率为64kbit/s。G.711使用A律或μ律的非线性量化编码技术，主要应用于公共电话网中。

G.722是CCITT于1988年为调幅广播质量的音频信号压缩制定的标准，能将224kbit/s的调幅广播质量音频信号压缩为64kbit/s。G.722使用子带编码（SBC）方案，将输入的音频信号分为高和低两个子带，再分别采用ADPCM进行编码。主要应用于视听多媒体和视频会议。

G.723标准是ITU-T于1996年制定的用于多媒体传输的5.3kbit/s或6.3kbit/s双速率话音编码，采用多脉冲激励最大似然量化（MP-CELP）编码算法。主要应用于视频电话及IP电话传输等方面。

G.728是CCITT为更进一步降低语音的压缩速率于1992年制定的，编码算法采用低时延码本激励线性预测编码（LD-CELP），速率为16kbit/s，主要应用于公共电话网中。

G.729标准是ITU-T于1996年3月制定的，编码算法为共轭结构代数激励线性预测（CS-ACELP），速率为8kbit/s。主要应用于无线移动、数字多路复用系统和计算机通信系统中。

为实现视频、音频和数据的共频带传输而制定了多路复用标准H.221和H.223。H.221是将视频、音频、数据和控制信息复用到64～1920kbit/s单比特流信道的标准，H.223在H.221基础上还包括数据调制解调器。

在视频会议系统中，数据的传输也是要有一定的标准的。T.120就是为多点会议系统和多媒体视频会议系统中发送数据而制定的标准，同时也为连接白板和非视频会议应用及文件传输提供了应用规范。T.120规范了通信的基础结构和基于此结构的具体应用，在T.120的基础结构上可以同时处理多个独立的应用，且允许与电路交换网和基于分组的局域网以及数据网任意组合进行连接。

通信的控制标准采用的是 H.245。此标准是用于 H.324 系统的通信控制协议，同时也是普遍适用于分组复接的多媒体通信控制协议。

表 6-2 是 ITU-T 制定的有关会议系统标准。

表 6-2　会议系统标准

分类	标准号	名称
视听业务的系统和终端设备	H.320	窄带（ISDN）可视电话系统和终端
	H.323	服务质量无保证的局域网上可视电话系统和设备终端
	H.324	低比特率多媒体通信终端
	H.324/M	无线移动网上低比特率可视电话业务的多媒体终端
	H.310	宽带 ISDN 可视电话系统和终端设备
	H.321	H.320 可视电话终端到 B-ISDN 环境的适配
	H.322	服务有质量保证的局域网上可视电话系统和终端
视频编码	H.261	$p \times 64$kbit/s 视听业务的视频编解码器
	H.263	用于小于 $p \times 64$kbit/s 窄带远程通信信道的视频编解码器
音频编解码	G.711	3.4kHz 语音脉冲编码调制（PCM）
	G.722	64kbit/s 以内的 7kHz 音频编码
	G.723	用于多媒体通信传送的双速率（5.3kbit/s 和 6.3kbit/s）语音编码
	G.728	低延迟码激励线性预测的语音编码
数据协议	T.120	多媒体会议的数据协议
	T.121	通用应用模板
	T.122	音频图形和视听会议的多点通信服务
	T.123	音频图形和视听会议应用的协议栈
	T.124	视听和音频图形终端的通用会议控制 ISDN
	T.125	多点通信服务的协议规范
	T.126	静止图像的协议规程
	T.127	多点二进制文件传送的协议规范
成帧、多路复用和	H.221	视听业务中 64～1920kbit/s 信道的帧结构
	H.223	低比特率多媒体通信的多路复用协议
	H.224	使用 H.221 LSD/HSD/MLP 信道的单体应用实时控制协议
	H.225	在服务无保证的 LAN 上进行媒体流分组和同步
通信规程	H.242	只用 2Mbit/s 以内数字信道，在视听终端之间建立通信的规程
	H.243	使用 2Mkbit/s 以内数字信道在三个或多个视听终端之间建立通信的规程
	H.245	多媒体通信控制协议
系统方面	H.230	视听业务的帧同步控制和指示（C&I）信号
	H.233	视听业务保密系统
	H.234	视听业务的秘钥管理和认证系统
	H.231	使用 1920kbit/s 以内信道的视听系统的多点控制单元
其他	H.281	使用 H.224 视频会议远程摄像机控制协议

2. 多媒体会议框架性协议标准

从 20 世纪 80 年代开始，ITU 针对不同的网络环境制定了一系列多媒体终端建议标准，主要的框架性标准如下：

- 用于窄带可视电话系统和终端的 H.320；
- 用于 B-ISDN 环境下的 H.320 终端设备适配的 H.321；
- 用于保证业务质量的局域网多媒体通信系统和终端的 H.322；
- 用于包交换网络多媒体通信终端的 H.323；
- 用于电话网低比特率多媒体通信终端的 H.324；
- 用于宽带 ATM 网络多媒体通信系统和终端的 H.310。

上面叙述的每一个框架标准还都包括相应的 H.200 系列标准，H.200 标准涉及相应的视频、音频、通信协议和复用/同步等，通信协议采用 T.120 系列标准。我们只对其中主要的 H.320、H.324 和 H.323 标准做说明。

（1）H.320 终端

电视会议终端的基本功能是将本会场的视频和音频信息传送到远端的会场，同时，通过会议终端还要还原远程的视频图像和音频信息。因此，任何一个终端必须具备视频和音频输入输出设备。

视频和音频编解码器根据会议开始前系统自动协商的标准（采用某种视频和音频压缩标准），对数字图像和音频信息进行压缩，再将压缩数据按照 H.221 标准复用成帧传送到网络上。还要完成相反的处理过程。对于不通过 MCU 的两点间会议，需要采用 H.242 标准来对会议中使用的语言和参数进行协商。若是通过 MCU 的会议，会议终端要采用 H.243、H.231 等标准对主席控制、申请发言等功能进行控制。若需要辅助数据的传输，就要采用 T.120 系列标准。通过网络进行传输还要依据相关的网络通信标准，如 G.703 或者 I.400 系列标准。

H.320 标准是在 1990 年开始制定的，到现在已经包括 15 个标准，且还在增加。该标准包括了视频压缩编解码、音频压缩编解码、静止图像、多点会议和加密等。支持 ISDN、E1 和 T1，带宽从 64kbit/s 到 2Mbit/s，是应用较多的终端。其视频编解码采用的是 H.261 标准，音频编解码标准采用的是 G.711、G.722 和 G.728。

为保证音频信息和视频信息更好地传输，还需要相关的控制协议。控制协议的主要功能是：能力交换与通信模式的确定、子信道的管理、动态模式转换、身份验证、远程应用功能控制、密钥分发、流量控制和多点控制等。H.221 标准是完成视频数据和音频数据的复接/分接的，它针对 N-ISDN 的 64～1920kbit/s 信道的多媒体通信帧结构，规定了单路 B（64kbit/s）、多路 B（2～6B）、单路 H_0（384kbit/s）、多路 H_0（2～$5H_0$）、H_{11}（1536kbit/s）和 H_{12}（1920kbit/s）信道的帧结构。控制方面的建议是采用 H.242、H.243 和 H.230 标准，所实现的主要控制功能是：能力交换与通信模式的确定、模式转换、远程应用功能控制和多点会议控制。H.231 是用于 2Mbit/s 数字信道的视听系统多点控制单元，规定了视频、音频、信道接口、数据时钟及 MCU 的最大端口数等接口标准。H.242 为使用 2Mbit/s 数字信道视听终端间的通信规程。H.243 为利用 2Mbit/s 信道在多个视听终端与 MCU 之间的通信规程。其控制的实时性比较好，但对数据的多点控制能力较弱。其终端结构框图如图 6-3 所示。

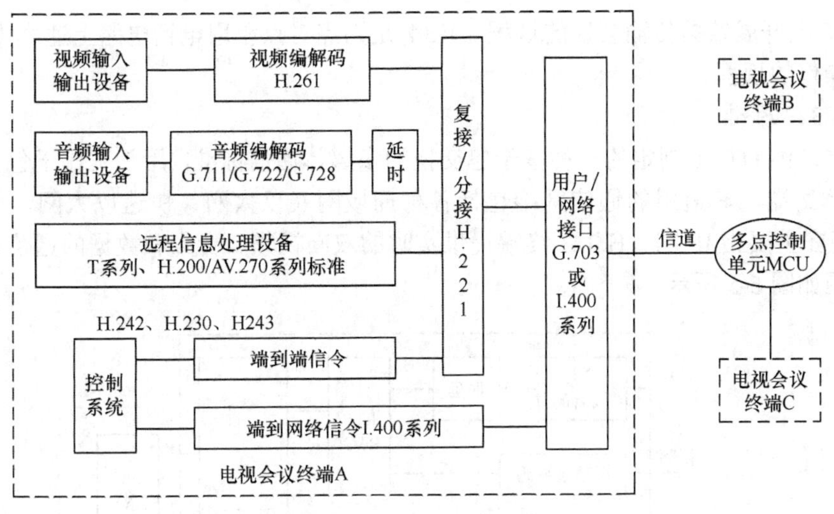

图 6-3 H.323 终端设备结构图

H.320 标准的通信费用较为昂贵，但其安全可靠性和服务质量是有保证的。一般应用于对安全性有较高要求的专用系统。

（2）H.324 标准

H.324 标准是低比特率的多媒体通信终端标准，是在 PSTN 网上实现的多媒体可视电话。典型的 H.324 终端系统包括终端设备、调制解调器、通信网络 PSTN 和多点控制单元 MCU 等。其终端设备结构框图如图 6-4 所示。

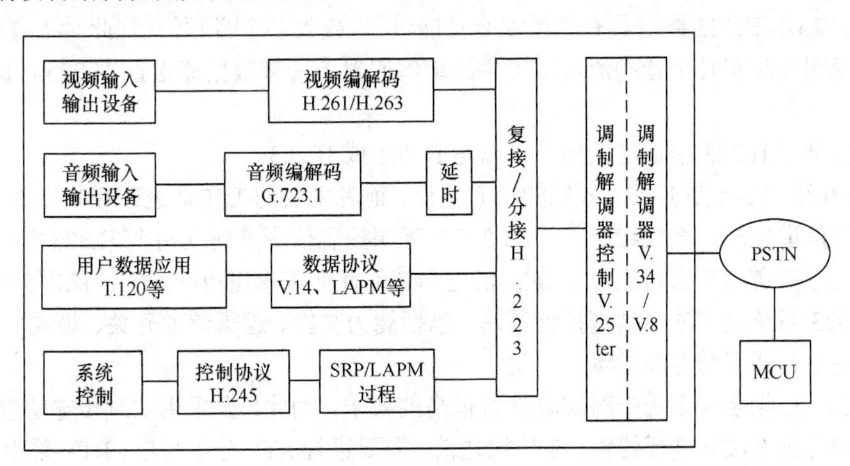

图 6-4 H.324 终端设备结构框图

视频编码标准采用的是 H.261/H.263，音频编码标准采用的是 H.723.1。

T.120 是一个系列标准，是为支持在多点和多媒体会议系统中发送数据而制定的，它包含在 H.32x 视频会议标准中，是对视频会议的补充和增强，同时也可以独立支持声像会议。V.14 是数据协议，支持在同步承载通道上传输起止式字符，LAPM 是调制解调器链路接入规程。简单再传输规程（Simple Retransmission Protocol，SRP）和 LAPM 用于过程的控制。与 H.320 使用的复用/分接规程不同，H.324 在成帧时使用的复用/分接标准是 H.223。在终端中使用的调制解调器协议是 V.25ter、V.8 和 V.34，V.25ter 用于串行同步的自动拨号和控制，V.8

是在 PSTN 上开展数据传输会话的规程，V.34 是为点对点租用电话电路上速率为 33.6kbit/s 数据信号操作的规程。

（3）H.323 标准

该标准是由 ITU-T 制定的一种基于包交换的多媒体通信标准，用于工作于包交换网络上视听多媒体终端，其适用的通信网络包括各种局域网（以太网、快速以太网、令牌环网和 FDDI），现在主要指 IP 网。H.323 终端提供实时的双向视频、音频和数据的通信能力，其功能结构框图如图 6-5 所示。

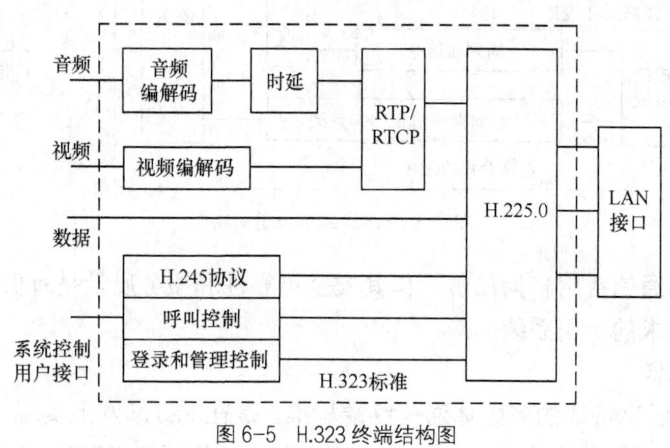

图 6-5　H.323 终端结构图

音频标准是 H.323 中的必选项，且允许的编码标准比较多，包括 G.711、G.722、G.728、G.729 和 G.723.1。H.323 终端具有音频混合功能，可以接收多个音频信道，此时需要使用 H.245 的功能来表明同时有几个音频流可以提供给编解码器。音频数据流根据 H.225.0 的标准格式进行传输。

视频标准在 H.323 中是可选项，可以是 H.261 或 H.263。

H.225.0 和 H.245 是 H.323 系统的核心协议，前者主要的工作是进行呼叫控制、后者主要是用于通信信道控制。会议终端使用 H.225.0 呼叫控制信令来建立两个 H.323 终端之间的连接，呼叫信令信道的开启是先于 H.245 信道和其他任何逻辑信道的建立。H.245 控制信道承载管理 H.323 系统操作的端到端控制消息，包括能力交换、逻辑信道开关、模式优先权请求、流量控制消息、通用命令和指示。

在 H.323 视频会议系统中对实时性有很高的要求，为此，要采用实时传输协议 RTP 和实时传输控制协议 RTCP 进行传输。在传输之前，需要进行 RTP 分组封装。RTP 采用层次结构，主要包括 3 个部分：RTP 头部、H.261 头部和 H.261 数据。

H.225.0 完成包交换网络上的视频、音频、数据及控制信号等数据流的封装和同步。RTP/RTCP 是实时传输协议和实时传输控制协议。

H.323 标准是 ITU-T 在 1996 年提出的建议标准，即“工作于不保证业务质量的局域网上的多媒体通信终端系统”。H.323 所针对的网络是质量无保证的局域网，包括各种以太网、FDDI 和令牌环网。会议终端和设备可以承载实时音频、视频、数据，或者它们的组合。

基于 H.323 标准的多媒体通信系统主要由四个部分组成：终端、网关（Gateway）、关守（Gatekeeper）和多点控制单元 MCU。

H.323 标准终端必须提供音频处理能力，而视频和数据处理能力是作为可选项。可以说，最简单的 H.323 终端就是一个具有 G.711 编码能力的终端，其他的音频编码标准 G.722、G.728、G.729 和 G.723.1 是可选的。编码器的使用是在协商过程中确定。此外，会议终端还具有音频的非对称处理能力。作为可选项的视频编解码可以使用 H.261 或者 H.263 标准，其中的 QCIF 格式是必须要选用的。

网关（Gateway）和关守（Gatekeeper）是多媒体通信系统两个非常重要的部件。网关提供面向媒体的功能，用来完成不同终端之间数据的互通功能，如与其他 H 系列终端（H.320、H.324、H.321、H.322 和 H.310）、PSTN 和 ISDN 网络中的电话终端或者数据终端的互通。需要完成传输格式（从 H.225.0 到 H.221）和通信规程的转换（从 H.245 到 H.242），此外，在 PBN 终端和电路交换网络终端之间完成音频和图像编解码的转换。关守提供面向服务的功能，是 H.323 标准所特有的，主要完成两个重要的呼叫控制功能。一是地址翻译功能，如将终端和网关的 PBN 名称翻译成 IP 地址；二是带宽管理功能。如可以由网络管理员对同时参加会议的用户数进行限定，当用户数达到某个限定值时，关守就会对后来的连接请求进行拒绝。这样可以使整个会议所占用的带宽被限制在总带宽的范围内，剩余的带宽可以留给电子邮件、文件传输等。关守的其他功能还包括访问控制、呼叫验证和网关定位等。在实际应用中，关守的功能可以合并到 H.323 关守和多点控制单元中。网关和关守密切配合完成多媒体通信任务。

多点控制单元支持三个以上节点的会议。在 H.323 中，一个 MCU 是由一个多点控制器 MC 和几个多点处理器 MP 组成，但也可以没有 MP。多点控制器 MC 完成对终端间 H.245 控制信息的处理，还可以通过判断哪些视频流和音频流需要多点广播来控制会议资源多点处理器完成对媒体信息流的处理，如对音频、视频或数据信息进行混合、切换和处理。

网关是功能强大的计算机或工作站，用来完成电话网和包交换网之间的双向通信，是传统的电路交换网和 IP 网络之间的连接的桥梁。随着通信技术和计算机技术的进一步发展，网关的功能也从最初的简单连接功能发展到现在较为复杂的功能。网关的基本功能可以归纳如下。

① 协议转换：电话交换网和 IP 网络是两种使用不同通信协议的网络，这两种网络之间的互通一定需要进行协议的转换，此项功能就是由网关来完成的。

② 信息格式转换：不同的通信网络使用不同的数据编码方式，网关要对不同的信息格式进行转换，使异种网络之间可以自由地交换信息。

③ 信息传输：负责完成不同网络之间信息的传送。

网关是由相应的硬件和软件组成的，硬件包括电路交换网络接口卡、数字信号处理器、网络接口卡和控制处理器。其基本结构图如图 6-6 所示。

网关的结构说明了怎样使公共电话网上的电话与 IP 网上的电话进行会话的过程。公共电话网上的话音信号是没有进行压缩处理的，而在 IP 网上的话音信号是经过压缩处理的。时分多路复用 TDM 总线可以是 MVIP 总线或 SCSA 总线。多厂商集成协议（Multi Vendor Integration Protocol，MVIP）是计算机中的通信总线，用来完成从一个声音卡到另一个声音卡的声音转接，可以复合 256 个全双工声音通道。信号计算体系结构（Signal Computing Architecture，SCSA）是用来传送声音和视频图像的开放性结构，用于设计和构造计算机电话服务系统。

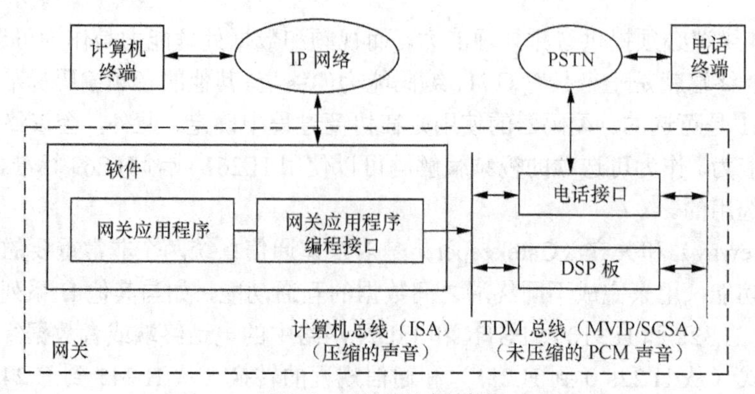

图 6-6 网关的基本结构图

关守也叫会务器，是 H.323 电视会议系统的关键部件，许多人将它比作会议电视系统的“大脑”。它主要提供授权和验证、保存和执行维护呼叫记录、执行地址转换、监视网络、管理带宽以及提供与现有系统的接口。会务器的功能一般都是由处理软件来实现的，会务器的功能分为基本功能和选择功能。

基本功能是会务器必须要提供的功能，包括下面 4 项。

① 地址转换：在电话网和 IP 网之间的信息传送一定要涉及地址的转换问题。它是采用一种由注册信息进行更新的注册表来将别名地址转换成传输地址的。

② 准入控制：对于要接入的用户，需要经过授权才可以进行。使用准入请求/准入确认/准入拒绝（ARQ/ARC/ARJ）消息来对网络的访问进行授权。H.323 标准规定必须要有对网络服务进行授权的 RAS 消息，RAS 是注册准入状态（Registration/Admission/Status）协议。

③ 带宽控制：支持带宽请求/带宽确认/带宽拒绝的 RAS 带宽消息。根据服务器提供者和管理员的管理策略强制执行带宽控制。但在多数情况下，网络及网关不拥挤时会满足任何带宽的请求。

④ 区域管理：用户管理所有已经注册的 H.323 端点并为这些端点提供上述服务。由网络管理员决定可以为哪个终端注册。

H.323 系统与其他多媒体通信系统的互通如图 6-7 所示。

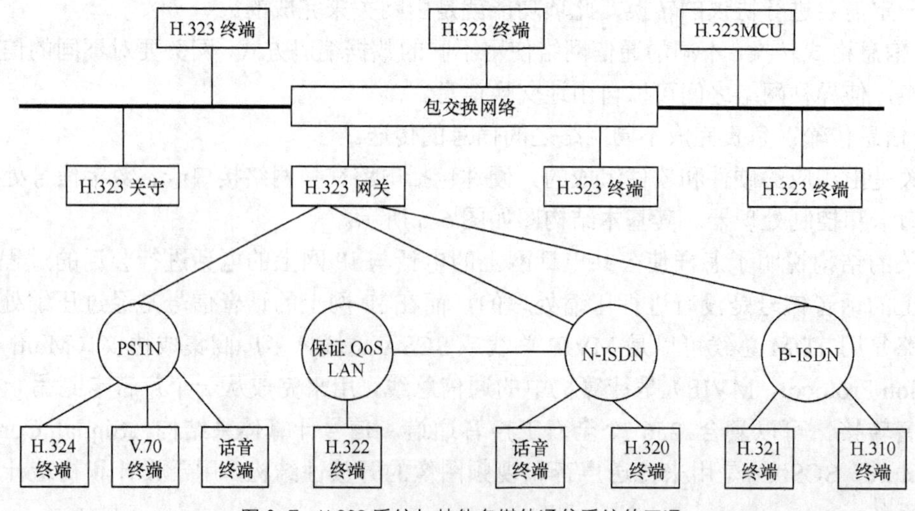

图 6-7 H.323 系统与其他多媒体通信系统的互通

在以上所描述的多媒体终端中，H.320和H.323是应用最为广泛的两种多媒体终端，H.320是应用于面向连接的网络，H.323是应用于非连接的网络。从两者的比较来看，H.323更加灵活，更适合未来的发展。

在音频和视频编解码方面，H.323与H.320有相同的选项，但H.323的选择更多一些，这使得H.323终端对不同网络的适应能力更强。从组网结构来开，H.320的主从星型汇接结构可能会由于某一点的故障造成运行不正常的现象，而H.323的总线型结构不会有这样的问题。从业务发展来看，H.320只是针对会议电视系统给出了定义，很难被扩展为多媒体、多应用的业务平台；而H.323确实可以开发出许多与传输网络无关的多媒体应用系统，除我们上面介绍的会议系统外，还可以开发出多媒体监控系统、视频点播系统、远程教育系统和IP电话等系统。H.320不具备多点广播功能，要借助于MCU来实现多点的准广播功能；而H.323是基于具备多点广播功能的IP协议的，可以很轻松地实现多媒体广播业务。从数据的传输功能来看，虽然都采用了T.120标准，但H.320在传送大容量文件时会出现图像质量下降甚至中断的现象；而H.232的数据信道不经过复用过程，直接在TCP或UDP中开通单独的数据信道，带宽从数kbit/s到数Mbit/s，非常得灵活。从未来的发展来看，基于IP的网络是通信网络发展的主流，因此，基于电路交换的H.320终端由于其本身的局限性和高成本会逐步退出历史的舞台，而基于IP的H.323多媒体通信终端则代表着未来多媒体应用的发展潮流。

下面以国内某运输部门的视频会议系统为例进行说明。

该视频会议系统以北京总局为主会场，下设6个主要分会场，分别是华北局、东北局、华东局、中南局、西南局和西北局。在各个分局还有若干小的分会场。在北京总局、中南局和西南局设置多点控制单元MCU，并进行级联，其他站点作为会议终端接口设备。视频会议中心包括多点控制单元MCU、网守、网管服务器和数据服务器组成。总体结构如图6-8所示。

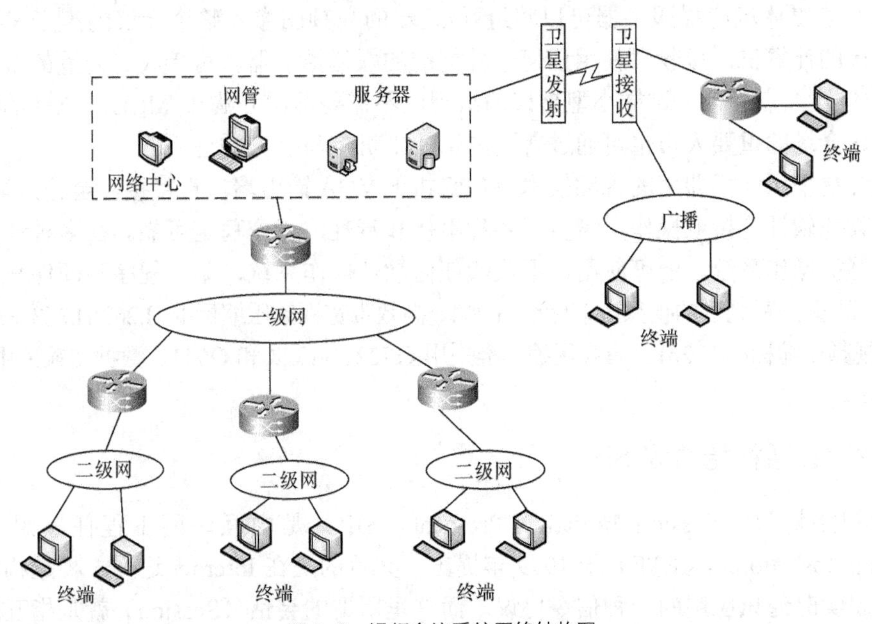

图6-8 视频会议系统网络结构图

多点会议单元MCU的功能是执行多点以上的视频会议中视频信息和音频信息的切换，是视频会议的核心设备。多点会议的组织和发起通过MCU来实现比较便捷，可以进行不同编码、不同速率的视频信息和音频信息的切换和组合。网守进行视频会议中地址的翻译、终端用户的注册管理和带宽管理，是大中型视频会议系统的重要组成设备。网管服务器承担着视频会议系统的系统管理、资源管理和性能管理任务，执行视频会议的受理、记录和预约等管理工作，同时也对视频会议系统进行故障管理、配置管理、状态管理和性能管理等管理工作。数据服务器提供 T.120 数据会议功能。

在系统建设初期通过路由器接入到 ATM 网进行传输，使用 H.323 标准协议，接口为 V.35。骨干传输网为 ATM，通过路由器进行 IP 转换，使用 H.323 协议。ATM 网络的视频会议系统使用的传输速率为 768kbit/s。部分地区可以采用 Ku 卫星网络进行传输，可以提供 1 路广播信道和若干回传信道。

整个网络机构以层次结构进行划分，分为总局、地区局和地局三级结构。以总局的 MCU 和 6 个地区局 MCU 构成一级星型结构，地区局也有 MCU 和管理中心，分别与所管辖局构成二级中心。在召开全局会议时，各个地区终端先加入到地区级 MCU，再由地区局 MCU 与总局 MCU 进行级联形成全局会议网络。在以地区局为核心的会议中，各个地区终端加入到以地区 MCU 为中心的会议系统中。

视频会议管理软件负责整个会议系统的管理工作。管理内容包括时区时序安排、参加者邀请、事件记录、容量报告和网络资源等。还要对 MCU 的容量、网守、带宽资源进行有效的配置。全面的视频通信管理包括资源管理、会议管理、用户管理和网络管理等。标准配置支持 H.323 和 H.320 协议，同时具有多种网络接口：应用于 IP 网络的 10M/100M 自适应接口；应用于 ISDN 网络的 BRI 接口；应用于专线的 V.35/RS-422 接口。为了支持稳定的 IP 连接，采用下面的技术手段：支持资源预留协议 RSVP、支持 IP Precedence、支持自动降速避免拥塞、支持 NAT-地址转换、支持自适应带宽管理和流控制。

内置的多媒体流广播服务器可以将近端/远端的视频图像和整个会议的声音发送给与视频终端连接的计算机。接收者使用任何一种标准的媒体播放器就可接收。内置的多点控制器允许直接建立 4 点会议，这样小型会议的组织就不需要再额外购买 MCU。电话的桥接功能使不能到达会场的重要人员也可通过普通电话、手机参与会议的进程。

视频终端采用即插即用的视频技术，将 PC 机的 VGA 输出端口直接接驳至输入端口即可，无需任何其他软件连接或操作，减少了各种串扰和衰耗，工作稳定可靠。在多种计算机终端和多种计算机操作系统上皆可应用，不依赖任何软件操作系统、驱动程序和硬件平台。

视频标准采用最先进的视频压缩标准 H.264、高效带宽视频压缩标准 H.263/H.263＋/H.263＋＋和基本的视频压缩标准 H.261。音频压缩标准采用 G.722、G.728 和 G.711。数据传输采用 T.120 数据通信协议。

6.3.2 会话初始协议 SIP

会话初始协议（Session Initiation Protocal，SIP）是由互联网工程任务组（Internet Engineering Task Force，IETF）于 1999 年提出，其目的是在 Internet 这样一种结构的网络环境中，实现实时通讯应用的一种信令协议。而这里所谓的会话（Session）就是指互联网用户之间的数据交换。SIP 协议的提出和发展，是伴随着互联网的发展而发展的。在 SIP 协议最早提出的时候，仅仅针对各种文本应用，如电子邮件和文字聊天，随着互联网技术的发展，在 SIP 协议中大大加强了对多媒体通信的支持。

1. 会话初始协议 SIP 功能

互联网的许多应用都需要建立和管理一个会话，这里会话的含义是在互联网参与者之间的数据的交换。在基于 SIP 协议的互联网应用中，每一个会话可以是各种不同类型的数据内容，可以是普通的文本数据，也可以是经过数字化处理的音频、视频数据，还可以是诸如游戏等应用的数据，应用具有巨大的灵活性。由于考虑到应用中参与者的实际情况，这些应用的实现往往是很复杂的：参与者可能是在代理间移动，他们可能有多个名字，他们中间的通讯可能是基于不同的媒介（如文本、音频、视频和多媒体等），有时候甚至是多种媒介一起交互。人们创造了很多种通讯协议应用于实时的多媒体会话数据，如文本、音频和视频。SIP 和这些协议一样，同样允许使用互联网端点（用户代理）来寻找参与者并且允许建立一个可共享的会话描述。为了能够对会话参与者精确的定位，并且也为了其他的目的，SIP 允许创建基础的叫做代理服务器，并且允许终端用户注册上去，发出会话邀请，或者发出其他请求。

SIP 是一种信令协议，用于初始、管理和终止网络中的语音和视频会话，具体地说就是用来生成、修改和终结一个或多个参与者之间的会话。SIP 在通信领域和 IP 网络领域受到极大的关注，且是下一代网络 NGN 中的核心协议之一。其最初的提出是要解决 IP 网上的信令控制。在 IP 网络分层模型中，SIP 是工作在应用层的一个信令协议，可以用来建立、修改和终止有多方参与的多媒体会话进程。

图 6-9 是互联网体系结构模型，可以看出 SIP 协议在 Internet 协议栈中的位置。针对 SIP 协议最初提出的 Internet 应用场景包括 IP 电话呼叫、多媒体分发和多媒体会议等，但到目前 SIP 协议的应用领域已经远远超出了这些场景。Internet 最成功的两个应用是 Web 和 Email，SIP 协议是基于 Web 和 Email 进行设计的，其设计思想成熟，提出不久就获得了广泛的应用。SIP 协议还表现出其他方面的优势：可扩展性、灵活性、互操作性、可重用性、提供将简单的应用结合到复杂服务中去的方法。SIP 协议已经被 3GPP 工作组定义为第三代移动通信系统中的信令协议，目的是要提供 IP 多媒体服务。它能将移动通信的蜂窝系统和 Internet 应用领域结合起来，为人们提供 Internet 无所不在服务的一条新途径。利用 SIP 可以将 Internet 的传统服务与多媒体和即时消息等新服务很好地结合起来。SIP 的出现可以看作是一种革命，是在通信网络界以外毫无所知的情况下发生的，它将人们从电信服务的高投入、低增值中解放出来并带入低投入、高增值的服务中去。

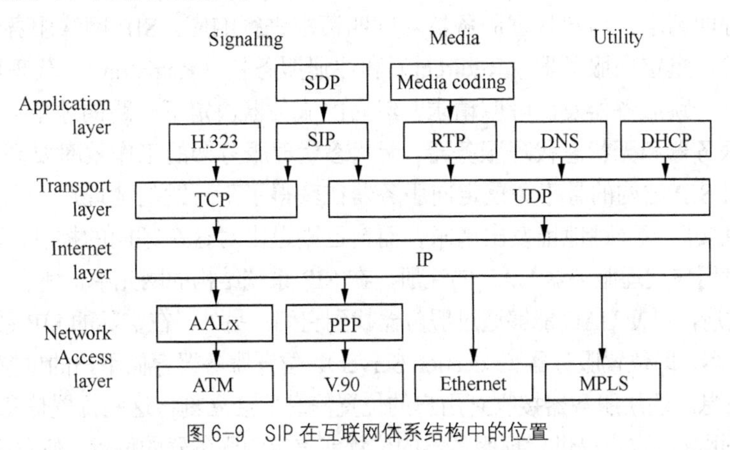

图 6-9 SIP 在互联网体系结构中的位置

SIP 作为应用层上的一个信令控制协议，可以用来建立、修改和终止有多个参与者参加的多媒体会话进程，参与会话的成员可以通过组播（Multicast）、单播（Unicast）或者是两者的结合方式进行通信。SIP 可以用于邀请新成员加入一个正在进行的会话，也可以创建一个全新的会话。SIP 可以用于明确地邀请某一个成员加入或创建会话，这一点相对于多播、会议通知协议 SAP 等是一个很大的进步。SIP 独立于所处理的多媒体会话类型和描述会话所使用的机制，能够用一个可扩展的体系结构应用于视频会议、语音通话、共享白板、游戏会话、应用共享、桌面共享和文件传输等。在一般使用中，SIP 协议使用 RTP 协议传送音频流和视频流，使用 SDP 协议进行媒体描述。为实现扩展性，SIP 使用这样的机制：通信各方使用 SDP 协议进行音频、视频会议描述，如果通信各方希望在建立的 SIP 框架中进行一个游戏会话，那么只需要使用一个适用于描述游戏会话的协议来取代 SDP 协议。使用 SIP 协议可以进行会话的管理，管理内容包括：发起和终止会话、修改会话参数、调用服务、引入其他用户、设置转移呼叫和呼叫保持等。SIP 的可扩展性还表现在可以通过定义新的消息头（Header）和方法（Method）来增加新的功能。

SIP 另一个重要功能是支持用户的移动性，这可以通过 SIP 定义的代理（Proxy）服务器和重定向（Redirection）服务器来实现。由于 SIP 对通信用户终端实现了定位，可以保证被呼叫方在网络中的任何位置都可以确保呼叫达到被呼叫方。用户首先要在一个服务器上登记其当前的位置，才能被呼叫者找到；任何用户位置发生改变，必须将用户的新位置向服务器重新注册。它通过 SIP 的统一资源标识符（Uniform Resource Indicator，URL）来进行标识。在服务器的数据库中，一个用户可以同时拥有多个地址记录，服务器可以按照记录顺序依次联系记录中位置信息，直到得到反馈信息。SIP 提供重定向和代理两种操作模式来完成对用户的定向。此外，SIP 协议可以用于其他的 IETF 协议以建立一个完整的多媒体体系结构，如传输实时数据、提供 QoS 反馈的 RTP 协议、控制流媒体发送的实时流传输协议 RTSP、控制到公共交换电话网网关的媒体网关控制协议 MEGACO 和描述多媒体会话的会话描述协议 SDP 等。

2．会话初始协议 SIP 网络元素

SIP 协议中有两种基本元素：SIP 用户代理 UA（User Agent）和 SIP 网络服务器。

用户代理是用于直接与用户打交道的 SIP 元素，其存在形式有很多种，如软电话（Softphone）、实际的 SIP 电话机等。根据用户代理 UA 在会话中发挥的作用不同又可分为用户代理客户机（User Agent Client，UAC）和用户代理服务器（User Agent Server，UAS）。用户代理客户机发起呼叫请求，用户代理服务器对呼叫请求进行响应。SIP 网络服务器有三种：代理服务器（Proxy）、重定向服务器（Redirect）和注册服务器（Registrar）。代理服务器能够代理前面的用户向下一跳服务器发出呼叫请求，然后由服务器决定下一跳的地址。代理服务器又分为有状态代理服务器和无状态代理服务器。无状态代理服务器的工作效率要高于有状态代理服务器，它是构成 SIP 结构的骨干。重定向服务器在获得了下一跳的地址后，立刻告诉前面的用户，让该用户直接向下一跳地址发出请求，而自己则退出对这个呼叫的控制。注册服务器的作用是用来完成对用户代理服务器 UAS 的注册。在 SIP 系统结构的网元中，所有 UAS 都要在某个登录服务器中注册，以便 UAC 能够通过服务器找到它们。另外，在实际的 SIP 系统中，还要有一个很重要的服务器，即位置服务器（Location Server）。位置服务器存储用户的位置信息并向用户返回变动的位置信息。注册服务器接收到用户的位置信息后会立刻将这些位置信息上载到位置服务器。位置服务器用来向客户提供代理服务器的位置或重定向服务器的位置。位置服务器不属于 SIP

服务器的范畴，因为位置服务器和SIP服务器之间并没有使用SIP协议，一些位置服务器使用LDAP和SIP服务器进行通信。图6-10所示是SIP业务的网络结构和各个参与者的关系。

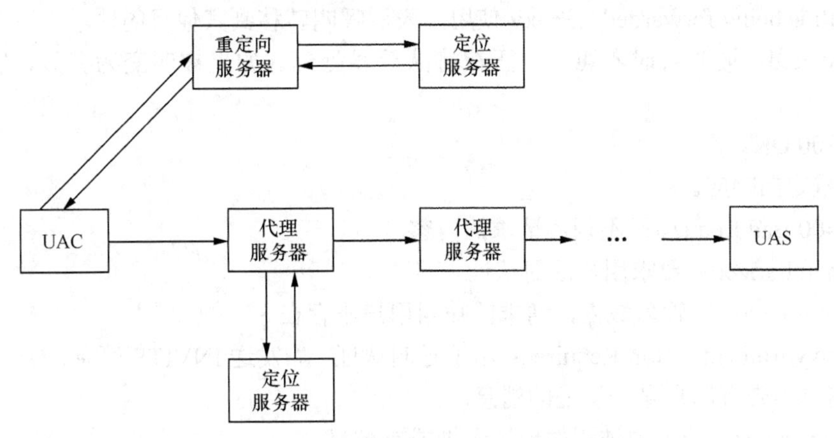

图6-10　SIP业务的网络结构和各个参与者的关系

3. 会话初始协议SIP消息

SIP包括两种基本消息：请求消息和响应消息。请求消息是由客户端发往服务器端，包括INVITE、ACK、OPTION、BYE、CANCEL和REGISTER共6种。请求消息含义如表6-3所示。响应消息是由服务器发往客户端的，包括1xx、2xx、3xx、4xx、5xx和6xx共6种。响应消息功能如表6-4所示。

表6-3　请求消息

请求消息	消息含义
INVITE	发起会话请求，邀请用户加入一个会话，会话描述包含在消息体中
ACK	证实已经收到对于INVITE请求的最终响应，和INVITE配合使用
OPTION	查询服务器的服务能力
BYE	结束会话
CANCEL	用于取消一个未完成的请求，常用于取消INVITE请求
REGISTER	向SIP服务器注册

表6-4　响应消息

响应消息		
序号	状态	消息功能
1xx	信息响应（呼叫进展响应）	1xx是信息消息，表明已经接收到请求消息，正在对其进行处理
2xx	成功响应	表示请求已经被成功接收处理
3xx	重定向响应	表示需要采取进一步动作以完成该请求
4xx	客户出错	表示请求消息中包含语法错误或SIP服务器不能完成对该请求消息的处理
5xx	服务器出错	表示SIP服务器故障不能完成对消息的处理
6xx	全局故障	表示请求不能在任何SIP服务器上实现

1xx：100 Trying：正在处理请求。

180 Ringging：正在振铃。

181 Call is being forwarded：Proxy 使用，表示呼叫转移到其他目的地。

182 Queued：被叫暂时不可达，正在排队等候处理。如果被叫变为有效，发送最终的响应。

2xx：200 OK。

3xx：重定向响应。

4xx：400 Bad Request：不理解请求的内容。

401 Unauthorized：要求用户注册认证。

404 Not Found：在管理域内，请求的被叫用户不存在。

407 Proxy Authentication Required：用于呼叫认证。如发送 INVITE 消息，UAS 返回 407，表示要求消息中带有用户身份认证的消息。

485 Ambiguous：请求中被叫的地址含糊或有歧义。

486 Busy Here：成功到达用户的终端系统，但是用户暂时无效或不能接受呼叫。

一个 SIP 消息既可以是一个从客户端到服务器端的请求消息，也可以是一个从服务器端到客户端的响应消息。一个基本的 SIP 消息包括起始行、一个或多个头字段、说明头字段结束的空行和一个可选的消息体。

消息 = 起始行（包括请求行/状态行；请求行规定了请求的类别，而状态行指出了每个请求的状态，比如是成功还是失败。如果是失败的话还要给出失败的原因或类型。）

*头字段

CRLF

[消息体]（消息首部给出了关于请求或应答的更多信息，一般包括消息的来源、规定的消息接收方，另外还包括一些其他方面的重要信息。消息体通常描述将要建立会议的类型包括所交换媒体的描述，但不具体定义消息体的内容或结构，其结构或内容使用另外一个协议来描述，就是会话描述协议 SDP。）

请求消息：

请求行 = 方法 + 空格 + 请求地址 + SIP 版本号 + 空行

通过一个请求行作为起始行，请求行包括了方法名、请求的 URL 和协议版本号，中间用空格分开。

应答消息：

状态行 = SIP 版本 + 空格 + 状态码 + 空格 + 相关文本短语 + 空行

下面的代码演示了 INVITE 消息的使用。

```
INVITE sips:Bob@TMC.com SIP/2.0
Via: SIP/2.0/TLS client.ANC.com:5061; branch = z9hG4bK74bf9
Max-Forwards: 70
From: Alice <sips:Alice@atlanta.com> ;tag = 1234567
To: Bob <sips:Bob@TMC.com>
Call-ID: 12345601@ANC.com
CSeq: 1 INVITE
```

```
Contact: <sips:Alice@client.ANC.com>
Allow: INVITE, ACK, CANCEL, OPTIONS, BYE, REFER, NOTIFY
Supported: replaces
Content-Type: application/sdp
Content-Length: ...
v = 0
o = Alice 2890844526 2890844526 IN IP4 client.ANC.com
s = Session SDP
c = IN IP4 client.ANC.com
t = 3034423619 0
m = audio 49170 RTP/AVP 0
a = rtpmap:0 PCMU/8000
```

4. 会话初始协议 SIP 消息流程

SIP 信令流程有很多种，如注册流程、基本呼叫流程、正常呼叫释放流程、被叫无应答流程和会话更改流程等。下面以基本呼叫流程、正常呼叫释放流程及会话更改流程为例进行说明。

（1）基本呼叫建立流程

基本呼叫建立过程如图 6-11 所示。

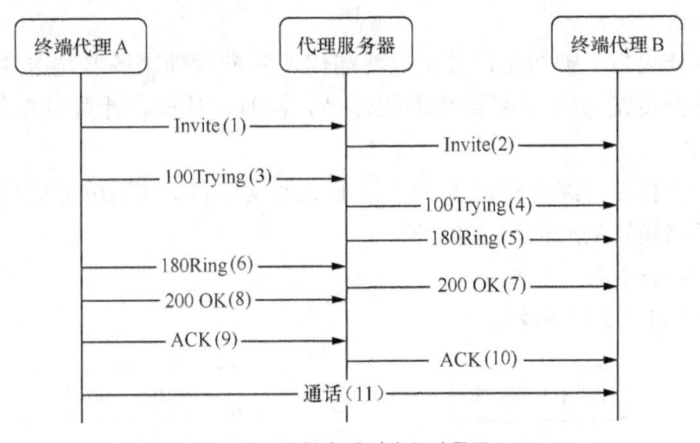

图 6-11　基本呼叫建立过程图

① 用户摘机发起一路呼叫，终端代理 A 向该区域的代理服务器发起 Invite 请求。

② 代理服务器通过认证/计费中心确认用户认证已通过后，检查请求消息中的 Via 头域中是否已包含其地址。若已包含，说明发生环回，返回指示错误的应答；若没有问题，代理服务器在请求消息的 Via 头域插入自身地址，并向 Invite 消息的 To 域所指示的被叫终端代理 B 传送 Invite 请求。

③ 代理服务器向终端代理 A 发送呼叫处理中的应答信息：100Trying。

④ 终端代理 B 向代理服务器发送呼叫处理中的应答信息：100Trying。

⑤ 终端代理 B 指示被叫用户振铃，用户振铃后向代理服务器发送 180Ringing 振铃信息。

⑥ 代理服务器向终端代理 A 转发被叫用户振铃信息。

⑦ 被叫用户摘机，终端代理 B 向代理服务器返回表示连接成功的应答（200 OK）。

⑧ 代理服务器向终端代理 A 转发该成功指示（200 OK）。

⑨ 终端代理 A 收到信息后，向代理服务器发 ACK 信息进行确认。

⑩ 代理服务器将 ACK 确认消息转发给终端代理 B。

⑪ 主被叫用户之间建立通信连接，开始通话。

（2）正常呼叫释放流程

正常呼叫释放过程如图 6-12 所示。

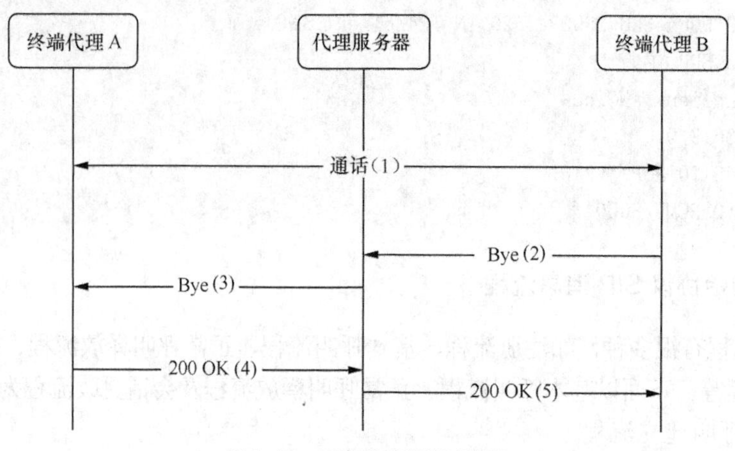

图 6-12　正常呼叫释放过程图

① 正常呼叫。

② 用户通话结束后，被叫用户挂机，终端代理 B 向代理服务器发送 Bye 消息。

③ 代理服务器转发 Bye 消息至终端代理 A，同时向认证、计费中心发送用户通话的详细信息，请求计费。

④ 主叫用户挂机后，终端代理 A 向代理服务器发送确认挂断响应信息 200 OK。

⑤ 代理服务器转发响应信息 200 OK。

（3）会话更改流程

会话更改过程如图 6-13 所示。

图 6-13　会话更改过程图

① 用户代理服务端和代理客户端正常通话。

② 用户代理服务端向用户代理客户端发送 Invite 信息，带有新的 SDP 协商信息。

③ 用户处理客户端回复 200 OK，并将协商后的 SDP 信息带回。

④ 用户代理服务端发送 ACK 给用户代理客户端进行确认。

5．SDP 会话描述协议

SIP 消息体中可以携带任何的资料信息，但通常是给通信双方用来协商会话相关的信息。SIP 本身并没有提供多媒体协商的能力，多媒体协商必须依靠会话描述协议（Session Description Protocol，SDP）。SDP 并不是一个通信协议，会话描述协议 SDP 是一种文本描述语言。呼叫者发出一个 INVITE 信息并携带着 SDP，其中 SDP 包含了呼叫者想使用的多媒体格式、地址和端口；被呼叫方在响应的时候，便可以针对呼叫者所提出的 SDP 做出接受或拒绝的响应。从这种双方协商的结果就可以得知多媒体信息格式及通信的地址是什么。在 RFC 3264 中明确描述了应如何将 SIP 与 SDP 一起使用。通常来说，一个会话是由数个媒体流组成，因此，要描述一个会话必须有数个相关的参数。SDP 中有会话级别和媒体级别的参数。

SDP 文本信息包括：

会话名称也叫意图；

会话持续时间；

构成会话的媒体；

有关接收媒体的信息（地址等）。

SDP 会话描述如下（标注 * 符号的表示可选字段）。

```
v =（协议版本）
o =（所有者/创建者和会话标识符）
s =（会话名称）
i = * （会话信息）
u = * （URI 描述）
e = * （Email 地址）
p = * （电话号码）
c = * （连接信息 — 如果包含在所有媒体中，则不需要该字段）
b = * （带宽信息）
```

一个或更多时间描述如下。

```
z = * （时间区域调整）
k = * （加密密钥）
a = * （0 个或多个会话属性行）
0 个或多个媒体描述（如下所示）
```

时间描述如下。

```
t = （会话活动时间）
r = * （0 或多次重复次数）
```

媒体描述如下。

```
m = （媒体名称和传输地址）
i = * （媒体标题）
c = * （连接信息 — 如果包含在会话层则该字段可选）
b = * （带宽信息）
```

```
k = * （加密密钥）
a = * （0个或多个会话属性行）
```

SDP 的消息体就像电子邮件携带的附件和 HTTP 消息携带 Web 页面一样。图 6-14 描述了 SIP 消息与 SDP 的关系。SDP 消息体的结构包括：会话级信息及会话活跃时间等，而媒体参数包括信息流类型（如音频或视频）、端口号、传输协议（如 RTP）和编码格式等。会话的主叫方通过 Invite 的消息体说明欲发起的会话详细信息；被叫方通过 OK 的消息体回复其愿意接受的会话类型。通过这样两个步骤就完成了双方对能力集的协商。如果被叫方不支持主叫方提出的媒体格式，主叫方在收到这样的响应消息后，必须重新生成新的 Invite 消息。

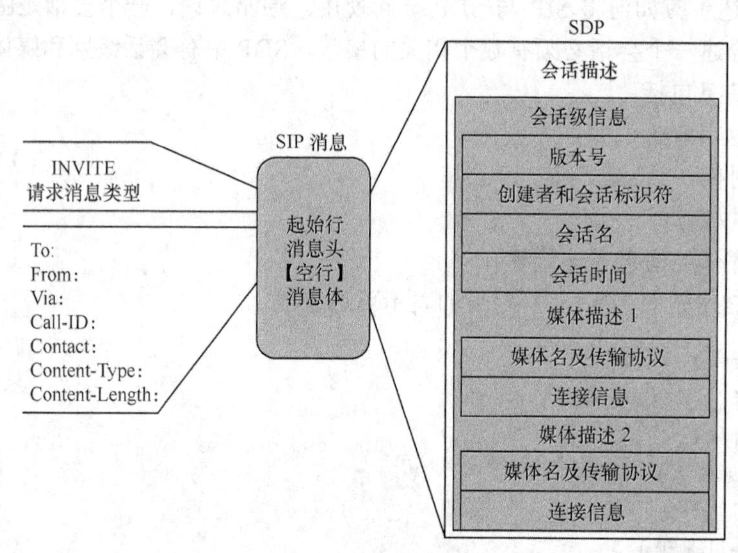

图 6-14 SIP 消息与 SDP

6. SIP 与 H.323 比较

目前，IP 网络通信的主要信令标准有 H.323 和 SIP，两者都对 IP 电话系统信令提出了完整的解决方案，但两者的设计风格各有不同。H.323 采用的是传统电话信令模式再移植到 IP 网上的，而 SIP 协议是为多媒体会话应用提供信令；H.323 对消息编码需使用特殊的代码生成器进行语法分析，而 SIP 采用基于文本的协议，简单易懂；H.323 的会话协商是通过 Q.931 建立控制信道，再通过 H.245 协议协商，建立时间较长，而 SIP 在呼叫建立过程中利用 SDP 描述的消息体进行协商；H.323 的会话管理是由 MCU 集中管理便于带宽管理，但对大型会议容易形成瓶颈，而 SIP 是使用分布式管理；H.323 使用的传输层协议是信道信令/TCP，而 SIP 使用的 UDP/TCP/STCP；H.323 没有用户定位功能，不能进行信令多播，而 SIP 有用户定位功能，可以进行信令多播。当采用 H.323 协议时，各个不同厂商的多媒体产品和应用可以进行互相操作，用户不必考虑兼容性问题；而 SIP 协议应用较为灵活，可扩展性强。两者在这些方面各有侧重。

从系统结构上分析进行比较。在 H.323 系统中，终端主要为媒体通信提供数据，功能比较简单，而对呼叫的控制、媒体传输控制等功能的实现则主要由网守来完成。H.323 系统体现了一种集中式、层次式的控制模式。而 SIP 采用 Client/Server 结构的消息机制，对呼叫的控制是将控制信息封装到消息的头域中，通过消息的传递来实现。因此SIP系统的终端就比较智能化，它不只提供数据，还提供呼叫控制信息，其他各种服务器则用来进行定位、转发或接收消息。这样，SIP将网络设备的复杂性推向了网络终端设备，因此更适于构建智能型的用户终端。SIP系统体现的是一种分布式的控制模式。

从网络管理功能来看。相比而言，H.323的集中控制模式便于管理，像计费管理、带宽管理、呼叫管理等在集中控制下实现起来比较方便，其局限性是易造成瓶颈。而SIP的分布模式则不易造成瓶颈，但各项管理功能实现起来比较复杂。H.323和SIP都是实现VoIP和多媒体应用的通信协议。H.323协议的开发目的是在分组交换网络上为用户提供取代普通电话的VoIP业务和视频通信系统。SIP的开发目的是用来提供跨越因特网的高级电话业务。这两种协议定位有一定的重合，并且随着协议向纵深发展，这种重合竞争的关系日益加剧。但两者所要达到的目的是一致的，就是构建IP多媒体通信网。由于它们使用的方法不同，因此它们是不可能互相兼容的，两者之间只存在互通的问题。

从复杂性来看。与SIP协议相比，H.323是一种十分复杂的协议标准。H.323定义了几百个元素，而SIP协议仅仅包含6种请求方法，6类回应码及37种消息部首。H.323的编码方式采用二进制格式，需要专门的代码解释器来解释；而SIP协议采用文本格式，简单直接，开发人员可以直接修改文本消息，跟踪和分析消息的传递。H.323的复杂性还在于其本身包含多个协议，实现一个功能需要多个信令协议的配合使用。比较来看，SIP的一个请求就包含了所有必要的信息。

从扩展性来看，SIP的扩展机制更适宜于新方法和新特性的推广。在互联网环境下，为支持新的应用，信令也会不断进行补充和完善。SIP借鉴了超文本传输协议HTTP和简单邮件传输协议SMTP，经过长期的完善，进行了一系列兼容性的改进。H.323要求标准版本更新要满足前向兼容，随着新特性的出现，有些旧标准也会失去价值。但是H.323针对失去价值的旧标准仍旧保留在协议中。而SIP协议形式灵活自由，被淘汰的旧部首和取值将逐渐消失，这样可以保证SIP协议的简洁。

从支持移动性来看，SIP协议可以更好地支持个人移动通信服务，主叫方的呼叫可以通过代理服务器寻找多个可能的通信地址，如办公室电话、家庭电话和移动电话等。每个位置的电话都包含一些优先级，不同分支能将请求发送至不同的通信终端，可能有多个终端接收请求并进行响应，由主叫决定通话对象。而H.323对个人移动服务的支持是很有限的，虽然主叫也可以尝试呼叫多个不同位置的终端，但是不能对终端设置优先级，而且不支持同时多路呼叫。

从可靠性来看，SIP有更好的可靠性。为保证网络的可靠性，H.323采用了很多昂贵的冗余技术。如当一个网守出现问题，协议就会使用备用网守。而在SIP中，当网络中的一个代理服务器出现问题，其他的代理服务器会接管出问题的代理服务器的请求任务，其可靠性依赖于整个网络。

6.4 视频点播VOD系统与设备

6.4.1 VOD基本概念

随着数字宽带时代的到来，普通的家庭将具备电话、电视、数据和网络终端等功能，用户可以按自己的需求主动地进行信息的获取。人们看电视不再是电视台播什么节目就看什么节目，而是可以自己对节目进行选择。有线电视网已经覆盖大部分家庭，虽然人们可以有很多的电视节目选择，但这种选择还只是被动的。人们希望能够有一天主动地选择自己想看的电视节目，而且可以对电视节目播放的过程进行某种程度的控制。视频点播（Video On Demand，VOD）系统由此产生。利用 VOD 系统，用户可以按照自己的需要和兴趣选择服务内容，还可以控制其播放过程。它可以通过电话网络、有线电视网络、局域网和蜂窝电视系统（Cellular Telephone System）向用户提供质量较好的数字压缩 VOD 电视节目。当一个用户想要看某个电视节目时，就向视频服务器发出请求，服务器端将用户点播的视频流进行调制处理，以适合不同的传输网络；客户端通过机顶盒对输入的数字流进行解码，在电视机上实现视频的实时回放。用户点播的视频节目多种多样，可以是影视节目、卡拉 OK 和音乐歌曲，也可以是业务提供者制作的各种节目，如商务信息、服务介绍、风景名胜和娱乐场所等内容。

视频点播 VOD 是一种受观众控制的非对称双工通信模式的电视业务，观众可以对电视节目在节目之间和节目之内做出选择。视频点播 VOD 又可以更进一步分为真视频点播（True Video On Demand，TVOD）和准视频点播（Near Video On Demand，NVOD）。真点播电视支持即点即放，当用户提出请求时，视频服务器会立即传送用户所需要的视频节目。真点播的每个用户各自占用一套电视节目，可以对信息中心和电视台视频盘和视频盘上的节目进行任意的控制。此种方式实现的费用十分昂贵。准点播交互式电视是每隔一定的时间从头开始播放一套电视节目，交换机将终端与最近将要从头开播的频道连接，用户等待的时间不会超过时间间隔。由于在实现的过程中，实时性并不很重要，而且在用户等待的时间还可以向用户播放广告或音乐视频节目，准交互式电视点播的实现就很便宜了。

NVOD 是一种 VOD 的过渡替代业务。NVOD 不同于 VOD 的地方在于不需要投入大量的双向改造资金，就可以提供多个 NVOD 服务。而且它是数字视频广播 DVB 标准中的标准规范，不需要在 STB 上增加任何成本就可以实现准视频点播业务，同时也不需要复杂的双向信令，是一种较为经济的点播模式。

整个系统由 NVOD 前端系统和 NVOD 终端系统两个部分组成。前端系统包括：节目制作系统、节目编排系统、播控系统和播出系统和管理系统等。传输网络是单向 HFC 就可以实现 NVOD 业务，终端系统主要有机顶盒。对机顶盒只要进行软件升级即可。增加相应的播出模块就可以同时为用户点播更多的 NVOD 视频节目。系统也可以升级到 VOD 系统、分布式 VOD 系统。

实现 NVOD 系统的主要设备包括 NVOD 视频服务器和磁盘阵列。由播控服务器控制 NVOD 视频服务器播出相应的 NVOD 节目，系统同步由播控服务器内置的时钟来保证。

视频点播 VOD 可以为用户提供下面的业务。

（1）电影点播服务（Movie On Demand，MOD）：可以向用户提供家庭 VCR 播放功能，用户可以按照自己的需要对电影节目进行选择，进行预看和交互式浏览。对节目内容可以进行暂停、快进、快退、前后查看、重置存储和计数器显示等。系统还会向用户提供收费账单等数据服务。

（2）互联网接入服务：用户通过机顶盒 STB 可以实现互联网接入。按照机顶盒 STB 的不同设置完成不同的接入服务。

（3）新闻点播服务：用户可以交互式地选择每天重要的新闻进行浏览，可以对新闻的类别进行选择，如文本还是视频图像。

（4）游戏：不同于传统的游戏，用户可以从菜单中选择游戏并选定游戏中的某个角色，用户还可以对进行中的游戏进行某种操纵。

（5）卡拉OK点播服务（Karaoke On Demand，KOD）：用户可以在家中从提供的菜单中选择自己喜欢的卡拉OK歌曲，可以选择改变音调或节奏。

（6）远程购物：商家采用多媒体技术，以视频、音频、文本和图像的方式向用户展示其产品，用户可以浏览商品目录选择定购的商品和服务。

（7）电视列表（TV Listing）：用户可以看到电视节目的安排，还可以查询到节目的相关信息，如演员、节目制作等的信息。

视频点播VOD系统可以通过有线电视网向用户提供服务，也可以通过普通电话线采用非对称用户线ADSL技术实现交互式电视节目的传送。由于电话用户和有线电视用户的数量都很庞大，因此交互式电视的应用前景是很广阔的。

1986年，南贝尔（Bellsouth）在Hunter Greek和Heathrow进行了重要的视频点播VOD实验。1994年12月14日，时代华那Time Warner公司在美国奥兰多召开了关于全业务网(Full Service Network，FSN）新闻发布会，会议将这一天确定为交互式电视的诞生日。在此之后，有三家公司合作开发全业务网FSN，SGI（Silicon Graphics Inc.）公司在视频服务器方面提供合作，Scientific Atlanta公司在网络底层结构和机顶盒（Set Top Box，STB）方面提供合作，AT&T则负责ATM交换方面的合作。传送的网络采用有线电视网进行，可以提供电视点播、家庭购物和交互式视频游戏等功能。直到1996年，随着交互式电视的各项相关技术逐步成熟以及用户费用的逐步降低，全业务网FSN才真正进入实用的阶段。

除了利用有线电视网实现交互式电视外，还可以采用现有的电话网来实现。Bell公司采用CUBE公司的大规模处理机，利用现有分布更加广泛的电话网建立了交互式电视运营网，提供包括视频点播VOD在内的多种视频服务业务。

全球最大的ISP美国在线AOL在2000年6月宣布正式开通其交互式电视业务AOLTV。欧洲、日本、韩国等多家公司也都成功地进行了交互式电视的实验并提供相应的业务，可以利用电话网络，也可以采用有线电视网络来实现。在我国国内，三亚信息工业公司SII在1996年与微软合作在上海进行了交互式电视的试验。清华大学在2000年研制成功了全数字交互式电视接收系统，使中国也在交互式电视领域占有一席之地，并为交互式电视系统进入家庭奠定了技术的基础。我国的第一个VOD实验网是在广州组建的，系统采用300G的磁盘阵列存储视频节目，可以同时为50个用户提供视频点播、卡拉OK等业务。

6.4.2　VOD系统结构

按照信息流在不同网络的传输，VOD可以有不同的系统结构。

1. VOD逻辑结构

从经营的角度来说，VOD一般包括三个部分：节目提供者、业务提供者和业务消费者。

节目提供者主要完成的功能是视频节目的制作和存储，如视频浏览器和各种用户界面的制作，各种具体应用节目的制作（包括电影点播的节目、远程教育的课程节目和家庭购物的商品信息等节目）。节目的好坏及节目数量的多少直接影响到用户对此业务的感兴趣程度。

服务提供者包括相关的服务器设备和业务传输的网络。在 VOD 系统中，服务器连接着用户和视频节目，在其中起着桥梁的作用。节目提供者不直接和用户打交道，用户需要通过网络和服务器连接。用户对视频节目的申请首先发送到视频服务器，由视频服务器的业务网关分析用户的具体需求，并与用户建立会话连接，然后视频服务器从节目提供者处调取用户需要的节目内容，并通过传输网络发送给用户。服务器必须具有传输网络接口、连接控制功能、会话控制功能、分析和处理各种业务的功能。VOD 的传输网络按照不同应用会有所不同，对于较大型的网络来说可以分为核心网和接入网两个部分。核心网可以采用 SDH 技术、ATM 技术等传输技术。接入网连接着用户和核心网，目前主要采用的宽带接入网包括 HFC、ADSL 和 FTTX。

业务消费者涉及到用户终端。VOD 的用户终端一般有两种：机顶盒和计算机。机顶盒从硬件结构上看分为网络接口单元 NIU 和机顶单元（Set Top Unit，STU）两个部分。

从概念上来讲，VOD 的逻辑结构可以用图 6-15 来说明。

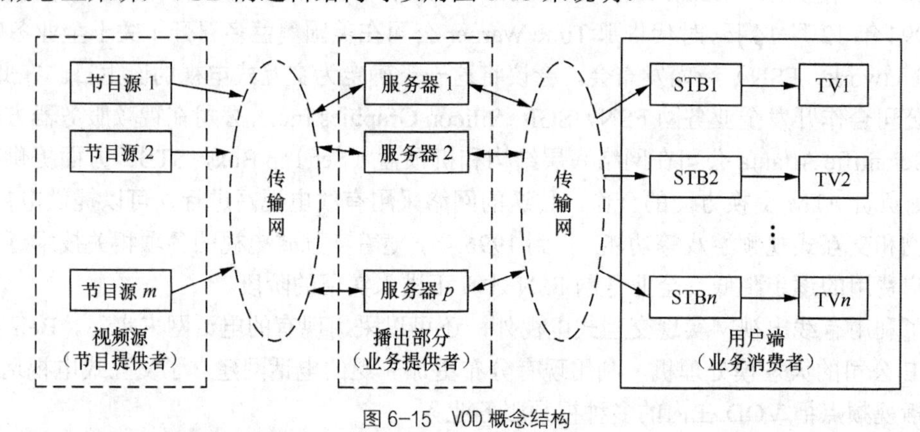

图 6-15　VOD 概念结构

2. VOD 系统的构成

从具体实现上来看，一般的视频点播 VOD 系统由节目提供、管理中心、视频服务器、传输网络和终端 5 个部分构成，如图 6-16 所示。

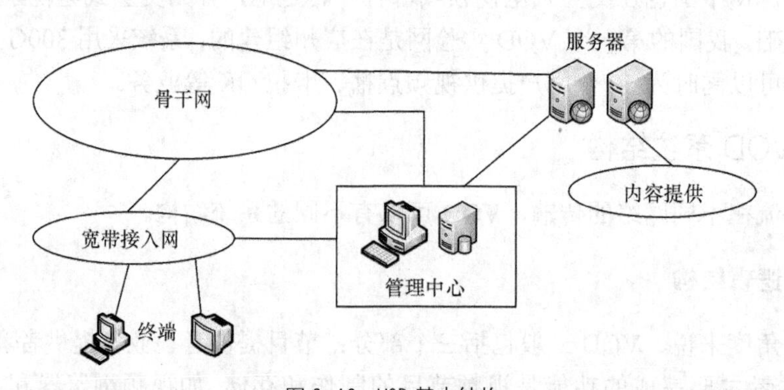

图 6-16　VOD 基本结构

节目提供部分由节目提供者提供视频节目的制作和存储，管理中心负责业务管理和相应的计费功能，传输网络包括核心交换网和宽带接入网两个部分，终端可以是机顶盒 STB 加电视或个人计算机。

视频点播用户通过传输网络与服务器进行连接，用户的请求发送到服务器，由服务器对用户的请求进行分析，对用户的请求确认后从视频服务器调出相应的视频节目通过网络发送给用户。在规模比较大的系统中，传输网络包括骨干网和宽带接入网，在小规模的网络中传输网络可能只是一个局域网。骨干网大多是采用 ATM 技术的光纤网络。

6.4.3　VOD 系统涉及的关键技术

由于 VOD 系统所传输的是交互多媒体信息，特别是视频信息，因此需要有足够的相关技术支持。其所涉及的关键技术有：网络支持环境、视频服务器、用户接纳控制技术和流媒体技术。

1．网络支持环境

VOD 系统是一种基于客户/服务器型的点对点实时多媒体应用系统。由于需要通过传输网络实时传送大量的视频和音频信息，为获得较高的视频和音频质量，要求传输网络应当具有高带宽、低延时和对 QoS 传输特性的支持。VOD 系统所适用的网络环境可以是局域网 LAN，也可以是广域网 WAN，甚至是 Internet。在局域网环境中应用的 VOD 系统可以保证视频和音频信息的传送质量。而在广域网环境下，特别是在互联网环境中，难以保证质量。从发展的角度来看，互联网为 VOD 的发展提供了广阔的发展空间，但必须解决互联网对 QoS 支持的问题。利用有线电视网 CATV 可以较好地提供 VOD 业务，但也要解决两个问题：有线电视网的双向改造和使用适当的用户接入设备。用户接入设备一般就是机顶盒加电视机。利用 ADSL 接入设备也可以提供 VOD 业务，但要解决实时视频信息高质量的传输的问题。

2．视频服务器

视频服务器是 VOD 系统的核心部件。视频服务器存储着大量的多媒体信息，此外还要支持许多用户的并发访问。对视频服务器的性能要求主要体现在下面几个方面。

（1）多媒体信息存储组织

视频信息和音频信息经过压缩编码处理后存储在视频服务器中。即使经过压缩处理，视频信息和音频信息所占用的存储容量仍然是很大的。此外由于用户对存储节目的需求也是具有突发性的特点。如受欢迎的视频节目总是集中在若干个热门节目上，用户对热门节目的点播也总是集中某个时间段。由于视频服务和音频服务实时性的特点，就对多媒体信息的存储和传输提出了很高的要求。在视频服务器中多媒体信息的组织和磁盘的输入输出吞吐量会对整个 VOD 系统的响应时间造成很大的影响。

为了支持更多的用户并发地访问多媒体信息，提高视频服务器的响应速度，缩短用户等待的时间，通常视频服务器的存储设备应采用磁盘阵列 RAID，并通过条纹化技术将多媒体数据交叉地存放在磁盘阵列的不同盘片中，以提高视频服务器的 I/O 吞吐量。由于多媒体信息多采用可变速率 VBR 数据压缩算法，所以存储空间可能会跨越不同的媒体单元。

（2）信息获取机制

在保证服务质量 QoS 的前提下，视频服务器应当提供一系列优化机制，以使多媒体信息流的吞吐量达到最大程度。在客户端和服务器端对服务的要求有所不同。在客户端，用户从服务器获取多媒体信息的速度必须大于用户播放信息的速度；在服务器端，视频服务器必须为系统中的每个用户在服务质量QoS运行的范围内提供服务。为了实现这两点要求，通常采用两种机制来获取多媒体信息流：服务器“推”（Server-Push）和客户“拉”（Client-Pull）。

在服务器“推”机制中，服务器利用需要回放的多媒体流的连续性和周期性的特点，在一个服务周期内为多个媒体流提供服务。服务器“推”机制允许服务器在一个服务周期内对并发的多个信息流做出批处理，并可以从整体上对批处理做出优化。对客户“拉”机制，服务器需要为用户提供的媒体单元只要满足突发性的要求。客户“拉”机制很适合对处理器和网络条件经常变化的环境。

（3）群集服务器结构

在局域网类的小型视频点播VOD系统中，使用单个服务器就可以满足用户对视频点播的需求。但在较为大型的VOD系统中，单个服务器的设置就又远远不够了。VOD系统首先要满足对多媒体信息存储容量的要求，其次要解决更多用户并发请求的问题。除此之外，还要解决对用户的管理问题。使用群集服务器方案是一种解决办法。群集服务器是将多个服务器通过高速网络连接起来进行协同工作，多个服务器作为一个整体向众多用户提供多媒体信息服务。

为了满足较大型VOD系统的要求，群集服务器一般应具有负载均衡和系统容错的功能。负载平衡是采用适当的负载平衡策略将整个系统负载均衡地分配到不同的视频服务器中。系统容错是要保证系统数据的可靠性和系统运行的不间断性，可以采用系统备份和硬件冗余的方式来实现。正常工作时，群集服务器中的各个服务器根据整个系统的负载平衡策略完成各自的工作。而且在某个服务器发生故障时，其他服务器可以自动替代其工作，对用户不会造成影响。如在一个由4台服务器组成的集群服务器结构中，要对40个并发流的用户进行负载分担。负载平衡会动态地为每台服务器分配流量，这样每台服务器会分到10个信息流的负载，从而减少了网络拥塞和运行软件崩溃的机会。

根据实际的需要，服务器可以分为主控服务器、播放服务器和备份服务器。不同的服务器各自完成不同的功能。

主控服务器对整个系统进行管理。整个VOD系统中的所有用户向视频服务器发出的视频请求都发送给主控服务器，由主控服务器进行负载均衡。系统的所有管理数据（系统管理数据和节目管理数据）都存放在主控服务器中。播放服务器的主要功能是管理本机的视频节目，提供视频点播服务。播放服务器的工作是在主控服务器的控制下进行的，同时要将其工作状态报告给主控服务器。备份服务器作为主控服务器的热备份，对系统管理数据和节目管理数据进行热备份，同时要监控主控服务器的工作状态。当主控服务器出现故障时，热切换成为系统的主控服务器。主控服务器和备份服务器都可以提供视频点播服务。

3. 用户访问控制

视频服务器是要为很多的用户提供视频点播服务的，视频服务器必须保证在有很多用户向服务器提出请求的时候，用户之间不会产生相互的影响。视频服务器为了保证这一点，需要采用适当的接纳控制算法。接纳算法主要有三类：确定型接纳控制算法、统计型接纳控制算法和测量型接纳控制算法。

4. 流媒体技术

在本书相关的章节已有介绍。

6.4.4 视频服务器

1. 视频服务器的功能

在前端系统中的视频服务器是 VOD 系统的核心，其工作性能会直接影响到视频服务的质量。因此，视频服务器的研究设计是分布式多媒体领域内非常重要的研究课题。

视频服务器作为交互式电视系统的控制中心应该具有下面的功能。

（1）请求处理：接收用户的访问请求。

（2）许可控制：检查申请用户的使用权限。

（3）数据检索：从服务器的存春系统中检索用户请求节目的存放位置。

（4）可靠流传输：向用户提供一个实时数据流。

（5）支持 VCR 功能等。

视频服务器可以看作是对传统文件服务器的一种扩展，在性能上也已经有了很大的区别。视频服务器必须要存储海量的视频节目，对用户的点播请求要及时做出响应。由于视频服务器所管理的数据主要是对实时性有很高要求的视频和音频数据，这就对视频服务器的设计和实现有特殊的要求。在设计视频服务器时必须满足下面几点要求。

（1）实时性能要求：连续媒体数据传输时必须满足实时性的要求。

（2）海量存储：视频服务器要能够提供尽可能多的服务数据。

（3）高带宽：视频服务器要能够同时支持尽可能多的用户。

（4）响应迅速：要及时对用户的请求做出响应。

（5）访问控制：要对用户的请求进行权限许可控制。

（6）可扩展性：系统具有一定的可扩展性能，包括容量和带宽。

（7）价格：设计出的系统要能为用户普遍接受。

在交互式电视系统中，常规数据和节目数据是分开实现存储的。操作系统以及应用软件存放在一般磁盘中，节目数据存放在大容量的磁盘阵列中。视频信息源是各种 VCD、LD、DVD、MPEG-1 或 MPEG-2 系统流以及各种公共信息。从视频源获得的 MPEG-1、MPEG-2 节目流要由采编工作站将其转换成传输流并存储在大容量的磁盘阵列中，同时生成的节目控制文件存放在常规磁盘中；管理系统通过图形用户界面对用户库、节目库和公共信息库进行维护管理。

2. 视频服务器的结构

交互式电视不同的应用规模和需求对视频服务器的要求也不尽相同，因此视频服务器由不同的体系结构。在多媒体教室这样小型的 VOD 系统中，视频服务器可以是一台计算机；在有数百个房间的饭店中，视频服务器可以是几台计算机组成的网络；而在城域网结构中的视频服务器将是一个更为庞大的计算机网络。

典型的视频服务器有以下四种。

（1）基于 PC 和工作站的视频服务器。这种服务器是由一些高档 PC 机改装而成的，处理能力有限。此种技术利用网络将多台标准 PC 和工作站连接在一起，通过运行相应的软件完成视频服务器功能。这种视频服务器一般适用于较小范围的应用，如卡拉 OK 歌厅点播系统、酒店等系统，所提供的并发 MPEG-1 视频流一般在 50 个左右。这种视频服务器和普通的 PC 在结构上没有本质的区别，只是配置了专门的视频输出卡，加上运行较为简单的点播软件。这种方式硬件投资少，不需专门设计，服务能力有限，对点播视频节目的操控也差，有较多的厂商都可以提供这种设备。代表产品有 StarLight 的 StarWorks。

（2）通用体系结构视频服务器。这种方式是利用通用的并行计算机来实现视频服务器的功能。此类并行计算机，如 SGI、Origin2x00、Sun、SPARC 和 HP9000，主要是面向商业应用的，像商业计算，事务处理和图形生成。虽然这些计算机不是针对视频流点播服务的，但是通过对其进行进一步开发，配备了视频输出卡、视频播放软件等设备，这些计算机就可以作为视频服务器来使用。需要注意的是，要对其系统功能和处理能力做全面的了解，看其是否能够解决存储资源共享的问题。这类服务器的扩展性比较好，适用的范围可以从小型酒店、居民小区到城域范围的较大规模应用。若系统提供传输接口还可用于分布式网络应用。但其价格较高。

（3）专用体系结构服务器。这类视频服务器可以提供全面的流媒体服务解决方案，其设计就是为视频流媒体服务定制的，因而在应用上最具有吸引力。可以针对不同的网络应用和系统需求，这类视频服务器提供很好的视频流服务，可以提供以太网接入模块、ATM 接口模块和 DVB-ASI 接口模块等多种接入方式，并提供操作系统和流媒体应用软件。此类服务器具有很好的可扩展性，适合于小规模酒店、居民小区到城域的较大范围的应用，而且完全适用于分布式网络应用。

（4）通用可扩展结构。通用可扩展结构是由一个或几个 CPU 组成单个节点，每个节点是一个功能处理单元，多个节点之间使用路由器进行互连，各个路由器组成一个具有某种拓扑结构的无阻塞网络，且按照某种规则具有可扩展性。如 SGI Origin2000 采用每个节点 2 个 CPU 的设计，其内部互连网络可以扩展到支持最多 512 个节点，最多 1024 个 CPU 的结构。在系统实现上有两种结构，一种是基于分布式共享内存的体系结构，是为对称多处理器 SMP 的扩展结构，也称为可扩展对称多处理器 SSMP。这类服务器具有全局 I/O 可寻址、全局内存可寻址和良好的可编程特性。另一种结构是基于大规模处理 MPP 的实现方式，局部 I/O、内存可寻址、全局 I/O 和内存可寻址通过硬件和相关软件来实现。可扩展结构的视频服务器一般都有一个可扩展网络，且具有多拓扑结构。这类服务器具有非常好的可扩展性。

3. 视频服务器的服务策略

视频点播 VOD 系统采用“推”和“拉”的模式为用户提供服务。

多数 VOD 系统采用服务器“推”的模式。当客户端向服务器发出视频请求后，服务器做出响应并完成一次交互；之后，视频服务器以受控制的速率向客户发送数据，客户接收并缓存数据以供播放。一旦视频会话开始，视频服务器就持续向客户发送数据直到客户发送停止请求。

客户机“拉”模式是在请求相应模式下，客户以周期的方式发送请求给服务器；服务器接受请求并按客户的要求从存储器中检索并取出数据发送给客户。

两种模式的示意图如图 6-17 所示。

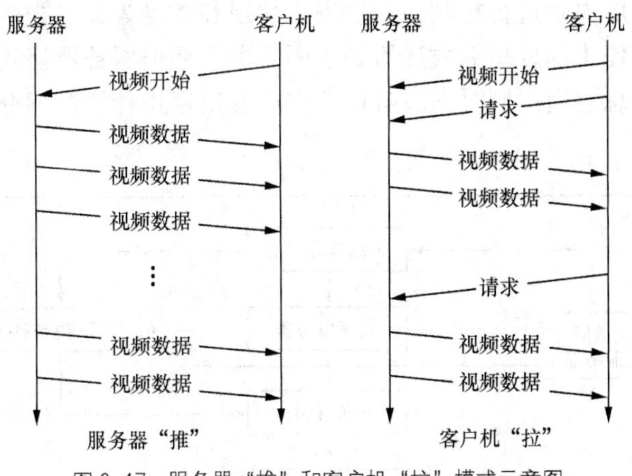

图 6-17 服务器“推”和客户机“拉”模式示意图

尽管视频服务器的种类比较多，但其主要的功能是作为存储音频和视频节目的数据库，并要完成相应的数据库操作，因此，视频服务器的基本组成部分包括下面内容。

（1）音频、视频节目数据库：包括所有的音频视频文件、索引文件等。

（2）音频、视频文件的输入和输出处理：完成新节目向服务器的输入、从数据库中读取数据发送到网络中和完成对节目数据格式化处理。

（3）服务器控制：完成对服务器资源与会话的处理、提供智能接口和完成相应控制信号的处理。

6.4.5 基于有线电视网的 VOD 系统

目前，我国的卫星电视数字化工作基本已经完成，电视用户的数量已经达到 1 亿以上。用户对视频点播有较大的需求。以现有有线电视网为基础构建 VOD 系统是一种经济实用的方法。但由于有线电视网自身的缺陷，要想完全依靠有线电视网实现 VOD 系统还要对网络进行改造。改造的第一步是以现有有线电视网为主，结合公共电话网来开展 VOD 业务。有线电视网完成高速大容量的多媒体信息下行传输，电话网完成低速控制信号的上行传输。第二步是将有线电视网改造成宽带双向的 HFC 网络，最终改造为全光网络，为用户提供标准的视频点播服务和综合信息服务功能。

在不需要对现有有线电视网进行改造的情况下，利用原有有线电视的信道，再利用公共电话网作为视频点播系统的硬件平台，是一种简单可行的方法。视频质量比较好，成本也大大地降低。结构图如图 6-18 所示。

用户的服务请求首先通过电话网到达通信服务器，通信服务器接到用户的请求后向用户的 STB 发出指令要求报告用户的身份。用户的身份信息包括：用户地点信息、密码及使用权限等。通信处理协议可以按照 H.245 来处理，负责用户请求与系统中心间的通信处理。用户身份一旦得到确认，就会以菜单的形式向用户发出视频目录清单供用户选择。当用户找到自己需要的节目并向通信中心确认后，通信服务器就向视频服务器发出播放请求。视频服务器在接到通信服务器的要求信息后，通过下行信道向用户 STB 发送视频信息，同时启动计费系统开始计费。对于 NVOD 系统，在用户发出视频节目点播请求后，允许延迟一段时间后再播放视频节目，在这段时间，可以插播一些广告信息。对于 TVOD 系统，用户可以在视频播放过程中用遥控器对播放内容进行控制，如快进、快退和暂停等。当视频节目播放完毕，或者用户要停止节目，将停止播放指令发送给通信服务器。通信服务器接到停止指令后，立即通知视频服务器关闭信息通道，同时向业务计费中心发出停止计费的指令。这样，一次通信过程就完成了。

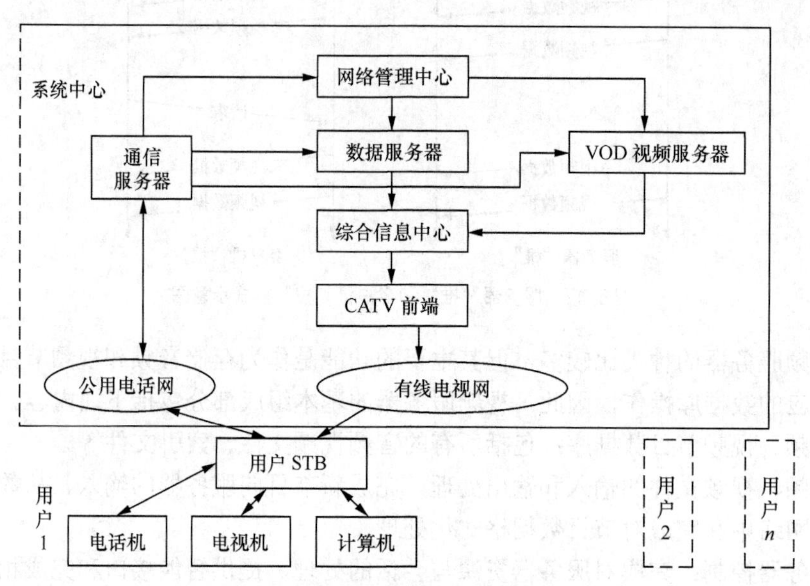

图 6-18 基于有线电视网的 VOD 系统结构

6.4.6 基于电信城域网的 VOD 系统

基于电信城域网的 VOD 系统如图 6-19 所示。

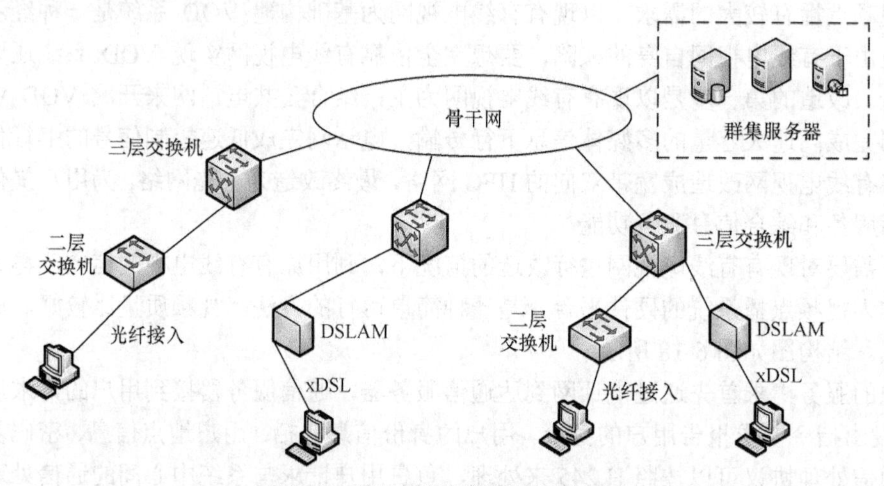

图 6-19 基于电信城域网的 VOD 结构图

基于电信城域网的 VOD 系统主要由下面 4 个方面组成：群集服务器、骨干传输网、宽带接入网和用户终端。群集服务器负责提供视频点播的内容，还要负责点播用户的身份验证、用户计费和用户管理，骨干传输网负责所有交互数据的传输，宽带接入网通过各种宽带接入手段将用户连接到骨干网上，用户终端指的是用户设备。

视频用户可以在家中通过机顶盒＋电视的方式或计算机来观看自己喜欢的视频节目。对于机顶盒的用户，需要安装客户端运行软件和硬件与服务器进行连接，此外要安装 MPEG 解码卡完成对视频文件的解压缩。MPEG-1 为 1.5Mbit/s，MPEG-2 为 4Mbit/s。与 xDSL 的接口为 25M ATM 网卡或 10M 以太网卡，与 Cable Modem 和 LAN 的接口为 10M 以太网卡。对于计算机用户，要安装客户端软件与服务器连接，使用浏览器进行视频点播。对 MPEG-1 视频流，利用软件即可进行回放，对 MPEG-2 还要安装相应的解码卡。它与 xDSL 的接口为 25M ATM 网卡或 10M 以太网卡，与 Cable Modem 和 LAN 的接口为 10M 以太网卡。

在 VOD 系统中，由于所要传输的视频文件体积都很大且在传输时不能有停顿，用户还会对视频节目的播放进行快进快退等操作，因此，对于这种实时媒体流，一般客户机/服务器模式就不适用了。对于视频文件的播放一定要采用流媒体的播放方式。流媒体技术的操作是互动式的，服务器和客户端要进行通信。当用户选定了某个视频节目后，客户机就向服务器发送信息，通知服务器客户机所需要的带宽。服务器按客户的选定带宽为用户播放视频节目。客户机要先将服务器发来的视频片断进行缓存，然后再播放；同时，服务器要不断地按用户的要求将其余的视频文件以片段的形式发送给用户。当用户进行快进快退的操作时，相关指令会由服务器处理后即时调整视频片段的位置并尽快发送给客户机。使用流媒体技术，使视频文件所占用的网络资源相对较少。视频流通过特定的端口发送，不会与 Web 服务器相互影响。流媒体的实现就需要流媒体格式的文件和流媒体服务器。流媒体服务器的硬件是 PC 机就可以了。客户端只要安装有流媒体播放器即可，如 Windows Media Player 可以播放微软的 wmv 和 asf 流媒体文件，Realplay 的 rm 和 rmvb 使用得也是非常广泛。很显然，要适合电信城域网的视频流传输，必须要使用流式技术的视频传输文件。

在基于局域网的 VOD 系统中，带宽不是问题，但在电信城域网的应用中就必须要考虑带宽的问题。

MPEG-1 要求的传输带宽是 1.5Mbit/s，而 MPEG-2 要求的带宽高达 3～6Mbit/s。显然在电信宽带接入网中，ADSL 方式是无法使用的。而 Mediaplayer 和 Realplay 格式的流媒体在 500kbit/s 的传输速率下就可以提供接近 DVD 的质量。电信城域网中的宽带接入有 ADSL、FTTB、DDN 和 ATM 等，电信用户是以 ADSL 为主。光纤接入的网络状况要优于 ADSL 方式，所以在设计电信 VOD 系统时以 ADSL 用户为参考。ADSL 的传输速率一般为 512kbit/s，若考虑到各种干扰的问题会有所降低。使用流媒体技术，此速率下的 rm 和 wmv 视频流可以达到 VCD 的质量，而 rmvb 格式会更好。

在城域网中的用户数量很大，至少要支持 1000 个用户以上的并发流。为此，服务器的配置只能以群集的方式来实现。VOD 的自身的特点是，对计算机 CPU 的要求不是很高，但对于服务器 I/O 通道吞吐量和硬盘性能要求很高。因此对服务器的配置有下列要求。

（1）至少 160MB/s ULTRA 3SCSI 硬盘，至少 40GB。

（2）至少支持 160MB/s ULTRA 3 SCSI 的主板，或者 SCSI 卡、RAID 卡。

（3）至少 1G 内存。

（4）至少 PIII 以上的 CPU，使用 64 位 PCI 总线，提供 200MB/s 带宽。

（5）至少 1 块高性能服务器网卡用于视频流传输。

为了支持 VOD 系统中大量的用户，需要对用户和用户需要的视频内容进行管理，因此需要多种不同功能的服务器。一般需要的服务器有：分布式视频点播服务器、视频节目管理和发布服务器、节目制作采集服务器、Web 服务器、数字版权保护服务器、验证计费服务器、中心调度管理服务器和数据库系统。各个服务器是连接在一起的又相对独立。为了保证系统的可靠性，需要做到双机热备份。众多的服务器要想稳定可靠地工作，关键是要做好负载均衡。对用户数超过 10000 以上的网络，就要考虑采用分布式系统。通过相应的算法，对一些热门视频节目和新节目要送到分布式服务器上。

使用 Web 服务器进行验证是比较简单的做法，用户只要通过验证就可以进行节目的点播了。但带来的问题是非法用户的盗用。如果加入数字版权保护服务器系统，就可以避免此类问题。采用数字版权保护技术可以有效地杜绝通过网络进行的数字信息产品的非法拷贝、复制，充分保护产权所有者的权益。

图 6-20 为我国某省的视频点播系统结构。

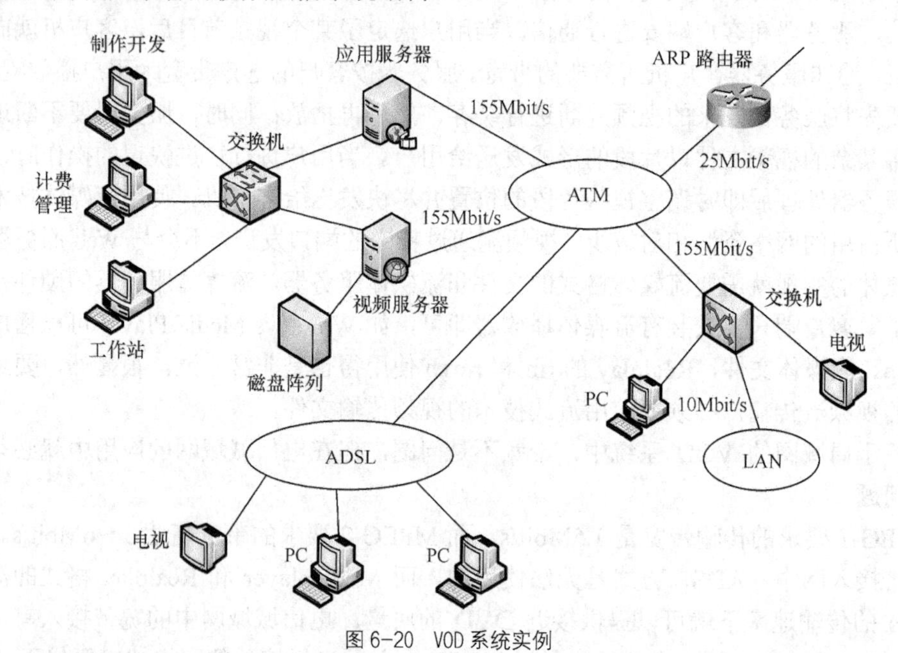

图 6-20 VOD 系统实例

在宽带多媒体通信网上开通了基于 25Mbit/s ATM、8Mbit/s 非对称用户线和 10Mbit/s 以太网的视频服务器系统。

核心网络由主干交换机和接入交换机组成，目前可以支持 IPOA。由路由器实现地址解析，完成 ATM 地址与 IP 地址的相互解析。服务器是应用服务器和视频服务器。

通过 ADSL 实现用户与视频服务器、应用服务器和路由器建立 3 条永久虚电路连接。通过局域网交换机实现用户与视频服务器、应用服务器和路由器的连接。计算机终端利用解压卡实现视频解压缩处理。计算机用户可以利用浏览器访问应用服务器，进行用户登陆，播放视频节目。机顶盒用户可以采用定制的人机界面进行视频节目的点播。用户还可以通过相应的程序核查自己的计费信息。

制作系统通过相应的压缩编码系统实现实时视频的压缩处理，可以接收模拟视频输入，并将模拟视频节目转换为 MPEG-1 和 MPEG-2 视频流。管理系统负责用户的计费、出账等管理工作。在播放过程中，应用服务器不进行具体的视频播放，只进行用户计费。

小　　结

1. 多媒体视频会议系统是一种能将音频、视频、图像、文本和数据等集成信息从一个地方通过网络传输到另一地方的通信系统。典型的多媒体会议系统是由终端设备、通信网络、多点控制单元和相应的运行软件组成。

2. MCU 的基本功能：时钟同步和通信控制、码流控制和端口连接。多点会议的控制方式有声控模式、发言人控制模式、主席控制模式、广播/自动扫描模式和连续模式。

3. 视频会议系统的主要标准有基于 ATM 网络的视频会议标准 H.310、基于 ISDN 和电路交换网的 H.320、基于包交换网络的 H.323 及基于普通电话线和无线通信的标准 H.324。其中的视频编码标准主要是 H.261 和 H.263、音频编码标准主要是 G.7xx 系列和 MPEG-1。

4. 基于 H.323 标准的多媒体通信系统由四部分组成：终端、网关、关守和多点控制单元。网关的基本功能：协议转换、信息格式转换和信息传输。关守的基本功能：地址转换、准入控制、带宽控制和区域管理。

5. 会话初始协议（Session Initiation Protocol）是一种信令协议，用于初始、管理和终止网络中的语音和视频会话，就是用来生成、修改和终结一个或多个参与者之间的会话。会话初始协议 SIP 在通信领域和 IP 网络领域受到极大的关注，且是下一代网络 NGN 中的核心协议之一。

6. SIP 协议中有两种基本元素：SIP 用户代理 UA（User Agent）和 SIP 网络服务器。根据用户代理 UA 在会话中发挥的作用不同，它可分为用户代理客户机 UAC（User Agent Client）和用户代理服务器 UAS（User Agent Server）。用户代理客户机发起呼叫请求，用户代理服务器对呼叫请求进行响应。SIP 网络服务器有三种：代理服务器（Proxy），重定向服务器（Redirect）和注册服务器（Registrar）。

7. 视频点播 VOD 是一种受用户控制的非对称双工通信模式的视频业务，观众可以选择视频节目。准视频点播（NVOD）是 VOD 的一种过渡业务。VOD 所提供的业务有电影点播服务、互联网接入服务、新闻点播服务、游戏、卡拉 OK 点播服务、远程购物及电视列表服务。

习　　题

1. 多媒体通信的业务类型有哪些？
2. 简述多媒体会议电视系统的发展过程。
3. 多点控制单元 MCU 的功能有哪些？网关的作用有哪些？
4. 简要说明多媒体会议标准。
5. 画出并说明 H.323 会议终端的结构图。
6. 说明视频点播的系统结构。
7. 视频服务器的功能有哪些？

宽带无线多媒体应用系统与终端 第7章

目前多媒体应用广泛地应用于社会的各个方面。随着3G网络的部署，3G网络提供了更高的带宽和速率的数据传输承载，而且随着移动终端能力不断提高，终端智能化的增强，通过移动终端获取多媒体业务的需求大幅增长。人们越来越希望在原来从桌面互联网上获取信息更新服务的基础上，能够更加便捷，并同时满足个性化的需要，这样可随时随地获取服务。为此需要为用户提供无缝覆盖的无线接入，并基于移动智能终端提供丰富多彩的多媒体业务。

本章主要介绍3G与WLAN的系统互联、富媒体分发技术等宽带无线多媒体技术，以及移动智能终端技术，最后介绍移动流媒体业务应用和移动网络视频监控等多媒体应用。

7.1 概述

宽带无线多媒体主要涉及无缝覆盖的无线接入技术和富媒体分发技术等。

7.1.1 3G、WLAN系统互联结构

对于移动用户而言，若希望在移动过程中保证不中断的网络连接，实现用户全方位的覆盖，需要把WLAN与移动通信系统相连。3G移动通信系统可提供广域的覆盖，具有较强的业务控制能力，灵活性和移动性远远高于WLAN，但其数据速率低于WLAN。从3G和WLAN支持的技术和实现的功能来看，3G和WLAN能够互补，为用户提供真正的移动互联网业务。3G和WLAN网络的融合示意图如图7-1所示。

（1）WLAN与GPRS网络的融合

通用分组无线业务（General Packet Radio Service，GPRS）是GSM网络的一种数据业务，在移动用户和远端的数据网络之间提供连接，为移动用户提供无线分组的数据接入服务，如电子邮件、网页浏览等。

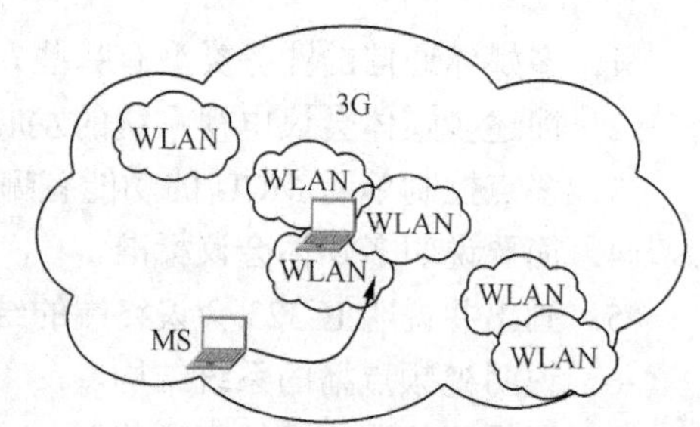

图7-1 WLAN与3G融合示意图

GPRS网络是从第二代GSM移动通信系统走向3G的一个必经阶段，俗称2.5G。它的覆盖范围可达几十公里，并将GSM移动通信系统的数据速率提高到115kbit/s以上，但是与WLAN的高数据传输速率相比，其数据传输速率仍然较低。因此将WLAN与GPRS网络相融合，既可

以利用 WLAN 的高数据传输速率，又可以弥补 WLAN 覆盖范围小的缺点，同时利用移动通信网络的认证计费体制，实现了优势互补。

根据 WLAN 是否直接接入到 GPRS 核心网，WLAN 和 GPRS 的融合方案有两种：松耦合和紧耦合。

① 松耦合融合方案

WLAN 和 GPRS 的松耦合融合方案如图 7-2 所示。图中 WLAN 作为 GPRS 接入网的补充，不直接接入到 GPRS 核心网 CN，而是通过 Gi 接口接入到外部的分组数据网，二者的接入控制器完全独立。这种松耦合结构使 WLAN 网和 GPRS 网络互不干扰，其中一方的改动不会影响到另一方，WLAN 上层协议中使用的协议栈也不必改造。

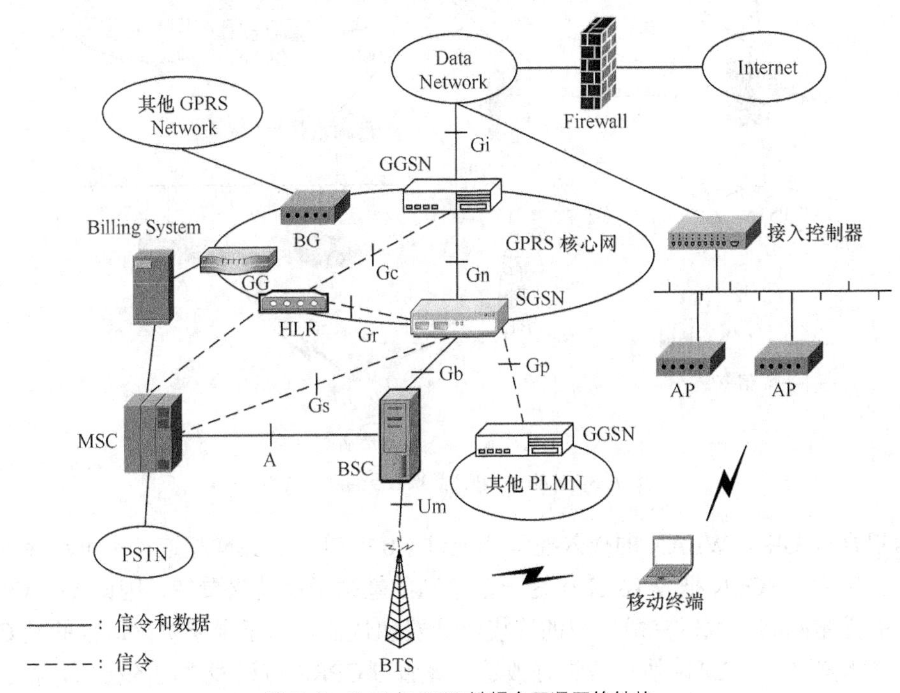

图 7-2 WLAN 与 GPRS 松耦合互通网络结构

GPRS 网络是在 GSM 网络基础上实现数据分组业务的，图 7-2 中的节点主要有如下几种。

a. SGSN 为 GPRS 服务支持节点，主要完成接入网控制、移动性管理和路由选择等功能。

b. GGSN 为 GPRS 网关支持节点，负责实现协议转换、地址分配等网关功能，提供与外部分组数据网的接口。

c. CG 为计费网关，主要完成计费功能。

d. BG 为边界网关，主要完成与外网的互通。

SGSN 与 GGSN 的互连接口为 Gn，SGSN 与 GGSN 不在同一 PLMN 时的互连接口为 Gp，其中 SGSN 与基站子系统 BSC 间的接口为 Gb、与 MSC/VLR 之间的接口为 Gs、与 HLR 之间的接口为 Gr，而 GGSN 与 HLR 之间的接口为 Gc、与外部分组数据网的接口为 Gi，Um 为空中无线接口。

② 紧耦合融合方案

WLAN 和 GPRS 的紧耦合融合方案如图 7-3 所示。图中 WLAN 通过 Gb 接口直接接入

GPRS 核心网 CN，然后才到达外部分组数据网。

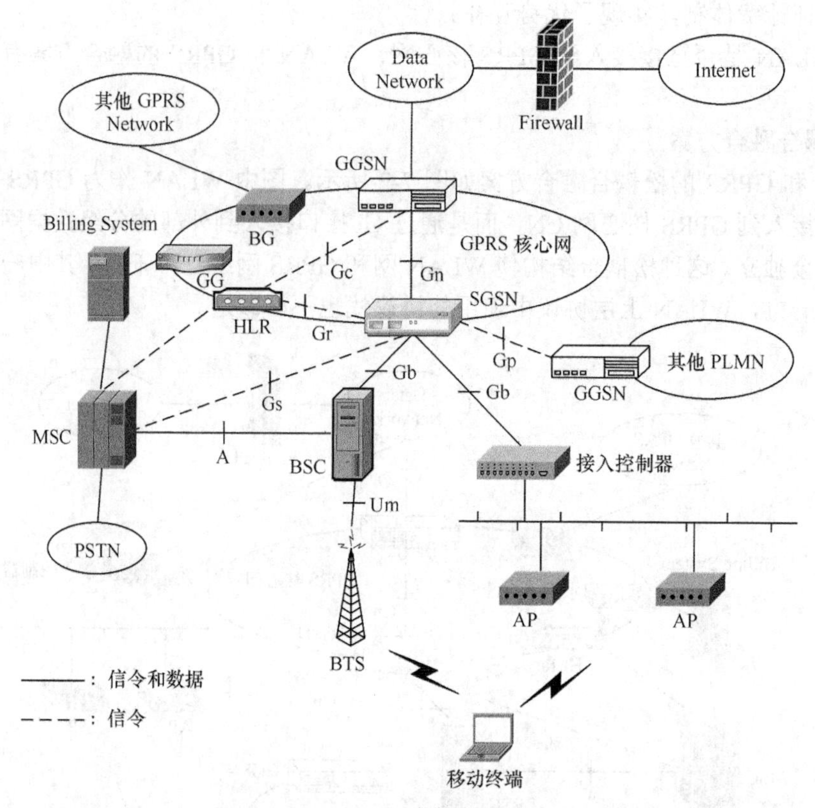

图 7-3 WLAN 与 GPRS 紧耦合互通网络结构

在紧耦合方案中，WLAN 的接入控制器通过 Gb 接口与 SGSN 相连，也可将接入控制器合并到 SGSN 中，SGSN 把 WLAN 作为一个单独的基站子系统来看待，因此 WLAN 可以使用 GPRS 的固定网络资源，完成用户的鉴权、计费和认证。由于上层协议运行的是 GPRS 相关协议，因此需要对 WLAN 协议栈进行改造，增加与 GPRS 协议栈之间的接口，对于用户终端则需要采用双模网卡才能实现在 WLAN 和 GPRS 网络间的无缝连接。

③ 松耦合方案和紧耦合方案的比较

松耦合方案中，由于 WLAN 和 GPRS 网络相互独立，互不影响，因此两个网络融合时，不需要对原有网络设备进行大的改造，对移动终端也没有特殊要求，使得松耦合方案应用范围广。但它的缺点是网络管理难度大，不同业务区间无法分担负荷，且由于耦合程度较低，采用双模终端时，不能保证切换前后会话的连续性。

紧耦合方案中，GPRS 网络的各种资源可以共享，不同业务区间可以分担负荷，采用双模终端时，用户可以在两个网络间实现无缝切换，提供了 QoS 保证。但缺点是两网融合时，需要对现有网络设备进行改造，因此较适合 GPRS 运营商自己的 WLAN 网络，限制了应用范围。

（2）WLAN 与 cdma2000-1x 的融合

cdma2000 是美国 ITU 提出的第三代移动通信空中接口标准的建议，是以 IS-95 标准为基准向第三代移动通信技术的演进。cdma2000-1x 是指采用扩频速率为 SR1（Spread Rate 1）的单载波直接序列扩频方式，即最终扩频后的码片速率为 1.2288Mchips/s。cdma2000-1x 采用了多种技术使其容量大大提高。与 IS-95 相比，cdma2000-1x 的核心网部分增加了分组控制功能（PCF）和分组数据业务节点（PDSN），支持分组数据业务传输，能够提供高达 153.6kbit/s 的数据速率。

cdma2000-1x 能够支持移动 IP 业务，即提供在 Internet 网上的移动功能，使移动终端能够以一个永久 IP 地址连到任何子网中，真正实现永远在线和移动，在移动过程中不需要修改任何有关 IP 设置。支持移动 IP 业务的 cdma2000-1x 系统结构如图 7-4 所示。

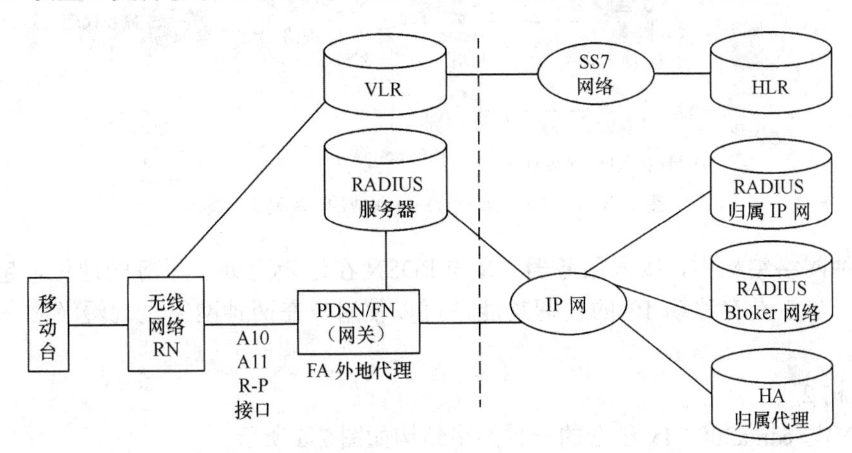

图 7-4 移动 IP 技术的 cdma2000-1x 系统结构

图 7-4 中无线网络 RN 包括基站收发信机 BTS、基站控制器 BSC 和 PCF，其中 PCF 负责将用户的分组数据通过 A10 和 A11 接口接入到 PDSN 上。PDSN 是无线网络 RN 接入到分组数据网的接入网关，主要用于为用户提供移动 IP 服务，此时 PDSN 作为移动终端的外地代理 FA，其功能相当于一个路由器。HA 称为归属代理，负责维护 MS 当前的位置信息。对于发往 MS 的数据，数据包将通过 HA 和 FA 之间建立的隧道被送往 MS，完成移动 IP 功能。RADIUS 服务器则提供鉴权、计费和授权服务，即 AAA 服务。

R-P 接口是指 PCF 与 PDSN 之间的接口，它是无线接入网和分组核心网之间的开放接口，R-P 接口主要指 A10 和 A11 接口，分别用于传输 PCF 和 PDSN 之间的用户业务和信令信息。

cdma2000-1x 网络与 WLAN 网的融合，可以利用 cdma2000-1x 网络成熟的鉴权和计费机制，以及覆盖范围广的特点，结合 WLAN 高速的数据接入，为用户提供移动的有效的移动互联网业务。

根据 cdma2000-1x 网络与 WLAN 网的融合程度不同，两种网络融合后的网络结构也不同。

① 结构 1

WLAN 与 cdma2000-1x 结合的一种网络结构如图 7-5 所示。

cdma2000-1x 网络中的分组数据业务经 1x 接入网，通过 R-P 接口传送到 PDSN，再经 PDSN 接入到 IP 网络中，家乡网络（本地）AAA 服务器和所访问网络的 AAA 服务器分别完成用户在本地和漫游时的认证、计费和授权。WLAN 网络中的数据则通过无线接入点 AP 接入到接入服务器 AS 中，其中 AP 作为无线终端的接入设备为用户提供语音和数据的无线接入功能，接入服务器 AS 则作为接入网关将 WLAN 接入 IP 网络中。在使用移动 IP 时，接入服务器 AS 应具有 HA 或 FA 代理的功能。

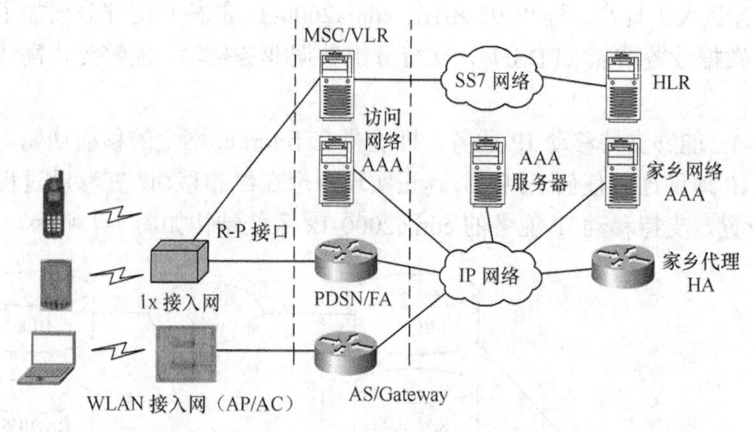

图 7-5 WLAN 与 cdma2000-1x 集成的一种网络结构 1

在这种网络结构中，接入服务器 AS 与 PDSN 在逻辑上处于平等的地位，起到相同的功能。由于 AS 具有移动 IP 的代理功能，可以使用户在两种网络之间漫游时，实现业务的不中断。

② 结构 2

WLAN 与 cdma2000-1x 结合的一种网络结构如图 7-6 所示。

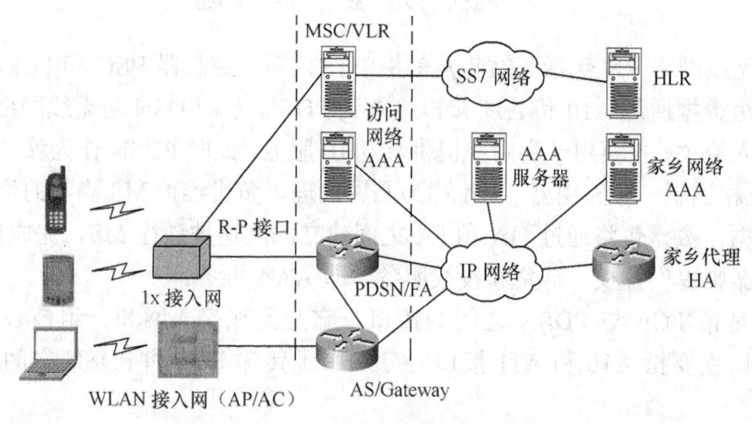

图 7-6 WLAN 与 cdma2000-1x 集成的一种网络结构 2

如图 7-6 所示的结构中，WLAN 网络作为 cdma2000-1x 的一种接入网连接到 PDSN 上。此时接入服务器 AS 与 PDSN 不再处于相同的逻辑位置，而是将 AS 进行修改，完成 PCF 的一部分功能，再与 PDSN 相连，其中 AS 和 PDSN 之间接口类似于 R-P 接口。

（3）WLAN 与 WCDMA 的融合

WCDMA/UMTS 标准是第 3 代移动通信合作计划组（3GPP）提出的 3G 技术标准。对于 WCDMA 与 WLAN 的互连，3GPP 提出了几种从简单互连到完全无缝互连的 6 种解决方案。

① WCDMA 与 WLAN 完全独立，彼此之间是一种单一的客户关系。

② WCDMA 提供认证、计费和鉴权，使两个网中的用户接入时的差别不大。

③ 允许 WLAN 用户接入到 WCDMA 系统中的 PS 业务，如 IMS 业务、及时消息等，但

对用户在两网间漫游时的业务连续性不做要求。

④ 提供 WCDMA 与 WLAN 之间的网间切换，并保证切换时业务的连续性。

⑤ 为用户提供无缝业务连接，使得用户在不同接入技术之间切换时，数据丢失和中断时长最小化。

⑥ 允许 WLAN 用户通过电路交换型 WLAN 接入方式接入到 WCDMA 的 CS 业务，并为 CS 业务的无缝连接提供移动性管理。

7.1.2 富媒体分发技术

1. CDN

内容分发网络（Content Delivery Network，CDN）是一种新型的网络构建方式，是在现有 Internet 中增加的一层新的网络架构。通过 CDN 网络，能够将网站的内容发布到最接近用户的网络“边缘”，使用户可以就近取得所需的内容，提高用户访问网站的响应速度，同时也解决了 Internet 网络拥塞状况。内容管理和全局的网络流量管理（Traffic Management）是 CDN 的核心。CDN 为用户提供的内容服务是基于网络边缘的代理缓存（Surrogate），它与用户之间仅有“一跳”（Single Hop）的距离。同时，代理缓存是内容提供商源服务器的一个透明镜像，能够向最终用户提供尽可能快速的响应。

CDN 功能模型主要包括四部分内容：媒体资源库、CDN 节点网络、负载均衡系统和 CDN 管理支撑系统。CDN 网络功能模型如图 7-7 所示。

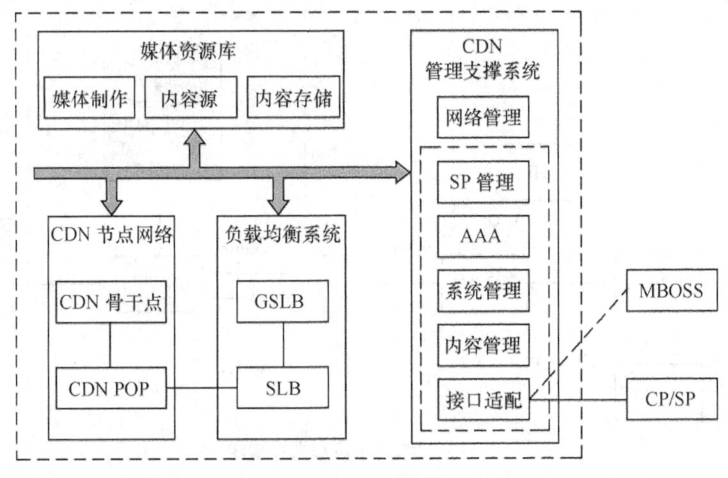

图 7-7 CDN 功能模型

（1）媒体资源库

媒体资源库主要包括媒体制作（可选）、内容源和内容存储。

内容源能够实现内容发布功能（Web Server）和媒体流输出功能（Media/Real Server）。内容存储则支持各种内容形式的存储，且通过海量网络存储支持大规模的内容存储。

（2）CDN 节点网络

CDN 节点网络主要由 CDN 骨干点和 CDN POP 点构成。其中 CDN 骨干点能够支持内容逐级分发、边缓存边播放和部分缓存等的功能，应具有安全性、稳定性和可靠性。CDN POP

点主要承担用户访问服务功能，要求能够支持大规模的用户访问，满足灵活的业务需求。

（3）负载均衡系统

负载均衡系统包括全局负载均衡（GSLB）和本地负载均衡（SLB）。负载均衡系统负责整个 CDN 的内容路由，即将用户的请求导向整个 CDN 网络中的最佳节点。

（4）CDN 管理支撑系统

CDN 管理支撑系统是 CDN 系统的管理平面和控制平面，它包括两个主要部分：业务运营管理和网络管理。其中网络管理主要负责整个网络设备的维护和监控，业务运营管理则负责 SP（Service Provider）管理、AAA（计费认证授权）、系统管理、内容管理和接口适配等工作。总之，CDN 管理支撑系统主要负责业务的开展和运营，以及系统和网络的管理工作。

2. MBMS

为了有效地利用移动网络资源，3GPP 组织提出了多媒体广播多播业务（Multimedia Broadcast Multicast Service，MBMS），在移动网络中提供一个数据源向多个用户发送数据的点到多点业务，实现网络资源共享，提高网络资源的利用率，尤其是空口接口资源。3GPP 定义的 MBMS 不仅能实现低速纯文本的消息类组播和广播，而且还能实现高速多媒体业务的广播和多播。广播和多播业务又可以分为实时类业务和非实时类业务，其中实时插播的新闻、交通信息等属于实时类业务，电影、电视剧的回放等则属于非实时类业务。

根据 3GPP 规范定义，MBMS 架构如图 7-8 所示。

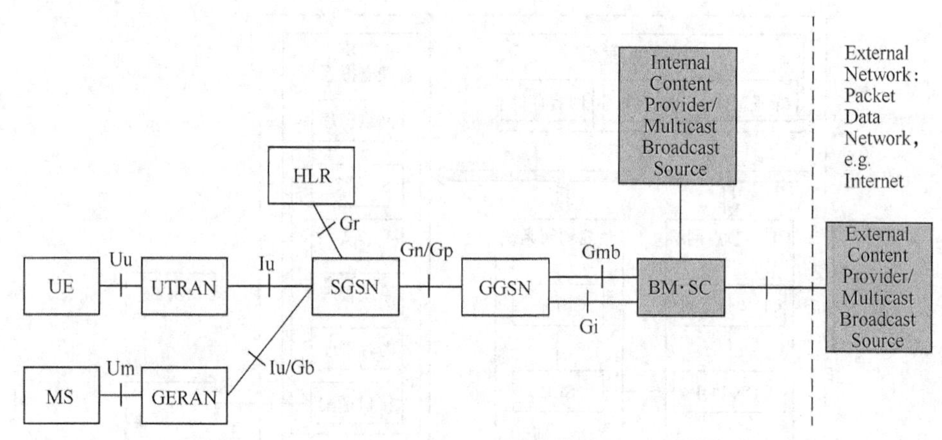

图 7-8　MBMS 系统参考模型图

MBMS 架构是在已有的 3G 网络架构基础上，增加了一个新的功能实体：广播组播业务中心（BM-SC），用来提供与管理 MBMS 相关的业务。此外，3G 网络架构中原有的一些功能实体，如 GGSN、SGSN、BSC/RNC 和 UE 等都需要再增加对 MBMS 业务的支持。

新增的 BM-SC 实体主要包括以下 5 大类功能。

（1）成员关系功能：负责保存用户的订阅信息，对 UE 终端加入的 MBMS 业务进行授权处理，以及产生计费记录。

（2）会话与传输功能：负责发起和终止 MBMS 会话，对外部内容提供方进行授权认证，并负责接收和发送 MBMS 业务数据。

（3）代理与转发功能：在控制面上 BM-SC 是内部各个功能与网关 GSN（GGSN）之间进行信令交互的代理，在用户面上是会话与传输功能向 GGSN 传送 MBMS 业务数据的桥梁。

（4）业务声明功能：负责向 UE 提供 MBMS 业务信息，包括媒体说明（如视频类型、声音编码）和会话说明（如业务标识、地址、播放时间）。

（5）安全功能：为 MBMS 业务数据提供完整性和私密性保护，向已获 MBMS 授权的 UE 终端提供密钥。

3．Web 网关

Web 网关在网络中位置示意图如图 7-9 所示。

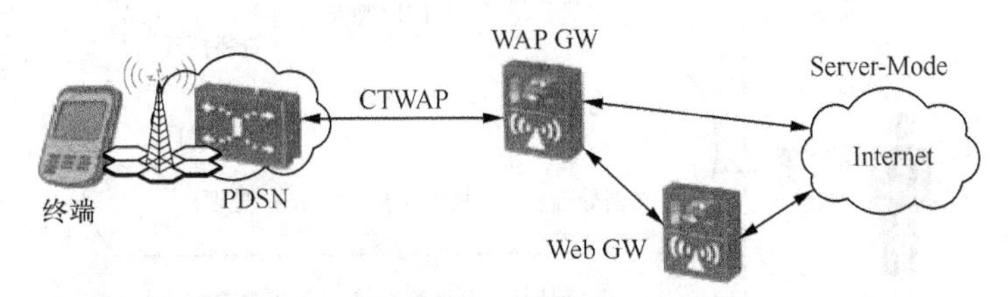

图 7-9　Web 网关在网络中位置示意图

Web 网关作为 Internet 网关，支持 WAP 和 HTTP 等移动终端用户上网的代理功能，它主要是针对手机上网用户提出的。移动终端的软硬件配置千差万别，Web 网关能够根据移动终端的性能，通过对网页页面的自动分割或重组、智能压缩和缓存等技术，使页面能够以最佳的形式展现给终端用户，也可以根据用户的需求灵活设定页面的展现形式。同时，通过 Web 网关，平台也可以获取用户行为数据，分析用户行为和习惯，根据用户偏好推送个性化信息，提供个性化门户等应用。

4．云转码

云转码技术主要包括视频转码技术和云计算技术，视频转码的功能是将视频流转换成适合异构网络传输及采用不同解码标准终端的视频流，而云计算则可以实现复杂的大规模计算。

（1）视频转码技术

视频转码主要包括码率转换、空间分辨率转换、时间分辨率转换和编码格式转换。

① 码率转换：通过对变换系数二次量化等速率控制技术可以将高码率的视频流转换成适合当前信道带宽的低码率的视频流。

② 空间分辨率转换：通过下采样和上采样技术可以将当前视频序列的分辨率进行缩小或放大。

③ 时间分辨率转换：通过抽帧减少当前视频序列的帧率，以适合带宽小、终端处理能力弱、设备分辨率低的情况。

④ 编码格式转换：将符合某种压缩标准句法的视频流转换成另一种压缩标准的视频流。

（2）云计算技术

视频转码过程中会涉及大量的数学运算，云计算技术的出现为大容量、实时转码提供了解决方案。

对云计算的一种阐述是：云计算（Cloud Computing）是指分布式处理、并行处理、网格技术、网络存储和大型数据中心的进一步发展和商业实现。

云计算的基本原理是用户所处理的数据或所需的应用程序并不存储或运行在用户的终端设备上，而是在“云”中的大规模服务器集群中。

在云计算的应用蓝图中，用户只需要一个终端，就可以通过网络所提供的服务来实现用户所需要的一切功能，示意图如图 7-10 所示。

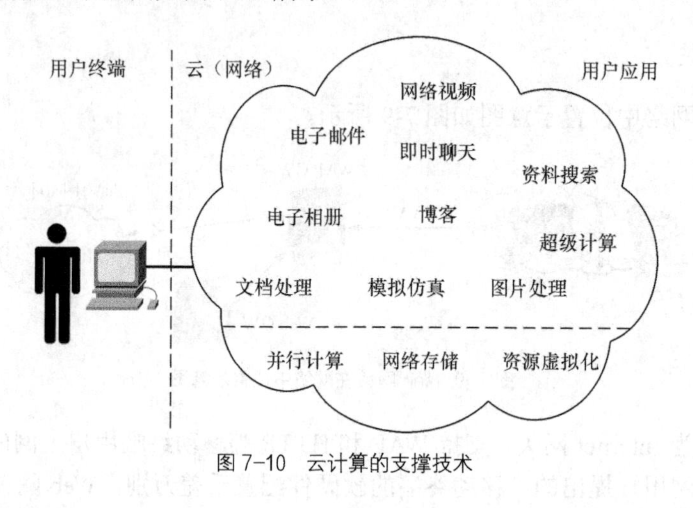

图 7-10　云计算的支撑技术

7.2　移动智能终端

当前，移动终端多以支持多媒体智能业务为其发展方向，因而所述的移动终端是指能够接入移动运营商网络进行相关业务的移动设备。终端不仅仅要满足语音通话的需求，还要能够支持多媒体业务。终端的多样性、PC 化是终端技术发展的一个趋势。

移动终端可分为移动电话和手持计算机两大类。移动电话又可分为功能手机和智能手机；手持计算机则包括 MID、UMPC 等。

功能手机通常是指提供语音通话和短信息等简单功能，采用封闭式操作系统，通常采用 Java 或 BREW 提供对第三方软件的支持，用户不能随意装卸第三方软件的手机。

智能手机通常是指具有开放操作系统、可扩展的硬件和软件、用户可自主装卸第三方应用的手机。

7.2.1　移动终端硬件平台

移动终端典型硬件架构如图 7-11 所示。

移动终端典型硬件架构最主要的包括核心器件和外围器件两大部分。其中核心器件包括通信处理芯片、应用处理芯片模块等；外围器件是指与核心器件相连的各种输入、输出、天线、存储和电源等器件。下面对主要功能模块加以说明。

（1）通信处理芯片

通信处理芯片是终端技术最核心的部分，用于运行无线通信处理及底层应用，作为终端通信协议栈的载体，其至少包含电源管理、射频和通信处理 3 大逻辑功能。

对终端通信芯片的要求是其处理能力强、速度快、功耗低，为此终端通信处理芯片的集成度不断提高，从初始的数字基带与模拟基带集成，到基带芯片与射频芯片集成，再到通信芯片与应用处理器集成等，逐步形成了 ARM + DSP 的较为固定的基带芯片架构，其中 ARM 处理器完成协议栈的处理，DSP 完成物理层基带信号的处理。

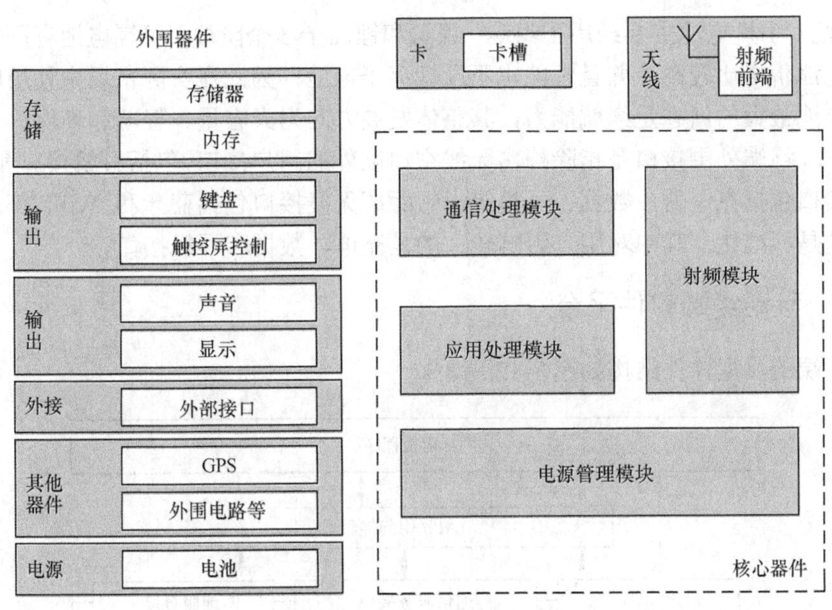

图 7-11　移动终端典型硬件架构

此外，针对全球不同国家和地区移动通信系统所使用的不同制式和不同频段现状，终端基带芯片逐渐形成多个 DSP 和多个处理器的多核架构以处理多个通信协议栈，同时在支持多频多模的基础上，满足更多、更强多媒体应用的要求。

（2）应用处理芯片

应用处理芯片用于运行操作系统及上层应用。根据终端硬件方案的不同，应用处理芯片可以采用单芯片架构，即与通信处理芯片共用，或者采用 AP + Modem 架构，即应用处理芯片与通信处理芯片进行组合连接。

大部分应用处理器的内核都采用 ARM 系列产品。从 ARM7 开始，主要针对价位和功耗要求较高的消费类应用提供 40MHz 主频，此后 ARM9 将主频提高到了 200MHz 至 400MHz，ARM11 的主频进一步提高到 330MHz 至 500MHz，在满足多媒体需求的同时实现了低成本和低功耗，ARM Cortex-A8 运行速度最高可达到 1GHz，ARM Cortex-A9 每颗内核的速度可超过 1GHz，并可以以极低的功耗实现优异的移动计算性能。

（3）外围器件

外围器件需要与核心器件进行组合，调测后确定终端的硬件构成。

① 内存。通常所说的内存是指 RAM，用于 MCU 和 DSP 执行运算时的数据暂存内存，RAM 属于易失性存储。此外手机里还有 2 个需要使用内存的领域，一是 NOR Flash，用于存储手机软件系统代码，另一个是 NAND Flash，用于存储手机延伸数据。

目前手机中的内存大部分是使用DDR2内存，容量从128MB到512MB不等，高端机通常在1G以上。

② 屏幕。随着智能终端的发展，对手机屏幕提出了超薄、省电、大屏、高分辨率、广角和高色彩饱和度的要求。目前手机屏幕主要分为电阻屏与电容屏两类，电阻屏又分为四线、五线、六线、七线和八线电阻屏，电容屏又分为表面电容式和投射电容式，其中电容屏越来越普及。

③ 电池。手机电池主要经历了镍镉、镍氢和锂离子3个阶段。镍镉电池有严重的记忆效应，镍氢电池价格比较高，并且性能也不及锂离子电池，因此在实际市场中使用的多是锂离子电池。电池最大的问题是续航能力，其整体发展方向为大容量、轻薄和环保。

④ 接口。终端外围接口是指除蜂窝无线空口以外的用户接口，包括有线接口和无线接口。其中有线接口包括充电器、数据、耳机等，短距离无线接口包括蓝牙和WiFi等。外围接口最大的问题是标准化，其中对用户影响较大的是充电、数据和耳机接口。

7.2.2 移动终端软件平台

移动终端的典型软件结构如图7-12所示。

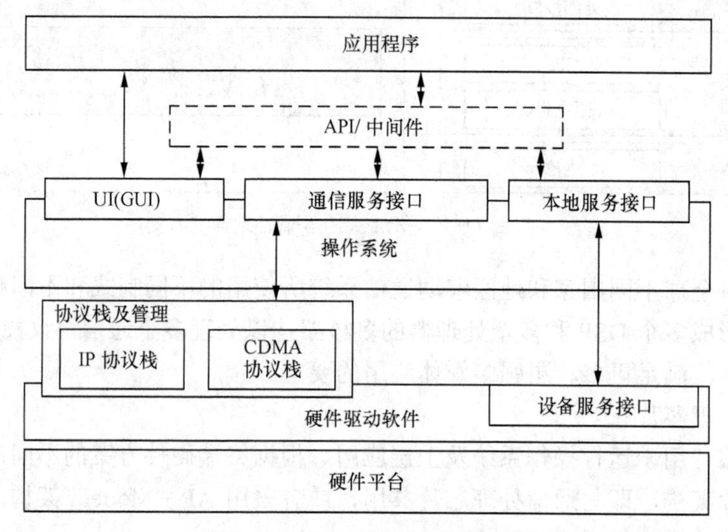

图7-12 移动终端的典型软件结构

移动终端的典型软件结构主要包括4个层次，从下至上依次为：硬件驱动、通信协议栈、操作系统及执行环境、应用程序。其中硬件驱动实现设备能力的封装，通常由硬件厂家提供；通信协议栈则描述一些标准的通信规则；操作系统及执行环境主要实现程序控制、资源管理和界面提供等功能；应用程序则是面向用户的具体应用，如视频点播、可视电话和网络游戏等。

终端操作系统在移动终端软件系统中占据核心地位，它隐藏了终端设备功能之间的物理差异，为用户使用的不同硬件设备提供了一种简单统一的方式。尤其是智能操作系统，通过通用接口把终端系统各种能力进行封装以供应用程序调用，大大地提高了应用的通用性和系统功能的可扩展性。

移动终端操作系统除具备一般操作系统的文件处理、中断处理和任务调度等基本功能之外，还具有更好的硬件适应性、强稳定性、弱交互性（一旦开始运行就不需要用户过多的干预）、可裁剪性（适于可伸缩性和开放性的体系结构）以及强实时性的特点。终端操作系统种类繁多，主流的操作系统有 iOS、Android 和 Symbian 等。

7.2.3　终端中间件

（1）中间件的基本概念

在桌面电脑的应用开发过程中，由于硬件、操作系统软件的多样性，使得相同的应用却需要多次开发，加大了开发工作的工作量和难度。为解决这一问题，提出了中间件（middleware）的概念。即在操作系统之上、用户应用软件之下，通过中间件向下将不同操作系统的处理机制进行屏蔽，向上提供一个相对稳定的程序接口，不仅减轻了应用开发者的负担、节省了开发工作量以及开发和维护费用，同时缩短了开发周期。

目前，业界对中间件的定义还没有统一的说法，比较普遍被接受的表述是：中间件是一种独立的系统软件或服务程序，分布式应用软件借助这种软件在不同的技术之间共享资源，中间件位于客户机服务器的操作系统之上，管理计算资源和网络通信。由定义可知，中间件不是一种软件，而是一类软件。中间件在客户机系统中所处的位置如图 7-13 所示。

中间件是基于分布式处理的软件，能够实现应用之间的互操作以及客户机与网络之间的互连。它一般都应具有以下特点。

① 支持在多种硬件平台和操作系统上运行。

② 支持分布计算，提供跨网络、硬件和操作系统的透明性的应用或服务的交互。

③ 支持标准的通信、机制处理等协议。

④ 支持标准的调用和开发接口。

⑤ 能够满足大量应用对不同网络、硬件或应用服务的共享资源的调用。

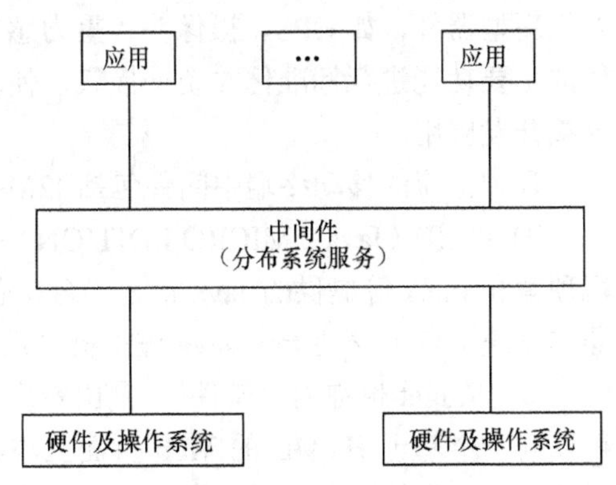

图 7-13　中间件在系统中的位置

（2）移动终端的中间件

移动终端无论是在硬件平台和操作系统上，都具有更为丰富的多样性，因此在移动终端中引入中间件更为必要。移动终端中间件在系统中所处的位置如图 7-14 所示。

移动终端中间件的功能主要包括以下几点。

① 为应用开发提供通信制式的屏蔽。由于移动通信系统存在不同制式，导致用户所使用的移动终端内的芯片也存在差异。中间件能够实现不同制式的终端在不同操作系统上的统一，并为应用开发者提供一套完整的通信连接的接口。

② UI 显示的模块化和标准化。由于移动终端操作系统的多样性，UI 显示的技术和框架结构均不同，另一方面，用户对移动终端的显示要求也千差万别。中间件能够将 UI 主要的显示功能进行模块化和标准化，使得应用开发者能够面向同一套 UI 接口进行编程。

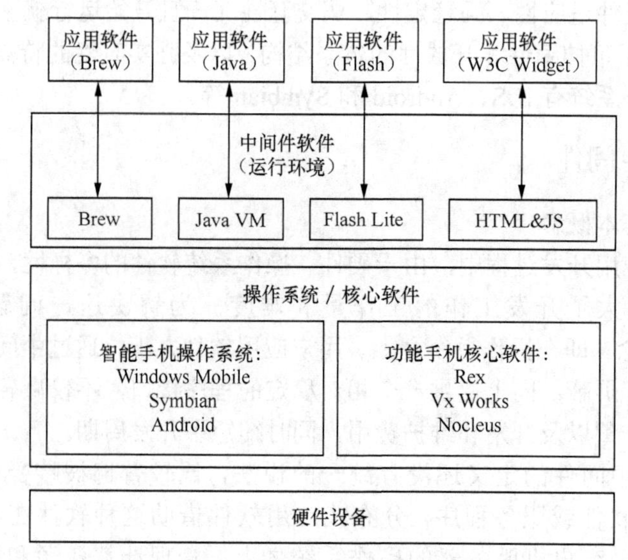

图 7-14 移动终端中间件在系统中的位置

③ 新型器件的功能标准化并统一接口。随着移动终端智能性的不断提高，在移动终端上各类新型器件，如 GPS、摄像头、重力感应和距离感应等也越来越多。中间件通过把各类器件的主要功能进行标准化并统一接口，使应用开发者无需学习各种器件的驱动和调用就可以直接开发应用。

几种主流的移动终端中间件包括 J2ME、Widget 等。

① J2ME（Java 2 MICRO EDITION）是由 SUN 公司推出的为嵌入式电子设备，如手机、机顶盒和 PDA 等提供的 Java 语言平台，包括虚拟机和一系列标准化的 Java API。在硬件或操作系统平台上安装一个 Java 虚拟机之后，Java 应用程序就可运行了。

② Widget 也称为“微件”，是由雅虎推出的一种基于浏览器内核的中间件技术。Widget 可以向一个基于 HTML 的 Web 页面上添加一些动态内容，如可将新闻播报、购物、天气预报等诸多种类的服务推送给用户。

7.3 移动流媒体业务的实现

7.3.1 移动流媒体业务概述

1. 流媒体

（1）流媒体概念及特点

目前尚没有一个关于流媒体的公认的定义，一般来说，流媒体（Streaming Media）是指在 Internet/Intranet 中使用流式技术进行传输的连续时基媒体，如音视频等多媒体内容。其中“流式（Streaming）”技术是指在媒体传输过程中，服务器将多媒体文件压缩解析成多个压缩包后放在 IP 网上按顺序传输，客户端（通常是指 PC 机）则开辟一块一定大小的缓冲区（计算机内存中用于临时存放数据的存储块）来接收压缩包，缓冲区被充满只需几秒钟或数十秒钟的时间，之后客户就可以解压缩缓冲区中的数据并开始播放其中的内容，客户在消耗掉缓冲区内数据的同时，下载后续的压缩包到空出的缓冲区空间中，从而实现了边下载边播放的流式传输。可见流式传输是流媒体实现的关键技术。

与传统媒体的媒体技术相比，流媒体具有如下特点。

① 流媒体是实时的，当用户下载媒体文件时，不需要像传统的播放技术那样将整个文件都下载下来之后再播放，而是边下载边播放，从而不仅节省了用户端的缓冲区容量，还大大减少了用户的等待时间。

② 流媒体数据在播放后即被丢弃，不会存储在用户的计算机上，便于流媒体文件的版权保护。

③ 流媒体的服务器支持用户端对流媒体进行 VCR（录像机）操作控制，即用户可以像使用家用录像机一样对流媒体进行播放、暂停、快进、快退和停止等操作。

（2）流媒体的传输过程

流媒体系统应至少包括以下三个组件。

① 编码器（Encoder）：它是用于将原始音视频转换成流媒体格式的软件或硬件。

流媒体在传输之前，必须对要传送的多媒体数据进行预处理，将多媒体文件经过压缩编码，处理成流媒体文件格式，这种格式的文件尺寸较小，并且加入了流式信息，适合在网络上边下载边播放。流式文件的压缩编码过程如图 7-15 所示。

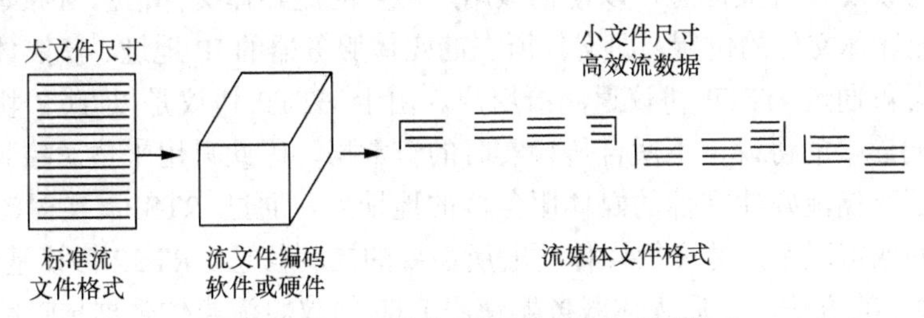

图 7-15　流媒体格式文件的压缩编码过程

常用的流媒体文件格式有*.wma、*.wmv、*.avi、*.rm、*.mp3、*.mp4 和*.mov 等。

在前面的章节中，我们讲到了有多种不同的压缩编码方法可以将原始音视频压缩成能够在 Internet 上传播的流格式文件。

② 媒体服务器（Media Server）：它是用于向客户发布流媒体的软件。

转换成流媒体格式的文件被存放在流媒体服务器上，作为向客户发布流媒体的服务器，它要处理来自客户端的请求，如客户端要求播放、暂停或者快进一个流文件，这就要求服务器在流媒体传输期间要始终与客户端的播放器保持通信。

③ 播放器（Player）：它是客户端用来收看（听）流媒体的软件。

位于客户端的播放器实际就是一个解码器，它能够解码收到的流媒体文件。除此之外，流媒体播放器还通过与流媒体服务器的相互通信来提供对流的交互式操作。不仅如此，要实现流媒体的传输，客户端需要缓冲系统来缓存流数据。流媒体文件通过 IP 网络传输的时候，最终是以一个个 IP 分组的形式传送。IP 分组在传输时是各自独立的，因此会根据路由选择协议动态地选择不同的路由到达客户端，导致客户端接收到的分组延迟不同，次序被打乱。因此需要缓冲系统将 IP 分组按正确的顺序进行整理，保证媒体数据的顺序输出，不仅如此，当网络出现暂时拥塞使得数据分组延误到达时，由于缓冲区事先缓存了一定数量的数据，所以不会使节目中断，从而保证了播放的连续性。缓冲区采用环形链表结构来存储数据，该结构能够使已经播放完的数据随即被丢弃，空出的缓冲区空间再重新被利用来缓存后续的媒体内容。

除了以上这三个组件之外，通常为了用户操作的简单和直观，采用 Web 服务器向用户提供流媒体节目的目录信息，用户通过自己的 Web 浏览器获得这个目录信息从而定位节目所在的媒体服务器的位置，之后与媒体服务器建立联系。

这几个组件之间按照特定的媒体格式，通过某些特定的协议互相通信，从而实现了流媒体的传输，其传输原理如图 7-16 所示。

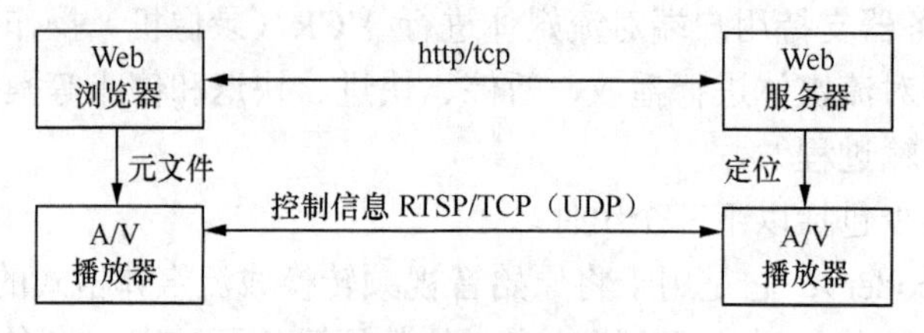

图 7-16　流媒体传输原理

当某用户通过他的 Web 浏览器选择一个流媒体节目后，Web 浏览器就与 Web 服务器之间通过 HTTP 协议交换有关信息，以便把该用户需要的流媒体文件信息从原始信息中检索出来，信息包括流媒体文件的位置，即文件所在的媒体服务器的 IP 地址、流媒体的编码类型等等，并将该信息再通过 HTTP 协议返回给用户。由于 HTTP 协议是以 TCP 协议为基础，而 TCP 协议是面向连接的协议，不适合传输实时的流数据，因此只用来传送控制信息。

用户获得了存储流媒体文件的媒体服务器的地址后，通过 RTSP（实时流协议）协议与媒体服务器之间取得联系，并交换媒体传输所需要的控制信息，RTSP 协议基于 TCP 协议，提供了 VCR 操作的方法。之后媒体服务器使用 RTP 协议将流媒体数据传输给用户，一旦用户接收到该数据，就可以边下载边播放了。RTP 协议基于 UDP 传输，UDP 是非面向连接的协议，利用 RTP/UDP 传送数据可保证数据的实时性。

2．移动流媒体及业务

（1）移动流媒体的基本概念

移动流媒体就是流媒体技术在移动网络和移动终端上的应用，即内容制作系统把连续的影像和声音信息经压缩处理后存放到流媒体服务器上，移动终端用户通过移动网络接入到流媒体服务器，以实时媒体流或者文件下载的方式获得流媒体业务。

移动流媒体技术具有较大的技术优势，主要体现在以下几方面。

① 能够有效降低对传输带宽、时延和抖动的要求，适合在无线环境下实现实时传输。

② 可以使流媒体内容边下载边播放，不需要在移动终端中保存，避免了对终端存储空间的要求，适合体积小、低能耗的移动终端。

③ 在一定程度上解决了因没有在客户端保存流媒体文件，而带来媒体文件的版权保护问题。

（2）移动流媒体业务系统

在实现移动流媒体业务时，流媒体客户端（终端）经移动通信网接入到其核心网，再由移动通信网核心网接入到IP网络中，经与IP网络相连的流媒体服务器提供服务。移动流媒体业务系统结构如图7-17所示。

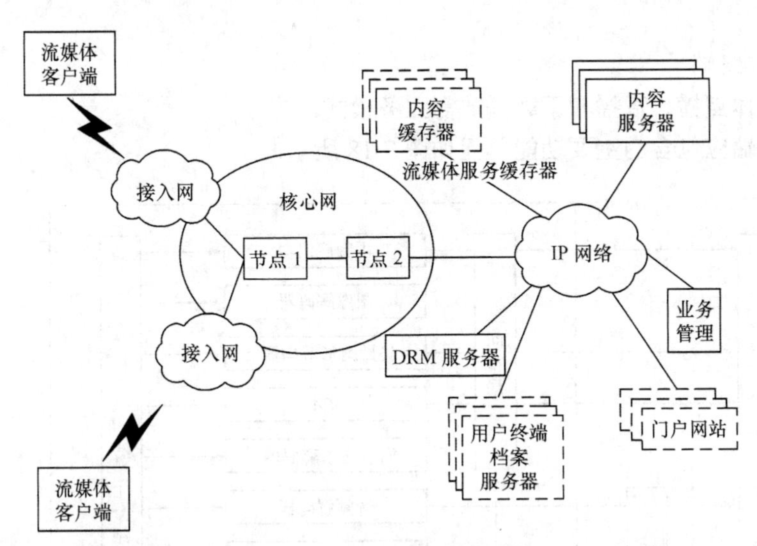

图7-17 移动流媒体业务系统结构

图7-17中主要功能实体的作用如下。

① 内容服务器

流媒体服务器包括流媒体内容服务器和流媒体内容缓冲服务器，其中内容服务器是提供移动流媒体业务的核心设备，它主要实现媒体制作和内容管理，如移动流媒体内容的保存、编辑和格式转换等。

② 内容缓冲服务器

当本地内容服务器没有用户所需的内容时，内容缓冲服务器可以向远端服务器获取内容并进行缓存，从而使用户就近获取内容，平滑了网络造成的时延抖动。

内容缓冲服务器可以和内容服务器合并，它具有的功能包括终端能力协商功能和动态数码率适配功能。

③ 用户终端档案服务器

用户终端档案，即User Agent Profile，主要用于协商终端对流媒体业务的支持能力，包括移动终端的设备型号及流媒体业务特性参数，以便流媒体服务器根据用户终端的这些信息选择合适的媒体格式将内容发送给终端。

④ DRM服务器

DRM即数字版权管理，DRM服务器负责流媒体内容的数字版权管理。

⑤ 业务管理服务器

业务管理服务器负责服务提供商（Service Provider，SP）、内容提供商（Content Provider，CP），包括鉴权和认证等。

业务管理功能包括内容管理、设备管理、用户管理、收入管理和SP管理等，其中在内容管理中，系统集中管理节目文件，在节目入库后才可能播出给用户，并可以设置每项节目内容的属性和级别。

⑥ 门户服务器

门户服务器作为移动流媒体内容的入口，可为不同类型的终端提供不同的业务界面和业务集合。

⑦ 流媒体终端

支持流媒体点播、直播和下载播放等业务模式。

流媒体终端应包含的主要功能单元如图 7-18 所示。

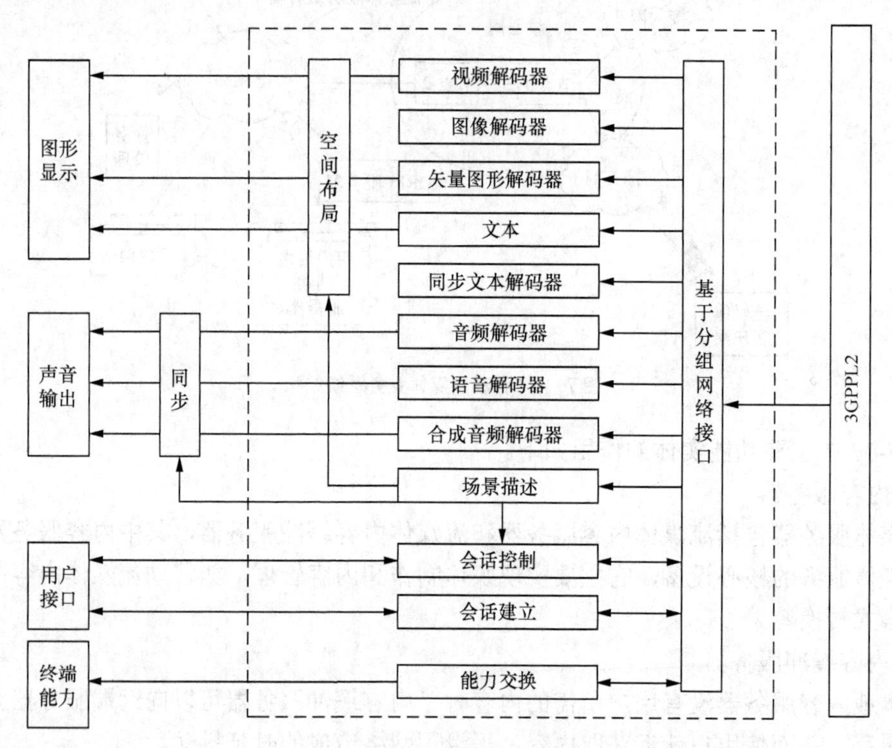

图 7-18 流媒体终端功能单元

流媒体终端中的功能实体主要可以分为三部分：控制、场景描述和媒体解码器。

控制包括会话建立、能力交换和会话控制 3 个功能实体，其中会话建立是指通过浏览器或直接输入 URL 发起会话；能力交换则可以根据不同的终端能力选择或适配媒体流；会话控制处理在流媒体客户端与流媒体服务器间传送的单个媒体流的建立。

场景描述由空间结构和不同媒体间的时间关系描述组成，其中空间结构用于给出屏幕上不同媒体成分的布局；不同媒体间的时间关系描述则用于控制不同媒体的同步。

媒体解码器包括视频解码器、图像解码器、矢量图形解码器、文本、同步文本解码器、音频、语音解码器和合成音频解码器。

（3）移动流媒体业务模式

移动流媒体的业务模式包括流媒体点播、流媒体直播和下载播放三种模式。这三种模式均需内容提供商编辑 AV 源文件形成标准文件，并将文件上传至视频服务器，终端用户再通过门户（如 WAP）选中相关的视频服务。

在流媒体点播（直播）模式中，视频服务器将相应的视频服务信息（URL）发送到移动终端；移动终端根据收到的信息地址发起点播（播放）请求；视频服务器根据用户的请求将相应的内容对用户进行流式播放；用户终端收到相关内容，解码并播放。在下载播放模式中，则需在用户选定节目后，媒体文件将通过 HTTP 下载到用户终端；用户通过在流媒体业务平台下载 DRM 证书解密本地的媒体文件之后就可以观看节目了。

（4）移动流媒体业务分类

移动流媒体业务多种多样，从不同角度划分有不同种。

① 根据内容的播放方式划分

a．在线播放

流媒体内容不需存储在用户的终端设备上，终端播放器实时从流媒体服务器上边下载边播放流媒体数据。如果用户多次播放同一内容，每一次都需要从流媒体服务器上重新下载数据。

根据内容的来源，在线播放又可分为以下两种。

- 流媒体点播

用户通过访问门户网站，发现感兴趣的内容，点播后通过链接引导到相应内容服务器上获取流媒体内容。

内容提供商将预先录制好的多媒体内容编码压缩成相应格式，存放在内容服务器上并把内容的描述信息以及链接放置在流媒体门户上。最终用户就可以通过访问门户，发现感兴趣的内容，有选择地进行播放。

- 流媒体直播

流媒体编码服务器实时地将信号进行编码、压缩，并经由流媒体服务器分发到用户的终端播放器上。

b．下载播放

下载播放是指用户将流媒体内容下载并存储到本地终端后再进行播放。

② 根据用户所持流媒体终端划分

a．面向普通手机用户的业务

手机的处理能力有限，屏幕尺寸小，浏览器一般只支持 WAP。

b．面向 Pocket PC 用户的业务

终端的处理能力较高，屏幕尺寸较大，浏览器一般支持 XHTML 或 HTML。

c．面向 PC 用户的业务

终端的处理能力高，屏幕尺寸大，除了支持标准的 HTML 外，还可以通过加装其他软件实现对 XHTML 及 WAP 的支持。

7.3.2 数字版权管理

随着移动流媒体技术的发展，为用户提供的媒体内容越来越丰富、新颖，但由于数字媒体内容易于复制、分发，因此应采取一定的技术与措施来保护内容提供商和运营商的权益，这就涉及到版权管理的问题。

数字版权管理（Digital Rights Management，DRM）是指采用包括信息安全技术手段在内的系统解决方案，在保证合法的、具有权限的用户对数字媒体内容（如数字图像、音频、视频等）正常使用的同时，保护数字媒体创作者和拥有者的版权，并根据版权信息获得合法收益，而且在版权受到侵害时能够鉴别数字信息的版权归属及版权信息的真伪。

DRM 并不是一种单一的技术，它是由数字证书、加密/解密、数字水印、数字签名和验证、存取控制和权限表达等许多技术组合在一起的综合体。

1．DRM 系统的体系结构

DRM 采用系统化的理念，从不同角度看有不同的体系结构，下面分别进行介绍。

（1）数字作品生存周期模型

对数字作品的版权保护涉及数字作品的整个生存周期。数字作品的生存周期大致可划分成 4 个阶段：创建、传播、使用和衰退，如图 7-19 所示。

虚线部分代表数字作品在使用过程中，使用者可能会根据自己的需要对数字作品进行再创建、再传播。而当数字作品进入衰退阶段后，由于其使用价值大大降低，人们往往不再对其进行版权保护。

与数字作品生存周期相对应，它的参与者主要涉及创建者、传播者和使用者三个核心主体。其中创建者是指数字作品的创作者和实现了信息增值（如对数字作品进行分类、编辑、整理、加工）的数字作品的建设者；传播者是发布数字作品的中介者；使用者则是数字作品的用户。

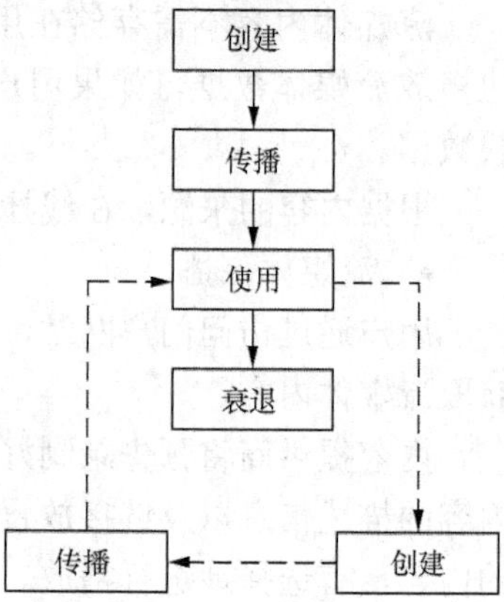

图 7-19 数字作品生存周期模型

（2）DRM 系统的功能结构

DRM 的基本功能就是对数字作品的使用进行管理，它主要包括知识产权资产创建（Asset Creation）、知识产权资产管理（Asset Management）和知识产权资产使用（Asset Usage）3 个功能模块，每个模块又分为若干子模块，这些模块相互协作，保证了整个 DRM 系统的功能要求。

DRM 系统的功能结构如图 7-20 所示。

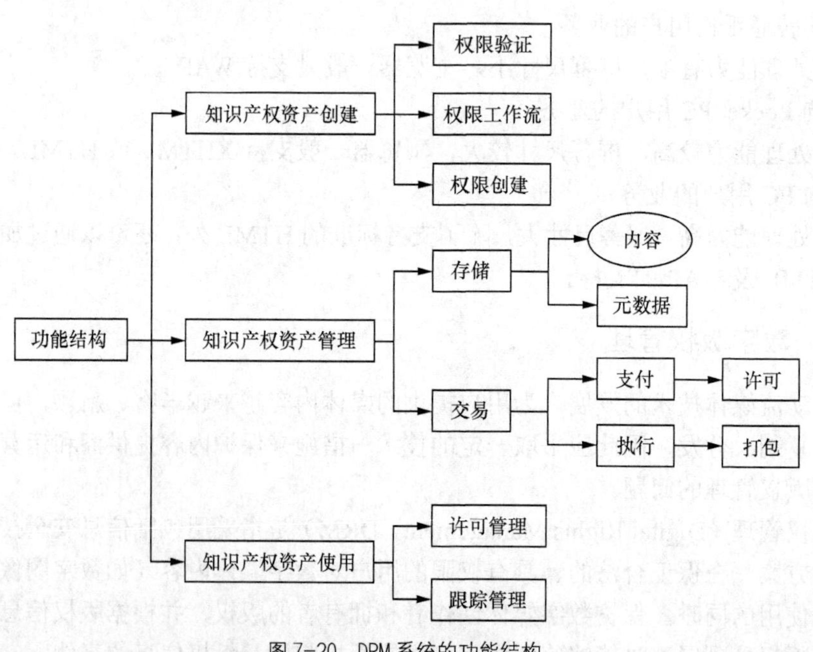

图 7-20 DRM 系统的功能结构

① 知识产权资产创建

该模块负责为数字作品创建版权，定义使用权限。该模块又细化为3个子模块。

a．权限验证（Rights Validation）：保证从原有作品创建的新作品具有被创建的权限。

b．权限工作流（Rights Wolikflow）：允许通过一系列针对权限和内容提出的工作流步骤来处理数字作品。

c．权限创建（Rights Creation）：允许对新内容赋予相应的新权限，如指定权限所有者和使用许可。

② 知识产权资产管理

该模块负责控制数字作品的传播、存储和交易。该模块又细化为2个子模块。

a．存储功能（Repository Functions）：实现对分布式数据库中的数字作品内容和元数据的存取和检索。元数据是指对主体、权限和作品的描述。

b．交易功能（Trading Functions）：将数字作品的许可授予对该作品权限达成交易协议的主体，如获得许可人向权限持有者支付费用。

③ 知识产权资产使用

该模块负责控制用户的使用权限并进行追踪。该模块又细化为2个子模块。

a．许可管理（Permissions Management）：确保数字内容的使用环境与相应的使用权限相匹配。

b．跟踪管理（Tracking Management）：监控、跟踪数字内容的使用。

（3）DRM系统的信息结构

DRM系统的信息结构涉及实体模型、实体标识与描述和权限表达3个核心问题，用于对DRM框架中各实体及其相互关系进行建模。

① 实体建模

实体建模的基本原则是要清晰地区分和识别3个核心实体：用户、内容和权限。用户的类型是多样的，经常同时扮演创建者、传播者和使用者三个角色，因此用户实体既可以创建和使用内容，也可以拥有权限。内容实体是指流媒体数字作品的集合。权限实体作为用户与内容之间各种许可、约束和义务的表示，它作用于内容。上述各实体及其相关关系构成了DRM系统信息结构的实体模型，如图7-21所示。

② 实体标识与描述

模型中的所有实体都需要加以标识和描述。

实体本身和关于实体的元数据记录都应是可标识的，并可通过开放和标准的机制来完成。实体描述应采用元数据进行描述，元数据不仅能够描述某种类型资源的属性，还可以对这种资源进行定位和管理、同时有助于数据检索。

③ 权限表达

权限表达是数字版权管理技术的核心，通过权限表达模型，权限实体可以表达任何与用户和内容相关的权限信息。

权限表达可以包括许可、约束和义务等，其中许可是指允许用户做的事情；约束是指对许可的限制条件；义务则是用户必须完成、提供或接受的事情。

（4）DRM系统的技术体系

DRM是许多技术的组合体，它采用层次化的结构对数字作品进行封装，从上至下依次为唯一标识符层、信息编码层、安全编码层、权限控制层和安全协议层和安全方案层。DRM技术体系模型如图7-22所示。

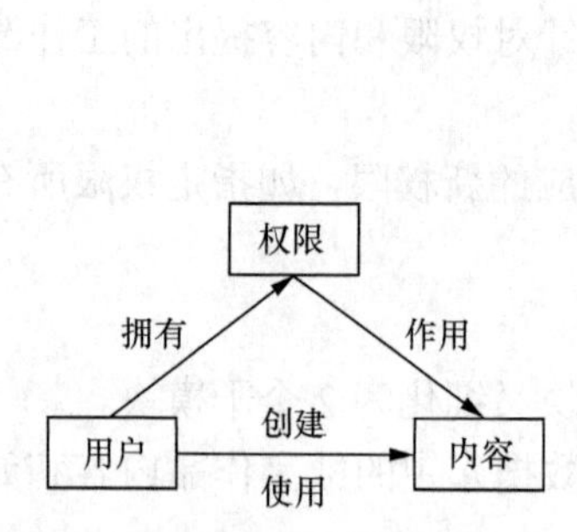

图7-21 DRM系统信息结构的实体模型

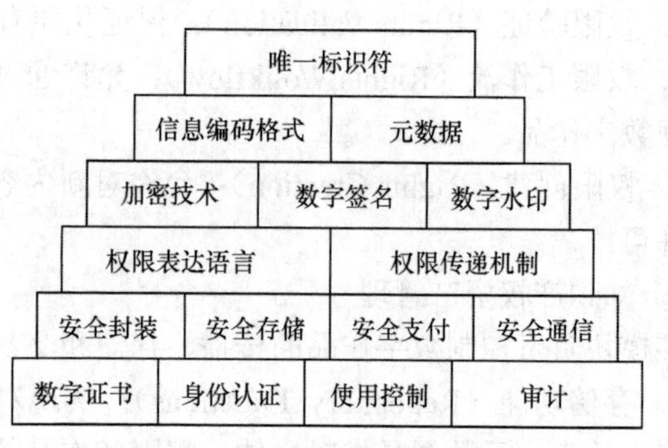

图7-22 DRM系统的技术体系模型

① 唯一标识符层

唯一标识符层用于对DRM中的各个实体，包括用户、权限和内容等在网络环境下进行唯一、持久地标识、确认。其他各层均基于该层给出的唯一标识符进行操作。

② 信息编码层

信息编码层主要根据DRM系统的需求对数字内容采用某种格式的编码以便传输。该层技术包括信息编码格式和元数据技术。信息编码格式用于表示、交换和解析数字内容。元数据（Meta Data）是描述信息资源的一种数据格式，由一套关键词和数据类别描述符构成。

③ 安全编码层

安全编码层通过选择合适的安全算法以保证数字内容的安全。该层技术包括加密技术、数字签名和数字水印。加密技术用来实现对数字作品的加密保护，数字签名用于身份认证和完整性验证，数字水印作为加密技术的补充，主要用于判断媒体的版权归属和追踪等。

④ 权限控制层

权限控制层包括权限表达语言和权限传递机制，主要对DRM系统中的各实体及实体之间的复杂权限进行定义、描述，以计算机可识别的方式标记、传递和检验。

⑤ 安全协议层

安全协议层包括安全封装、安全存储、安全支付和安全通信四种安全协议。安全封装协议将数字内容及其元数据封装在数字文件内以便于传递；安全存储协议把数字文件存储到特定物理载体上；封装和存储过程可能涉及压缩和密码技术。安全支付协议和安全通信协议则负责保障数字作品的可靠交易和安全传递。

⑥ 安全方案层

安全方案层包括数字证书、身份认证、使用控制和审计。该层利用底层算法和协议实现安全方案。

2. DRM系统的基本组成及工作流程

DRM系统一般包括4个部分：内容提供商、内容运营商、支付中心和内容消费者，其组成结构如图7-23所示。

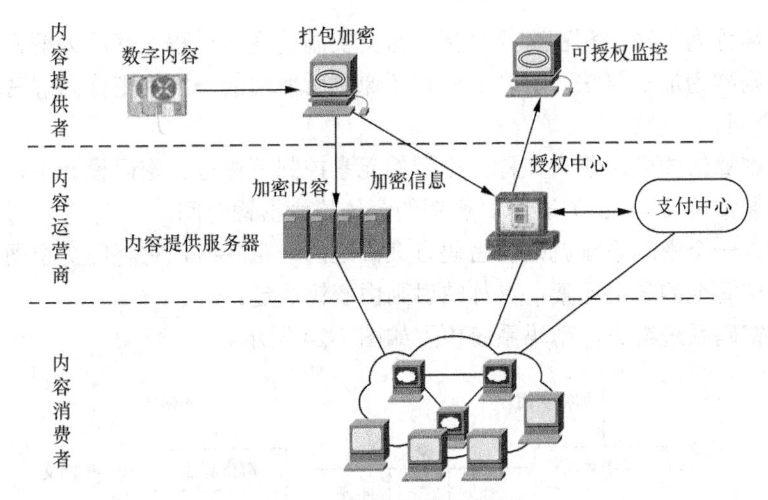

图 7-23 DRM 系统的组成结构

DRM 系统工作时，内容提供者对原始的数字内容进行打包加密处理，经过打包加密的数字内容拥有自己独立的 ID 及加密密钥，并在加密文件的头部写入授权中心的 URL。消费者在得到经过加密的数字内容后，无法直接使用，必须到由内容运营商建立的授权中心申请内容使用授权，授权信息包括解密密钥及使用权限等内容，使用权限规定了媒体内容最终的使用规则，如每次观看付费或者一周使用期限等。同时消费者还要向支付中心索取有效的使用许可，支付中心收到许可请求后首先验证用户身份，如用户必须提供自己的数字签名，然后根据用户申请的使用权限对其账号进行扣除资费等处理，并发放许可，最后向内容提供商提交相应的交易报告。消费者客户端收到许可后，可以解密受保护的数字内容并按照许可中的使用权限进行使用。

3. 加密技术

(1) 密码学的基本概念

密码的基本思想是对机密信息进行伪装。伪装时，加密者首先对机密信息进行加密变换，得到另外一种与原有信息看似不相关的信息表示。在接收端，如果用户身份合法，则可以通过解密变换还原原始的机密信息，如果用户身份不合法，只能对伪装后的信息进行分析试图得到原有的机密信息，这一过程或者因为代价过于巨大以至于无法进行，或者是根本不可能的。

一个密码系统通常由明文空间、密文空间、密码方案和密钥空间组成，各部分功能如下。

① 明文空间

明文即指待加密的信息，如文本文件、数字化的比特流等有意义的字符流或比特流。明文通常用 M（Message）或 P（Plaintext）表示。明文的全体称为明文空间。

② 密文空间

密文是经过伪装后的明文，也可被认为是字符流或比特流，一般用 C（Cipher）来表示。密文的集合称为密文空间。

③ 密码方案

密码方案是指对加密变换与解密变换的具体规则的描述。其中加密变换是指对明文实施的变换过程，简称为加密；解密变换是指对密文实施的变换过程，简称为解密。对加密时所使用的一组规则称为加密算法，对密文进行还原时所使用的一组规则称为解密算法。

④ 密钥空间

加密和解密算法的操作通常在称为密钥的元素控制下进行。密码设计中，密钥一般是随机序列。密钥通常用 K（Key）表示。密钥的全体称为密钥空间。

由上可知，一个密码系统就是由密码方案确定的一组映射，它将明文空间中的每一个元素映射到密文空间上的某个元素，具体映射则由密钥决定。

基于上述密码系统组成，密码系统模型如图 7-24 所示。

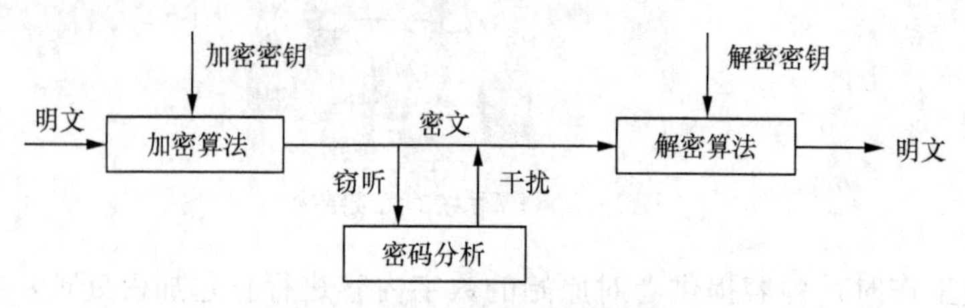

图 7-24　密码系统模型示意图

一个密码系统的安全可能会受到来自非授权者（或称攻击者）的攻击，包括主动攻击和被动攻击。主动攻击是指非授权者采用删除、更改、增添和伪造等手段主动地向系统注入干扰消息的攻击手段，主动攻击将损害明文信息的完整性，即接收端接收到的信息与发送端所发送的信息不一致。被动攻击是指非授权者采用电磁侦听、声音窃听等窃听手段得到未加密的明文或加密后的密文的攻击手段，被动攻击将损害明文信息的机密性，即需要保密的明文信息遭到泄露。

（2）密码体制的分类

密码体制的分类方法有很多，常用的几种分类方法如下。

① 对称密钥密码体制和非对称密钥密码体制

根据加密密钥和解密密钥是否相同、能否由加密密钥推导出解密密钥（或者由解密密钥推导出加密密钥），可将密码体制分为对称密钥密码体制和非对称密钥密码体制。

a．对称密钥密码体制

对称密钥密码体制是指加密密钥和解密密钥相同，或者即使不相同，也可以由其中的一个密钥推导出另一个密钥，则该密码体制称为对称密钥密码体制。对称密钥密码体制又称为单密钥密码体制或秘密密钥密码体制。

在对称密钥密码体制中，加密或者解密算法可以不保密，密文信息可以在公开信道上传递，但是所有密钥必须保密，要在秘密信道上传递以保证密码系统的安全。其原理如图 7-25 所示。

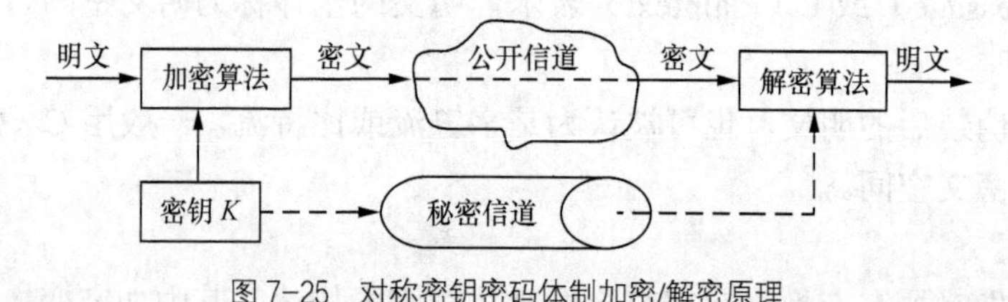

图 7-25　对称密钥密码体制加密/解密原理

b．非对称密钥密码体制

非对称密钥密码体制是指加密密钥和解密密钥不同，并且不可能由其中的一个密钥推导出另一个密钥，则该密码体制称为非对称密钥密码体制。非对称密钥密码体制又称为双密钥密码体制或公开密钥密码体制。

在非对称密钥密码体制中，每个用户都拥有一对相互关联的密钥，其中一个称为公钥，可以在公开信道上传递，主要用于加密信息，另一个密钥称为私钥，由用户自己保存，用于解密由公钥加密的信息。公钥与私钥尽管具有相关性，但从数学理论上来看，由公钥推导出私钥在计算上是不可行的，从而保证了密码系统的安全。

② 序列密码体制和分组密码体制

根据密码算法对明文信息处理的单位长度及运算方式的不同，可将密码体制分为序列密码（也称流密码）体制和分组密码体制。

序列密码体制是指将明文序列M与密钥序列K按照序列的基本单位进行逐位（bit）运算（如模2加）而形成密文的一种密码体制。分组密码体制是指将明文序列M按n比特长度进行分组，所有的分组在相同的密钥控制下分别进行加密变换而产生密文的一种密码体制。

③ 单向函数密码体制和双向变换密码体相

按照是否能进行可逆的加密变换，可将密码体制分为单向函数密码体制和双向变换密码体制。

单向函数密码体制是指采用单向函数进行加密的密码体制，它适用于某些不需要解密的特殊场合，如密钥管理和信息完整性鉴别技术。双向变换密码体制则是常用的可以进行加密、解密的密码体制。

4．数字签名

（1）数字签名的概念

加密技术解决了传送信息的保密问题，而要验证电子文件的来源及其真实性则需要数字签名技术。

从法律上讲，签名有两个功能：标识签名人和表示签名人对文件内容的认可。数字签名是电子签名技术中的一种，而电子签名则是能够在电子文件中识别双方交易人的真实身份，保证交易的安全性和真实性以及不可抵赖性，起到与手写签名或者盖章同等作用的签名的电子技术手段。实现电子签名的技术手段有多种，而数字签名则是其中应用最普遍、技术最成熟、可操作性最强的一种电子签名。

所谓“数字签名”就是通过某种密码运算生成一系列符号及代码组成电子密码进行签名，来代替书写签名或印章。在ISO 7498.2标准中，“数字签名”定义为：“附加在数据单元上的一些数据，或是对数据单元所做的密码变换，这种数据和变换允许数据单元的接收者用以确认数据单元来源和数据单元的完整性，并保护数据，防止被人（例如接收者）进行伪造”。

可见，数字签名是通过规范化的程序和科学化的方法来鉴定签名人的身份以及对一项电子数据内容的认可。此外数字签名还能验证出电子文件在传输过程中有无变动，从而确保传输文件的完整性、真实性和不可抵赖性。

（2）数字签名的原理

数字签名的原理如图 7-26 所示。

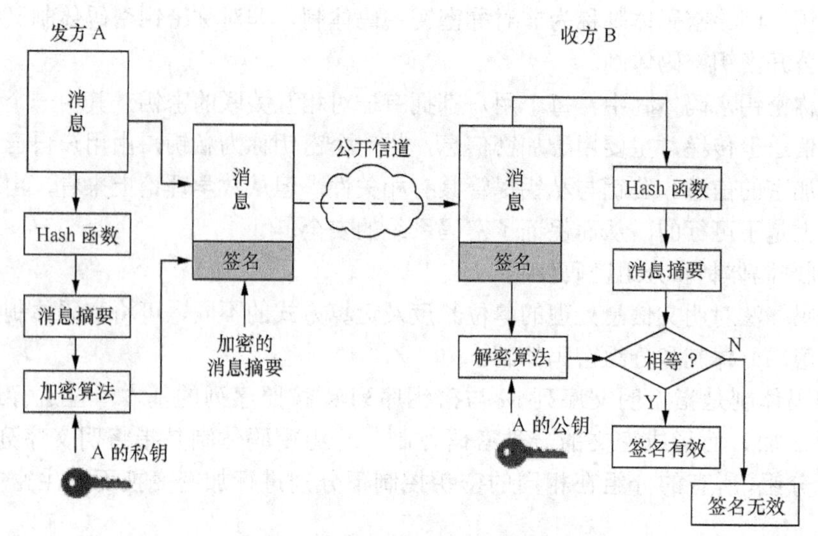

图 7-26　数字签名的原理图

图 7-26 中数字签名的原理主要采用公开密钥密码体制，即签名者拥有一对相互关联的密钥，签名者利用自己的私钥对原始信息进行签名，验证者利用签名者的公钥进行验证。

当发方 A 向收方 B 发送消息时，A 首先通过 Hash（哈希）函数对原消息进行哈希运算。哈希运算也称单向散列运算，其运算结果称为哈希值。哈希值的长度固定，运算是不可逆的，相同的信息其哈希值相同且唯一，若原文信息有任何改动，其哈希值就要发生变化。计算出的哈希值也称消息摘要。发方 A 将“消息摘要”通过加密算法，使用自己的私钥进行加密，得到的结果即为签名。

然后发方 A 通过公开信道将原始消息与签名同时发送给收方 B。收方 B 首先使用与发方 A 同样的 Hash 函数对发来的原始消息进行计算得到消息摘要，另外，收方 B 利用 A 的公钥将同时发来的签名进行解密，还原原始信息的消息摘要，再将这两个消息摘要进行比较。如果相等，则表示消息在发送过程中没有被篡改，从而确认该消息是 A 发来的；如果不相等，则说明消息在发送过程中被篡改，则签名无效。

5. 数字水印

（1）数字水印的概念

数字水印（Digital Watermarking）是对密码学的一种补充技术，通过密码学能够对传输中的内容进行保护，而数字水印则是在解密之后对内容的继续保护。

数字水印技术的基本思想是将与媒体版权归属相关的数字信息，如作者电子签名、公司标志和商标等作为水印信息，通过一定的算法嵌入到数字媒体中，在需要时，能够通过一定的技术检测方法提取出水印，以此作为判断媒体的版权归属的证据。

数字水印的特性主要包括以下几点。

① 不可感知性或隐蔽性

不可感知性是指因嵌入水印导致载体数据的变化对于观察者的视觉或听觉系统来讲应该

是不可察觉的。

② 鲁棒性

鲁棒性是指数字水印经历大量的物理和几何失真，如恶意攻击或噪声污染等，仍能从载体中提取出嵌入的水印或证明水印的存在。

③ 安全性

安全性是指嵌入的数字水印在统计上是不可检测的，对于非授权者来说，嵌入水印和检测水印的方法是不能轻易被破解的。

④ 可证明性

数字水印所携带的信息应能为已经受到版权保护的数字作品的所有权归属提供完全可靠的证据，因此应能够被唯一地、确定地鉴别。

（2）数字水印的嵌入过程

水印嵌入过程示意图如图 7-27 所示。

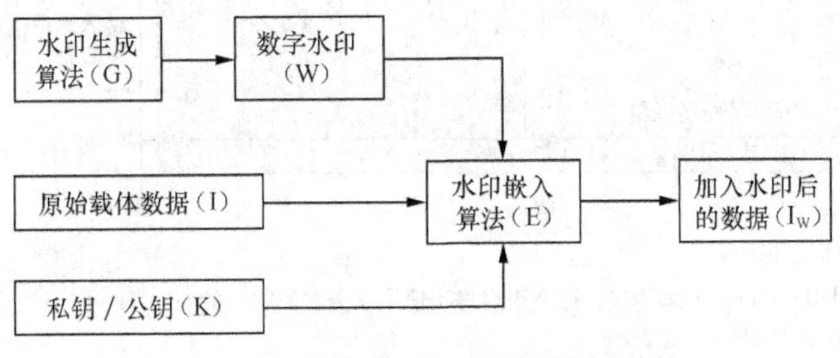

图 7-27　水印嵌入的一般过程基本框架

通过水印生成算法（G）生成数字水印（W），水印信息可以是任何形式的数据，如随机序列或伪随机序列，字符或图像等。水印生成算法（G）应保证生成的水印具有唯一性、有效性和不可逆性等属性。数字水印（W）通过水印嵌入算法（E）嵌入到需被保护的原始载体数据（I）中，嵌入算法的目标是使数字水印在不可感知性、安全可靠性和鲁棒性之间找到一个较好的折中。此外，在水印嵌入过程中，可以通过加密来加强安全性，避免未授权者对水印进行提取。所有的实用系统必须使用一个密钥（K），有的甚至使用几个密钥的组合。

7.3.3 移动流媒体业务流程

1. 通过 WAP 方式的业务发现流程

通过 WAP 方式的业务发现流程如图 7-28 所示。

（1）手机用户通过 WAP 浏览器，采用 WAP 协议登录到 WAP 门户上，经由 WAP 网关对用户认证后，再通过 HTTP 协议访问流媒体内容 Portal，同时 WAP 网关还提供流媒体业务平台所需的用户的手机卡号信息和终端类型信息。

（2）流媒体业务平台对用户进行必要的业务认证之后，对于合法用户，则根据用户终端类型生成相应页面以及适合用户终端播放的内容列表。

（3）将内容列表及网站的促销、宣传信息经由 WAP 网关发送给用户端 WAP 浏览器。

（4）用户使用内容导航、搜索或分类检索功能从内容列表中进一步定位具体的流媒体内容信息。

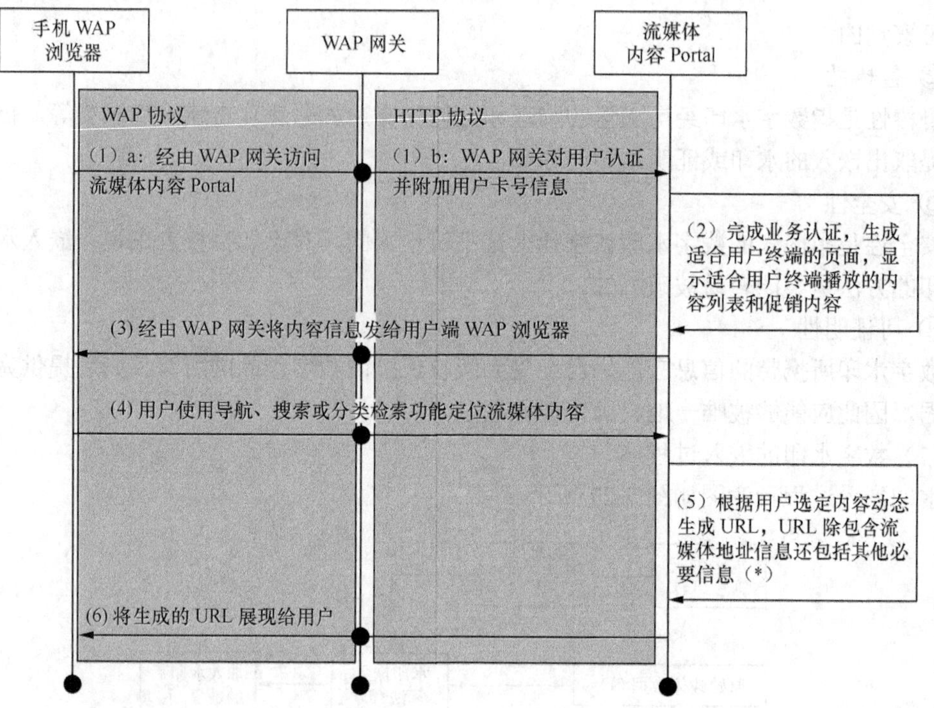

* 其他必要信息包括：

- 会话的 GUID（Global User ID），每个用户每次使用服务对应唯一的 GUID；
- 用户的 MDN 号码；
- 用户使用的 PDSN IP 地址；
- 本次会话的有效时长；
- 服务的 ID 号码；
- 经过 Hash 算法加密的 Token。

图 7-28　通过 WAP 方式的业务发现流程

（5）根据用户选定内容，业务平台动态生成包含流媒体地址信息及其他必要信息的 URL，其中必要信息包括会话的 GUID、用户的 MDN 号码等。

（6）业务平台生成的 URL 经 WAP 网关回传给用户，用户点击 URL 链接之后就可以启动播放或下载业务流程了。

2．通过 HTTP 方式的业务发现流程

通过 HTTP 方式的业务发现流程如图 7-29 所示。

通过 HTTP 与 WAP 业务发现流程比较，可见它们之间的主要区别在于手机用户通过 HTTP 浏览器，采用 HTTP 协议直接访问流媒体内容 Portal，用户的身份认证既可以通过独立网元完成身份认证功能，也可由流媒体内容服务器来完成，实现身份认证网元和流媒体内容服务器在物理上的统一。

3．流媒体点播业务流程

流媒体点播业务流程主要分为两部分，一部分是用户获得流媒体内容 URL 的过程，即业务发现过程，另一部分是根据 URL，用户获得流媒体内容并进行计费的过程，即业务获得过

程。从上述业务发现流程可知，用户身份认证已经在业务发现流程中完成，因此本流程不包含认证部分。

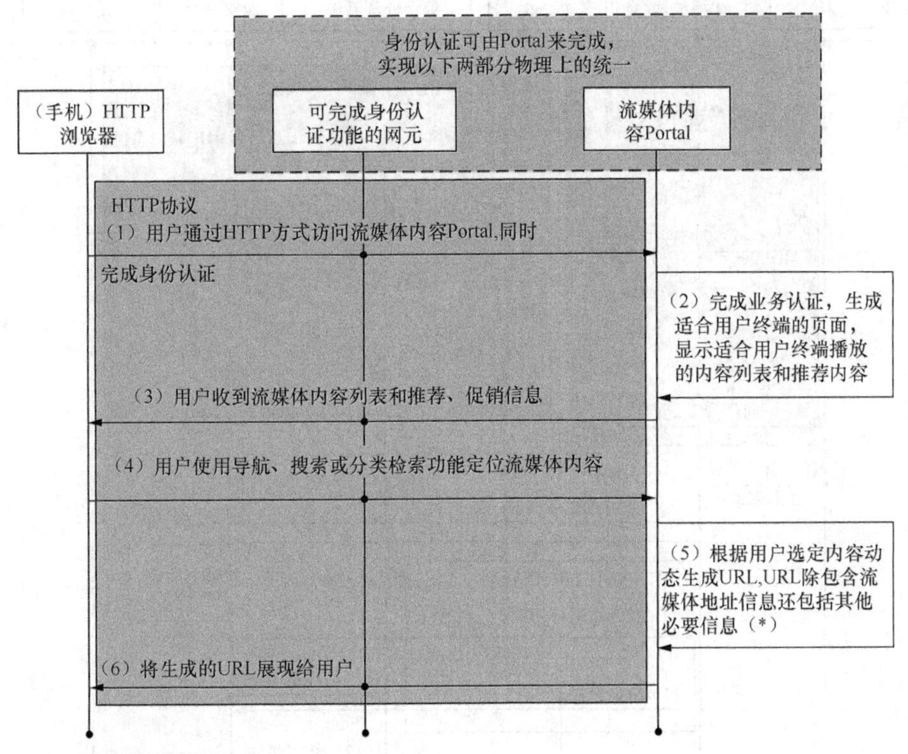

图 7-29 通过 HTTP 方式的业务发现流程

流媒体点播业务流程如图 7-30 所示。

业务发现过程主要通过以下五步来完成。

（1）用户通过 HTTP 或 WAP 方式向流媒体内容 Portal 发起点播服务请求。

（2）Portal 首先进行业务认证，并向流媒体业务综合处理系统获取内容资费信息，综合处理系统再向运营商的计费/预付费系统查询用户余额是否足够支付该内容。

（3）如果用户顺利通过业务认证和资费认证则可以进行第（4）步的内容，否则向用户显示出错提示信息。

（4）根据用户选定的内容，业务平台生成内容 URL，并附加随机验证码生成新的 URL。

（5）Portal 将带有验证信息的 URL 发送给用户。

业务获得过程通过以下步骤完成。

（1）手机用户收到带有验证码信息的 URL 后，启动流媒体播放器。

（2）流媒体播放器通过 RTSP 协议向流媒体播放服务器请求该 URL 下的流媒体内容。

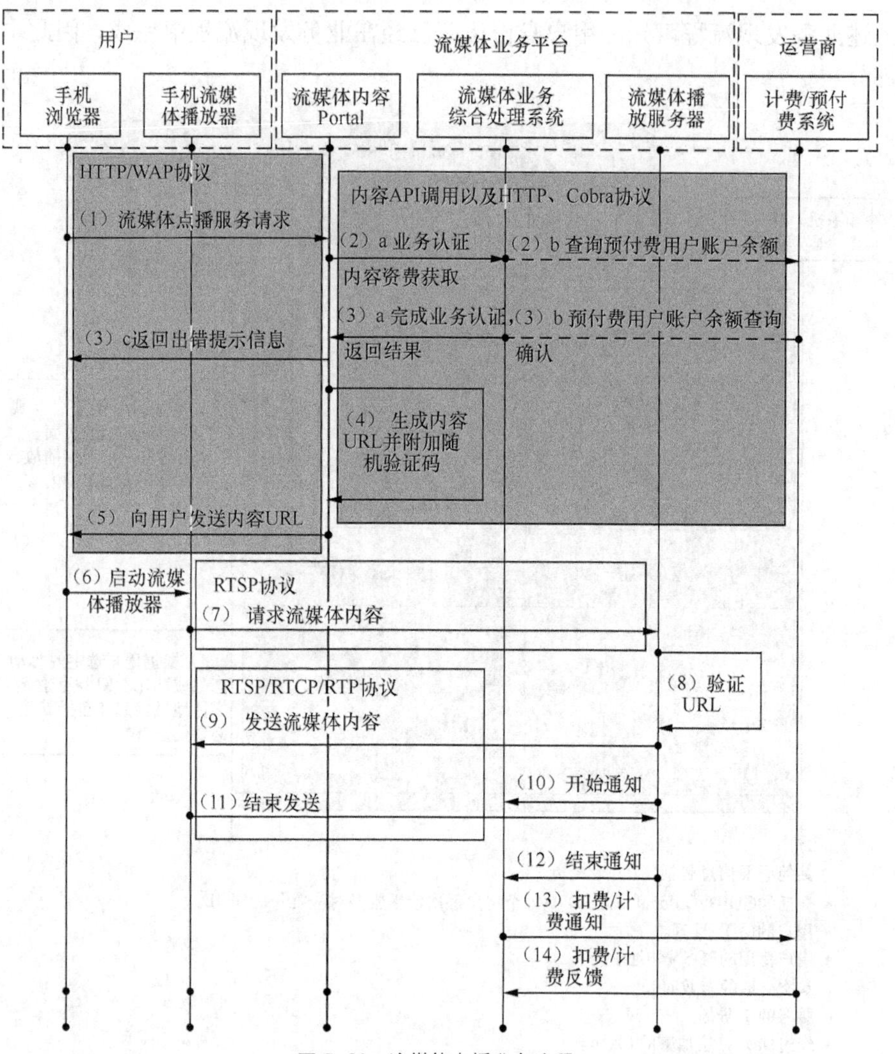

图 7-30　流媒体点播业务流程

（3）流媒体播放服务器对 URL 进行合法性验证，验证失败后向用户发送错误提示信息。

（4）对于合法用户，流媒体播放服务器通过多种协议向用户端的流媒体播放器发送流媒体内容。

（5）流媒体播放服务器向流媒体业务综合处理平台发送日志信息，提示用户开始时间和收看内容。

（6）用户结束观看。

（7）流媒体播放服务器向流媒体业务综合处理系统发送日志信息，提示结束时间和结束原因等。

（8）流媒体业务综合处理系统通知运营商进行扣费/计费。

（9）运营商的计费系统返回处理结果信息。

4．流媒体直播业务流程

流媒体直播业务流程如图 7-31 所示。

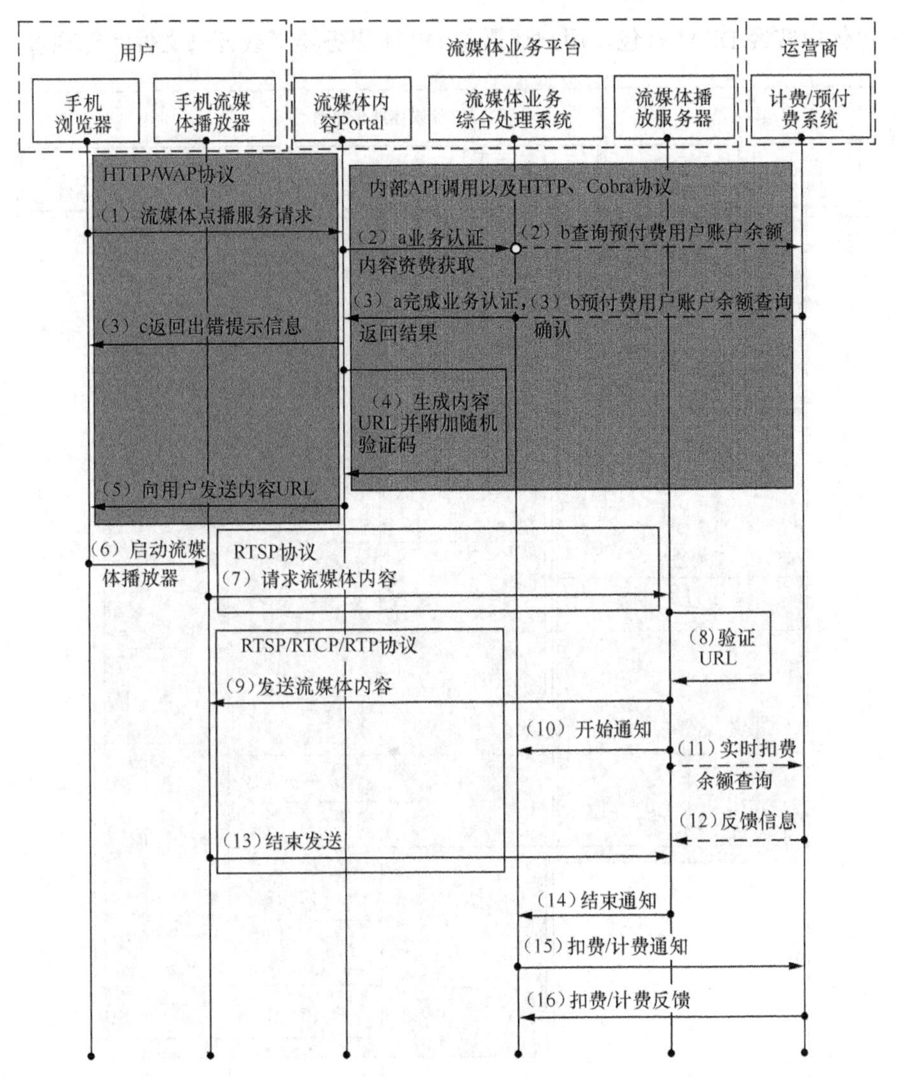

图7-31 流媒体直播业务流程

流媒体直播业务流程也分为两部分，一部分是业务发现过程，另一部分是业务获得过程。业务发现过程与流媒体点播业务流程相同，不同之处在于业务获得过程中，第（11）步进行实时扣费余额查询。如果用户是预付费用户，用户在收看完一个付费时长后为用户扣费，同时查询用户余额是否足够支付一个付费时长，如果余额不足则中止用户的收看，否则继续重复该步骤直至用户停止收看。第（12）步反馈预付费用户的扣费和查询信息。

4．流媒体下载业务流程

流媒体下载业务流程如图7-32所示。

流媒体下载业务流程与流媒体点播和直播业务流程稍有不同。在流媒体下载业务流程中，在用户获得流媒体内容的URL地址之后，首先单击链接向流媒体下载服务器发送下载请求。

流媒体下载服务器要对URL进行合法性验证，若验证成功则向用户端下载流媒体内容（或经DRM打包的下载内容）。在计费成功后，用户就可以启动流媒体播放器观看下载内容了，若流媒体内容经 DRM 打包，用户还需从 DRM 服务器下载证书文件才能观看。

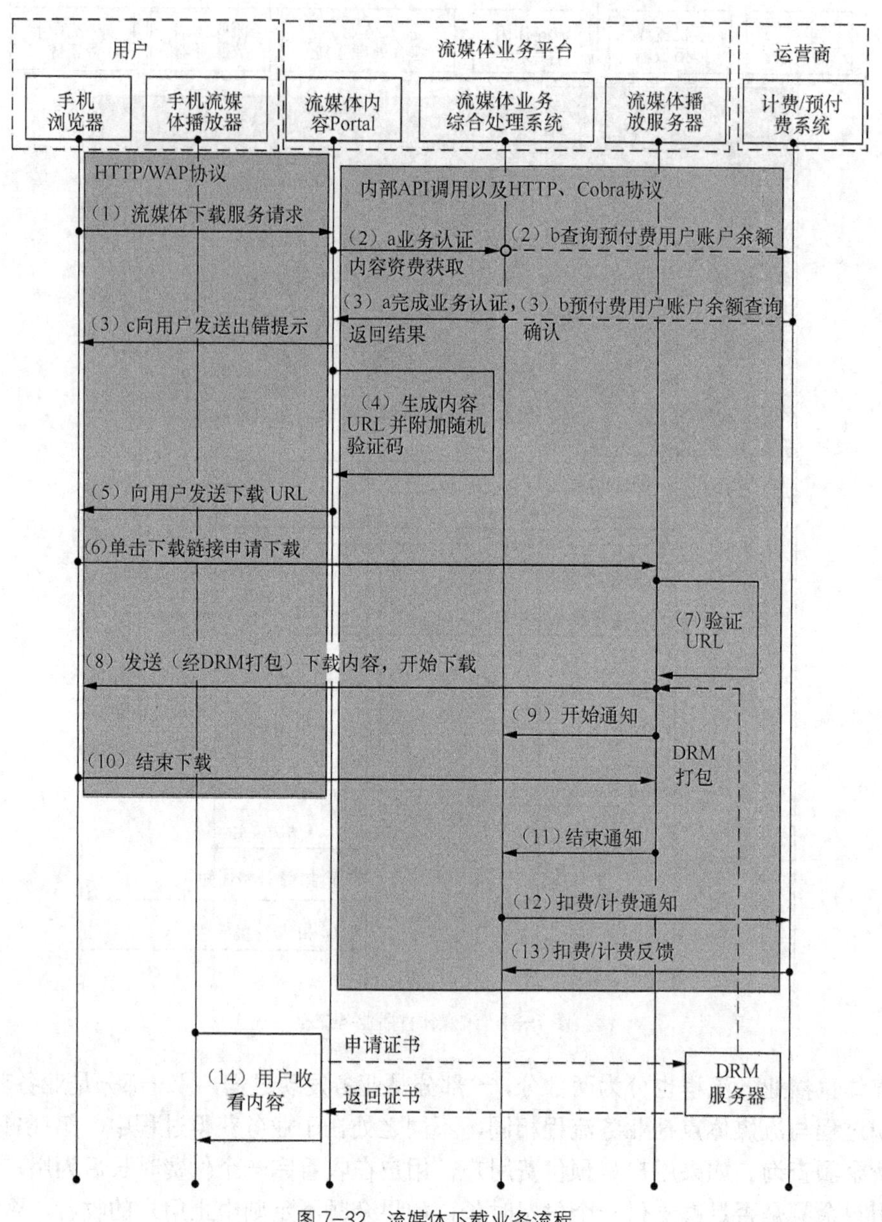

图 7-32　流媒体下载业务流程

7.4　移动网络视频监控

7.4.1　移动网络视频监控系统概述

1．视频监控系统概述

视频监控是对人们无法直接即时观察的场所，提供一种实时、形象、真实的被监控对象的画面，作为即时处理或事后分析的一种手段。

一个视频监控系统必须解决的问题是，视频数据如何采集、传输以及如何使用。为此，其主要包括三个基本单元：前端摄像部分、传输部分和后台处理部分，如图 7-33 所示。

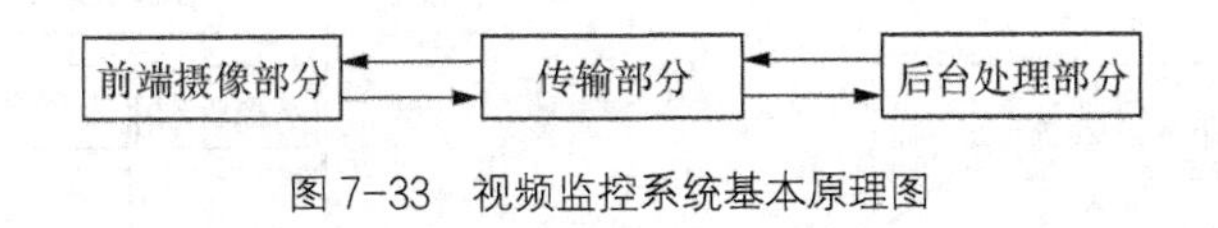

图 7-33 视频监控系统基本原理图

（1）前端摄像部分

前端摄像部分负责在系统前端的监控现场处，通过各种摄像设备对监视区域进行视频数据采集。摄像设备包括各种摄像机及相关辅助配套设备，如防护罩、云台等。

防护罩的作用是减轻摄像机遭受来自外界的污染，如灰尘、杂质和腐蚀性气体等，同时减小对摄像机的人为破坏。

云台是一种摄像机的支撑设备，用来安装、固定、调节摄像机角度。云台主要分为固定云台和电动云台两种，固定云台主要应用于监视范围较小的场景，而电动云台可以通过人工操作跟踪监视对象，也可以完成监视区域的自动运动式扫描，因此适用于较大范围的监控区域。

（2）传输部分

传输部分用于传送视频信号和控制信号，可以采用有线传输介质，如同轴电缆、双绞线和光纤等，或者采用无线传输介质，如通过无线电波空间来传送信号。在有线传输介质中，较近的传输距离一般采用同轴电缆或双绞线传输，远距离则更适合采用光纤传输。

（3）后台处理部分

后台处理部分主要负责存储、管理和显示视频信息，具体涉及监控管理平台、显示设备和监控客户端。

监控管理平台是视频监控系统的核心，通过监控管理平台可以对摄像机采集的视频数据进行存储和回放，从而实现对远程图像的集中监控。

显示设备一般分为四种：CRT 监视器、DLP 大屏幕投影设备、LCD 液晶显示器和 PDP 等离子显示器。随着高清电视技术的发展，监控显示设备的高清化速度也日益提高。

监控客户端可以是 PC 客户端或移动客户端，无论采用哪种客户端形式，用户通过客户端进行的视频监控可以分为 C/S 模式和 B/S 模式，其中 C/S 模式需要用户安装客户端软件，而 B/S 模式允许用户在 Web 浏览器中安装插件，直接通过浏览器监控。

2. 移动网络视频监控系统

随着移动智能终端技术的发展以及用户不断提出的对移动网络视频监控服务的需求，移动网络视频监控系统应运而生。移动网络视频监控系统是指前端或者后台有一方具有移动性，或者两者均具有移动性，且利用无线电波来传输音/视频数据、控制信号的网络视频监控系统。

移动网络视频监控与传统网络视频监控的不同之处在于，如何改进和适配目前的流媒体技术，从而将其运用在各种不同的移动视频监控场景中。

移动视频监控系统的基本架构主要包括移动采集端、移动客户端、移动通信网络、业务管理系统、流媒体分发服务器、视频网关系统和视频监控平台，如图 7-34 所示。

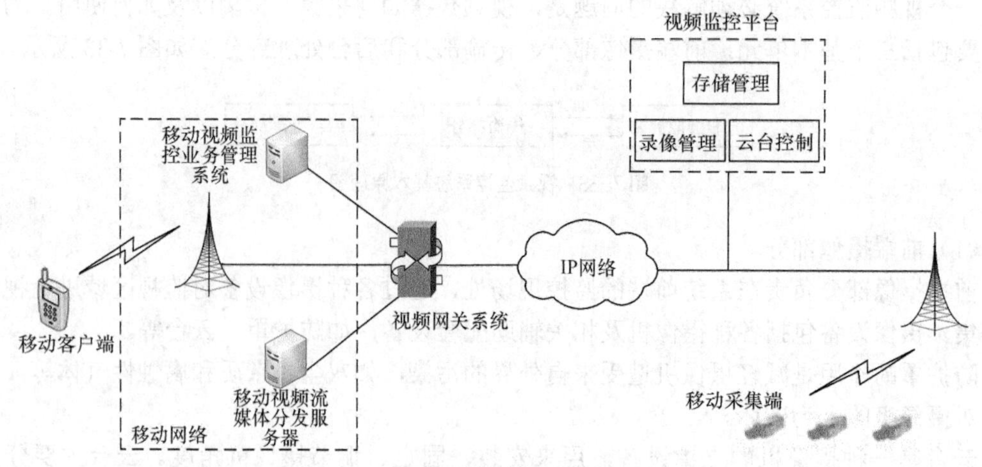

图 7-34　移动网络视频监控系统基本架构图

移动采集端主要指具有移动性并且可通过无线接入网络的视频采集设备。根据具体采用的无线接入技术的不同，移动视频监控又可以细分为基于 WLAN、基于 WiMax、基于 3G 和 LTE 的移动视频监控。

移动客户端包括移动终端硬件设备和客户端软件。通过移动客户端可实现对摄像机的控制，同时显示视频内容。

视频网关的主要作用是将 IP 网络传输的视频流通过转码转变成移动网络客户端可接收的视频流。

移动视频流媒体分发服务器主要用于多个终端同时监控同一路视频数据的应用，可以实现视频的多路分发。

移动视频监控业务管理系统主要负责对整个监控业务层面的操作，包括存储管理、录像管理和云台控制等。

7.4.2　移动网络视频监控系统关键技术

移动网络视频监控作为当今信息领域的研究热点，其内容涵盖了诸多交叉学科，涉及到的关键技术主要包括视频编码压缩技术、系统协议和视频数据存储等。

1. 视频编码压缩

在移动网络视频监控系统中，由于移动环境的带宽限制，要求必须对监控视频进行较大压缩后再传输。因此系统需要采用高效的编码技术对采集到的视频技术进行压缩编码，使接收到的视频图像在客户端尽量清晰地播放出来。评价移动视频监控系统编码压缩主要考虑的因素有计算复杂度低、实时性好、图像质量高、网络带宽占用低以及带宽适应能力强等。

几种常见的视频编码标准为 M-JPEG、MPEG-2、MPEG-4、H.264 和 SVC 等，在实际应用中，需要根据实际需要选择相应的视频编码技术。如在终端的处理性能低而带宽高的情况下，可以选择 MPEG-4，在带宽经常波动的情况下，可以选择 SVC 编码。

2．系统协议

视频监控系统中涉及的协议主要是流传输协议和云台控制协议。

流传输协议为视频流在网络中的传输提供保障。移动视频监控系统所采用的视频流传输协议技术和固定互联网上流媒体业务所采用的技术并无很大差异。IETF 组织提出的几种支持流媒体传输的协议主要包括 RTP/RTCP 协议、RTSP 协议等。其中 RTP/RTCP 协议用于多媒体数据流的实时传输，并能提供流量控制和拥塞控制服务，RTSP 协议则支持“一对多”应用程序有效地通过 IP 网络传送多媒体数据。

云台控制协议是管理者通过监控服务器或客户端对摄像机进行拍摄控制和参数配置的控制协议。通过这一协议，根据控制信号，管理者可以完成对摄像机指定速度的水平/垂直运动、光圈/焦距调节和摄像机关闭/开启等功能的操作。

常用的云台控制协议有 PELCO 协议和 YAAN 协议。PELCO 协议是由视频监控产品制造商派尔高（Pelco）在其监控产品中所使用的自定义的云台控制协议，国内的各种云台解码器一般都兼容此协议。PELCO 协议又分为 D 和 P 两个协议，其中 D 协议是通过串口 RS-232/RS-485 发送数据来控制监控设备，其波特率为 2400 Byte/s，而 P 协议的波特率为 9600 Byte/s。

3．视频数据存储

由于视频监控系统具有监控范围广、摄像机数量较多和持续监控时间较长等特点，要求视频存储系统既要保证存储设备的存储容量足够大，还要保证存储设备的速度要足够快。

传统的监控存储技术有磁带、磁盘与磁盘阵列。磁带是以磁记录方式来存储数据的，它适用于对数据读取速度要求不是很高的某些应用。磁盘存储器由盘片组和驱动器两部分组成，多个盘片组成一个盘片组固定在主轴上，磁盘存储器的存储空间远大于磁带，但仍无法满足视频监控海量存储的要求。磁盘阵列 RAID 利用数组方式来做磁盘组，采用并行读写操作来提高存储系统的存取速度，并且通过镜像、奇偶校验等措施提高系统的可靠性。

单一的存储设备无法满足视频监控系统对存储空间的要求，存储设备的网络化扩展了存储空间。根据存储设备与服务器连接的方式，目前的体系架构大致可以分为直接附加存储（Direct Attached Storage，DAS）、网络附加存储（Network Attached Storage，NAS）和存储区域网络（Storage Area Network，SAN）三种模式。DAS 又称为直连式存储，采用以服务器为中心，其他存储设备直接连接到服务器上的存储架构。NAS 则将服务器分为应用服务器和数据服务器，其中数据服务器专门提供数据服务和存储服务，不再承担应用服务。NAS 通过交换机将两种服务器相连，形成了专用于数据存储的私网。SAN 通过光纤通道或高速以太网，将数据存储设备连接到服务器，形成数据存储的快速网络，并能够扩展到远程站点。

为进一步提高存储容量及存储的扩展性，新型存储系统，如 P2P 存储系统和云存储系统等应运而生。P2P 存储系统是指存储节点以一种功能对等的方式组成的存储网络。系统的扩展性、容错性以及性价比都有极大提高。云存储的基本原理是用户所处理的数据或所需的应用程序并不存储或运行在用户的终端设备上，而是在“云”中的大规模服务器集群中。

P2P 存储系统和云存储系统都采用分布式存储和集中管理的方法，这也是存储系统的发展趋势。

小　结

1. 3G 和 WLAN 能够互补，为用户提供真正的移动互联网业务，主要有 WLAN 与 GPRS 网络的融合、WLAN 与 cdma2000-1x 的融合和 WLAN 与 WCDMA 的融合。

2. 富媒体分发技术主要涉及 CDN、MBMS、Web 网类和云转码等技术。

3. CDN 即内容分发网络，能够将网站的内容发布到最接近用户的网络"边缘"，使用户可以就近取得所需的内容，提高用户访问网站的响应速度，同时也解决了 Internet 网络拥塞状况。

4. MBMS 是由 3GPP 组织提出的多媒体广播多播业务，能够在移动网络中提供一个数据源向多个用户发送数据的点到多点业务，实现网络资源共享，提高网络资源的利用率，尤其是空口接口资源。

5. MBMS 架构中新增的 M-SC 实体主要包括 5 大类功能：成员关系功能、会话与传输功能、代理与转发功能、业务声明功能和安全功能。

6. Web 网关支持 WAP 和 HTTP 等移动终端用户上网的代理功能，主要是针对手机上网用户提出的。

7. 云转码技术主要包括视频转码技术和云计算技术，视频转码的功能是将视频流转换成适合异构网络传输及采用不同解码标准终端的视频流，而云计算则可以实现复杂的大规模计算。

8. 移动终端可分为移动电话和手持计算机两大类。

9. 移动电话可分为功能手机和智能手机。

10. 功能手机通常是指提供语音通话和短信息等简单功能，采用封闭式操作系统，通常采用 Java 或 BREW 提供对第三方软件的支持，用户不能随意装卸第三方软件的手机。

11. 智能手机通常是指具有开放操作系统、可扩展的硬件和软件、用户可自主装卸第三方应用的手机。

12. 移动终端典型硬件架构最主要的包括核心器件和外围器件两大部分。其中核心器件包括通信处理芯片、应用处理芯片模块等；外围器件是指与核心器件相连的各种输入、输出、天线、存储和电源等器件。

13. 移动终端的典型软件结构主要包括 4 个层次，从下至上依次为：硬件驱动、通信协议栈、操作系统及执行环境、应用程序。

14. 中间件（Middleware）位于操作系统之上、用户应用软件之下。通过中间件向下将不同操作系统的处理机制进行屏蔽，向上提供一个相对稳定的程序接口，不仅减轻了应用开发者的负担、节省了开发工作量以及开发和维护费用，同时缩短了开发周期。

15. 移动终端中间件的功能主要包括为应用开发提供通信制式的屏蔽、UI 显示的模块化和标准化、新型器件的功能标准化并统一接口。

16. 流媒体（Streaming Media）是指在 Internet/Intranet 中使用流式技术进行传输的连续时基媒体。

17. 流媒体系统至少包括三个组件：编码器、媒体服务器和播放器，这几个组件之间按照特定的媒体格式，通过某些特定的协议互相通信，从而实现了流媒体的传输。

18．移动流媒体就是流媒体技术在移动网络和移动终端上的应用，即内容制作系统把连续的影像和声音信息经压缩处理后放到流媒体服务器上，移动终端用户通过移动网络接入到流媒体服务器，以实时媒体流或者文件下载的方式获得流媒体业务。

19．移动流媒体业务系统结构主要包括内容服务器、内容缓冲服务器、用户终端档案服务器、DRM服务器、业务管理、门户服务器和流媒体终端。

20．移动流媒体业务根据内容的播放方式可以划分为在线播放和下载播放，其中在线播放根据内容的来源又可以分为点播和直播。

21．数字版权管理（DRM）是指采用包括信息安全技术手段在内的系统解决方案，在保证合法的、具有权限的用户对数字媒体内容（如数字图像、音频和视频等）正常使用的同时，保护数字媒体创作者和拥有者的版权，并根据版权信息获得合法收益，而且在版权受到侵害时能够鉴别数字信息的版权归属及版权信息的真伪。

22．数字作品的生存周期大致可划分成4个阶段：创建、传播、使用和衰退。

23．DRM系统的功能结构主要包括知识产权资产创建、知识产权资产管理和知识产权资产使用3个功能模块，每个模块又分为若干子模块，这些模块相互协作，保证了整个DRM系统的功能要求。

24．DRM系统的信息结构涉及实体模型、实体标识与描述和权限表达3个核心问题。

25．DRM采用层次化的结构对数字作品进行封装，从上至下依次为唯一标识符层、信息编码层、安全编码层、权限控制层、安全协议层和安全方案层。

26．DRM系统一般包括4个部分：内容提供商、内容运营商、支付中心和内容消费者。

27．一个密码系统通常由明文空间、密文空间、密码方案和密钥空间组成。

28．所谓"数字签名"就是通过某种密码运算生成一系列符号及代码组成电子密码进行签名，来代替书写签名或印章。

29．数字水印技术的基本思想是将与媒体版权归属相关的数字信息，如作者电子签名、公司标志和商标等作为水印信息，通过一定的算法嵌入到数字媒体中，在需要时，能够通过一定的技术检测方法提取出水印，以此作为判断媒体的版权归属的证据。

30．移动流媒体业务流程主要涉及通过WAP或HTTP方式的业务发现流程以及流媒体点播、直播和下载业务流程。

31．一个视频监控系统主要包括三个基本单元：前端摄像部分、传输部分和后台处理部分。

32．移动视频监控系统的基本架构主要包括移动采集端、移动客户端、移动通信网络、业务管理系统、流媒体分发服务器、视频网关系统和视频监控平台。

33．移动网络视频监控涉及到的关键技术主要包括视频编码压缩技术、系统协议和视频数据存储等。

习　题

1．富媒体分发技术主要涉及哪几种技术？

2．功能手机与智能手机有何区别？

3．移动终端中间件的主要功能有哪些？

4. 流媒体系统包括哪3个组件，如何实现流媒体的传输？
5. DRM系统的技术体系包含哪几层？
6. 请简述DRM系统的工作流程。
7. 画出密码系统模型示意图。
8. 简述数字签名的概念及其工作原理。
9. 数字水印技术的基本思想是什么，数字水印具有哪些特性？
10. 画出视频监控系统基本原理图，并说明各组成单元的主要作用。
11. 移动视频监控系统的基本架构包含哪几部分，各部分主要作用是什么。

参考文献

[1] 蔡安妮等．多媒体通信技术基础．北京：电子工业出版社．2012.

[2] 李晓辉，方红雨，王秩冰．多媒体通信．北京：科学出版社．2017.

[3] UT 斯达康（中国）有限公司．IPTV 集成播控平台技术与应用．北京：电子工业出版社．2014.

[4] 邢涛等．多媒体通信技术．北京：北京邮电大学出版社．2009.

[5] 刘荣科．现代图像通信．北京：北京航空航天大学出版社．2009.

[6] 秦志光．智慧城市中的移动互联网技术．北京：人民邮电出版社．2015.

[7] 毛京丽等．现代通信网（第 3 版）．北京：北京邮电大学出版社．2013.

[8] 夏定元．多媒体通信原理、技术与应用．武汉：华中科技大学出版社．2010.

[9] 王履程，王静，谭筠梅．多媒体通信技术．成都：西南交通大学出版社．2011.